全国普通高等专科教育药学类规划教材

生物化学

第二版

主 编◎史仁玖

中国医药科技出版社

内容提要

生物化学是21世纪生命科学中发展最为迅速的学科之一，为适应面向21世纪的教学需要本书在吸收了国内外优秀生物化学教材的特点和介绍现代生物化学最新成就的基础上，既系统而透彻地分析了生物化学的基本原理，又较好地反映了20世纪60年代以来生物化学的发展历程和生物化学研究的新成就。

全书共分15章，全面介绍了蛋白质化学、核酸化学、酶、维生素、糖代谢、生物氧化、脂类代谢、蛋白质的分解代谢、核苷酸代谢、水和无机盐代谢、遗传信息的传递、细胞信号转导、药物在体内的代谢转化、生物药物等方面的知识。

本书可作为药学专业专科和成人专科学生的生物化学基础课教材，也可供其他院校相关专业的师生参考。

图书在版编目（CIP）数据

生物化学/史仁玖主编.—2版.—北京：中国医药科技出版社，2012.7
全国普通高等专科教育药学类规划教材
ISBN 978-7-5067-5441-5

Ⅰ.①生… Ⅱ.①史… Ⅲ.①生物化学-高等学校-教材
Ⅳ.①Q5

中国版本图书馆CIP数据核字（2012）第069858号

美术编辑 陈君杞
版式设计 郭小平

出版 中国医药科技出版社
地址 北京市海淀区文慧园北路甲22号
邮编 100082
电话 发行：010-62227427 邮购：010-62236938
网址 www.cmstp.com
规格 787×1092mm 1/16
印张 19 1/2
字数 441千字
初版 1996年12月第1版
版次 2012年7月第2版
印次 2017年2月第2版第4次印刷
印刷 三河市腾飞印务有限公司
经销 全国各地新华书店
书号 ISBN 978-7-5067-5441-5
定价 38.00元

全国普通高等专科教育药学类规划教材建设委员会

本书编委会

主　编　史仁玖

副主编　何震宇　黄川锋　常正尧

编　者　（以姓氏笔画为序）

马　颖（滨州医学院）

史仁玖（泰山医学院）

刘景伟（邢台医学高等专科学校）

何震宇（广东药学院）

罗　辉（井冈山大学）

黄川锋（南阳医学高等专科学校）

常正尧（泰山医学院）

程红娜（漯河医学高等专科学校）

蔡连富（廊坊卫生职业学院）

裴晋红（长治医学院）

编写说明

PREPARATION OF NOTES

《全国普通高等专科教育药学类规划教材》是由原国家医药管理局科技教育司根据国家教委（1991）25号文的要求组织、规划的建国以来第一套普通高等专科教育药学类规划教材。本套教材是国家教委“八五”教材建设的一个组成部分。从当时高等药学专科教育的现实情况考虑，统筹规划、全面组织教材建设活动，为优化教材编审队伍、确保教材质量起到了至关重要的作用。也正因为此，这套规划教材受到了药学专科教育的大多数院校的推崇及广大师生的喜爱，多次再版印刷，其使用情况也一直作为全国高等药学专科教育教学质量评估的基本依据之一。

随着近几年来我国高等教育的重大改革，药学领域的不断进步，尤其是2010版《中华人民共和国药典》和新的《药品生产质量管理规范》(GMP) 的相继颁布与实施，这套教材已不能满足现在的教学要求，亟需修订。但由于许多高等药学专科学校已经合并到其他院校，原教材建设委员会已不能履行修订计划，因此，成立了新的普通高等专科教育药学类教材建设委员会，组织本套教材修订工作。在修订过程中，充分考虑高等专科教育全日制教育、函授教育、成人教育、自学考试等多种办学形式的需要，在维护学科系统完整性的前提下，增加学习目标、知识链接、案例导入等模块，利于目前教育形势下教材应反映知识的系统性及教材内容与职业标准深度对接的要求。使本套教材在继承和发展原有学科体系优势的同时，又增加了自身的实用性和通用性，更符合目前教育改革的形式。

教材建设是一项长期而严谨的系统工程，它还需要接受教学实践的检验。本套教材修订出版以后，欢迎使用教材的广大院校师生提出宝贵的意见，以便日后进一步修订完善。

全国普通高等专科教育
药学类规划教材建设委员会
2012年5月

前言

PREFACE

生物化学是当代生物科学领域发展最为迅速的学科之一，是现代生物学和生物工程技术的重要基础。它是从分子水平研究和阐述生物体内基本物质的化学组成和生命活动中所进行的化学变化的规律及其与生理功能关系的一门科学。工业、农业、医药、食品、能源、环境科学等越来越多的研究领域也以生物化学理论为依据，以其实验技术为手段。生物化学是高等医药院校各专业普遍开设的重要专业基础课程，打好坚实的生物化学基础，使学生对该学科的基本理论与基本研究技术的原理有较全面和清晰的理解，是学生对相关专业知识的学习和研究工作的共同需要。

本教材重点介绍生物化学的基础知识和部分新进展，在注重以基础知识为主体的前提下，适当反映本学科发展的新动向、新发展。如生物药物部分，介绍了生物制药新技术。在编写上力求层次分明、连贯性与整体性相结合，简明易懂和实用。为了便于学生学习，在各章之前设置学习目标栏目，以便学生在学习时掌握该章的要点。本教材适合药学专业专科和成人专科学生学习使用，在实际教学中教学内容可根据不同学校教学要求有所侧重。本教材也可供其他院校相关专业师生参考。

全书分15章，全面介绍了蛋白质化学、核酸化学、酶、维生素、糖代谢、生物氧化、脂类代谢、蛋白质的分解代谢、核苷酸代谢、水和无机盐代谢、遗传信息的传递、细胞信号转导、药物在体内的代谢转化、生物药物等方面的知识。本教材是集体智慧的结晶，由10位教师执笔编写，经集体评阅，主编修改，专家审改，最后定稿。对专家们的无私奉献和辛勤劳动，深致谢意。

本书虽经多次修改审校，由于编者知识水平所限，疏漏、欠妥甚至错误在所难免，敬请专家、教师和学生批评指正。

编　者

2011年12月

目 录

CONTENTS

第二篇◎物质代谢及其调节

第三篇◎生物信息的传递与转导

第四篇◎药物生物化学

第一章　绪　论

1. 掌握生物化学的定义；生物化学的研究对象和内容。
2. 熟悉生物化学与其他医药学课程的关系。
3. 了解生物化学与药学的关系；生物化学发展简史。

第一节　生物化学及其主要研究内容

一、生物化学定义

生物化学（biochemistry）是生命的化学，是一门在分子水平上探讨生命现象本质的科学，它主要应用化学原理和方法来探讨生命的奥秘和本质，着眼于搞清组成生物体物质的分子结构和功能、维持生命活动的各种化学变化及其生理功能的联系。

二、生物化学的研究对象和内容

（一）研究对象

生物化学研究的对象是生物有机体，研究范围涉及整个生物界，包括病毒、微生物、动物、植物和人体。根据研究对象的不同，生物化学可分为微生物生化、植物生化、动物生化和人体生化等。各种生物化学的内容既有密切的联系又有区别，都与人类的生产、生活等相关。

（二）生物化学主要研究内容

生物化学是于20世纪初形成的一门新型交叉学科，直至1903年才引用生物化学这一名称，成为一门独立学科。随着科学技术的进步，生物化学已有长足的发展，生物化学内容已渗透到生物学科的各个领域，成为各学科必备的基础知识。

生物化学研究内容主要有以下几方面：①构成生物体的物质基础包括组成生物体的物质的化学组成、结构、性质、功能及体内分布，称为有机生物化学（或静态生物化学）；②生命物质在生物体中的化学变化及运动规律，各种生命物质在变化中的相互关系即新陈代谢以及代谢过程中能量的转换，称为代谢生物化学（或动态生物化学）；③生命物质的结构、功能、代谢与生命现象的关系，称为功能生物化学（或机能生物化学）；④生物信息的传递及其物质代谢的调控，包括生物体内各种物质代谢的调节控制及遗传基因信息的传递和调控，称为信息生物化学。

第二节 生物化学与医药学的关系

一、生物化学与其他医药学课程的关系

（一）生物化学与有机化学及生理学

生物化学是从有机化学和生理学基础上发展起来的，生物化学研究生物分子的化学结构和性质，是有机化学和生物化学的共同研究课题；在分子水平上弄清生理功能，显然是生理学和生物化学的一个共同目的。从现在的趋向来看，生理学是在更多地采用生物化学的方法，使用生物化学的指标，以解释许多生理现象。

（二）生物化学与微生物学及免疫学

研究病原微生物的代谢、病毒的化学本质以及防治措施等，无不应用生物化学的知识和技术。就免疫学而言，不论是体液免疫还是细胞免疫都必须在分子水平上，才能阐明机制问题。近来生物化学常常以微生物，尤其是细菌为研究材料；这样，一方面可验证在动物体内得到的结果，另一方面由于细菌繁殖生长极其迅速，为在分子水平上研究遗传提供有利条件。

（三）生物物理学是从生物化学发展起来的

生物物理学主要应用物理学的理论和方法来研究生物体内各种生物分子的性质和结构，能量的转变，以及生物体内发生的一些过程，如生物发电及发光。生物物理学与生物化学总是相辅相成的。随着量子化学的发展，生物体内化学反应的机制，特别是酶促反应的机制，将来必定要应用生物分子内及作用物分子内电子结构的改变来加以说明。

（四）生物化学与医学

生物化学称为医学学科的基础，与临床医学、基础医学、预防医学、药学及其各基础学科有广泛联系，是医学、药学等专业的一门重要专业基础学科。

临床医学及卫生保健，在分子水平上探讨病因，作出论断，寻求防治，增进健康，都需要运用生物化学的知识和技术。镰刀状细胞性贫血已被证明是血红蛋白β－链N－末端第六位上的谷氨酸为缬氨酸所取代的结果。关于许多疾病的防治方面，免疫化学无疑是医务工作者所熟知的一种重要的预防、治疗及诊断手段。肿瘤的治疗，不论是放射疗法，抑或是化学疗法，都是使肿瘤细胞中重要的生物分子，如DNA、RNA、蛋白质等分子，改变或破坏其结构，或抑制其生物合成。放射疗法主要是对DNA起作用。而抗肿瘤药物，如抗代谢物、烷化剂、有丝分裂抑制剂及抗生素等，有的在DNA生物合成中起作用，有的在RNA生物合成中起作用，还有的在蛋白质生物合成中起作用，当然不能排除有的药物能抑制不止一种生物合成过程。只要这三种生物分子中任何一种的生物合成有阻碍，都会使肿瘤细胞遭到不同程度的打击，其最致命的是破坏DNA的生物合成。至于用生物化学的方法及指标作为诊断的手段，最为人们所熟知的就是肝炎诊断中的谷丙转氨酶了。总之，生物化学在临床医学及卫生保健上的应用的例子是很多的。

二、生物化学与药学的关系

生物化学在药学方面具有重要的地位。近代药理学重点研究药物在体内的代谢转化和代

谢动力学以及药物作用的分子机制，其研究理论和技术手段都与生物化学密切相关。近年发展起来的分子药理学是在分子水平上探讨药物分子如何与生物大分子相互作用的机制，这些研究都需要生物化学的理论和技术。由于生物化学理论和技术大量应用于药理学研究，使药理学研究深入发展，并派生出生化药理学和分子药理学。

应用现代生化技术，从生物体提取分离的生理活性物质除可作为生物药物外，尚可从中寻找到结构新颖的先导物，设计合成新的化学实体。生化药物是一类用生物化学理论和技术制取的具有治疗作用的生物活性物质，近年来生化药物发展很快，目前常用的生化药物已有200余种，20世纪80年代生物化学已进入生物工程的崭新领域，现代生物工程技术——发酵工程、酶工程、细胞工程和基因工程等的应用为生化药物生产开拓了广阔前景。

生物化学与药学其他学科也有广泛的联系。例如，生物药剂学研究药物制剂与药物在体内的吸收、分布、代谢转化和排泄过程的关系，从而阐明药物剂型因素、生物因素与疗效之间的关系。因此，生物化学的代谢与调控理论及其研究手段是生物药剂学的重要基础。药物化学是研究药物的化学性质、合成以及化学结构与药效的关系；应用生物化学的理论可为新药的合理设计提供依据，以减少寻找新药过程的盲目性。中药学的研究取材于天然的生物体，其有效成分的分离纯化及作用机制的探讨也是应用生物化学的原理与技术。

生物化学在制药工业也起着重要的作用。利用生物工程技术生产的许多药物如人胰岛素、人生长激素释放抑制因子、干扰素、白介素、人生长素、促红细胞生成素、组织纤溶酶原激活剂、乙肝疫苗、细胞因子类药物和肿瘤坏死因子等已在临床广泛应用。

第三节　生物化学发展简史

生物化学是一门年轻的学科，其起始研究可追溯到18世纪，在20世纪初期作为一门独立的学科蓬勃发展起来，仅有一百多年历史。近50年生物化学的发展突飞猛进，出现了许多重大的进展和突破，成为生命科学领域重要的前沿学科之一。

一、叙述生物化学阶段（18世纪中期～19世纪前期）

这一时期是生物化学发展的萌芽阶段，其主要的工作是分析和研究生物体的组成成分以及生物体的分泌物和排泄物。期间重要的贡献有：对脂类、糖类及氨基酸的性质进行了较为系统的研究；发现核酸；从血液中分离血红蛋白；证实了连接相邻氨基酸的肽键的形成；化学合成简单的多肽；发现酵母发酵产生乙醇并产生二氧化碳，酵母发酵过程中“可溶性催化剂”的发现，奠定了酶学的基础等。

二、动态生物化学阶段（19世纪～20世纪初期）

从20世纪初期开始，生物化学进入了蓬勃发展的阶段。至20世纪50年代，生物化学又在许多方面取得了进展，在营养方面，研究了人体对蛋白质的需要及需要量，并发现了必需氨基酸、必需脂肪酸、多种维生素及一些不可或缺的微量元素等；在内分泌方面，发现了各种激素。许多维生素及激素不但被提纯，而且还被合成；在酶学方面，Sumner于1926年分离出脲酶，并成功地将其做成结晶；接着，胃蛋白酶及胰蛋白酶也相继做成结晶。这样，酶的蛋白质性质就得到了肯定，对其性质及功能才能有详尽的了解，使体内新陈代谢的研究易于推进；在物质代谢方面，由于化学分析及同位素示踪技术的发展与应用，对生物体内主要物质的代谢途径已基本确定，包括糖代谢途径的反应过程、脂肪酸β-氧化、尿素合成途径及三羧酸循环等；在生物能研究方面提出了生物能产生过程中的ATP循环学说。

三、分子生物学时期（20世纪中期～）

该阶段是从20世纪50年代开始，以提出DNA的双螺旋结构模型为标志，主要研究工作就是探讨各种生物大分子的结构与其功能之间的关系。生物化学在这一阶段的发展，与物理学、微生物学、遗传学、细胞学等其他学科的密切渗透，产生了分子生物学，并成为生物化学的主体。

（一）DNA双螺旋结构的发现

1953年是开创生命科学新时代的一年。Watson和Crick发表了“脱氧核糖核酸的结构”的著名论文，他们在Wilkins完成的DNA X-射线衍射结果的基础上，推导出DNA分子的双螺旋结构模型。核酸的结构与功能的研究为阐明基因的本质、了解生物体遗传信息的流动做出了贡献。三人共获1962年诺贝尔生理学或医学奖。Crick于1958年提出分子遗传的中心法则，从而揭示了核酸和蛋白质之间的信息传递关系。又于1961年证明了遗传密码的通用性。1966年由Khorana和Nirenberg合作破译了遗传密码，这是生物学方面的另一杰出成就，他们获得1968年诺贝尔生理学或医学奖。至此遗传信息在生物体由DNA到蛋白质的传递过程已经弄清。

（二）DNA克隆技术的建立

20世纪70年代，重组DNA技术的建立不仅促进了对基因表达调控机制的研究，而且使人们改造生物体成为可能。自此以后，多种基因产品的成功获得大大推动了医药工业和农业的发展。转基因动物和基因敲除动物模型的成功就是重组DNA技术发展的结果。基因诊断和基因治疗也是重组DNA技术在医学领域应用的重要方面。核酶（ribozyme）的发现是对生物催化剂认识的重要补充。聚合酶链反应（polymerase chain reaction，PCR）技术的发明，使人们可以快速准确地在体外高效率扩增DNA，这些都是分子生物学发展的重大成果。

（三）基因组学及其他组学的研究

1. 人类基因组计划 是人类生命科学中的又一伟大创举。1985年美国Robert Sinsheimer首次提出“人类基因组研究计划”，于1990年正式启动，2003年4月14日，美、中、日、德、法、英6国科学家宣布人类基因组图绘制成功，完成的序列图覆盖人类基因组所含基因的99%。人类基因组计划描述人类基因组和其他基因特征，包括遗传图谱、物理图谱、序列图谱和基因图谱，它解释了人类遗传学图谱的基本特点，为人类的健康和疾病的研究带来根本性的变革。人类基因组计划完成后生命科学进入了人类后基因组时代，即大规模开展基因组生物学功能研究和应用研究的时代。在这个时代，生命科学的主要研究对象是功能基因组学，包括结构基因组研究、蛋白质组、代谢组学和糖组学研究等。

2. 蛋白质组学 蛋白质组（proteomics）指的是一个基因组所表达的蛋白质，研究领域包括蛋白质的定位、结构与功能、相互作用以及特定时空的蛋白组表达谱等，由此获得蛋白质水平上的关于疾病发生，细胞代谢等过程的整体而全面的认识。目前对蛋白质组的分析工作主要在两个方面：一方面通过二维凝胶电泳等技术得到正常生理条件下的机体、组织或细胞的全部蛋白质的图谱，相关数据将作为待测机体、组织或细胞的二维参考图谱和数据库；另一方面是比较分析在变化了生理条件下蛋白质组所发生的变化。

3. 代谢组学　代谢组学（metabonomics）研究的是生物体对外源物质的刺激、环境变化或遗传修饰所做出的所有代谢应答的全貌和动态变化过程，其研究对象为完整的多细胞生物体，包括了生命个体与环境的相互作用。代谢组学主要研究生物个体在疾病发生过程中和外源物质及药物作用下代谢的整体变化。

4. 糖组学　糖组学（glycomics）主要研究单个生物体所包括的所有聚糖的结构、功能等生物学作用。糖组学的出现使人类可以深刻理解第三类生物信息大分子——聚糖在生命活动中的作用。

四、我国科学家对生物化学发展的贡献

公元前21世纪我国人民能用曲(酶)造酒，公元前12世纪，人们能利用豆，谷、麦等为原料制成酱、饴和醋，饴是淀粉酶催化淀粉水解的产物；公元7世纪有孙思邈用猪肝（富含维生素A）治疗雀目（夜盲）的记载。近代我国生物化学家吴宪创立了血滤液的制备和血糖测定法；提出了蛋白质变性学说。我国的王应睐和邹承鲁等于1965年人工合成具有生物活性的蛋白质——结晶牛胰岛素。1981年，采用有机合成和酶促相结合的方法完成酵母丙氨酸转移核糖核酸的人工全合成。1979年洪国藩创造了测定DNA序列的直读法。近年来我国在基因工程、蛋白质工程、新基因的克隆与功能、疾病相关基因的克隆及其功能等研究方面均取得重要成果，特别是，人类基因组草图的完成也有我国科学家的一份贡献。

（史仁玖）

第一篇

生物大分子的结构与功能

第二章　蛋白质的化学

学习目标

1. 掌握蛋白质元素组成的特点，氨基酸的结构通式；蛋白质各级结构的概念、结构特点及其主要的化学键；蛋白质的理化性质、变性作用特点及沉淀方法。

2. 熟悉氨基酸的分类、三字母英文缩写符号；肽、肽键与肽链的概念，多肽链的写法；生物活性肽的概念；肽单元概念；蛋白质的分离纯化及鉴定方法。

3. 了解几种重要的生物活性肽；多肽链中氨基酸序列分析的原理；蛋白质的结构与功能的关系：一级结构与生物学功能，空间结构与生物学功能的关系。

蛋白质（protein）是生物体的基本组成成分之一，是含量最丰富的高分子物质。几乎所有的器官组织都含有蛋白质，蛋白质承担着完成生物体内各种生理功能的任务，如酶、大部分凝血因子、多肽激素等都是蛋白质。

第一节　蛋白质是生命的物质基础

一、蛋白质是构成生物体的基本成分

人体的所有组织器官都含有蛋白质，细胞的各个部分都含有蛋白质，它是人体的主要构成成分。据估算，人体中的蛋白质分子多达几万种，约占人体体重的17%～20%，蛋白质是细胞内最丰富的有机分子，约占人体干重的45%，某些组织含量更高，例如脾、肺及横纹肌等高达80%。

二、蛋白质具有多种生物学功能

蛋白质为人体内数量和种类最多的一类物质，并且以它的多种生物学功能参与人体所有的生命活动过程。

1. 维持组织的生长、发育、更新和修补作用　蛋白质是细胞最基本的组成成分，婴幼儿的肌肉、血液、骨骼、神经、毛发的形成，成年人的组织更新、各种因素所造成的细胞破损或组织损伤的修补等，都需要蛋白质的供给补充。

2. 参与体内多种生理活动

（1）结构蛋白和协调运动作用　蛋白质一个主要的生物学功能是作为有机体的结构成分。

（2）生物催化功能和调节物质代谢　蛋白质的一个最重要的生物学功能是作为有机体新

陈代谢的催化剂——酶，绝大部分的酶都是蛋白质，核酶（ribozyme）是具有催化功能的 RNA 分子。生物体内的各种化学反应几乎都是在相应的酶参与下进行的。调节生理功能的一些激素也是蛋白质或多肽，如胰岛素、抗利尿素、促红细胞生成素等。

（3）免疫和保护作用　生物体防御体系中的抗体也是蛋白质。它能识别病毒、细菌以及其他机体的细胞，并与之相结合而排除外来物质对有机体的干扰，起到保护机体的作用。凝血因子能在一定的条件下促进血液凝固，保护受伤机体不致流血过多。纤溶酶具有溶解纤维蛋白即抗凝血作用，以防止血栓形成，保证血液循环的正常进行。

（4）运输和贮存物质　机体内小分子的营养物质、代谢产物，某些激素和药物等物质的运输主要靠血液中特异蛋白质的作用来进行。如红细胞中血红蛋白对 O_2 和 CO_2 的运输、血浆脂蛋白对脂类的运输、清蛋白对胆红素及维生素 A（视黄醇）的运输、球蛋白对脂溶性维生素及 Fe^{2+}、Zn^{2+}、Ca^{2+} 等物质的运输。

（5）供给能量　人体每天所需能量的 10% ~15% 来自蛋白质，在糖和脂肪供应不足时尤其如此。

近代分子生物学的研究还表明，蛋白质在遗传信息的控制、细胞膜的通透性以及高等动物的记忆、识别机构等方面都起到重要作用。

三、蛋白质的营养价值与疾病关系

蛋白质 - 热能营养不良，常见于儿童和婴幼儿，严重时可影响生长发育及智力发育，患儿由于抵抗力低下，易受感染，死亡率高。成人发病较少。

蛋白质 - 热能营养不良临床表现可分为营养消瘦症和恶性营养不良两种，营养消瘦症在婴幼儿中常见，患儿体重降低，常低于同龄儿 60%，皮下脂肪减少或消失，肌肉萎缩，但不水肿。恶性营养不良常见于儿童，多为长期蛋白质供给不足，热能供给基本足够，其临床表现为水肿，体重降低、肝脏肿大、毛发无华、腹泻等，又称水肿型营养不良。而临床上多见为混合型，混合型的临床表现主要是皮下脂肪消失、肌肉萎缩、明显消瘦、生长迟滞、体重与身高低于正常儿标准，尤其体重下降更为明显。患儿表现急躁不安、表情淡漠、明显饥饿感或食欲缺乏，常伴有腹泻、腹壁变薄、腹部凹陷呈舟状、肝脾肿大，常易合并感染，并常伴有维生素缺乏症等。

青少年成长与蛋白质

12 ~18 岁人体进入青春期，此时身高体重增加速度加快，生殖器官逐渐发育成熟，思维能力活跃，记忆力最强，是一生中长身体与长知识的最主要时期。如果摄入蛋白质不足，下丘脑与垂体激素的合成与分泌受限，影响机体的发育成熟。同时中学阶段的学习任务繁重，面对升学、就业的各种压力，蛋白质的需要量也更多。青春期补充蛋白质不仅为激素合成提供优质原料，保证下丘脑与垂体激素的分泌量，促进机体成熟；还为大脑补充氨基酸，提高学习效率，增强记忆，缓解精神紧张等压力，保证顺利而健康地度过青春期这一关键时期。

第二节 蛋白质的化学组成

一、蛋白质的元素组成

根据蛋白质元素化学分析，证明组成蛋白质的主要元素有C、H、O、N，大部分蛋白质含有S和P，有的还含有Fe、Cu、Zn等元素。人体中蛋白质种类虽然繁多，但它们的含氮量却十分接近，平均含氮量为16%，即每克氮相当于6.25g蛋白质。由于体内的含氮物质以蛋白质为主，因此，只要测定生物样品中的含氮量，就可以根据以下公式推算出蛋白质的大致含量，即：

每克样品中含氮克数×6.25×100=100g样品中蛋白质的含量（g%）

二、蛋白质的基本结构单位——氨基酸

在酸、碱或蛋白酶的作用下，最终水解产物都是氨基酸。证明氨基酸是构成蛋白质的基本单位。

（一）氨基酸的命名

以羧酸为母体，其碳原子的位置以阿伯数字或用希腊字母α、β、γ等来标示，但更常用通俗名称。如丙氨酸的结构式：

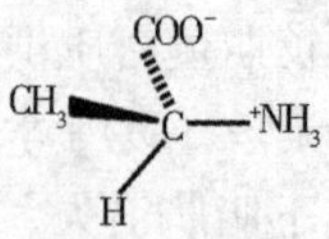

COO^-, CH_3, C, $^+NH_3$, H

图2-1 丙氨酸

（二）氨基酸的结构特点

组成蛋白质的氨基酸，其结构有不同的特点。

1. 氨基酸的结构不同 蛋白质水解产生的20种氨基酸在结构上各不相同，但都有共同的结构特征，即在结构中的氨基（$—NH_2$）或亚氨基（—NH）都与相邻羧基（—COOH）的α-碳原子相连接，所以称α-氨基酸。它可以用下面的结构通式表示，R称为氨基酸的侧链基因。

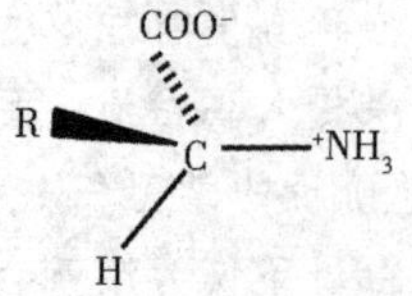

图2-2 L-α-氨基酸的通式 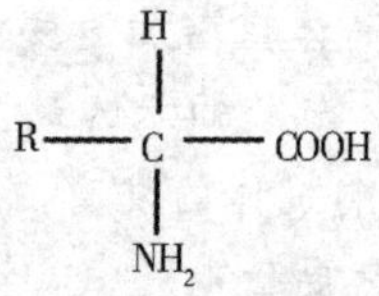　图2-3 氨基酸非解离形式 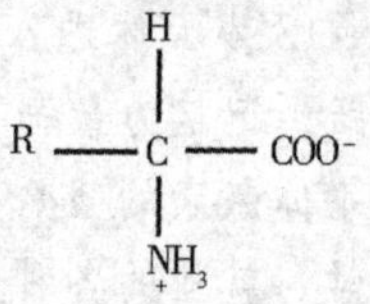　图2-4 氨基酸两性离子形式

2. 侧链结构不同 不同的氨基酸其侧链（R）不同，除了R为H的甘氨酸外，其他氨基酸与α-碳原子相连的四个原子或基团各不相同，具有旋光异构现象，存在D-型和L-型两种异构体。天然蛋白质中的氨基酸一般都是L-α-氨基酸，它们的结构式如下。

图 2-5 氨基酸的 L-/D-型示意图

（三）氨基酸的分类

自然界存在的氨基酸有 300 多种，构成蛋白质的氨基酸已知有 20 余种。20 种氨基酸都具有特异的遗传密码，称为编码氨基酸。在蛋白质分子结构中，氨基酸的侧链 R 基团在决定蛋白质性质、结构和功能上有重要作用，根据氨基酸侧链 R 基团的不同结构和性质，可以将 20 种氨基酸分为四大类（表 2-1）。

1. 非极性脂肪族氨基酸（疏水性脂肪族氨基酸） 侧链均为非极性基团，不能电离，不能与水形成氢键，因此这些侧链都是疏水的。

2. 极性中性侧链氨基酸（亲水性侧链氨基酸） 侧链不能电离，但侧链含有—OH、—CO—NH_2 等极性基团，可与水形成氢键。

3. 芳香族氨基酸 侧链中含有苯基，疏水性较强，酚基和吲哚基在一定条件下可解离。

4. 酸性侧链氨基酸（亲水性侧链氨基酸） 侧链带有—COOH，可电离为—COO^- 而释放 H^+。

5. 碱性侧链氨基酸（亲水性侧链氨基酸） 侧链带有—NH_2、═NH 等碱性基团，可结合 H^+ 而形成—NH_3^+、═NH_2^+。

表 2-1 组成蛋白质的 20 种编码氨基酸

种类	结构式	中文名	英文名	三字母符号	一字母符号	等电点 pI
非极性脂肪族氨基酸	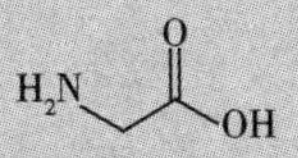	甘氨酸	glycine	Gly	G	5.97
	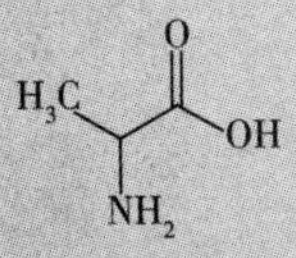	丙氨酸	alanine	Ala	A	6.00
	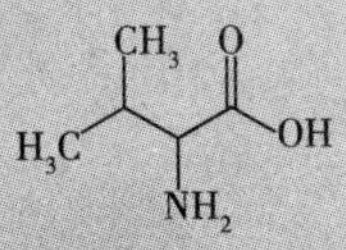	缬氨酸	valine	Val	V	5.96
	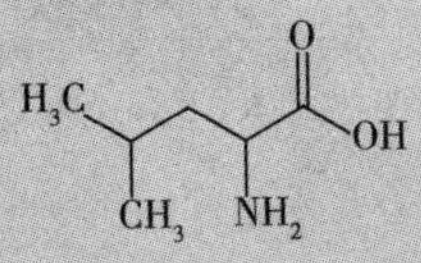	亮氨酸	leucine	Leu	L	5.98

续表

种类	结构式	中文名	英文名	三字母符号	一字母符号	等电点 pI
非极性脂肪族氨基酸	H_3C–CH_2–$CH(CH_3)$–$CH(NH_2)$–COOH	异亮氨酸	isoleucine	Ile	I	6.02
	(吡咯烷-2-羧酸)	脯氨酸	proline	Pro	P	6.30
极性中性侧链氨基酸	HO–CH_2–$CH(NH_2)$–COOH	丝氨酸	serine	Ser	S	5.68
	HS–CH_2–$CH(NH_2)$–COOH	半胱氨酸	cysteine	Cys	C	5.07
	H_3C–S–CH_2–CH_2–$CH(NH_2)$–COOH	蛋氨酸	methionine	Met	M	5.74
	H_2N–CO–CH_2–$CH(NH_2)$–COOH	天冬酰胺	asparagine	Asn	N	5.41
	H_2N–CO–CH_2–CH_2–$CH(NH_2)$–COOH	谷氨酰胺	glutamine	Gln	Q	5.65
	HO–$CH(CH_3)$–$CH(NH_2)$–COOH	苏氨酸	threonine	Thr	T	5.60
芳香族氨基酸	C_6H_5–CH_2–$CH(NH_2)$–COOH	苯丙氨酸	phenylalanine	Phe	F	5.48

续表

种类	结构式	中文名	英文名	三字母符号	一字母符号	等电点 pI
芳香族氨基酸	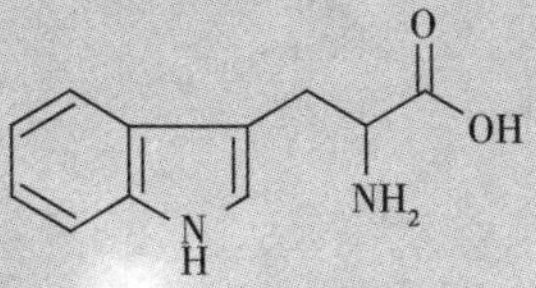	色氨酸	tryptophan	Trp	W	5.89
	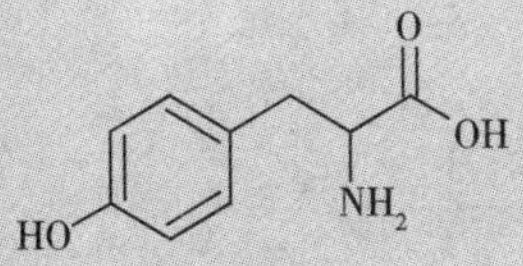	酪氨酸	tyrosine	Tyr	Y	5.66
酸性氨基酸	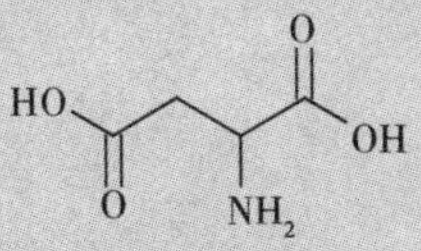	天冬氨酸	aspartic acid	Asp	D	2.97
	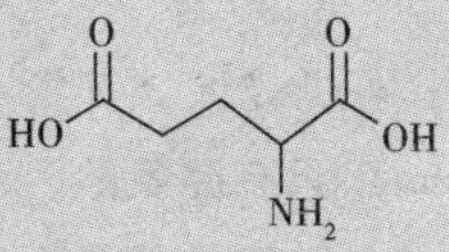	谷氨酸	glutamic acid	Glu	E	3.22
碱性氨基酸	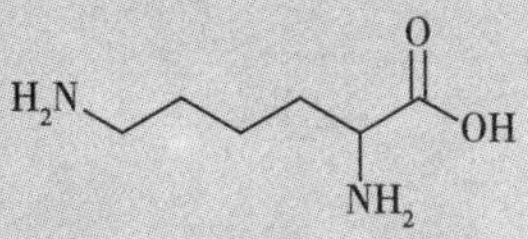	赖氨酸	lysine	Lys	K	9.74
	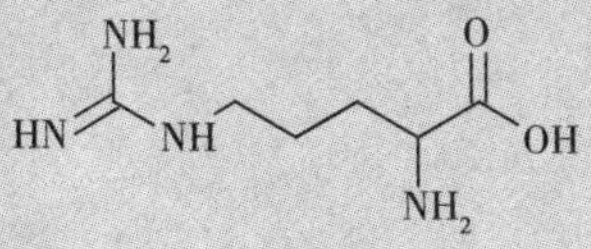	精氨酸	arginine	Arg	R	10.76
	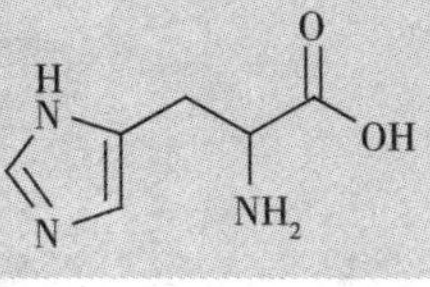	组氨酸	histidine	His	H	7.59

（四）氨基酸的主要理化性质

1. 氨基酸的物理性质　无色结晶，熔点较高（200～300℃），绝大多数溶于水。

2. 氨基酸的两性电离与等电点　氨基酸既含有氨基又含有羧基，在一定 pH 的溶液中，羧基可释放质子（H^+）解离成—COO^-具有酸性，氨基可接受质子（H^+）形成 NH_3^+ 具有碱性，因此氨基酸是两性离子。在某一 pH 的溶液中，氨基酸解离成阳离子和阴离子的趋势及程度相等，该氨基酸既不向阳极也不向阴极移动，这时溶液的 pH 称为氨基酸的等电点（isoelectric point，pI），即 pH 等于 pI。当氨基酸所处溶液的 pH 小于其 pI 时，氨基酸带正电荷，在电场中向阴极移动；反之带负电荷，向阳极移动。一般酸性氨基酸的等电点 pI < 4.0，中性氨基酸的等电点 pI 在 5.0～6.5。

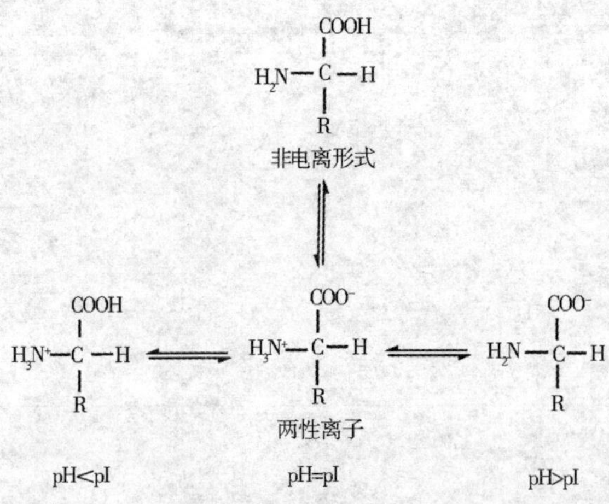

图 2-6 氨基酸的两性电离

3. 芳香族氨基酸的紫外吸收 参与蛋白质组成的 20 种氨基酸，可见光区域都没有光吸收，远紫外区域（<220nm）均有光吸收。近紫外区域（220～300nm）只有酪氨酸、苯丙氨酸和色氨酸有吸收光的能力，因为它们的 R 基含有苯环共轭双键系统。酪氨酸的最大光吸收波长在 275nm，色氨酸在 280nm（图 2-7）。

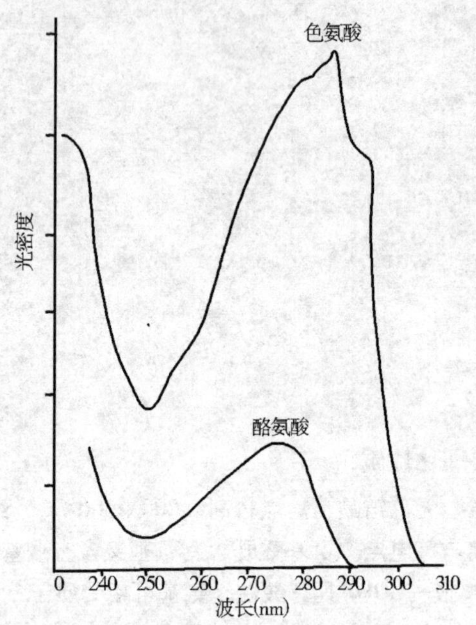

图 2-7 芳香族氨基酸的紫外吸收

大多数蛋白质含有色氨酸、酪氨酸残基，因此也有紫外吸收能力，测定它对 280nm 波段的光吸收，是定量测定溶液中蛋白质含量的一种最迅速简便的方法。

4. 茚三酮显色反应 在弱酸性溶液中 α-氨基酸与水合茚三酮在加热条件下引起氨基酸氧化脱氨、脱羧反应，可生成一种称为罗曼染料的蓝紫色化合物，同时释放二氧化碳和 R—

CHO，蓝紫色化合物最大吸收峰在570nm，与氨基酸的含量存在正比关系，可作为氨基酸定量分析方法。具有特殊性的是：脯氨酸与茚三酮反应生成黄色化合物，同时释放二氧化碳。

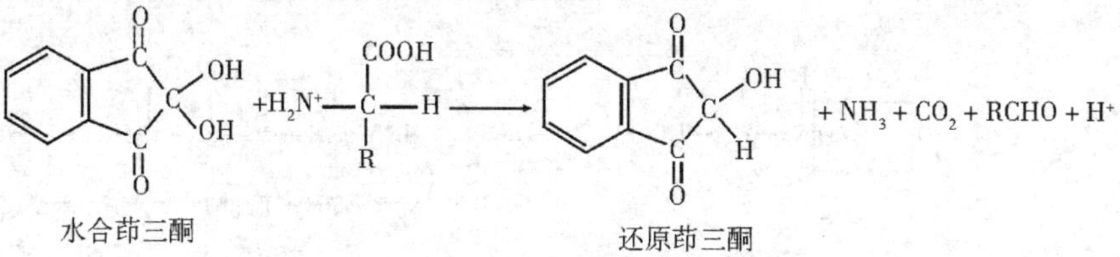

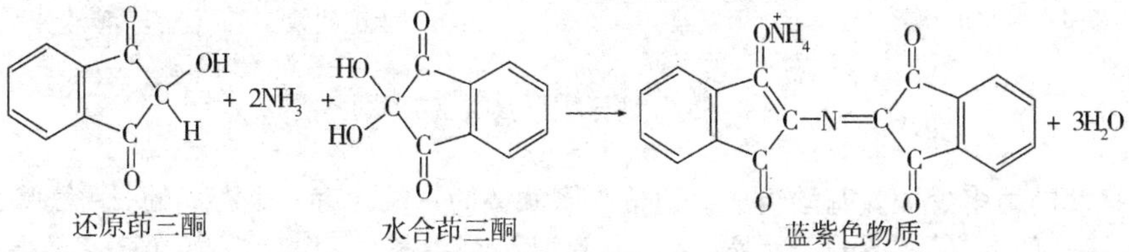

图2－8　茚三酮显色反应过程

三、蛋白质分子中氨基酸的连接方式

氨基酸通过肽键连接起来而形成的化合物称为肽（peptide），如甘氨酸与丙氨酸脱水缩合相连生成甘氨酰丙氨酸。

1. 肽键　在蛋白质分子多肽键中，前一个氨基酸的α－羧基（—COOH）与后一个氨基酸的α－氨基（—NH_2）之间通过脱水缩合所形成的化学键。

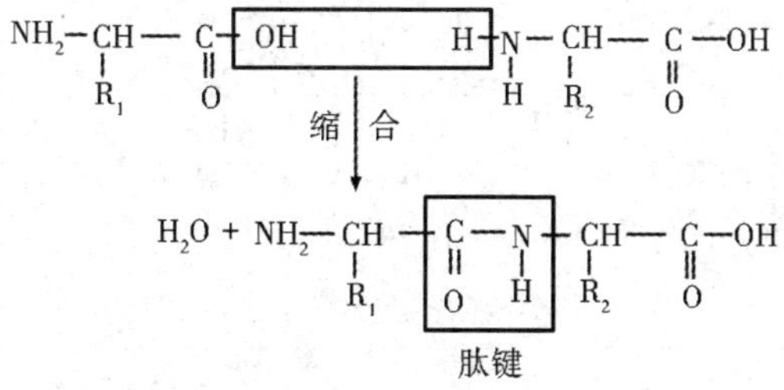

图2－9　肽键

肽键长度介于单键和双键之间，具有部分双键的性质，不能自由旋转。而与α－碳原子相连的N和C所形成的化学键都是单键，可以自由旋转，这是形成蛋白质空间构象的基础。

2. 肽　两分子氨基酸缩合形成二肽，三分子氨基酸缩合则形成三肽，由10个以内氨基酸相连而成的肽称为寡肽（oligopeptide），由更多的氨基酸相连形成的肽称多肽（polypeptide）。由于肽链中的氨基酸分子因为缩合脱水而基团不全，被称为氨基酸残基。多肽分子中的氨基酸相互连接形成长链，称为多肽链（polypeptide chain），多肽链的主键是肽键，由肽键连接各氨基酸残基形成的长链骨架为多肽链的主链，而各氨基酸残基的R基团则为多肽链的侧链。

蛋白质和多肽在分子量上很难划出明确界限。在实际应用中，常把由39个氨基酸残基组成的促肾上腺皮质激素称为多肽，而把含有51个氨基酸残基的胰岛素称为蛋白质。这是习惯上的多肽与蛋白质的分界线。

现以两种氨基酸为例说明二肽的生成：

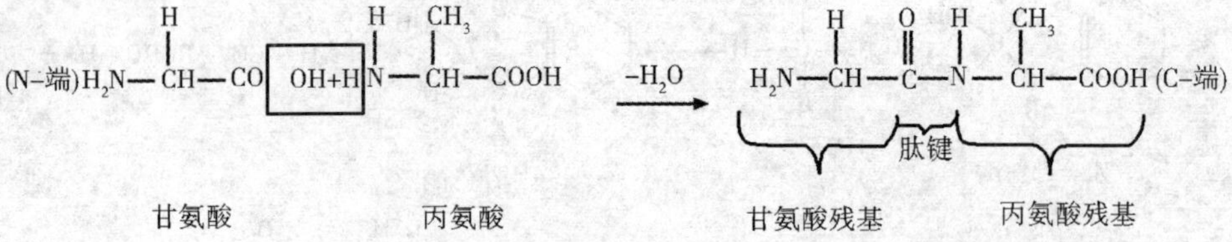

$$\text{(N-端)}H_2N-\underset{}{\overset{H}{\overset{|}{C}}}H-CO\ \boxed{OH+H}\ \overset{H}{\overset{|}{N}}-\overset{CH_3}{\overset{|}{C}}H-COOH \xrightarrow{-H_2O} H_2N-\overset{H}{\overset{|}{C}}H-\overset{O}{\overset{\|}{C}}-\overset{H}{\overset{|}{N}}-\overset{CH_3}{\overset{|}{C}}H-COOH\ \text{(C-端)}$$

甘氨酸　丙氨酸　甘氨酸残基　肽键　丙氨酸残基

图 2－10　甘氨酰丙氨酸（二肽）

不论多肽链由多少个氨基酸组成，通常在多肽链的一端含有一个游离的 α－氨基，称为氨基端或 N－端，在另一端含有一个游离的 α－羧基，称为羧基端或 C－端。多肽链结构书写时的方向：N－端→C－端，每条多肽链中氨基酸残基顺序编号都从 N－端开始，以 C－端氨基酸残基为终点。

肽的命名也是从 N－端开始指向 C－端，如从 N－端到 C－端依次由谷氨酸、半胱氨酸和甘氨酸缩合成的三肽称为谷氨酰半胱氨酰甘氨酸，简称谷胱甘肽（glutathione，GSH），谷胱甘肽中谷氨酸通过 γ－羧基与半胱氨酸的 α－氨基形成肽键，故称 γ－谷胱甘肽。结构式如下：

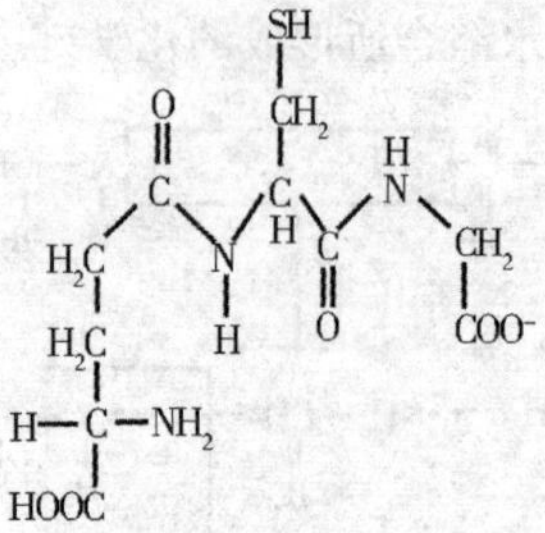

SH
CH_2
O　H
C　CH　N
H_2C　N　H　C　CH_2
H_2C　H　O　COO^-
H—C—NH_2
HOOC

谷氨酸 半胱氨酸 甘胺酸

图 2－11　谷胱甘肽

肽化合物广泛存在于动植物组织中，有一些在生物体内具有特殊功能。据近年来对活性肽的研究表明，生物的生长发育、细胞分化、大脑活动、肿瘤病变、免疫防御、生殖控制、抗衰老、生物钟规律及分子进化等均涉及活性肽。

在生物体中多肽最重要的存在形式是作为蛋白质的亚单位。但是，也有许多分子量比较小的多肽以游离状态存在，具有调节机体物质代谢、生长、发育、繁殖等生命活动的小分子肽，称为生物活性肽。如下丘脑分泌的促甲状腺素释放激素是三肽、神经垂体分泌的抗利尿激素和催产素是九肽、腺垂体分泌的促肾上腺皮质激素是三十九肽、起信号转导作用的脑啡肽等。

活性肽——谷胱甘肽

GSH 的 SH 代表半胱氨酸残基上的巯基，是该化合物的主要功能基团。GSH 通过功能基团巯基参与细胞的氧化还原作用，为体内重要的还原剂，可消除氧化剂，具有保护某些蛋白质的活性巯基不被氧化的作用。如对抗体内产生过多的 H_2O_2，以维持蛋白质正常生理功能。GSH 中的巯基可与毒物、致癌物等结合，从而阻断毒物、致癌物与细胞 DNA、RNA 和蛋白质结合，起到保护细胞的作用。

第三节　蛋白质的分子结构

通常将蛋白质的结构分为一级结构、二级结构（超二级结构、结构域）、三级结构及四级结构。蛋白质分子的一级结构为基本结构，后三者统称高级结构或空间构象。

一、蛋白质分子的一级结构

1953 年 Sanger 等人经过将近 10 年的努力，首次完成了牛胰岛素的氨基酸顺序的测定。胰岛素是由胰岛 B 细胞分泌的一种激素，分子量为 5773，由 A、B 两条多肽链组成，A 链有 21 个氨基酸残基，B 链有 30 个氨基酸残基，A、B 两链通过两个二硫键相连，A 链自身第 6 及 11 位两个半胱氨酸形成一个链内二硫键。

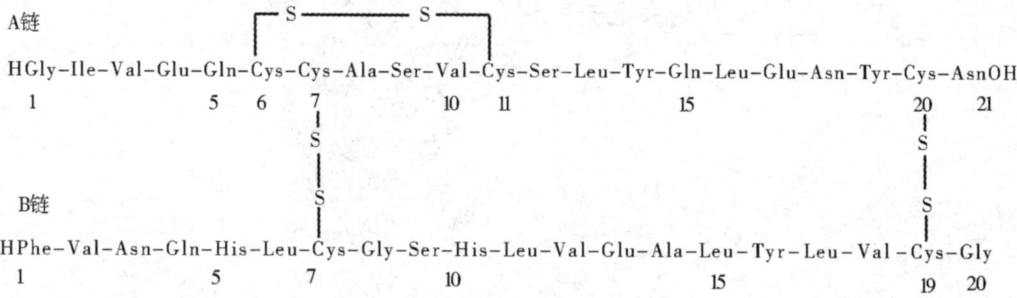

图 2－12　人胰岛素的一级结构

迄今有 10 多万种蛋白质氨基酸序列已经被测定而进入数据库，氨基酸序列最大的蛋白质是肌巨蛋白，它由一条多肽链构成，含有约 2.7 万个氨基酸残基，分子量高达 300 万。

测定蛋白质一级结构的意义在于：不仅使人工合成有生物活性的蛋白质和多肽成为可能，而且对于揭示一级结构与生物功能间的关系也有着特别重要的意义。我国生化工作者根据胰岛素的氨基酸顺序于1965年用人工方法合成了具有生物活性的牛胰岛素，第一次成功地完成了蛋白质的全合成。此外，人们可以从比较生物化学（comparative biochemistry）的角度分析比较功能相同而种属来源不同的蛋白质的一级结构差异，为生物进化提供生物化学依据；也可以分析比较同种蛋白质的个体差异，为遗传疾病的诊治提供可靠依据。

二、蛋白质分子的构象

蛋白质分子的多肽链并不以完全伸展的线性形式存在，而是在一级结构基础上，进一步进行盘曲、折叠形成特定的空间结构（蛋白质构象）。蛋白质分子的空间结构分为二级、三级和四级结构，又称空间结构。

（一） 蛋白质分子的二级结构

蛋白质分子的二级结构（secondary structure）是指多肽链中主链原子在各局部空间进行盘曲、折叠形成的空间结构。它只涉及肽链主链的构象及链内或链间形成的氢键，不涉及氨基酸残基侧链的构象。可形成蛋白质分子二级结构的不同形式，即α-螺旋（α-helix），β-折叠（β-pleated sheet），β-转角（β-turn），无规则卷曲（random coil）。

1. 蛋白质二级结构的形成基础 肽链中的肽键链长为0.132nm，短于C—N单链的0.149nm，长于普通C＝O双键的0.127nm，故肽键具有部分双键性质，不能自由旋转，参与肽键的6个原子$C_{\alpha1}$、C、O、N、H、$C_{\alpha2}$位于同一平面，$C_{\alpha1}$和$C_{\alpha2}$在平面上所处的位置为反式构型，此同一平面上的6个原子构成了所谓的肽单元（peptide unit）。因此，肽键中的C、O、H、N四个原子和与它们相邻的两个α碳原子都处于同一个平面上，称为肽键平面，这一刚性平面构成一个肽单元。

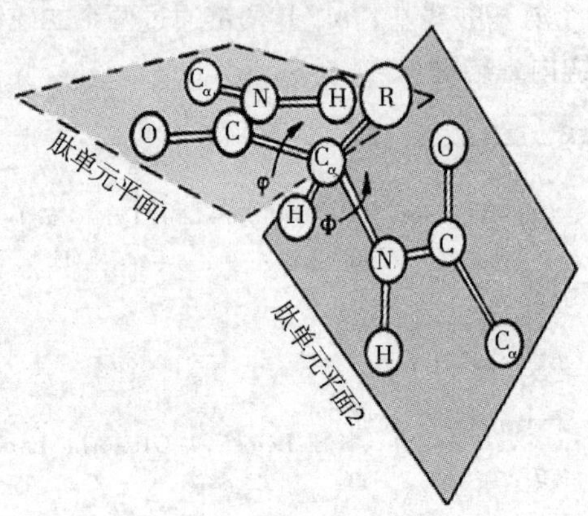

图2-13 肽平面

2. α-螺旋 在一级结构基础上，多肽链中位置比较接近的氨基酸残基的亚氨基（—NH）和羧基（—COOH），通过静电引力形成氢键而构成的螺旋状结构（图2-14）。α-螺旋有如下主要结构特点：①主链原子构成螺旋结构的主体，而侧链R基团凸出于螺旋结构之外；②以肽键平面为单位，α-碳原子为转折，形成右手螺旋（顺时针走向）；③相邻螺旋圈之间，肽键上C＝O氧与它后面第3个肽基上的N—H间形成氢键以稳固α-螺旋结构。氢原子参与肽键的形成后，再没有多余的氢原子形成氢键，所以多肽链顺序上有脯氨酸残基时，肽链就拐弯，不再形成α-螺旋。但是氨基酸的R基团均伸向外侧，氨基酸的R基团的大小、形状、性质及所带电荷状态对α-螺旋的形成及稳定都有影响。肌红蛋白几乎完全是α-螺旋结构。

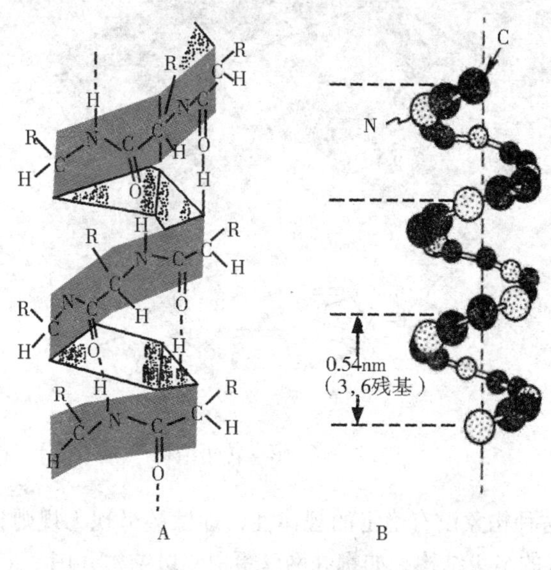

图2-14　α-螺旋结构

3. β-折叠结构　β-折叠结构指由两条肽链或一条肽链内的各肽段之间形成氢键而成的折叠状结构（图2-15）。β-折叠结构特点：①为伸展的锯齿状结构，并与长轴相互平行；②有顺向平行和逆向平行两种排列方式；③相邻肽链之间有氢键连接，以维持β-折叠结构的稳定。溶菌酶和丝心蛋白几乎全为β-折叠结构。丝心蛋白是由伸展的肽链沿纤维轴平行排列成反向β-折叠结构，分子中不含α-螺旋。

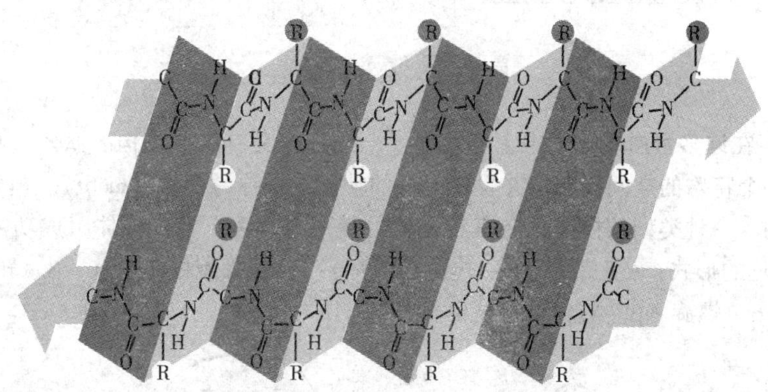

图2-15　β-折叠结构

4. β-转角　β-转角又称β-回折，其特征是由第一个残基的C＝O与第四个残基的—NH形成氢键，多肽链形成180°回折。在β-转角部分，由四个氨基酸残基组成；弯曲处的第一个氨基酸残基的—C＝O和第四个残基的—N—H之间形成氢键，形成一个不很稳定的环状结构。这类结构主要存在于球状蛋白分子中。

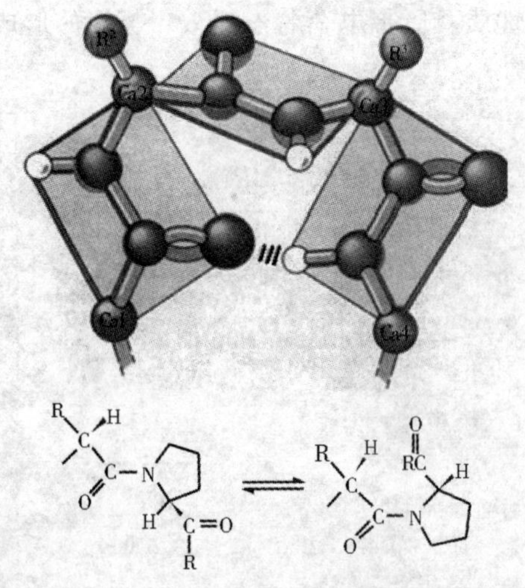

图 2－16 β－转角结构

5. 无规则卷曲 这种构象没有确定的规律性，即肽链呈现无规则卷曲状用来阐述没有确定规律性的那部分肽链的二级结构，如蜘蛛网丝蛋白二级结构（图 2－17）。

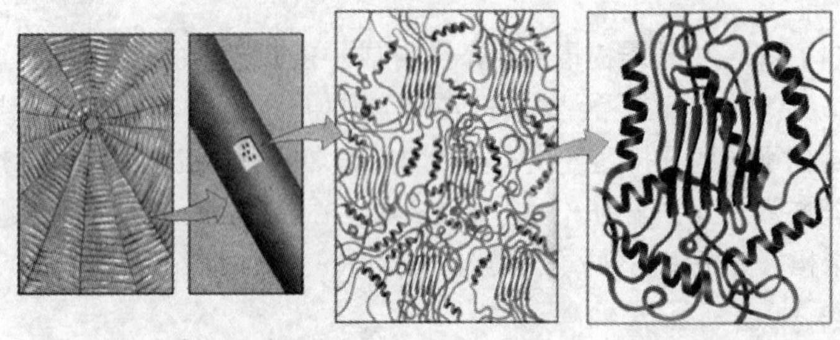

图 2－17 蜘蛛网丝蛋白

6. 模体 在许多蛋白质分子中，可发现二个或三个具有二级结构的肽段，在空间上相互接近，形成一个特殊的空间构象，并发挥专一的功能，被称为模体（motif）。模体属于蛋白质的超二级结构，一种类型的模体总有其特征性的氨基酸序列，几个模体组成功能单位（结构域）。模体常见的形式：α－螺旋－β－转角（或环）－α－螺旋模体、链－β－转角－链模体、链－β 转角－α－螺旋－β－转角－链模体（图 2－18）。

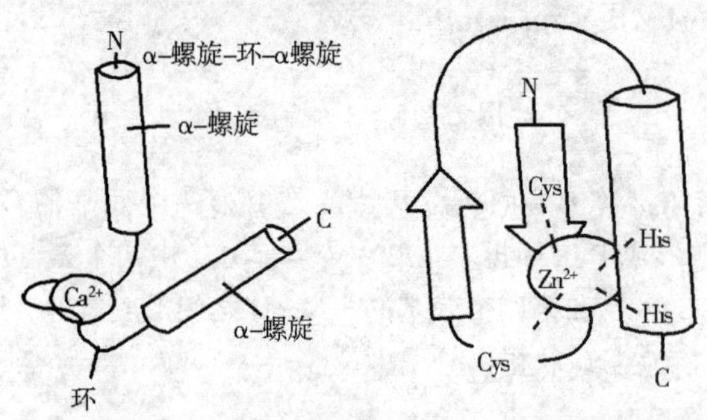

图 2－18 钙结合蛋白中结合钙离子的模体与锌指结构

7. 超二级结构和结构域　随着对蛋白质空间结构研究的深入，在二级结构和三级结构之间还可以进一步细分为超二级结构（super - secondary structure）和结构域（domain）。

超二级结构定义：在蛋白质中，特别是球蛋白中，蛋白质不只是有二级结构，经常可以看到由若干相邻的二级结构单元（即 α - 螺旋、β - 折叠片和 β - 转角等）组合在一起，彼此相互作用，形成有规则、在空间上能辨认的二级结构组合体，充当三级结构的构件，称为超二级结构。已知的超二级结构有三种基本组合形式，即 α - 螺旋的组合（αα），β - 折叠组合（βββ），α - 螺旋和 β - 折叠的组合（βαβ）（图 2 - 19）。

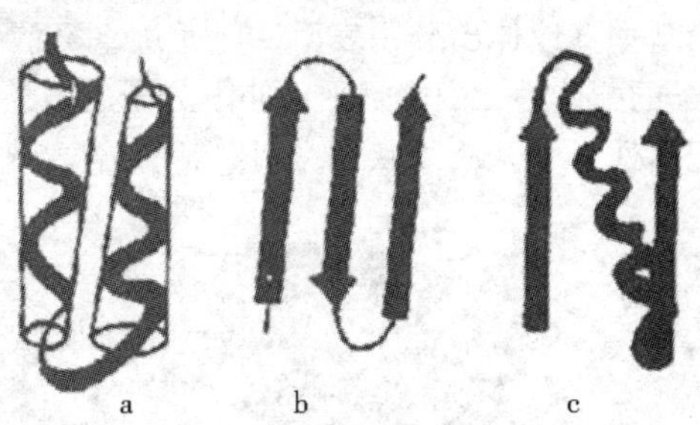

图 2 - 19　超二级结构类型

a. αα；b. βαβ；c. βββ

结构域（structural domain）或称为辖区，是多肽链在超二级结构的基础上进一步组合、折叠形成的球状区域，是蛋白质的功能部位。超二级结构以特定的组合方式连接，在一个较大的蛋白质分子中形成两个或多个在空间上可以明显区分的折叠实体，这种实体称为结构域。最常见的结构域含 100 ~ 200 个氨基酸残基。结构域是蛋白质三级结构的组件单位，对于那些较小的蛋白质分子或亚基来说，结构域和三级结构往往是一个意思。

（二）蛋白质分子的三级结构

蛋白质的三级结构（tertiary　structure）是指在二级结构基础上，肽链的不同区段的主链、侧链基团相互作用进一步盘绕、折叠形成包括主链和侧链构象在内的特定三维空间结构，形成专一性空间排布。

大分子蛋白质的三级结构常可分割成一个或数个球状或纤维状的区域，折叠得较为紧密，各行使其功能，形成发挥生物学功能的特定区域称为结构域。形成的结构域大多呈“口袋”、“洞穴”或“裂缝”状，大多是构成蛋白质的功能活性部位。如：Hb 的血红素、酶的活性中心等。此空穴往往是疏水区，能够容纳一个或两个小分子配体或大分子配体的一部分。

维系蛋白质三级结构的力主要有氢键、疏水键、离子键和二硫键等。尤其是疏水键，在维系蛋白质三级结构中起着重要作用。

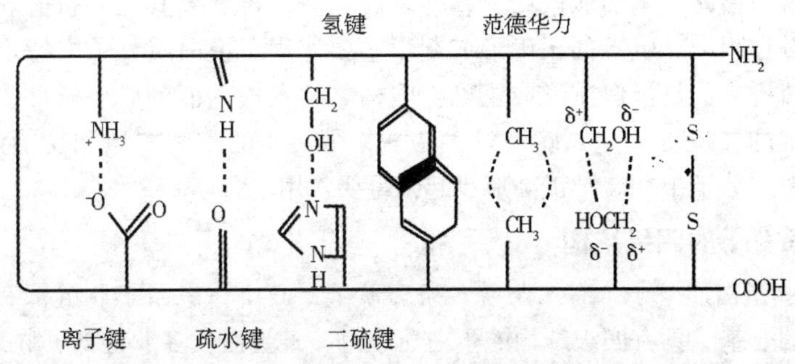

图 2 - 20　蛋白质分子三级结构的主要化学键

1. 肌红蛋白的三级结构与功能 肌红蛋白（myoglobin）是哺乳动物肌肉中储氧的蛋白质。在潜水哺乳类如鲸、海豹和海豚的肌肉中肌红蛋白含量特别丰富，以致使它们的肌肉呈棕色。它由一条多肽链构成，有153个氨基酸残基及一个血红素辅基，相对分子质量为17 800。肌红蛋白的特点是整个分子中肽链有77%呈α－螺旋体构象。有8段长度为7～24个氨基酸残基的α－螺旋体。肌红蛋白整个分子十分致密结实，分子内部只有一个适于包含4个水分子的空间。具有极性基团侧链的氨基酸残基几乎全部分布在分子的表面，这些氨基酸残基侧链上的极性基团正可以与水分子结合，而使肌红蛋白成为可溶性，而非极性的残基则被埋在分子内部，不与水接触。血红素辅基垂直地伸出分子表面，并通过组氨酸残基与肌红蛋白分子内部相连。在吡咯中央的Fe原子的配体中，四个是平面卟啉分子的N，组氨酸残基的咪唑基是它的第五个配位体，第六个配体处于“开放”状态，用作氧的结合部位。

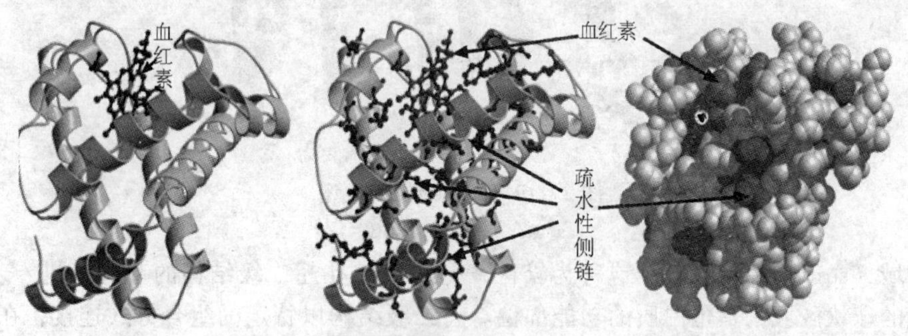

图2－21 蛋白质分子三级结构（肌红蛋白）

如图可见，具有三级结构形式的蛋白质多肽链具有以下特点。①疏水基团多积聚在分子内部，亲水基团则多分布在分子表面。②在分子表面或局部可形成能发挥生物学功能的特殊区域。如血红蛋白，有一个“口袋”状空隙可嵌入一个血红素分子，它是结合氧的部位。③盘曲、折叠的多肽链分子在空间可形成棒状、纤维状或球状（如球状的肌红蛋白、酶类等）。④稳定蛋白质三级结构的主要化学键为次级键，包括疏水键、离子键、氢键、范德华力、二硫键等，但以疏水键最为重要。

2. 分子伴侣 蛋白质空间构象的正确形成除一级结构为决定因素外还需要一类称为分子伴侣（molecular chaperon）的蛋白质参与。蛋白质在合成时，还未折叠的肽段有许多疏水基团暴露在外，具有分子内或分子间聚集的倾向，使蛋白质不能形成正确空间构象。分子伴侣是通过提供一个保护环境从而加速蛋白质折叠成天然构象或形成四级结构。分子伴侣可逆地与未折叠肽段的疏水部分结合随后松开，如此重复进行可防止错误的聚集发生，使肽链正确折叠。分子伴侣也可与错误聚集的肽段结合，使之解聚后，再诱导其正确折叠。此外分子伴侣在蛋白质分子折叠过程中二硫键的正确形成起了重要作用。蛋白质分子中特定位置的两个半胱氨酸可形成二硫键，这是蛋白质形成正确空间构象和发挥功能的必要条件，如胰岛素分子中有三个特定连接的二硫键。如二硫键发生错配，蛋白质的空间构象和功能都会受到影响，两分子伴侣对蛋白质分子中二硫键正确形成起到重要作用。

（三）蛋白质分子的四级结构

1. 亚基 有些蛋白质分子含有二条或多条多肽链，其中每一条多肽链都有完整的三级结构，称为蛋白质的亚基。具有四级结构的蛋白质中每一条蛋白质多肽链都可称为亚基。

2. 二聚体蛋白质 由两个亚基组成的称为二聚体蛋白质。

3. 寡聚蛋白质 由两个或多个亚基组成的蛋白质统称寡聚蛋白质。

蛋白质的四级结构是指蛋白质分子中各亚基的空间排布及亚基接触部位的布局和相互作用。即由多条各自具有一、二、三级结构的肽链通过非共价键连接起来的结构形式，各个亚基在这些蛋白质中的空间排列方式及亚基之间的相互作用关系。亚基之间的结合力主要是疏水作用，其次是氢键和离子键。由亚基聚合成更复杂、更高级的空间结构，如血红蛋白的四级结构。

4. 血红蛋白的结构 血红蛋白是由两种不同亚基构成的四聚体，即两个α-亚基和两个β-亚基，这些亚基都可分别与氧结合，起运输氧的作用。血红蛋白是一种寡聚蛋白质，由四个亚基组成。根据X射线晶体结构分析揭示，血红蛋白分子接近于一个球体，直径5.5nm，它由两条α-链和两条β-链组成，是一个含有两种不同亚基的四聚体。每一个亚基含有一个血红素辅基。α-链由141个氨基酸组成，β-链由146个氨基酸组成，各自都有一定的排列次序。α-链和β-链的一级结构差别较大，但它们的三级结构大致相同，并和肌红蛋白极相似，血红蛋白分子中四条链（α、α、β、β）各自折叠卷曲形成三级结构，再通过分子表面的一些次级键（主要是离子键和氢键）的结合而联系在一起，互相凹凸镶嵌排列，形成一个四聚体的功能单位。

图2-22 血红蛋白分子四级结构

蛋白质分子的四级结构具有如下特点：①亚基单独存在时，不具有生物学功能；②所含的亚基可相同、也可不相同；③主要的非共价键有疏水键、氢键、盐键和范德华力，以稳固蛋白质分子的四级结构。

某些蛋白质分子可进一步聚合成聚合体（polymer）。聚合体中的重复单位称为单体，聚合体可按其中所含单体的数量不同而分为二聚体、三聚体……寡聚体和多聚体而存在，如胰岛素在体内可形成二聚体及六聚体。

在细胞中，不是每种蛋白质都具有四级结构，但具有四级结构的蛋白质必须形成四级结构才能表现出生物学活性。现将蛋白质分子的二、三、四级结构示意图归纳如下。

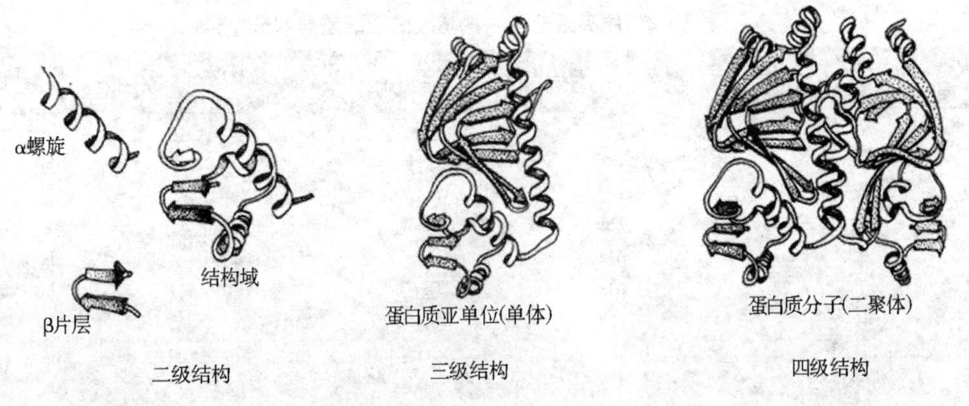

图2-23 蛋白质二、三、四级结构

三、蛋白质结构与功能的关系

蛋白质有不同的生物学功能，与蛋白质的结构特点相关。实验研究证明，改变蛋白质的一级结构或空间结构，都可影响蛋白质的生物学功能。

（一）蛋白质的一级结构与功能的关系

1. 蛋白质一级结构是空间结构的基础并决定其生物学功能 蛋白质特定的空间构象主要是由蛋白质分子中肽链和侧链 R 基团形成的次级键来维持，在生物体内，蛋白质的多肽链一旦被合成后，即可根据一级结构的特点自然折叠和盘曲，形成一定的空间构象。如核糖核酸酶由 124 个氨基酸残基组成有 4 对二硫键。用尿素和 β - 巯基乙醇处理该酶溶液分别破坏次级键和二硫键使其二、三级结构遭到破坏但肽键不受影响，故一级结构仍存在，此时该酶活性丧失殆尽。当用透析方法去除尿素和 β - 巯基乙醇后，松散的多肽链循其特定的氨基卷曲折叠成天然酶的空间构象，4 对二硫键也正确配对，这时酶活性又逐渐恢复至原来水平，因此这也充分证明了空间构象遭破坏的核糖核酸酶只要其一级结构来被破坏，就可能回复到原来的三级结构，功能依然存在。

一级结构主要从两个方面影响蛋白质的功能活性。一部分氨基酸残基直接参与构成蛋白质的功能活性区，它们的特殊侧链基团即为蛋白质的功能基团，这种氨基酸残基如被置换将影响该蛋白质的功能，另一部分氨基酸残基虽然不直接作为功能基团，但它们在蛋白质的构象中处于关键位置。例如，不同哺乳动物来源的胰岛素，它们的一级结构虽不完全一样，但肽链中与胰岛素特定空间结构形成有关的氨基酸残基却完全一致，51 个氨基酸残基中有 24 个恒定不变，分子中半胱氨酸残基的数量（6 个）及其排列位置恒定不变，它们在决定胰岛素空间结构中起关键作用。如将胰岛素分子中 A 链 N - 端的第一个氨基酸残基切去，其活性只剩下 2% ~10%，如再将紧邻的第 2 ~4 位氨基酸残基切去，其活性完全丧失。说明这些氨基酸残基属于胰岛素活性部位的功能基团，如将胰岛素 A、B 两链间的二硫键还原，A、B 两链即分离，此时胰岛素的功能也完全消失，说明二硫键是必不可少的。如将胰岛素分子 B 链第 28 ~30 位氨基酸残基切去，其活性仍能维持原活性的 100%，说明这些位置的氨基酸残基与功能活性及整体构象关系不太密切。

2. 同源蛋白质一级结构的种属差异与生物进化 一级结构相似的蛋白质，其基本构象及功能也相似，例如，不同种属的生物体分离出来的同一功能的蛋白质，其一级结构只有极少的差别，而且在系统发生上进化位置相距愈近的差异愈小（表 2 -2）。

表 2 -2 胰岛素分子中氨基酸残基的差异部分

胰岛素来源	氨基酸残基的差异部分			
	A5	A6	A10	A30
人	Thr	Ser	Ile	Thr
猪	Thr	Ser	Ile	Ala
狗	Thr	Ser	Ile	Ala
兔	Thr	Ser	Ile	Ser
牛	Ala	Ser	Val	Ala
羊	Ala	Gly	Val	Ala
马	Thr	Gly	Ile	Ala
抹香鲸	Thr	Ser	Ile	Ala
鲤鲸	Ala	Ser	Thr	Ala

同源蛋白质（homologous　protein）是指在不同的有机体中实现同一功能的蛋白质。例如细胞色素 c 广泛存在于需氧生物细胞的线粒体中，在生物氧化过程中起传递电子的作用。不同种属来源的同源蛋白质一般具有相同长度或接近相同长度的多肽链。同源蛋白质的氨基酸顺序中有许多位置的氨基酸对所有的种属来说都是相同的，因此称为不变残基。但是其他位置的氨基酸因种属不同有相当大的变化，因此称为可变残基。同源蛋白质的氨基酸顺序中这样的相似性被称为顺序同源现象。

表 2－3　细胞色素 c 分子中氨基酸残基的差异数目及分歧时间

不同种属	氨基酸残基的差异数目	分歧时间（百万年）
人－猴	1	50～60
人－马	12	70～75
人－狗	10	70～75
猪－牛－羊	0	
马－牛	3	60～65
哺乳类－鸡	10～15	280
哺乳类－猢	17～21	400
脊椎动物－酵母	43～48	1100

虽然各种生物在亲缘关系上差别很大，但与功能密切相关部分的氨基酸顺序都有共同处（表 2－3），在 25 种生物来源的细胞色素 c 中，发现只有 35 个氨基酸残基完全不变。细胞色素 c 实现它的功能只需要肽链中的一定位置上的一部分氨基酸顺序，如第 14 和第 17 位置上的半胱氨酸残基可能保证了与辅基血红素连接的必要位置。第 70 到 80 位置上的不变肽段可能是细胞色素 c 与酶相结合的部分。这样部分顺序稳定的肽链可能在形成构象时已能实现它的生物功能。

3. 蛋白质一级结构的变异与分子病　遗传物质（DNA）的突变，可引起蛋白质分子一级结构的改变，即蛋白质分子中氨基酸序列异常，导致其生物学功能的改变产生遗传性疾病，典型例子如镰刀形红细胞贫血病。镰刀形红细胞贫血发生的根本原因是血红蛋白的一级结构发生了差错，人血红蛋白 β 亚基的第 6 位氨基酸应该是谷氨酸，而在镰刀形贫血的血红蛋白中却是缬氨酸，这是由于血红蛋白（Hb）中的 β－链 N－端第 6 个氨基酸残基被缬氨酸替代所引起的。该病在非洲人中比较常见，其显著的特点是有部分红细胞的形状是镰刀状或新月状。

β－链 N－端氨基酸排列顺序：

HbA：H_2N－Val－His－Leu－Thr－Pro－Glu－Glu－Lys…………COO—

HbS：H_2N－Val－His－Leu－Th－Pro－Val－Glu－Lys…………COO—

由于这两个氨基酸性质上的差别（谷氨酸在生理 pH 下为带负电荷 R 基氨基酸，而缬氨酸却是一种非极性 R 基氨基酸），就使得 HbS 分子表面的负电荷数减少，影响分子的正常聚集，致使体积下降，溶解度降低，红细胞收缩成镰刀形，以致输氧功能下降，细胞变得脆弱发生溶血。血红蛋白是由两条 α－链和两条 β－链共 574 个氨基酸构成的蛋白质，仅仅只有两条 β－链的两个氨基酸残基发生改变，竟导致功能上如此重大的变化，足见结构与功能关系的高度统一。

血红蛋白一级结构的改变是由于编码它的基因发生了点突变。这种因基因突变产生异常蛋白从而导致的先天性疾病叫做分子病。血红蛋白一级结构发生改变而导致的分子病的例子很多，镰刀形红细胞贫血病只是其中的一种。了解到分子病发生的原因后，可以设计出一些新药给予治疗。例如，异氰酸盐（H—N＝C＝O），可以与 HbS 的 N－端缬氨酸残基上的游离氨基结合，使其氨甲酰化，可以恢复其分子表面的电荷数，从而改善病情。

（二）蛋白质分子的空间结构与功能的关系

在生物体内，某些蛋白质在一些因素的触发下，发生微妙的构象变化，从而调节其功能活性。如具有四级结构的血红蛋白的变构调节。下面以血红蛋白（Hb）为例。

血红蛋白是成熟红细胞中主要的功能性蛋白。由两条α-链和两条β-链组成，它的4个亚基之间依靠盐键相连接，4个亚基间通过8个盐键，紧密结合形成亲水的球状蛋白。每个亚基的结构中含有一个亚铁血红素的辅基，该亚铁（Fe^{2+}）能与O_2可逆性结合。当一个亚基与O_2结合后，引起其他亚基构象发生改变而同时使亚基间的盐键断裂，这就大大加速了相邻亚基结合分子O_2的速度，增强了血红蛋白对O_2的亲和力，以致最后形成氧合血红蛋白（HbO_2）。未结合O_2时，α_1与β_1，α_2与β_2呈对角排列，结构紧密，称紧张态（tense state，T态），Hb与O_2亲和力小，此时Fe^{2+}半径比卟啉环中间的孔大，当第1个O_2与Fe^{2+}结合后，Fe^{2+}半径变小，进入卟啉环的孔中，引起游离血红蛋白的微小的移动，影响附近肽段的构象，α_1、α_2间的盐键断裂，结合松弛，促进α_2与O_2结合，依此方式影响第三、四个亚基与O_2结合。随着与O_2的结合，4个亚基间的盐键断裂，二、三、四级结构发生剧烈的变化，α_2/β_2相对α_1/β_1移动15°夹角，Hb结构变得松弛，称为松弛态（relaxed state，R态），最后四个亚基全处于R态，此时亚基非常容易与氧分子结合。

若蛋白质的折叠发生错误，尽管其一级结构不变，但蛋白质的构象发生改变，仍可影响其功能，严重时可导致疾病发生。有些蛋白质错误折叠后相互聚集，常形成抗蛋白水解酶的淀粉样纤维沉淀，产生毒性而致病，表现为蛋白质淀粉样纤维沉淀的病理改变。这类疾病包括：人纹状体脊髓变性病、阿尔茨海默病、亨廷顿舞蹈症、疯牛病等。

疯牛病

疯牛病又称牛海绵状脑病，是一种危害牛中枢神经系统的严重传染病，染上这种病的牛，脑神经会逐渐变得像一种海绵状的奶酪体，名副其实地“一脑子浆糊”，最终导致死亡。疯牛病是由朊病毒蛋白（prion protein，PrP）引起的一组人和动物神经退行性病变。正常的PrP富含α-螺旋，称为PrPc。PrPc在某种未知蛋白质的作用下可转变成全为β-折叠的PrPsc，从而导致致病。

第四节 蛋白质的理化性质

蛋白质分子是由20种氨基酸以不同数量、不同比例、不同排列顺序组成的高分子化合物，因此，其部分理化性质与氨基酸相似，如紫外吸收特征及呈色反应，两性电离及等电点等，但也表现某些高分子性能，如沉淀和变性等。

一、蛋白质分子的大小、形状及分子量的测定

（一）蛋白质分子的大小、形状

蛋白质是分子量很大的生物分子，也是高分子化合物，分子量多在1万～10万之间，最高可达40 000 000（烟草花叶病毒）。蛋白质根据其形状可分为球状蛋白质和纤维状蛋白质。纤维状蛋白质是分子的长短轴之比大于10，一般呈纤维状，不溶于水的一类蛋白质，分子类似纤维或细棒。它又可分为可溶性纤维状蛋白质和不溶性纤维状蛋白质。此类蛋白质在人体主要作为结构材料；球状蛋白质分子长短轴之比小于10，并盘曲成球状或椭圆形，一般可溶于水的一类蛋白质。外形接近球形或椭圆形，溶解性较好，能形成结晶，大多数蛋白质属于这一类。此类蛋白质在人体具有特异的生物活性。

（二）蛋白质的分子量的测定

蛋白质分子量很大，下面介绍几种常见的测定蛋白质分子量的方法。

1. 化学组成测定法 例1：肌红蛋白和血红蛋白含铁量均为0.335%，计算二者的分子量。

最小 M = Fe分子量/Fe（%）×100 = 55.8/0.335 = 16 700

肌红蛋白 M = 167 000；血红蛋白 M = 167 000×4 = 668 000

2. 沉降法 把蛋白质溶液放在离心机离心管中离心，蛋白质分子就发生沉降作用。沉降的速度与颗粒大小成正比。当沉降面以恒速移动时，每单位离心力场的沉降速度称为沉降常数或沉降系数（sedimentation coefficient），以 S 表示，一个 S 单位为 1×10^{-13}/s。蛋白质的沉降常数 S（20℃，水中）大约为 $1\times10^{-13}\sim2\times10^{-11}$，即 $1S\sim200S$。由 S 可以按照公式求出分子量。

3. 凝胶过滤法 凝胶过滤是在层析柱中装入葡聚糖凝胶，这种凝胶中具有大量微孔，这些微孔只允许较小的分子进入胶粒，而大于胶粒微孔的分子则不能进入胶粒而被排阻。当用洗脱液洗脱时，被排阻的分子，分子量大的先被洗脱下来，相对分子质量小的后下来。当凝胶柱用已知分子量的蛋白质校准后，从被测样品在洗脱时出现的先后位置即可求出近似的分子量。

4. SDS聚丙烯酰胺凝胶电泳法 十二烷基硫酸钠（SDS）为一种去污剂，可使蛋白质变性并解离蛋白质。将用SDS处理过的蛋白质放在含有SDS的聚丙烯酰胺凝胶中进行电泳，这些蛋白质的迁移率与其分子量成反比，用已知分子量的标准蛋白质进行校准，即可得出所测蛋白质的分子量。

二、蛋白质的两性解离与等电点

1. 蛋白质的两性解离 虽然蛋白质多肽链中的氨基酸的 α－氨基和 α－羧基都已结合成肽键，但是N－末端和C－末端仍具有游离的 α－氨基和 α－羧基。组成蛋白质的许多氨基酸具有可解离的侧链基团，如 ε－氨基、β－羧基、γ－羧基、咪唑基、胍基、酚基、巯基等，这些侧链基团在一定的pH条件下可以释放或接受 H^+，它们构成了蛋白质两性解离的基础，使蛋白质呈现两性电解质的性质。当蛋白质溶液处于某一pH时，蛋白质解离成正、负离子的趋势相等，净电荷为零，此时的溶液pH称为该蛋白质的等电点。当溶液的 $pH > pI$ 时，即在碱性溶液中抑制了蛋白质分子中氨基（$—NH_3^+$）的解离，使蛋白质带有较多的负电荷成为阴离子。反之，在 $pH < pI$ 时，即在酸性溶液中抑制蛋白质分子中羧基（—COOH）的解离，使蛋白质带有较多的正电荷成为阳离子。

蛋白质在等电点时，以两性离子的形式存在，其总净电荷为零，这样的蛋白质颗粒在溶液中因为没有相同电荷而互相排斥的影响，所以最不稳定，溶解度最小，极易借静电引力迅速结合成较大的聚集体，因而沉淀析出。同时在等电点时蛋白质的黏度、渗透压、膨胀性以及导电能力均为最小。

$$P\begin{matrix}COOH\\NH_2\end{matrix}$$

$$P\begin{matrix}COOH\\NH_3^+\end{matrix}\underset{H^+}{\overset{OH^-}{\rightleftharpoons}}P\begin{matrix}COO^-\\NH_3^+\end{matrix}\underset{H^+}{\overset{OH^-}{\rightleftharpoons}}P\begin{matrix}COO^-\\NH_2\end{matrix}$$

阳离子（pH<pI）　　两性离子（pH=pI）　　阴离子（pH>pI）

2. 蛋白质电泳技术　在同一 pH 溶液中，由于各种蛋白质所带电荷性质和数量的不同，分子量大小不同，因此，它们在同一电场中移动的速度有差异。在不同的 pH 环境下，蛋白质的电荷性质不同，在蛋白质等电点偏酸性时，蛋白质粒子带负电荷，在电场中向正极移动；在等电点偏碱性时，蛋白质粒子带正电荷，在电场中向负极移动。这种现象称为蛋白质电泳（electrophoresis）。

目前对蛋白质分离有着高分辨率的电泳首推聚丙烯酰胺凝胶电泳。这种电泳方法因为聚丙烯酰胺凝胶系微孔介质，样品不易扩散，并且同时兼有分子筛的作用，分离效果相当好。如果将凝胶装入玻璃管中，蛋白质的不同组分形成环状圆盘，称为圆盘电泳。在铺有凝胶的玻璃板上进行的电泳称为平板电泳。还有等电聚焦电泳，这是因为蛋白质分子有一定的等电点，当它处在一个由阳极到阴极 pH 梯度逐渐增加的介质中，并通过直流电时，它便“聚焦”在与其等电点相同的 pH 位置上，形成位置不同的区带而得到分离。此外还有双向电泳、免疫电泳等。而纸电泳、醋酸纤维薄膜电泳也仍然在一定范围内应用。

临床上常利用血清蛋白电泳来辅助肝、肾疾病的诊断和观察预后。如利用醋酸纤维薄膜电泳技术，可将血清蛋白质分离成五条区带：清蛋白、α_1－球蛋白、α_2－球蛋白、β－球蛋白、γ－球蛋白，经定量分析可测定各条区带蛋白质的含量。

电泳与临床疾病判断

新鲜血清电泳后可精确地描绘出患者蛋白质的全貌，提示不同的临床意义。如急性炎症时，可见 α_1，α_2 区百分率升高；肾病综合征、慢性肾小球肾炎时白蛋白下降，α_2－球蛋白升高，β－球蛋白也升高；缺铁性贫血时可由于转铁蛋白的升高而呈现 β 区带增高，而慢性肝病或肝硬化时白蛋白显著降低，γ－球蛋白升高 2～3 倍，血清蛋白质电泳分析是许多疾病临床诊断的常见辅助手段。

三、蛋白质分子的胶体性质

蛋白质是高分子化合物，在溶液中球状蛋白质的颗粒大小已达胶粒 1 ~ 100nm 范围，所以，蛋白质溶液具有胶体的性质，如溶液扩散速度慢、黏度大，尤其重要的是不能透过半透膜，这在机体内有利于体液的交换。由于蛋白质的分子量很大，在水中能够形成胶体溶液，具有胶体溶液的典型性质，如丁达尔现象、布朗运动等。

维持蛋白质溶液稳定的因素有两个：①水化膜：蛋白质颗粒表面大多为亲水基团，可吸引水分子，使颗粒表面形成一层水化膜，阻断蛋白质颗粒的相互聚集，防止溶液中蛋白质的沉淀析出；②同种电荷：在 pH≠pI 的溶液中，蛋白质带有同种电荷。pH > pI，蛋白质带负电荷；pH < pI，蛋白质带正电荷。同种电荷相互排斥，阻止蛋白质颗粒相互聚集发生沉淀。

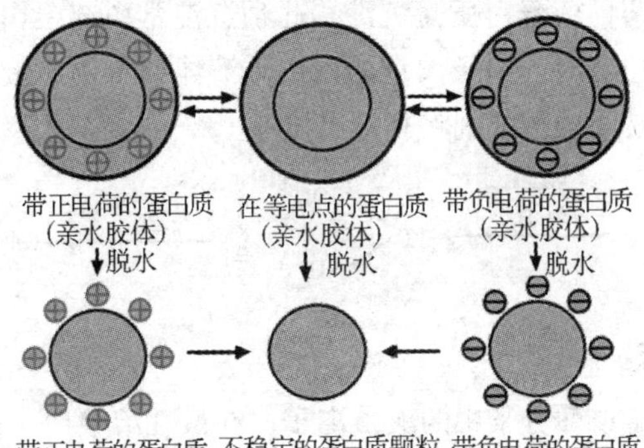

图 2 - 24 蛋白质胶体

由于胶体溶液中的蛋白质分子量大，不能通过半透膜，因此可以应用透析法将非蛋白的小分子杂质除去，从而纯化蛋白质。当蛋白质溶液中混杂有小分子物质时，可将此溶液放入半透膜做成的袋内，将袋置于蒸馏水或适宜的缓冲液中，小分子杂质即从袋中逸出，大分子蛋白质则留于袋内，使蛋白质得以纯化，这种用半透膜来分离纯化蛋白质的方法称为透析。

四、蛋白质的沉淀反应

蛋白质在溶液中的稳定性是有条件的、相对的。如果外界条件改变，破坏了蛋白质溶液的稳定性，蛋白质就会从溶液中沉淀出来。若向蛋白质溶液中加入适当的试剂，破坏它的水膜或中和它的电荷，就很容易使其失去稳定而发生沉淀。使蛋白质分子凝集而从溶液中析出的现象称为蛋白质沉淀。

（一）盐析法

盐析法是将中性盐加入蛋白质溶液，高浓度的中性盐（如硫酸铵、硫酸钠、氯化钠等）破坏蛋白质的水化膜并中和其电荷而使蛋白质析出。由于不同的蛋白质其溶解度与等电点不同，沉淀时所需的 pH 与离子强度也不相同，通过改变盐的浓度与溶液的 pH，可将混合液中的蛋白质分批盐析分开，这种方法称为分段盐析法（fractional saltingout）。如半饱和硫酸铵可沉淀血浆球蛋白，饱和硫酸铵可沉淀包括血浆清蛋白在内的全部蛋白质。一般只是使蛋白质发生沉淀而不会产生变性。经透析除去盐分，可以得到较纯的保持活性的蛋白质。

（二）有机溶剂法

可与水混溶的有机溶剂如乙醇、丙酮等，因引起蛋白质脱去水化层而破坏蛋白质颗粒的水化膜，以及降低介电常数而增加带电质点间的相互作用，致使蛋白质颗粒容易凝集而使蛋白质析出沉淀。在常温下，有机溶剂沉淀蛋白质往往引起变性，如乙醇可消毒灭菌。若在低温（0～4℃）条件下，用有机溶剂沉淀蛋白质，只要快速低温干燥，一般不会变性，所以常用此法制备蛋白质，若适当调节溶剂 pH 和离子强度，则可使分离效果更好。

（三）重金属盐法

蛋白质在碱性溶液中（pH > pI）带负电荷，易与带正电荷的重金属离子如 Hg^{2+}、Cu^{2+}、Pb^{2+}、Ag^{2+}等结合成不溶性的蛋白质盐沉淀。此种沉淀常引起蛋白质分子变性。因此，在临床上抢救重金属盐中毒患者时，给予大量的蛋白质液体如牛奶、蛋清以生成不溶性蛋白质盐而减少吸收，然后利用洗胃或催吐剂将其排出体外。

$$P\begin{cases}COO^-\\NH_3^+\end{cases}\xrightarrow{OH^-}P\begin{cases}COO^-\\NH_2\end{cases}\xrightarrow{Pb^{2+}}P\begin{cases}COOPb\\NH_2\end{cases}\downarrow$$

（四）有机酸沉淀法

三氯醋酸、钨酸和磺柳酸分子中的酸负离子，在酸性溶液中（pH < pI）易与带正电荷的蛋白质结合成盐而沉淀。这类沉淀反应经常被临床检验部门用来除去体液中干扰测定的蛋白质，用钨酸制备无蛋白血滤液，用磺柳酸来检查尿蛋白。

$$P\begin{cases}COO^-\\NH_3^+\end{cases}\xrightarrow{H^+}P\begin{cases}COOH\\NH_3^+\end{cases}\xrightarrow{CCl_3COO^-}P\begin{cases}COOH\\NH_3^+OOCCl_3C\end{cases}\downarrow$$

由于沉淀过程发生了蛋白质的结构和性质的变化，所以又称为变性沉淀。如加热沉淀、强酸碱沉淀、重金属盐沉淀和生物碱沉淀等都属于不可逆沉淀。

几乎所有的蛋白质都因加热变性而凝固。当蛋白质处于等电点时，加热凝固最完全和最迅速。我国很早便创造了将大豆蛋白质的浓溶液加热并点入少量盐卤（含 $MgCl_2$）的制豆腐方法，这是成功地应用加热变性沉淀蛋白质的一个例子。

五、蛋白质分子变性作用

（一）蛋白质的变性作用

在某些理化因素作用下，使蛋白质空间结构的次级键遭到破坏，引起其理化性质的改变及生物学活性的丧失，称为蛋白质分子变性作用（denaturation）。能使蛋白质分子变性的物理因素主要有高温、高压、剧烈振荡、搅拌、紫外线、X 射线和超声波等，化学因素有强酸、强碱、重金属盐、尿素、胍、去污剂、三氯醋酸、磷钨酸、苦味酸和乙醇等有机溶剂。

（二）变性后的特征

1. 空间结构　空间结构被破坏，但不涉及一级结构改变或肽键的断裂。

2. 理化性质　原有的理化性质被改变并丧失生物学活性。

3. 黏度　溶解度降低而黏度增加。维持蛋白质空间结构的次级键被破坏，多肽链呈松散状态，分子内部的疏水基团暴露于蛋白质分子表面，而促使蛋白质的水溶性降低。

4. 易被酶水解　由于蛋白质的分子变性而使原来的空间结构变为伸展的松散状态，蛋白质分子内部的肽键暴露分子表面，因此易受蛋白酶的作用被水解。所以熟食有利于蛋白质的消化吸收，故可提高蛋白质的利用率及营养价值。

5. 蛋白质变性作用的机制　目前认为蛋白质的变性作用主要是由蛋白质分子内部的结构发生改变所引起的。变性后，氢键等次级键被破坏，二、三级以上的高级结构发生改变或破坏，但一级结构没有破坏。

（三）蛋白质的复性作用

蛋白质变性程度比较轻，去除变性因素后仍可恢复原有的构象和功能，称为蛋白质的复性（renaturation）。如胰核糖核酸酶溶液中加入尿素和β－基乙醇，使空间结构遭到破坏，丧失生物学活性，如经透析去除尿素和β－基乙醇，胰核糖核酸酶又可恢复其原有的构象和生物学活性。但许多蛋白质变性后不能复性，称为不可逆变性。蛋白质的变性通常都伴随着不可逆沉淀。但变性蛋白质不一定沉淀（pH 远离 pI 时），沉淀的蛋白质也不一定变性（盐析）。变性的主要因素是热、紫外线、激烈的搅拌以及强酸和强碱等。

（四）蛋白质变性在医学上的应用

在这一方面具有重要的意义，如临床工作中经常用乙醇、紫外线照射、高压蒸汽等理化方法，就是使细菌蛋白质变性失活，而达到消毒灭菌的作用。某些生物制剂、酶蛋白等放在低温下保存，避开强酸、强碱、重金属盐类，防止振荡等，也是为了防止温度过高引起蛋白质变性。

临床分析化验血清中非蛋白质成分，常加三氯醋酸或钨酸使血液中的蛋白质变性沉淀而去掉。为鉴定尿中是否有蛋白质，常用加热法或加入磺柳酸来检验。在急救重金属盐（如氯化汞）中毒时，可给患者吃大量乳品或蛋清，其目的就是使乳品或蛋清中的蛋白质在消化道中与重金属离子结合成不溶解的变性蛋白质，从而阻止重金属离子被吸收进入体内，最后通过洗胃将沉淀物从肠胃中洗出。

六、蛋白质的紫外吸收特征及颜色反应

1. 紫外吸收　大多数蛋白质含有色氨酸、酪氨酸残基，这两种氨基酸分子中侧链基团的共轭双键在 280nm 波长处有一特征性吸收峰。蛋白质的 OD_{280} 吸光度测定是定量测定溶液中蛋白质含量的一种最迅速简便的方法，因此常被用于蛋白质的定量测定。

2. 蛋白质的呈色反应　在临床生化检验中还常利用蛋白质分子可与多种化学试剂反应，生成有色化合物的原理来测定体液中的蛋白质含量，主要是双缩脲反应。其他反应如：茚三酮反应和 Folin－酚试剂反应。

（1）双缩脲反应　蛋白质和多肽分子中肽键在碱性溶液中与硫酸铜共热，产物在 540nm 波长处呈现紫色或红色，此反应称为双缩脲反应。凡分子中含有两个以上—CO—NH—键的化

合物都呈此反应，蛋白质分子中氨基酸是以肽键相连，因此，所有蛋白质都能与双缩脲试剂发生反应。通常可用此反应来定性鉴定蛋白质，也可利用产物的吸光度测定蛋白质含量。

（2）茚三酮反应 α－氨基酸与水化茚三酮（苯丙环三酮戊烃）作用时，产生蓝色反应，由于蛋白质是由许多α－氨基酸组成的，所以也呈此颜色反应。

（3）酚试剂（福林试剂）反应 蛋白质分子一般都含有酪氨酸，而酪氨酸中的酚基能将福林试剂中的磷钼酸及磷钨酸还原成蓝色化合物（即钼蓝和钨蓝的混合物）。这一反应常用来测定蛋白质含量。

第五节 蛋白质分类

蛋白质的种类繁多，分子庞杂，功能各异，根据食物蛋白质营养价值、机体蛋白质分子形状或功能、化学组成有三种分类方法。

一、按食物蛋白质营养价值分类

1. 完全蛋白质 所含必需氨基酸种类齐全，数量充足，而且各种氨基酸的比例与人体基本相符，并容易吸收的一类蛋白质。如奶类中的酪蛋白，肉类、鱼类中的白蛋白和肌蛋白，大豆中的大豆球蛋白等都是完全蛋白质。

2. 半完全蛋白质 所含各种必需氨基酸种类基本齐全，但含量不一，而且各种氨基酸的比例与人体不太相符的一类蛋白质。如小麦中的麦胶蛋白。

3. 不完全蛋白质 所含必需氨基酸种类不全，质量较差的一类蛋白质。

二、按蛋白质分子形状或功能分类

根据蛋白质的形状或功能分为球状蛋白质和纤维状蛋白质。

1. 纤维状蛋白质 又称结构蛋白，是指蛋白质分子的长短轴之比大于10，一般呈纤维状，不溶于水的一类蛋白质。如毛发、甲壳中的角蛋白、皮肤和结缔组织中的胶原蛋白、腱和韧带中的弹性蛋白等。

2. 球状蛋白质 又称功能蛋白，是指蛋白质分子长短轴之比小于10，并盘曲成球状或椭圆形，一般可溶于水的一类蛋白质。外形接近球形或椭圆形，溶解性较好，能形成结晶，大多数蛋白质属于这一类。此类蛋白质在人体具有特异的生物活性，如酶、免疫球蛋白、血红蛋白和肌红蛋白等。

三、按蛋白质组成分类

根据蛋白质分子组成的不同，可分为单纯蛋白质和结合蛋白质。

1. 单纯蛋白质 只含由α－氨基酸组成的肽链，蛋白质的组成中只含有氨基酸成分的一类蛋白质。如清蛋白、球蛋白、免疫球蛋白等。

2. 结合蛋白质 由单纯蛋白与其他非蛋白成分（辅基）结合而成，蛋白质的组成中除含有氨基酸成分外，还含有非蛋白质物质（辅基）的一类蛋白质。如核蛋白、糖蛋白、铁蛋白及铜蛋白等（表2－4）。

表 2-4　蛋白质按化学组成分类

类别	辅基	举例
单纯蛋白质		清蛋白、球蛋白、精蛋白、组蛋白、硬蛋白、谷蛋白
结合蛋白质		
糖蛋白	糖类	黏蛋白、血型糖蛋白、免疫球蛋白
核蛋白	核酸	病毒核蛋白、染色体核蛋白
脂蛋白	脂类	乳糜微粒、低密度脂蛋白
磷蛋白	磷酸	酪蛋白、卵黄磷蛋白
金属蛋白	金属离子	铁蛋白、铜蓝蛋白
色蛋白	色素	血红蛋白、肌红蛋白、细胞色素

第六节　蛋白质的分离提纯及鉴定

一、蛋白质的提取

大部分蛋白质都可以溶于水、稀盐、稀酸或稀碱溶液，少数与脂类结合的蛋白质则溶于乙醇、丙酮及丁醇等有机溶剂中，因此，可采取不同溶剂提取分离和纯化蛋白质。

（一）水溶液提取法

由于蛋白质大部分溶于水、稀酸和稀碱溶液，稀盐和缓冲系统的水溶液对蛋白质的稳定性好，溶解度大，是提取蛋白质最常用的溶剂，提取时需要均匀地搅拌，以利于蛋白质的溶解。提取的温度视其有效成分的性质而定。一方面，多数蛋白质的溶解度随着温度的升高而增大，因此温度高利于溶解，缩短提取时间。但另一方面，温度升高会使蛋白质变性失活，因此基于这一点考虑，提取蛋白质时一般采用低温（5℃以下）操作。

为了避免蛋白质提取过程中的降解，可加入蛋白水解酶抑制剂（如二异丙基氟磷酸、碘乙酸等）。在提取过程中应注意下列几点：①pH：提取液的 pH 应选择在偏离等电点两侧的 pH 范围内。用稀酸或稀碱提取时，应防止过酸或者过碱而引起蛋白质可解离基团发生变化，从而导致蛋白质构象的不可逆化。②盐浓度：稀盐溶液可促进蛋白质的溶解，称为盐溶作用。同时稀盐溶液因盐离子与蛋白质部分结合，具有保护蛋白质不易变性的优点，因此在提取液中加入少量氯化钠等中性盐。③温度：为防止活性蛋白变性、降解而失活，温度通常选在 5℃以下。对少数耐温的蛋白质和酶，可适当提高温度，有利于提纯，如胃蛋白酶、酵母醇脱氢酶以及许多多肽激素可选择 37 ~ 50℃条件下提取，效果比低温提取更好。

（二）有机溶剂提取法

一些和脂类结合比较牢固或者分子中非极性侧链较多的蛋白质，不溶于水、稀盐溶液、稀酸或稀碱中，可用乙醇、丙酮或丁醇等有机溶剂，它们具有一定的亲水性，还有较强的亲脂性，是理想的提取脂蛋白的提取液，但必须在低温下操作。如用 60% ~ 70% 的酸性乙醇提取胰岛素，既可抑制水解酶对胰岛素的破坏，又可除去大量杂蛋白。

二、蛋白质分离纯化

（一）蛋白质分离纯化的一般原理

蛋白质提纯的总目标是增加制品纯度（purity）或比活力（specific activity），设法除去变性的蛋白质和其他杂蛋白，且希望所得蛋白质的产量达到最高值。分离提纯某一特定蛋白质的一般程序可以分为前处理、粗分级、细分级和结晶四步。

1. 第一步是前处理 选择适当的方法，将组织和细胞破碎。如果所要的蛋白质主要集中在某一细胞组分中，如细胞核、染色体、核糖体或可溶性的细胞浆等，则可用差速离心方法将它们分开（表2-5），收集该细胞组分作为下一步提纯的材料。

表2-5 在不同离心力下沉降的细胞组分

离心场（g）	时间	沉降的组分
1000	5min	真核细胞
4000	10min	叶绿体、细胞碎片、细胞核
15 000	20min	线粒体、细菌
30 000	30min	溶酶体、细菌细胞碎片
100 000	3~10h	核糖体

2. 第二步是粗分级 当蛋白质混合物提取液获得后，选用一套适当的方法，将所要的蛋白质与其他杂蛋白分离开。一般这一步采用盐析、等电点沉淀和有机溶剂分组分离等方法。这些方法的特点是简便、处理量大，既能除去大量的杂质，又能浓缩蛋白质溶液。

3. 第三步是细分级 也就是样品进一步提纯。样品经粗分级以后，一般体积较小，杂蛋白大部分已被除去。进一步提纯一般用层析法，包括凝胶过滤、离子交换层析、吸附层析及亲和层析等。

4. 第四步是结晶 这是蛋白质分离提纯的最后步骤，尽管结晶并不能保证蛋白质的均一性，但只有某种蛋白质在溶液中数量占优势时才能形成结晶。结晶过程本身也伴随着一定程度的提纯，而重结晶又可除去少量夹杂的蛋白质。蛋白质纯度越高，溶液越浓，就越容易结晶。由于结晶从未发现过变性蛋白质，因此蛋白质的结晶不仅是纯度的一个标志，也是鉴定制品是否处于天然状态的有力指标。

（二）蛋白质分离纯化的常用方法

利用蛋白质物理、化学性质的差异，将不同的蛋白质采用恰当的方法分开，常用的方法如下。

1. 根据蛋白质两性电离及等电点分离的方法

（1）等电点沉淀法 因为蛋白质在其等电点的pH附近易沉淀析出，故利用各种蛋白质等电点的不同，即可将蛋白质从混合溶液中分开。

（2）电泳 与蛋白质所带电荷的性质、数目、分子、形状有关，对带相同性质电荷的蛋白质来说，带电多、分子小及为球状分子的蛋白质游动速率大，故不同蛋白质得以分离。

（3）离子交换层析 层析柱中装上离子交换剂，其所带电荷性质与蛋白质电荷性质相反，当蛋白质混合溶液流经层析柱时，即可被吸附于柱上，随后用与蛋白质带相同性质电荷的洗脱剂洗脱，蛋白质可被置换下来，由于各种蛋白质带电量不同，离子交换剂结合的紧密度不同，带电量小的蛋白质先被洗脱下来，增加洗脱液离子强度，带电量多的也被洗脱下来。

2. 利用蛋白质分子量不同分离的方法

（1）透析　利用特殊膜制成透析袋，此膜只允许小分子化合物透过，而蛋白质是高分子化合物留在袋内，故把袋置于水中，蛋白质溶液中的小分子杂质可被去除，如去除盐析后蛋白质中混杂的盐类。也常利用此方法浓缩蛋白质。

（2）分子筛　也叫凝胶过滤，是层析的一种。层析柱内填充带有网孔的凝胶颗粒。蛋白质溶液加于柱上，小分子蛋白进入孔内，大分子蛋白不能进入孔内而直接流出，小分子因在孔内被滞留而随后流出，从而蛋白质得以分离（图 2－25）。

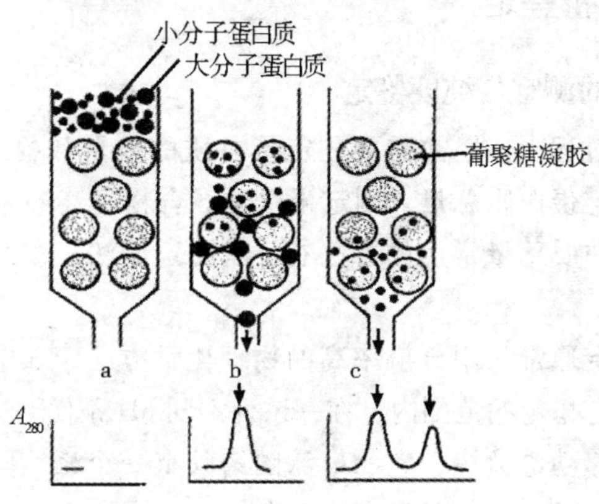

图 2－25　凝胶过滤分离蛋白质

（3）层析　根据溶液中待分离的蛋白质颗粒大小、电荷多少及亲和力等，使待分离的蛋白质组分在两相中反复分配，并以不同速度流经固定相而达到分离蛋白质的目的。主要的层析技术有离子交换层析、凝胶层析、吸附层析及亲和层析等（图 2－26）。

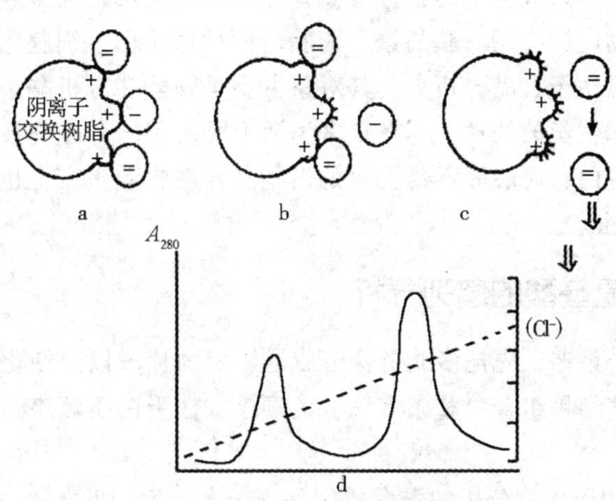

图 2－26　离子交换层析分离蛋白质

a. 样品全部交换并吸附到树脂上；b. 负电荷较少的分子用较稀的 Cl^- 或者其他负离子溶液洗脱；c. 电荷多的分子随 Cl^- 浓度增加依次洗脱；d. 洗脱图

（4）超速离心　蛋白质在强大离心场中，在溶液中会逐渐沉降，各种蛋白质沉降所需离心力场不同，故可用超速离心法分离蛋白质及测定其分子量，因其结果准确又不使蛋白质变性，是目前分离生物高分子常用的方法。

3. 与蛋白质的沉淀性质相关的分离方法

（1）盐析 硫酸铵、硫酸钠等中性盐因能破坏蛋白质在溶液中稳定存在的两大因素，故能使蛋白质发生沉淀，如用硫酸铵分离清蛋白和球蛋白，半饱和的硫酸铵溶液中，球蛋白从混合溶液中沉淀析出，而清蛋白在饱和硫酸铵中沉淀。盐析的优点是蛋白质不变性。

（2）丙酮沉淀 丙酮可溶于水，故能与蛋白质争水破坏其水化膜，使蛋白质沉淀析出。

（3）重金属盐沉淀 因其带正电荷，可与蛋白质负离子结合形成不溶性蛋白盐沉淀，可利用此性质以大量清蛋白抢救重金属盐中毒的人。

三、蛋白质的分析鉴定

（一）蛋白质含量的测定与纯度鉴定

在蛋白质分离提纯过程中，经常需要测定蛋白质的含量和检查某一蛋白质的提纯程度。这些分析工作包括：测定蛋白质总量、测定蛋白质混合物中某一特定蛋白质的含量和鉴定最后制品的纯度。测定蛋白质总量常用的方法有：凯氏定氮法、双缩脲法、Folin－酚试剂法和紫外吸收法等。

蛋白质制品纯度鉴定通常采用分辨率高的物理化学方法，如电泳分析、沉淀分析、扩散分析等。纯的蛋白质在它稳定的范围内，在一系列不同 pH 条件下进行电泳时，都以单一的泳动度移动，因此在界面移动电泳中，它的电泳图谱只有一个峰。同样，在沉降分析中，纯的蛋白质在离心力影响下，以单一的沉降速度运动。

（二）蛋白质分析的应用

蛋白质分析的应用范围很广泛：①在临床化学分析上，不仅包括生物体化学成分的分析，也包括将各种酶的活力测定作为临床诊断的指标，如将乳酸脱氢酶同工酶的检定作为心肌梗死的诊断指标，转氨酶作为肝病变的指标等。②许多蛋白制剂是安全有效的药品，如蛋白水解酶制剂作为消化药物广泛应用。胰岛素、人胎盘丙种球蛋白、细胞色素 c 等也都是有效的药物。③酶法分析也应用于食品分析上，其对象主要是辅酶和有机酸。④在一些工业生产上也常常利用酶制剂，如生丝的处理。⑤在日常生活中所使用的合成洗涤剂以蛋白水解酶为添加剂，可以除牛乳、蛋白、血液等不易去除的污物。⑥在农业生产上也有应用，如苏云金杆菌的 Bt 蛋白可用于防虫。

四、多肽链中氨基酸的序列分析

氨基酸顺序测定的策略，先把多肽链降解成足够短的片段以便使化学反应能够产生可靠的结果，然后再把这些结果组合成整条多肽链的顺序。在蛋白质顺序测定中实际所采用的步骤如下。

1. 纯化蛋白质 用于序列分析的蛋白质应是分子大小均一，电泳呈现一条带，具有一定纯度的样品。

2. 拆开所有二硫键 将链间、链内二硫键打开，否则会阻碍蛋白水解溶剂的作用，常用巯基化合物还原法。

3. 分析蛋白质的氨基酸组成 用酸、碱等将蛋白质肽链水解为游离氨基酸，再用电泳、层析等方法分离、鉴定所有游离氨基酸的种类和含量，用氨基酸自动分析仪快速测定。

4. 测定肽链中 N－末端和 C－末端为何种氨基酸 若蛋白质由两条以上肽链组成，通过末端氨基酸的测定还可估计蛋白质中的肽链数目。①N－末端氨基酸测定，二硝基氟苯（DN-FB）、丹磺酰氯（DNS）都可与末端氨基反应，再用盐酸等将肽链水解，将带有二硝基氟苯或丹磺酰氯的氨基酸水解下来，即可分离鉴定出为何种氨基酸，因丹磺酰氯具强烈荧光更易鉴别。②C－末端氨基酸测定，用相应的羧肽酶、肼解法将C－末端氨基酸水解下来，因各种羧肽酸水解氨基酶的专一性不同，故可对C－末端氨基酸做出鉴定。羧肽酶法最有效、最常用。

5. 选择适当的酶或化学试剂将肽链部分水解成适合做序列分析的小肽段　常用的方法有：①胰蛋白酶法：水解赖氨酸或精氨酸的羧基形成的肽键，故若蛋白质分子中有4个精氨酸或赖氨酸残基，可得5个肽段；②胰凝乳蛋白酶法：水解芳香族氨基酸羧基侧的肽键；③溴化氰法：水解甲硫氨酸羧基侧的肽键。

6. 测定各肽段的氨基酸排列顺序　一般采用Edman降解法，是将多肽链上的氨基酸从氨基末端逐个切下，以乙内酰苯硫脲的衍生物形式释放出来，而这些衍生物可以根据它们的薄层层析性质进行测定。测定肽段的氨基酸顺序还可以使用氨基酸顺序分析仪，它是将Edman降解法自动化，测定速度有很大提高，比人工测定更精确。

7. 用片段重叠法确定整个肽链的氨基酸顺序　多肽链用两种方法分别裂解成几组肽段，并测定每一方法中每一肽段的氨基酸排列顺序，肽段重叠法确定整条肽链的氨基酸顺序，若用两种方法找不出重叠肽段，就需用第三种、第四种方法，直到找出重叠肽段。

8. 确定二硫键位置　用电泳法将拆开二硫键的肽段条带与未拆开二硫键的条带进行对比即可定位二硫键的位置。蛋白质一级结构的顺序测定完成后，将未拆开二硫键的同一种蛋白质再一次进行专一性的酶解，由此就可以确定完整的蛋白质中二硫键的位置。

这样，一个完整蛋白质分子的一级结构即可被测定。

（罗　辉）

第三章 核酸的化学

1. 掌握核酸的概念、分类、分子组成；核苷酸的组成及结合方式；DNA 和 RNA 结构及差别；核酸的变性、复性、分子杂交、紫外吸收等性质。

2. 熟悉核酸结构的简写式及阅读方向；常见的多磷酸核苷和环化核苷酸的结构及其功能；核酸的提取、分离和纯化；核酸含量的测定方法及其原理。

3. 了解核苷酸元素的组成；几种核苷酸衍生物的组成及功能。

1868 年，瑞士青年学者 Miesher 从脓细胞的核中分离出一种含磷化合物，呈酸性，命名为核素，这种物质后来被命名为核酸（nucleic acid）。核酸和蛋白质一样，都是多聚化合物，核苷酸是组成核酸的单体，因此，核酸又称为多聚核苷酸。

核酸包括脱氧核糖核酸（DNA）和核糖核酸（RNA）两大类。一切生物，无论是动物细胞、植物细胞还是微生物细胞中都含有 DNA 和 RNA。无细胞结构的病毒，或者含有 DNA，或者含有 RNA，因此病毒可分为 DNA 病毒和 RNA 病毒。核酸约占细胞干重的 5% ~10%。真核细胞中，98% 以上的 DNA 与组蛋白结合，形成细胞核的染色质，其余的 DNA 存在于线粒体中。RNA 则仅有 10% 存在于细胞核中，90% 存在于细胞质中。根据分子结构和功能的不同，RNA 主要分为三种，即核糖（核蛋白）体 RNA（rRNA），转运 RNA（tRNA）及信使 RNA（mRNA）。此外，还有非特异小核 RNA，小（分子）干扰 RNA 等。

20 世纪 40 年代 Avery 的工作证明，核酸是遗传的物质基础，DNA 是遗传信息的储存和携带者。20 世纪 50 年代至 60 年代，科学家们进一步揭示，DNA 在 RNA 和蛋白质的参与下，将存储的遗传信息复制、传递给子代。遗传信息传递“中心法则”的确立进一步阐明了 DNA、RNA 和蛋白质在生物遗传信息传递或基因表达中的功能联系。即 DNA 将遗传信息传递给 mRNA，mRNA 进一步指导蛋白质的生物合成。此外蛋白质的生物合成还需要 tRNA 和 rRNA 的参与。因此，核酸与生物的生长和发育、遗传和变异密切相关，核酸与蛋白质同是生命的物质基础。

核酸既与遗传变异、生长繁殖及细胞分化等正常的生命活动密不可分，又关系到诸如肿瘤发生、病毒感染及遗传疾病等各种异常的生命活动。目前，核酸研究已形成并发展了许多新理论、新概念、新技术，如基因组学、蛋白质组学、基因工程技术、基因芯片技术、克隆技术、转基因技术等。因此，核酸研究是现代生物化学、分子生物学与医药学发展的重要领域。

第一节 核酸分子的化学组成

一、核酸的元素组成

组成核酸的主要元素有碳（C）、氢（H）、氧（O）、氮（N）和磷（P）。与蛋白质比较，核酸的元素组成上有两个特点：一是天然核酸不含S，二是核酸中P的含量较多，且比较恒定，约占9%～10%。因此，可通过测定样品中磷的含量作为核酸定量分析的依据。

二、核酸分子的基本结构单位——核苷酸

（一）核酸的消化与吸收

核酸大多以核蛋白的形式存在。食物中的核蛋白在胃中受胃酸的作用，分解成核酸与蛋白质。核酸主要在小肠中被水解酶逐步消化，核酸水解首先生成核苷酸，核苷酸水解后生成核苷和磷酸，核苷再进一步水解，可产生戊糖和碱基。即核酸水解最终生成碱基、戊糖和磷酸三种基本成分（图3－1）。核苷酸及其水解产物均可被吸收。戊糖和磷酸可被机体利用，参与核苷酸等生物分子的合成；嘌呤碱和嘧啶碱则大部分经由相应代谢途径降解为终产物后排出体外，很少被机体利用。实际上，人体内的核苷酸主要由机体细胞自身合成，所需原料主要来自氨基酸、葡萄糖及磷酸。

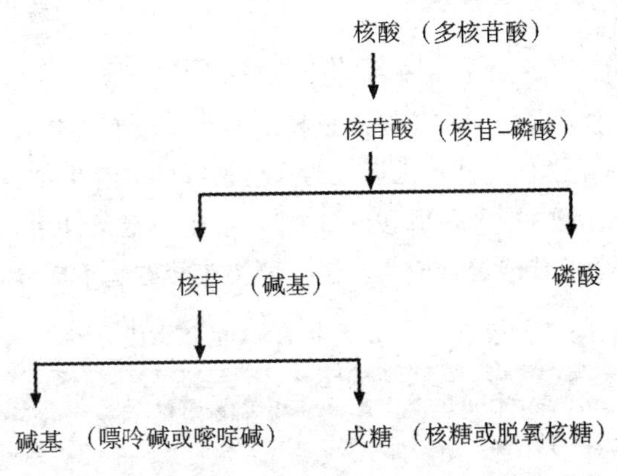

图3－1 核酸的水解产物

（二）核酸的基本成分

由上述核酸的消化过程可知，核酸水解最终生成碱基、戊糖和磷酸三种基本成分。

1. 碱基（含氮碱） 核酸中的碱基均为含氮杂环化合物，分为嘌呤碱（purine）和嘧啶碱（pyrimidine）两类。常见的嘌呤碱有两种：腺嘌呤（adenine，A）和鸟嘌呤（guanine，G）；常见的嘧啶碱有三种：尿嘧啶（uracil，U）、胞嘧啶（cytosine，C）和胸腺嘧啶（thymine，T）。结构见图3－2。

DNA分子中一般含A、G、C、T四种碱基；RNA分子中一般含A、G、C、U四种碱基。某些核酸，尤其是tRNA分子中，还含有多种含量甚少的碱基，称为稀有碱基（minor bases）或修饰碱基，如次黄嘌呤、7－甲基鸟嘌呤、5－甲基胞嘧啶、5，6－二氢尿嘧啶等。

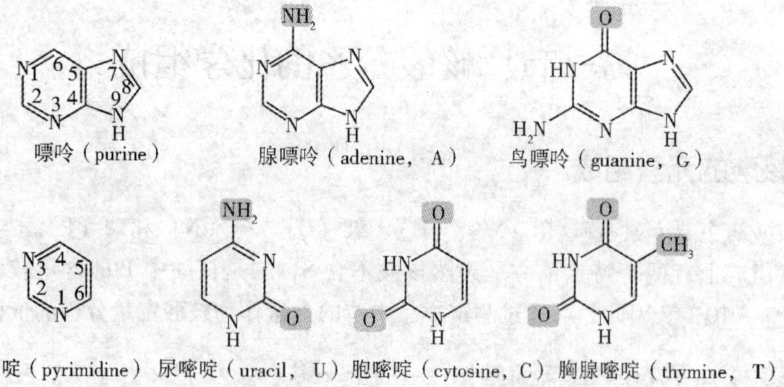

嘌呤（purine） 腺嘌呤（adenine，A） 鸟嘌呤（guanine，G）

嘧啶（pyrimidine） 尿嘧啶（uracil，U） 胞嘧啶（cytosine，C） 胸腺嘧啶（thymine，T）

图 3－2 核酸中的两类主要碱基

2. 戊糖（五碳糖） 核酸中的戊糖分为两类：RNA 中含有 β－D－核糖；DNA 中含 β－D－2－脱氧核糖，均为呋喃环型结构（图 3－3）。

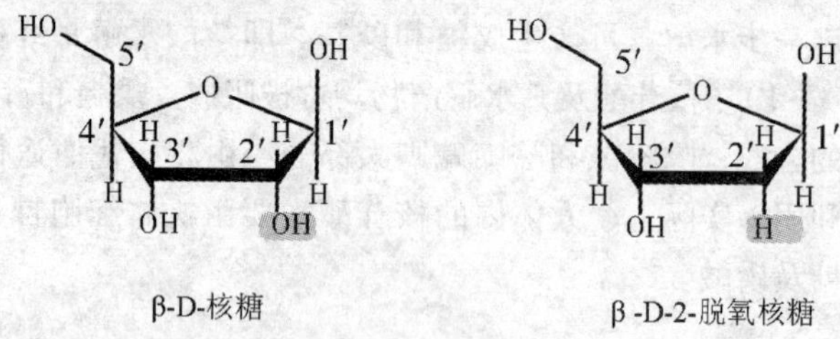

图 3－3 戊糖的结构

脱氧核糖和核糖的主要区别就在于脱氧核糖的 C′－2 没有连接羟基。这种结构上的差异，使 DNA 分子具有更大的化学稳定性，因而成为自然选择的储存生物信息的主要载体。

3. 磷酸 DNA 与 RNA 中均含有磷酸（H_3PO_4），在一定条件下，通过酯键同时连接两个核苷酸中的戊糖，使多个核苷酸聚合成为长链。两类核酸的基本成分见表 3－1。

表 3－1 DNA 和 RNA 的基本成分

核酸	嘌呤碱	嘧啶碱	戊糖	磷酸
DNA	A、G	C、T	R	P
RNA	A、G	C、U	dR	P

（三）核苷酸的组成

核苷酸由戊糖、磷酸和碱基三部分逐步缩合而成。

1. 核苷 核苷是戊糖与碱基缩合而成的糖苷。可按戊糖的不同分为核糖核苷和脱氧核糖核苷。连接戊糖与碱基的 N—C 键，一般称为 N—糖苷键。其中，戊糖的第一位碳原子（C_1'）与嘌呤碱以第九位氮原子（N_9）相连接（N_9—C_1'），或者与嘧啶碱第一位氮原子（N_1）相连接（N_1—C_1'），如图 3－4 所示。

RNA 中常见的核糖核苷（N）有四种：腺苷（A）（腺嘌呤核苷简称腺苷，依此类推）、鸟苷（G）、胞苷（C）和尿苷（U）。

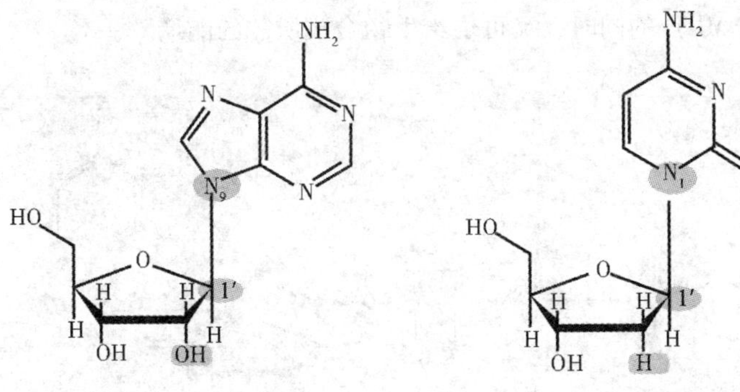

腺嘌呤核苷（腺苷）　胞嘧啶脱氧核苷（脱氧胞苷）

图 3－4　核苷的结构示例

DNA 中的脱氧核糖核苷（dN）也是四种：脱氧腺苷（dA）（腺嘌呤脱氧核苷简称脱氧腺苷，依此类推）、脱氧鸟苷（dG）、脱氧胞苷（dC）和脱氧胸苷（dT）。

2. 核苷酸　核苷酸即核苷的磷酸酯。是由核苷分子中戊糖的羟基磷酸酯化而构成。包括5′－核苷酸、3′－核苷酸、2′－核苷酸。天然的游离核苷酸，都是5′－核苷酸，常略去其定位符号5′。具体名称可根据核苷名称命名为"某某核苷一磷酸"，简称"某苷酸"。如腺嘌呤核苷的5′－磷酸酯，命名为腺嘌呤核苷一磷酸（AMP），简称腺苷酸。若核苷是脱氧腺嘌呤核苷，即命名为脱氧腺嘌呤核苷一磷酸（dAMP），简称脱氧腺苷酸，依此类推。

核苷酸是核酸分子的基本结构单位。RNA 为核糖核苷一磷酸（NMP）的多聚体，DNA 为脱氧核糖核苷一磷酸（dNMP）的多聚体。两类核酸中的主要核苷酸见表 3－2。

表 3－2　DNA 和 RNA 的基本结构单位

RNA	DNA
腺苷酸（AMP）	脱氧腺苷酸（dAMP）
鸟苷酸（GMP）	脱氧鸟苷酸（dGMP）
胞苷酸（CMP）	脱氧胞苷酸（dCMP）
尿苷酸（UMP）	脱氧胸苷酸（dTMP）

三、体内重要的游离核苷酸及其衍生物

核苷酸是具有多种生理功能的生物分子，除了聚合为生物信息大分子——核酸，细胞内还有多种游离的核苷酸和核苷酸衍生物，参与物质代谢及其调控。

（一）多磷酸核苷酸

多磷酸核苷酸是指5′－位连接两个或三个磷酸基团的核苷酸。5′－连接两个磷酸基团即形成核苷二磷酸（NDP 或 dNDP），连接三个磷酸基团即形成核苷三磷酸（NTP 或 dNTP）。如 AMP 磷酸化生成 ADP，再进一步磷酸化即生成 ATP（图 3－5）。

ATP 分子结构中的 β－磷酸基和 γ－磷酸基水解时会释放大量能量，称为高能磷酸，是重要的能量载体，是能量生成、储存和利用的中心物质。与 ATP 类似，其他多磷酸核苷酸也都是高能磷酸化合物。合成 RNA 和 DNA 时，分别以 NTP 和 dNTP 作为的原料，在提供相应的构

件分子（NMP 和 dNMP）的同时，又可供给生物合成所需的能量。

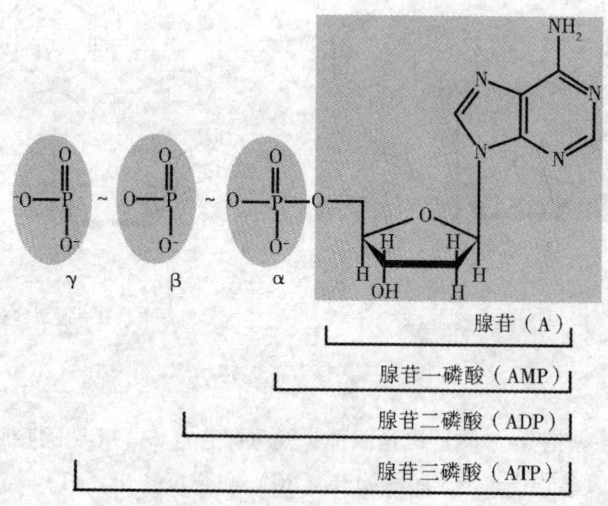

图 3－5　AMP、ADP 和 ATP 的结构

（二）环化核苷酸

环化核苷酸是由 3′－羟基和 5′－羟基与同一磷酸基结合而成的具有内酯环结构的核苷酸（图 3－6）。常见的有 3′，5′－环腺苷酸（cAMP）和 3′，5′－环鸟苷酸（cGMP）。是细胞内传导来自细胞外激素信号的重要信息分子，因此称为激素作用的“第二信使”。

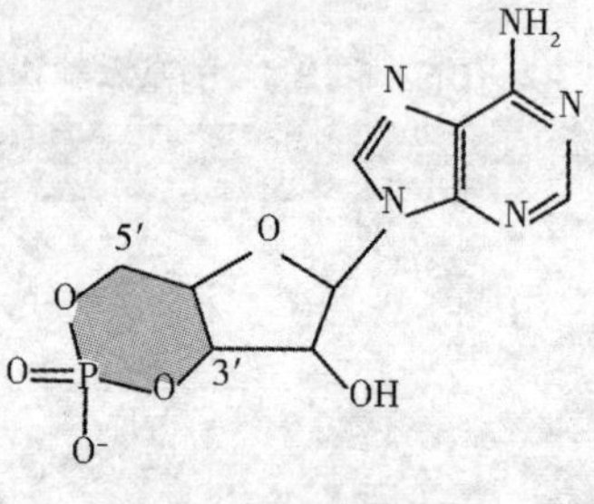

图 3－6　cAMP 的结构

（三）辅酶类核苷酸

有的核苷酸类衍生物还是重要的辅酶，是酶发挥催化作用不可缺少的成分。如：辅酶 I（NAD^+）和辅酶Ⅱ（$NADP^+$）都是由腺苷酸与烟酰胺（尼克酰胺）核苷酸组成的化合物，黄素腺嘌呤二核苷酸（FAD）是由黄素单核苷酸（FMN）与腺苷酸组成的化合物。NAD^+、$NADP^+$、FMN、FAD 是多种脱氢酶的辅酶，在生物氧化过程中起着重要的递氢作用。辅酶 A（CoASH）也是含有腺苷酸的化合物，是酰基转移酶的辅酶，起着重要的酰基载体作用，广泛参与各种物质代谢。

第二节　DNA 分子的组成和结构

20 世纪 40 年代后期至 50 年代初，Chargaff 等人发现了 DNA 分子的碱基组成规律，称为 Chargaff 法则，包括以下要点：①DNA 由 A、G、T、C 四种碱基组成。在所有的 DNA 中，腺嘌呤含量等于胸腺嘧啶含量（即 A = T）；鸟嘌呤等于胞嘧啶（即 G = C）。②DNA 的碱基组成具有种属特异性。即来自不同种属的生物 DNA 碱基的数量和相对比例不同。③DNA 的碱基组成无组织和器官的特异性。来自同一生物个体的不同组织或器官的 DNA 碱基组成相同，并且不会随生长年龄、营养状态和环境变化而改变。

一、DNA 的分子组成

DNA 分子是由四种脱氧核苷酸聚合而成的双链生物大分子，含核苷酸的残基数目可多达千万，称多核苷酸链，四种脱氧核苷酸包括：脱氧腺苷酸（dAMP）、脱氧鸟苷酸（dGMP）、脱氧胞苷酸（dCMP）和脱氧胸苷酸（dTMP）。

二、DNA 的分子结构

DNA 的分子结构与蛋白质相似，也可分为一级结构和空间结构层次。

（一）DNA 的一级结构

DNA 的一级结构是指 DNA 分子中脱氧核苷酸的排列顺序及其连接方式。由于 DNA 中核苷酸彼此之间的差别仅见于碱基部分，因此 DNA 的一级结构又指其碱基排列顺序，即 DNA 序列。

多核苷酸链的结构（图 3 – 7）具有下列特点。

（1）主键为 3′, 5′ – 磷酸二酯键。不论何种核酸，核苷酸分子之间都是通过相同的方式彼此连接，即由前一核苷酸的 3′ – 羟基和后一核苷酸的 5′ – 磷酸基脱水缩合形成磷酸二酯键。

（2）主链为重复的结构单元（磷酸 – 戊糖）构成的无分支的长链。同类核酸的主链结构相同，DNA 的主链为“磷酸 – 脱氧核糖”（P – dR）；RNA 的主链为“磷酸 – 核糖”（P – R）。

（3）侧链为特征结构 – 碱基。碱基的不同，不仅影响到核酸的理化性质，尤其是影响到核酸的生物学意义，富于变化的不同碱基序列蕴藏了无穷无尽的生物信息。

（4）具有严格的方向性：5′→3′。在长链的一端，具有游离的 5′ – 磷酸基（只与戊糖 C – 5′相连），称为 5′ – 磷酸末端（5′ – P）；另一端则正好相反，具有游离的 3′ – 羟基，故称为 3′ – 羟基末端（3′ – OH）。生物合成时，核酸链的延长方向为 5′→3′，遗传密码的阅读方向也是 5′→3′。通常核酸链的 5′ – 末端写在左侧，3′ – 末端写在右侧。

根据上述特点，核酸结构常常使用简化的写法，一般文献中多采用最后一种书写法表示（图 3 – 7）。其中，A、G、C、U、T 等缩写字母既可代表核酸中的碱基，也可代表核苷酸。

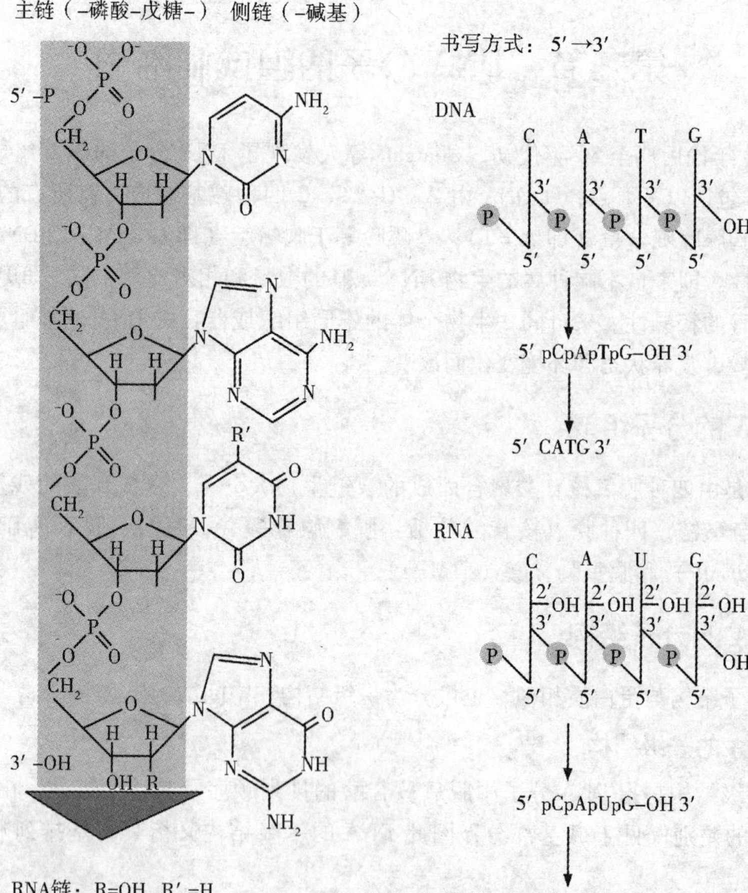

图 3-7 多核苷酸链的结构及书写方式

（二）DNA 的空间结构

1. DNA 的二级结构 DNA 二级结构即双螺旋结构。图 3-8 所示为 Watson 和 Crick 提出的 DNA 双螺旋结构模型，要点如下。

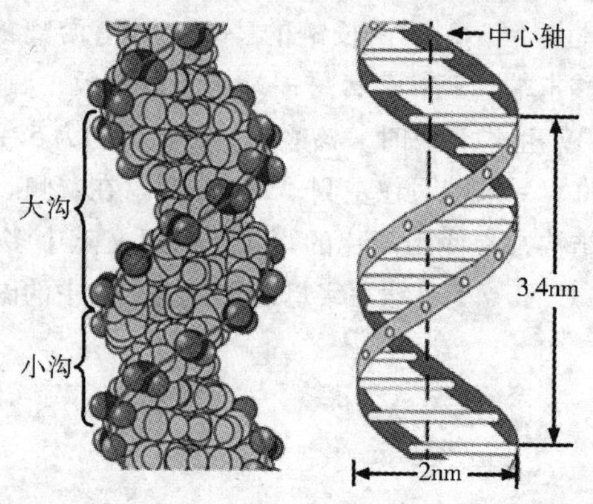

图 3-8 DNA 的二级结构——双螺旋结构模型

(1) DNA 分子由两条反向平行（一条是5′→3′、另一条是3′→5′走向）的多核苷酸链以右手螺旋方式围绕同一个假想的中心轴形成双螺旋结构。DNA 链的骨架由交替出现的亲水的脱氧核糖基和磷酸基构成，位于双螺旋的外侧；碱基位于双螺旋的内侧。

(2) 两条链上的碱基严格按照碱基互补规律 G 与 C 配对形成三个氢键，A 与 T 配对形成两个氢键全部缔合形成碱基对。因此，组成 DNA 的两条链也称为互补链（图 3 –9）。

(3) 双螺旋有一定的形态特征：螺径为 2nm，螺距为 3.4nm。螺旋的每一周包含 10 个碱基对，故相邻碱基对的距离为 0.34nm。碱基平面与中心轴垂直，堆积在双螺旋的内部，形成疏水核心。脱氧核糖和磷酸基团形成双螺旋结构的骨架位于螺旋的外侧，表现出一定的亲水特性。同时在双螺旋表面形成小沟及大沟。小沟较浅，大沟较深，大、小沟携带了其他分子可识别的信息，是蛋白质与 DNA 相互作用的基础。

(4) 双螺旋结构的维系力包括：①氢键：碱基对之间的氢键使两条链缔合形成空间平行关系，维系双螺旋结构横向稳定；②碱基堆积力：碱基之间层层紧密堆积，形成疏水型核心，保持双螺旋结构纵向稳定。此外，天然 DNA 分子中的磷酸残基阴离子与介质中的阳离子之间形成离子键，可降低 DNA 双链之间的静电排斥力。对双螺旋结构也起到一定的稳定作用。

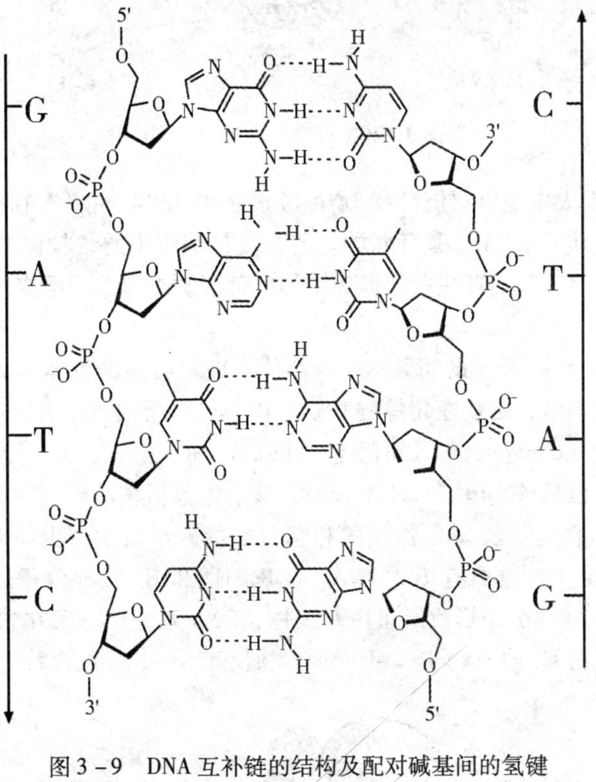

图 3 –9　DNA 互补链的结构及配对碱基间的氢键

Watson 和 Crick 的双螺旋结构模型不仅成功地解释了核酸的许多理化性质，而且将结构与功能很好地联系起来，极大地推动了分子生物学的发展。

DNA 在不同环境、特别是不同湿度中，可以形成不同的立体构象。DNA 双螺旋存在几种不同的构象，包括：B – DNA、A – DNA、C – DNA 和 Z – DNA。

2. DNA 分子的高级结构　DNA 分子是生物体的遗传信息库，所有生物的 DNA 双螺旋长链都远远超出其细胞所能容纳的长度。如人的二倍体细胞 DNA 双螺旋的链长达 1.7m。显然，

DNA 分子必须在双螺旋结构的基础上进一步盘曲折叠以压缩其长度，才能纳入小小的细胞乃至细胞核中。

（1）超螺旋结构 DNA 双螺旋结构每周包含 10 个碱基对时能量最低，若螺旋结构过紧或过松，而双链又呈闭合环形，便只能通过本身的扭曲降低双链内部的张力，这种扭曲即为超螺旋结构（图 3-10）。根据螺旋的方向可分为正超螺旋和负超螺旋。正超螺旋使双螺旋结构更紧密，双螺旋圈数增加，而负超螺旋可以减少双螺旋的圈数。超螺旋是 DNA 三级结构的一种重要存在形式。非环形 DNA，在链的两端转动受限时，局部也会出现这种超螺旋结构。

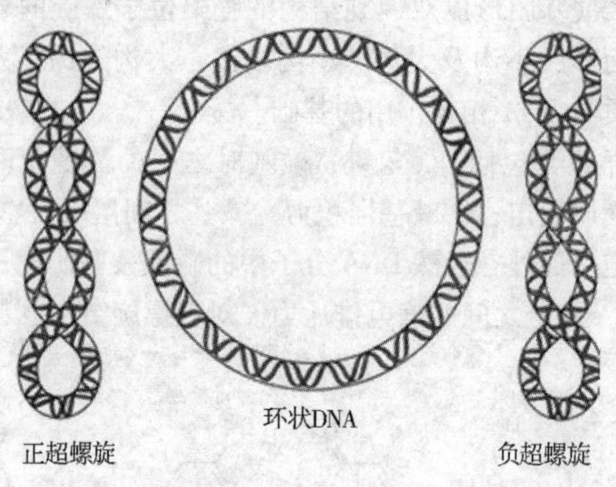

图 3-10 DNA 的超螺旋结构

原核生物的 DNA 大多是以双链环状 DNA 形式存在，如某些病毒 DNA、噬菌体 DNA，细菌染色体与细菌中的质粒 DNA 都是环状的。包括真核细胞中的线粒体 DNA、叶绿体 DNA 也呈环形，常常因为盘绕不足而形成负超螺旋结构。负超螺旋为右手螺旋，有利于 DNA 的复制与转录。

（2）真核生物细胞中 DNA 的组装——核小体、染色质和染色体 真核细胞生物的 DNA 分子较原核细胞的大得多，必须在超螺旋基础上进一步与蛋白质结合，通过精密的包装压缩为更加致密的染色质（chromatin）或染色体（chromosome）。

染色质的基本单位是核小体（nucleosome）。核小体包括核心颗粒和连接区两个部分（图 3-11）。其中的组蛋白是一类富含赖氨酸和精氨酸的碱性蛋白，生理条件下带正电荷，与 DNA 分子形成离子键。组蛋白有 H_1、H_2A、H_2B、H_3 和 H_4 五种分子。核心颗粒的核心是 H_2A、H_2B、H_3 和 H_4 各两分子形成组蛋白八聚体，DNA 双螺旋分子在它的表面缠绕近两圈。连接区为结合有组蛋白 H_1 的 DNA 链，不同种生物长度不一，一般含数十个碱基对。

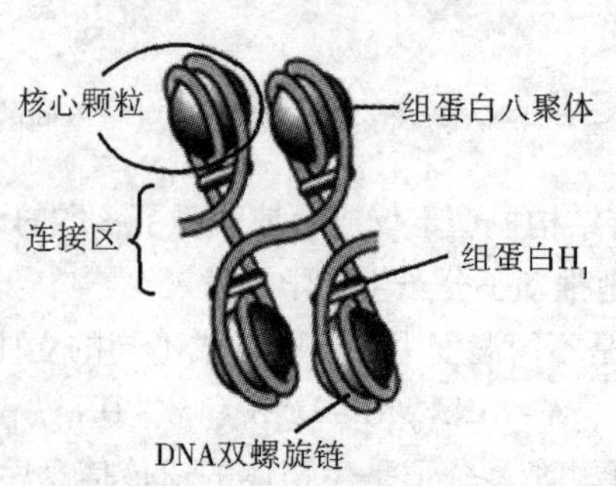

图 3-11 核小体结构示意图

DNA 组装成为染色体的过程（图 3－12），大体上包括下列几个层次：DNA 首先组装为许多彼此相连的核小体形成的串珠状结构（11nm 纤维）；这种串珠状纤维进一步螺旋化形成每一圈含 6 个核小体的螺线管（30nm 纤维）；螺线管纤维卷曲为环袢结构（300nm 纤维）；环袢结构纤维再折叠即形成染色质（直径 700nm）；在细胞分裂期，染色质更进一步折叠螺旋化，凝集为能在光学显微镜下观察到的染色体（直径 1μm）。

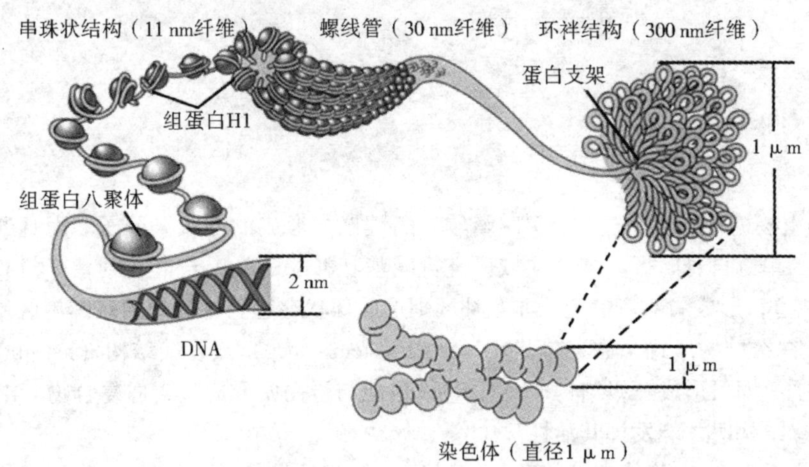

图 3－12　DNA 组装为染色体的示意图

人体细胞共有 23 对 46 条染色单体。每条染色单体包含一条 DNA 分子，平均分子大小为 1.3×10^8bp，直线长度约 1.7m。通过上述多层次盘旋折叠，DNA 长链被压缩 8400 多倍，全部容纳在直径约 10μm 的细胞核中。

第三节　RNA 分子的组成和结构

一、RNA 分子的组成

与 DNA 不同，RNA 分子是由四种核糖核苷酸聚集而成的单股多聚核苷酸链，包括腺苷酸（AMP）、鸟苷酸（GMP）、胞苷酸（CMP）和尿苷酸（UMP）。RNA 分子质量相对较小，有的只有几十个核苷酸序列，少于 50 个核苷酸的成为寡核苷酸；有较明确的二级、三级结构；但因 RNA 种类繁多，各种 RNA 分子又各具独特的空间构象。

二、RNA 分子的结构

（一）RNA 的一级结构

单股多聚核苷酸链中核糖核苷酸的排列顺序和共价连接就是 RNA 的一级结构。RNA 一级结构特点及书写方式参见图 3－7，不再赘述。

（二）RNA 的空间结构

RNA 与 DNA 相比，其组成、结构与功能都有所不同（表 3－3）。

表 3-3 RNA 与 DNA 的比较

异同点	RNA	DNA
特征碱基	U	T
稀有碱基	多见	极少见
碱基含量	无一定规律	A = T；G = C
碱基配对	A 与 U；G 与 C 部分配对	A 与 T；G 与 C 全部配对
分子大小	大小不等，含数十至数千个核苷酸	一般比 RNA 大得多
结构特点	单链	互补双链
主要功能	参与遗传信息表达	储存遗传信息

RNA 是由核糖核苷酸通过 3′，5′-磷酸二酯键聚合形成的链状大分子。而且通常是以单链形式存在。单链自身回折，某些区域可进行碱基互补配对（A 与 U 配对、G 与 C 配对，但并不十分严格），形成局部双螺旋，非互补区则形成环状突起。这种短的双螺旋区域和环是最典型的 RNA 二级结构形式，称为“茎环”结构（stem-loop）或发夹结构（hairpin）。在此基础上进一步折叠即可形成三级结构，而且 RNA 也能与蛋白质形成核蛋白复合物。RNA 同样是要在形成高级结构时才能发挥其活性。

细胞内常见 RNA 有信使核糖核酸（mRNA）、转运核糖核酸（tRNA）和核糖体核糖核酸（rRNA）。

1. mRNA 的结构与功能 20 世纪 50 年代中期，DNA 决定蛋白质合成的作用已经得到了公认，但是 DNA 主要存在于细胞核内，而蛋白质合成是在细胞质进行的，使得这一作用难以确切解释。因此当人们发现有一类大小不一的 RNA 是在细胞核内合成，然后转移到细胞质这一重要事实时，很自然就推测到 DNA 决定蛋白质合成的作用是通过这类特殊的 RNA 来实现的。这种作用很像一种信使作用，因此这类 RNA 被命名为信使 RNA。

mRNA 约占细胞总 RNA 的 3%，但种类最多，分子大小不一，含几百至几千个核苷酸残基，是细胞内最不稳定的一类 RNA。

原核生物中 mRNA 转录后一般不需加工，直接指导蛋白质的翻译。而真核生物的 mRNA 并非细胞核中 DNA 转录的直接产物，是由其前体核不均一 RNA（heterogeneous nuclear RNA, hnRNA）剪接而成。hnRNA 分子比 mRNA 要大得多，需经过剪接、修饰后才能进入细胞质中参与蛋白质合成。hnRNA 核苷酸链中被剪去的一些片段将不出现于相应的 mRNA 中，这些片段称为内含子（intron），而那些保留于 mRNA 中的片段称为外显子（exon），也就是说，hnRNA转变为 mRNA 的过程就是剪去内含子，将外显子连接起来的过程。

真核细胞成熟 mRNA 的结构（图 3-13）具有如下特点。

（1）5′-末端帽子结构：绝大多数真核细胞 mRNA 的 5′-末端在成熟过程中会加上 7-甲基鸟嘌呤核苷三磷酸核苷（m^7GpppN），称为“帽子”结构（cap sequence）。该结构与 mRNA 的稳定性有关，并与其转运出细胞核、与核糖体结合以及与蛋白质生物合成的起始等过程都有一定的关系。

（2）3′-末端多聚腺苷酸尾部：绝大多数真核细胞 mRNA 在 3′-末端有一段 20～200 个腺苷酸的多聚腺苷酸尾部（多聚 A 或 poly A）。也与 mRNA 的稳定性和转运出细胞核的过程等有关。

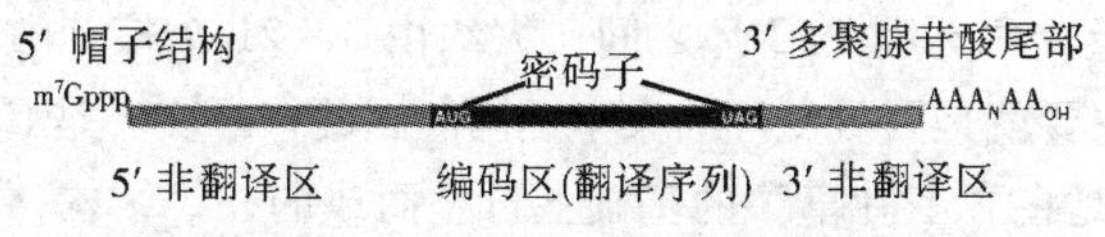

图 3－13　真核 mRNA 的结构特征

mRNA 的高级结构中也存在局部的双螺旋区域或发夹结构，但其数目、位子各不相同，因此形态各异。

mRNA 的功能是将细胞核中基因信息转录后携带出来，作为指导蛋白质生物合成的直接模板。mRNA 分子中每三个相邻核苷酸构成一个遗传密码（genetic code），将碱基序列翻译为氨基酸序列，进而生成特定的蛋白质。

2. tRNA 的结构与功能　tRNA 约占总 RNA 的 15%，目前已知的 tRNA 有 100 多种，其基本结构具有下列共同特点。①是三种 RNA 分子中最小的一类，由 70～90 个核苷酸组成一条单链。②是含稀有碱基最多的核酸，一般每分子含有 7～15 个。如二氢尿嘧啶（DHU）、胸腺嘧啶（T）、假尿嘧啶（ψ）、次黄嘌呤（I）等；③其 5′－端大多为 pG，3′－端全都是 CCA－OH；④碱基组成具有保守性，所有 tRNA 分子中约有 30% 的碱基固定不变。

各种 tRNA 的空间结构的形态特点也比较突出、比较有规律性。tRNA 的二级结构为三叶草形（图 3－14a）。配对碱基形成局部双螺旋而构成臂，不配对的单链部分则形成环。二维形象似三叶草，主要由下列五部分组成。

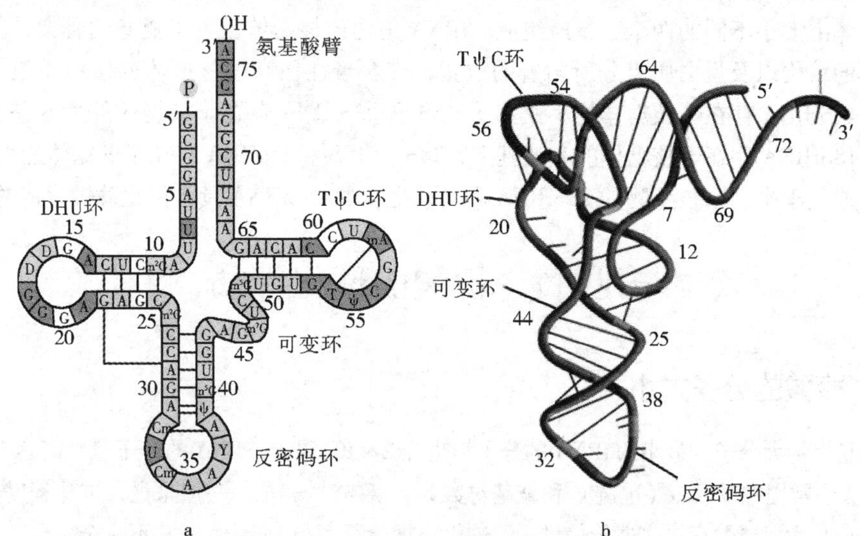

图 3－14　tRNA 的分子结构

a. tRNA 的一级结构（酵母苯丙氨酸 tRNA 的碱基序列）与二级结构（二维三叶草形）；

b. tRNA 的三级结构（三维倒 L 形）

（1）氨基酸臂　位于三叶草的柄部，由 7 对碱基组成双链区，3′－端为 4 个核苷酸残基的单链区，末端序列总是 CCA－OH。腺苷酸残基的羟基可与特异的氨基酸 α 羧基结合而携带氨基酸。

（2）反密码环　位于三叶草的顶部，即氨基酸臂对面的单链环。该环含有由三个核苷酸残基组成的反密码子（anticodon），可以识别 mRNA 上的密码子，实现了遗传密码信息向蛋白质的氨基酸序列信息的流通。

（3）TψC 环　含有胸腺嘧啶（T）、假尿嘧啶（ψ）和胞嘧啶（C）序列的环。

（4）DHU 环　含有两个二氢尿嘧啶核苷酸残基的环。

（5）可变环 在反密码环和TψC环之间，大约由3～21个核苷酸组成。各种tRNA核苷酸残基数目的不等，主要就是因可变环的大小不同。因此，可变环是tRNA分类的重要指标。

tRNA的三级结构是在“三叶草”的基础上折叠而成的三维结构，呈“倒L”形（图3－14b）。氨基酸臂与反密码环分别位于“倒L”形分子的两端，DHU环与TψC环位于拐角上。这种结构主要依靠碱基堆积力和氢键维系，紧凑而稳定；同时突显出3′－CCA－OH与反密码子，便于结合氨基酸、识别密码子。

tRNA的主要功能是携带蛋白质合成所需的氨基酸，细胞内每种氨基酸都有其相应的一种或几种tRNA，每一种tRNA携带一个特定的氨基酸，并按mRNA上的密码顺序“对号入座”地将其定位于多肽链上。

3. rRNA的结构与功能 rRNA在细胞内含量最多，占RNA总量的80%以上。rRNA分子也是单链。原核生物有5S、23S和16S三种rRNA，真核生物有28S、18S、5.8S和5S四种rRNA。各种rRNA的碱基组成无一定比例，差别较大。除5SrRNA外，其余的rRNA都含有少量的稀有碱基。现在各种rRNA的核苷酸序列的测定均已完成，其中一级结构最先被确定的是大肠埃希菌（大肠杆菌）的5SrRNA。在一级结构的基础上，人们推测出rRNA的二级结构模型，其结构最大特点是具有多样的茎环结构。

rRNA的功能是与多种核糖体蛋白（ribosomal protein）组成核糖体（ribosome），提供蛋白质生物合成的场所，因此比作“装配机”。

核糖体由大小不同的两个亚基所组成。rRNA是构成核糖体大、小亚基的骨架，决定着整个复合体的结构以及蛋白质组分所附着的位置，其含量往往高于核糖体的蛋白质组分。原核生物中，16SrRNA存在于核糖体的小亚基上，5S和23SrRNA存在于核糖体的大亚基上。真核生物中，18SrRNA存在于核糖体的小亚基上，28S、5.8S和5SrRNA存在于核糖体的大亚基上。蛋白质合成过程中，原核生物的23SrRNA和真核生物的28SrRNA具有催化肽键生成的作用。

第四节 核酸的理化性质

一、核酸的分子大小

核酸是生物大分子，最小的tRNA的分子量也在2×10^4以上，DNA的分子量则高达$10^6\sim10^{11}$。核酸分子大小常用碱基数b（单链）和碱基对数bp（双链）表示。一般来说，进化程度高的生物DNA分子应越大，能贮存更多遗传信息。但进化的复杂程度与DNA大小并不完全一致，如哺乳类动物DNA约为3×10^9bp，而有些两栖类动物、南美肺鱼DNA大小却可达$10^{10}\sim10^{11}$bp。

二、核酸的溶解性和黏度

DNA和RNA均属于极性化合物，微溶于水，不溶于乙醇、乙醚、三氯甲烷等有机溶剂。它们的钠盐比游离酸在水中的溶解度大，RNA溶于0.14mol/L的氯化钠溶液中，DNA溶于1mol/L的氯化钠溶液中。

核酸为线形高分子化合物，因而核酸溶液具有非常高的黏度。通常，高分子化合物溶液比普通溶液的黏度大得多，而线形分子比球形分子的黏度更大。天然DNA分子的双螺旋结构极其细长，长度与直径之比可达10^7。因此，即使是极稀的DNA溶液，黏度也很大。当DNA变性时，双螺旋结构向线团结构转变，空间伸展长度变短，黏度降低。

三、核酸的酸碱性质

核酸分子中含有酸性的磷酸基和碱性的碱基，属于两性化合物。在溶液中发生两性电离，不过等电点较低，pI 为 2～3，多表现酸性，生理条件下，分子中磷酸基团解离呈多价阴离子状态。DNA 双螺旋两条链间氢键的形成与其解离状态有关，在 pH 4.0～11.0 范围内碱基对结合最为稳定。超过此范围，DNA 即发生变性。

四、核酸的紫外吸收

嘌呤碱和嘧啶碱分子中具有共轭双键，因此核苷、核苷酸、核酸都具有紫外吸收的特征。核酸的最大吸收峰波长为260nm。利用此特性，可以采用紫外分光光度法进行核酸的定性定量分析，也可借此鉴别核酸检品中的蛋白质杂质（蛋白质的最大吸收峰为280nm）。

五、核酸的变性、复性与分子杂交

（一）DNA 的变性

在一定理化因素作用下，DNA 双螺旋结构中碱基之间的氢键断裂，变成单链的现象称为 DNA 变性（DNA denaturation）。引起 DNA 变性的因素很多，实验室常用加热的方法，称为热变性。由于变性作用并不改变 DNA 的一级结构，分离产生的两条单链仍然是互补结构。DNA 变性后，由于双螺旋分子内部的碱基暴露，其紫外吸收值（A_{260}）会大幅增加，称为增色效应（hyperchromic effect）。同时，由于螺旋向线团的转变，溶液的黏度明显降低，类似结晶物质的熔化。

DNA 的增色效应与解链程度存在一定的关系。如果缓慢加热 DNA 溶液，并测定其不同温度时的 A_{260} 值，以温度对 A_{260} 相对值作图，可得到“S”形 DNA 解链曲线（图 3－15）。通常把加热变性时 DNA 溶液 A_{260} 升高达到最大值一半时，即 DNA 解链 50% 时的温度称为该 DNA 的熔点或熔解温度（melting temperature，T_m）。T_m 是研究核酸变性很有用的参数，一般在 70～85℃之间。T_m 值与 DNA 分子大小及所含碱基的 G＋C 比例有关，DNA 分子越大，G＋C 比例越高，T_m 值也越高。DNA 分子的 T_m 值可以根据其 G＋C 的含量计算。

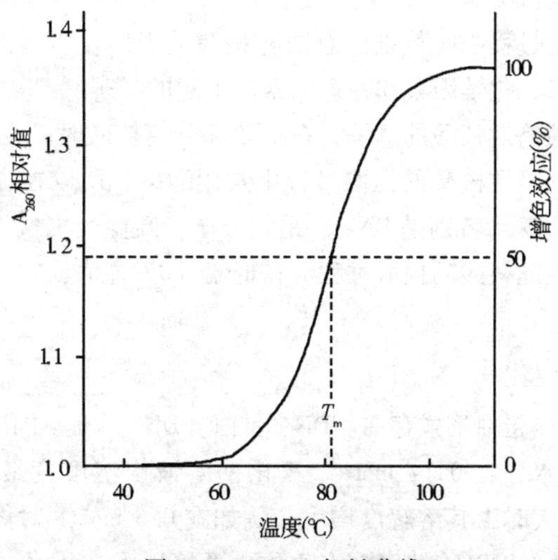

图 3－15　DNA 解链曲线

（二）DNA 的复性

在适当的条件下，两条互补的 DNA 单链重新结合并恢复天然的双螺旋结构，这一现象称为复性（renaturation）。热变性的 DNA 经缓慢冷却后，即可复性，又称为退火。若加热后迅速冷却至4℃以下，则几乎不可能发生复性，可用这个方法保持 DNA 的变性状态。

复性时，互补链之间的碱基互相配对的过程分为两个阶段。首先，溶液中的单链 DNA 不断彼此随机碰撞，如果它们之间的序列有互补关系，两条链经一系列的 G – C、A – T 配对，产生较短的双螺旋区。然后碱基配对区沿着 DNA 分子延伸形成双链 DNA 分子。DNA 复性后，变性引起的性质改变也得以恢复。

（三）分子杂交与探针技术

所谓分子杂交（hybridization）是指由不同来源的单链核酸分子结合形成杂化的双链核酸的过程。杂交可发生在 DNA – DNA、RNA – RNA 和 DNA – RNA 之间。分子杂交技术的基础是核酸的变性与复性，是分子生物学研究中常用的技术之一。例如探针技术，就是应用分子杂交技术，将一段带有放射标记或其他化学标记的寡核苷酸链作为探针（probe），与待测 DNA 一起温育，若待测 DNA 有相应的互补序列，便会与探针形成杂交双链。常用的有 Southern 印迹（DNA – DNA 杂交）、Northern 印迹（DNA – RNA 杂交）。利用探针的标记，即可进行靶核酸特异序列的检测和定量。分子杂交与探针技术可以分析基因组织的结构、定位等，在临床诊断中也有广泛的应用。

第五节 核酸的分离和含量测定

一、核酸的提取、分离和纯化

提取核酸的一般原则是先破碎细胞，提取核蛋白使其与其他细胞成分分离。然后用蛋白质变性剂如苯酚或去垢剂（十二烷基硫酸钠）等，或用蛋白酶处理除去蛋白质。最后所获得的核酸溶液用乙醇等使其沉淀。

在提取、分离、纯化过程中应特别注意防止核酸的降解。为获得天然状态的核酸，在提取过程中，应防止核酸酶、化学因素和物理因素所引起的降解。

为了防止内源性核酸酶对核酸的降解，在提取和分离核酸时，应尽量降低核酸酶的活性。通常加入核酸酶的抑制剂。在核酸的提取过程中常用酸碱，所以在提取时应注意强酸强碱对核酸的化学降解作用。核酸（特别是 DNA）是大分子，高温、机械作用力等物理因素均可破坏核酸分子的完整性。因此核酸的提取过程应在低温（0℃左右）以及避免剧烈搅拌等条件下进行。

（一）DNA 的分离纯化

真核细胞中 DNA 以核蛋白形式存在。DNA 蛋白（DNP）在不同浓度的氯化钠溶液中溶解度显著不同。DNP 溶于水，在 0.14 moL/L 氯化钠溶液中溶解度最小，仅为水中溶解度的 1/100。当氯化钠浓度增大时，其溶解度增大，例如在 0.5 mol/L 时溶解度与水相似，而当氯化钠浓度增至 1 mol/L 时，DNP 溶解度较在水中大两倍以上。利用这一性质可将 DNP 蛋白从破碎后的细胞匀浆中分离出来，也可以使 DNA 蛋白和 RNA 蛋白分离，因为 DNA 蛋白不溶于 0.14 mol/L 氯化钠溶液，而 RNA 蛋白溶于 0.14 mol/L 氯化钠溶液，DNA 蛋白中的蛋白部分可用下列方法除去。

（1）用苯酚提取 水饱和的新蒸馏苯酚与 DNP 振荡后，冷冻离心。DNA 溶于上层水相中，中间残留物也杂有部分 DNA，变性蛋白质在酚层内。

（2）用三氯甲烷－戊醇提取 将 DNA 溶液和等体积的三氯甲烷－戊醇（3∶1）剧烈振荡，离心，上层水液含 DNA、蛋白质，下层为三氯甲烷和戊醇，两层之间为蛋白质凝胶。上层水相再用三氯甲烷－戊醇的混合液处理，并反复数次，至两层之间无蛋白质胶状物为止。

（3）去污剂法 用十二烷基硫酸钠（SDS）等去污剂可使蛋白质变性。用这种方法可以获得一种很少降解，而又可以复制的 DNA 制品。

（4）酶法 用广谱蛋白酶使蛋白质水解。DNA 制品中有少量 RNA 杂质，可用核糖核酸酶除去。

（5）层析法 羟甲基磷灰石和甲基白蛋白硅藻土柱层析也是常用的纯化 DNA 的方法。

（6）离心法 天然的 DNA 分子有的呈线形，有的呈环形。采用下列方法可以将不同构象的 DNA 分离。①蔗糖梯度区带超离心，可按 DNA 分子的大小和形状进行分离；②氯化铯密度梯度平衡超离心，可按 DNA 的浮力密度不同进行分离。双链 DNA 中如插入溴化乙啶等染料后，可以减低其浮力密度。但由于超螺旋状态的环状 DNA 中插入溴化乙啶的量比线状或开环 DNA 分子少，所以前者的浮力密度降低较小。因此，可将这几类 DNA 进行分离。

（7）RNA 和 DNA 杂交 硝酸纤维素可以吸附变性 DNA，但天然 DNA 和 RNA 不被吸附。RNA－DNA 杂交体仍有游离的变性 DNA 区，所以也能被吸附。洗脱不吸附的 DNA、RNA 等杂质，再分别将变性 DNA 和杂质 RNA、DNA 洗脱下来，如此则可得到纯化的 DNA。

（8）枸橼酸钠有抑制脱氧核糖核酸酶（DNase）的作用 制备 DNA 时，常用它来防止 DNase 引起的降解。由于 DNase 作用时需要 Mg^{2+}，而枸橼酸钠作为一种螯合剂，可以除去 Mg^{2+}，所以有抑制 DNase 的作用。

（二）RNA 的分离与纯化

细胞内主要的 RNA 有三类：mRNA、rRNA 和 tRNA。目前在实验室先将细胞匀浆进行差速离心，制得细胞核、核蛋白体和线粒体等细胞器和细胞质。然后再从这些细胞器分离某一类 RNA。

RNA 在细胞内也常和蛋白质结合，所以必须除去蛋白质。从 RNA 提取液中除去蛋白质的方法有以下几种。

（1）在 10% 氯化钠溶液中加热至 90℃，离心除去不溶物，加乙醇使 RNA 沉淀，或者调节 pH 至等电点使 RNA 沉淀。

（2）用盐酸胍（最终浓度 2mol/L）可溶解大部分蛋白质，冷却，RNA 即沉淀析出，粗制品再用三氯甲烷除去少量残余蛋白质。

（3）去污剂法，常用的为十二烷基硫酸钠，使蛋白质变性。

（4）苯酚法，可用 90% 苯酚提取，离心后，蛋白质和 DNA 留在酚层，而 RNA 在上层水相内，然后进一步分离。

（5）制备 RNA 时常用的 RNA 酶抑制剂如皂土，皂土有吸附 RNA 酶的能力。

（6）RNA 制品中往往混有链长不等的多核苷酸。这些多核苷酸或者是不同类型的 RNA，或者是 RNA 的降解产物。可以采用下列方法加以进一步纯化，得到均一的 RNA 制品：①蔗糖梯度区带超离心，可将 18S RNA、28S RNA、5S RNA 分开；②聚丙烯酰胺凝胶电泳，可将不同类型的 RNA 分开。

（7）甲基白蛋白硅藻土柱、羟基磷灰石柱、各种纤维素柱，都常用来分级分离各种类型的 RNA。寡聚 dT－纤维素用于分离 mRNA 效果很好。凝胶过滤法也是分离 RNA 的有用方法。分离 mRNA 还可用亲和层析法和免疫法。

二、核酸含量的测定方法及其原理

（一）定磷法

RNA 和 DNA 中都含有磷酸，根据元素分析可知 RNA 的平均含磷量为 9.4%，DNA 的平均含磷量为 9.9%。因此，可从样品中测得的含磷量来计算 RNA 或 DNA 的含量。

（二）定糖法

RNA 含有核糖，DNA 含有脱氧核糖，根据这两种糖的颜色反应可对 RNA 和 DNA 进行定量测定。

（1）核糖的测定　RNA 分子中的核糖和浓盐酸或浓硫酸作用脱水生成糠醛。糖醛与某些酚类化合物缩合而生成有色化合物。

（2）脱氧核糖的测定　DNA 分子中的脱氧核糖和浓硫酸作用，脱水生成 ω－羟基－γ－酮基戊醛与二苯胺反应生成蓝色化合物。反应产物在 595nm 处有最大吸收，并且与 DNA 浓度成正比。

（三）紫外吸收法

利用核酸组分嘌呤环、嘧啶环具有紫外吸收的特性，用这种方法测定核酸含量时，通常测样品 DNA 或 RNA 溶液的 A_{260} 值，即可计算出样品中核酸的含量。

（刘景伟）

第四章　酶

1. 掌握酶的概念、酶的组成特点、酶的活性中心概念；酶促反应的特点，影响酶促反应速度的因素及其特点、抑制剂在医学上的应用；别构酶和修饰酶的作用特点、酶原激活及其生理意义、同工酶的概念及其应用。

2. 熟悉酶促反应的作用机制。

3. 了解酶的分类和命名，酶与一般催化剂的异同；酶的分离、提纯及活性测定；酶在医学与药学上的应用。

生物体内不断进行着新陈代谢，这些代谢由成千上万的化学分子与化学反应组成。生物体内条件温和，却能够进行迅速、有序、复杂的新陈代谢，保证细胞的正常生理活动，表明体内外的反应条件是不一样的。事实上，生物体活细胞能够产生一种称之为酶（enzyme）的生物催化剂，它比一般的化学催化剂具有更高的催化效率和特异性，从而使生物体内的新陈代谢能够有条不紊地进行。

酶与医学的关系非常密切。人体的许多疾病与酶的异常有关，许多药物通过对酶的影响来达到其治疗目的，酶学分析技术广泛应用于临床诊断。学习酶学基本知识对了解生命活动的规律，掌握疾病的发病机制和治疗的药理学基础，指导医学研究和临床实践具有重要意义。随着酶学研究的深入，其成果必将为人类的健康做出更大的贡献。

第一节　酶是生物催化剂

一、酶的生物学意义

酶与生命活动息息相关，从食物的消化吸收到营养物质在体内的代谢转化，几乎所有的化学反应都是在酶的催化下进行的。消化液中含有许多种酶，可分别水解食物中不同的营养物质。例如，吃馒头时会感觉到甜味，是因为口腔中的唾液淀粉酶把馒头中的淀粉水解成麦芽糖和糊精。胃液中含有胃蛋白酶，小肠液含有淀粉酶、麦芽糖酶、蔗糖酶、乳糖酶、肽酶、脂肪酶等多种消化酶。

酶到底为何物呢？酶是由活细胞合成的、对其底物具有高效催化作用的特殊蛋白质，是体内最主要的催化剂。酶所催化的化学反应称为酶促反应。在酶促反应中被酶催化的物质称为底物（substrate，S），反应所生成的物质称产物（product，P），酶所具有的催化能力称酶活性，如果酶丧失催化能力称酶失活。在一个包含一系列反应的代谢途径中，催化反应速率最慢，决定整个代谢途径总速率和反应方向的酶称为限速酶或关键酶。

1926 年，美国科学家 Sumner 首次从刀豆中提纯得到脲酶结晶，并证明酶的化学本质是蛋白质。以后陆续发现 2000 余种酶，均被证明其化学本质是蛋白质。1982 年，Cech 从四膜虫 rRNA 前体加工的研究中首次发现 rRNA 前体本身具有自我催化作用，并提出了核酶（ribozyme）的概念。核酶是具有催化作用的核糖核酸，其作用的底物是核酸。1995 年，Szostak 研究室报道了具有 DNA 连接酶活性的 DNA 片断，命名为脱氧核酶（deoxyribozyme）。随着科学的发展，还可能发现新的、具有催化作用的生物分子。尽管如此，生物体内绝大多数化学反应仍是由蛋白质类的天然酶催化，本章讨论的酶即为此类。

加酶洗衣粉

在加酶洗衣粉中使用的酶有：蛋白酶、脂肪酶、淀粉酶、纤维素酶。蛋白质是衣物上最普遍存在的污垢，而且最难被表面活性剂所去除。蛋白酶能把蛋白质先分解成氨基酸，从而很容易被洗去。但使用时注意不要接触皮肤，以免损伤皮肤表面的蛋白质，引起皮疹、湿疹等过敏现象。衣物上油脂和淀粉类污垢可被脂肪酶、淀粉酶水解。同时，淀粉酶和脂肪酶之间具有很好的协同作用。纤维素酶的作用对象不是衣物上的污垢，而是去除织物表面的微毛和绒球，使纤维变得平滑、柔软，但不适合洗涤丝毛织物，因为酶能破坏丝毛纤维。加酶洗衣粉不宜在高温、高湿的环境中贮存，最佳洗涤温度是 40～50℃。一般超过 1 年，酶的活力会降低很多甚至失效。

二、酶催化作用的特点

酶具有一般催化剂的特征：只能催化热力学上允许进行的反应；只能加速可逆反应的进程，不能改变反应的平衡点，即不改变反应的平衡常数；对可逆反应的正反应和逆反应都具有催化作用；在反应前后酶的质量不变。另一方面，酶的本质是蛋白质或核酸，不同于一般的催化剂，酶促反应具有独特的催化特点。

（一）高度的催化效率

酶的催化效率通常比非催化反应高 $10^8 \sim 10^{20}$ 倍，比一般催化剂高 $10^7 \sim 10^{13}$ 倍。例如，脲酶催化尿素的水解速度是 H^+ 催化作用的 7×10^{12} 倍；蔗糖酶催化蔗糖水解的速度是 H^+ 催化的 2.5×10^{12} 倍，而且所需温度、pH 等反应条件温和。与一般催化剂一样，酶加速反应的作用也是通过降低反应所需的活化能（activation energy）来实现的。在一个反应体系中，底物分子所含能量的平均水平较低。在反应的一瞬间，只有达到或超过一定能量水平的分子（即活化分子）才有可能发生化学反应。活化分子所需的高出平均水平的能量称为活化能，也就是底物分子由初始状态转变为活化状态所需的能量（图 4－1）。活化分子越多，反应速度越快。酶通过其特有的作用机制，比一般催化剂更有效的降低反应的活化能，使底物只需较少的能量便可进入活化状态，因此具有极高的催化效率。

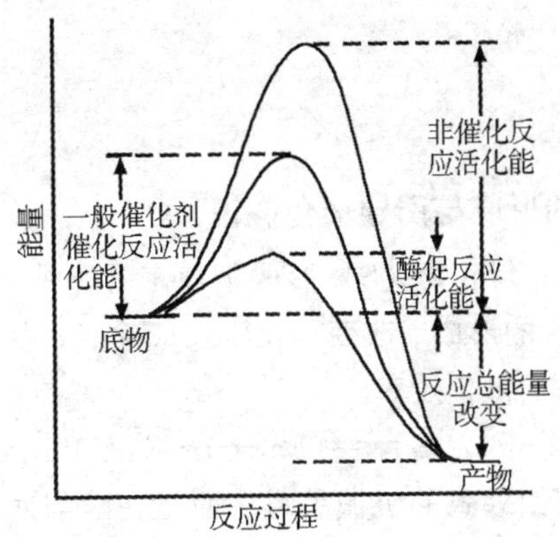

图 4-1 酶促反应活化能的改变

（二）高度的特异性

与一般催化剂不同，酶对其所催化的底物具有较严格的选择性。一种酶只作用于一种或一类化合物，或一定的化学键，催化一定的化学反应并生成一定的产物，这种特性称为酶的特异性或专一性（specificity）。如淀粉酶只能水解淀粉，而不能水解蛋白质和脂肪；蛋白酶虽然种类较多，但一种蛋白酶通常只能水解由特定氨基酸构成的肽键。根据酶对底物分子结构选择的严格程度不同，酶的特异性可分为三种类型。

1. 绝对特异性 有的酶只能作用于一种特定结构的底物，进行一种专一的反应，生成一种特定的产物，称为绝对特异性（absolute specificity）。例如，脲酶只催化尿素水解成 NH_3 和 CO_2，而对尿素的各种衍生物均不起催化作用。

2. 相对特异性 有些酶对底物要求不十分严格，可作用于结构类同的一类化合物或一种化学键，这种不太严格的选择性称为相对特异性（relative specificity）。如脂肪酶不仅能催化脂肪水解，也可水解简单的酯类化合物；蔗糖酶不仅水解蔗糖，也能水解棉子糖中的同一糖苷键。

蔗糖(果糖-葡萄糖) —蔗糖酶→ 果糖+葡萄糖

棉子糖(果糖-葡萄糖-半乳糖) —蔗糖酶→ 果糖+葡萄糖-半乳糖

3. 立体异构特异性 当底物具有立体异构现象时，一种酶只作用于底物的一种立体异构体，这种特性称为酶的立体异构特异性（stereospecificity）。如乳酸脱氢酶仅能催化 L-乳酸脱氢，而不作用于 D-乳酸；淀粉酶只能水解淀粉中 α-1，4-糖苷键，而不能水解纤维素中的 β-1，4-糖苷键。

（三）酶活性的可调节性

酶的活性并不是一成不变的，而是随着体内外环境的变化而改变。酶促反应受多种因素的调控，以适应机体不断变化的内外环境和生命活动的需要。代谢物通过对酶活性的抑制与激活，对系列酶中的关键除进行调节，包括对变构酶的调节、酶共价修饰的级联调节等，以及通过对酶生物合成的诱导与阻遏作用等对酶进行量的调节。

（四）酶活性的不稳定性

酶的本质是蛋白质，酶促反应要求一定的 pH、温度和压力等条件，强酸、强碱、有机溶剂、重金属盐、高温、紫外线等任何使蛋白质变性的理化因素均能影响酶的活性和酶与底物的结合，甚至使酶失去活性。

三、酶的作用机制

（一）酶-底物复合物的形成与诱导契合假说

在酶促反应中，酶（E）先与底物（S）形成不稳定的酶-底物复合物（ES），后者再分解成酶（E）和产物（P）。ES的形成，改变了化学反应途经，从而大幅度地降低反应所需的活化能，使酶促反应具有极高的催化效率。

$$E + S \rightleftharpoons ES \longrightarrow E + P$$

酶与底物的结合不是锁与钥匙式的机械关系，而是在酶与底物相互接近时，其结构相互诱导、相互变形和相互适应，进而相互结合，形成结合紧密的酶-底物复合物，而后生成产物，这一过程称为诱导契合假说（图4-2）。也就是说，酶和底物的结构开始并非完全吻合，当两者接近时，彼此诱导结构改变并相适应。同时，酶在底物的诱导下，其活性中心进一步形成，有利于酶进行高效催化作用。

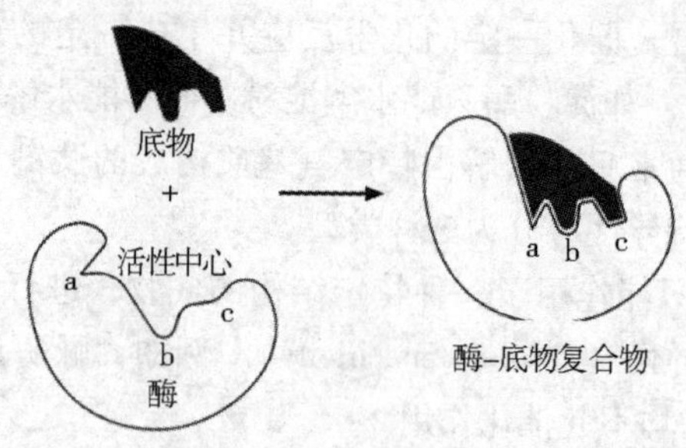

图4-2 酶-底物诱导契合假说示意图

（二）邻近效应与定向排列

在两个以上底物参加的反应中，底物之间必须以正确的方向相互碰撞，才有可能发生反应。酶在反应中将底物辅助因子结合到酶的活性中心，使它们相互接近并形成有利于反应的正确定向关系，提高底物分子发生碰撞的概率。这种邻近效应与定向排列实际上是将分子间的反应变成类似于分子内的反应，从而提高催化效率（图4-3）。

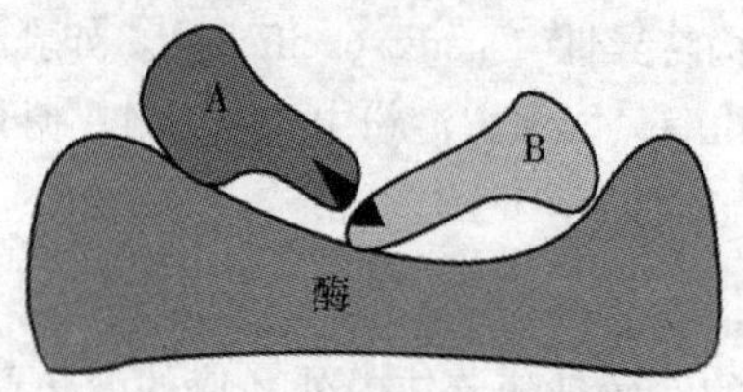

图4-3 邻近效应与定向排列

▲：反应部位；A、B：底物

（三）表面效应

酶活性中心内部疏水性氨基酸较丰富，常形成疏水性“口袋”，以容纳并结合底物。酶促反应在疏水环境中进行，排除了水分子对酶和底物功能基团的干扰性吸引或排斥，防止在底物与酶之间形成水化膜，有利于酶与底物的密切接触和结合，并相互作用，这种现象称为表面效应。

（四）多元催化

很多酶在催化反应过程中，催化基团与底物形成瞬间共价键而将底物激活，使其很容易形成产物。酶是两性电解质，所含的多种功能基团具有不同的解离常数，解离程度不同。即使同一种基团，在同一酶分子中所处的微环境不同，其解离程度也有差异。因此，同一种酶常兼有酸、碱双重催化作用。通过这种多功能基团的协同作用，其催化效率可大大地提高。

四、酶的命名和分类

（一）酶的分类

国际酶学委员会根据酶促反应的性质，将酶分为六大类。

1. 氧化还原酶类 催化底物进行氧化还原反应的酶类，如乳酸脱氢酶、细胞色素氧化酶、过氧化氢酶等。反应通式为：

$$AH_2 + B \longrightarrow A + BH_2$$

2. 转移酶类 催化底物之间进行某种基团的转移或交换的酶类，如甲基转移酶、氨基转移酶、磷酸化酶等。反应通式为：

$$A - R + B \longrightarrow A + B - R$$

3. 水解酶类 催化底物发生水解反应的酶类，如淀粉酶、脂肪酶、蛋白酶、核酸酶、磷酸酶等。反应通式为：

$$A - B + H_2O \longrightarrow A + B - OH$$

4. 裂合酶类（或裂解酶类） 催化从底物移去一个基团而形成双键的反应或其逆反应的酶类，如醛缩酶、柠檬酸合酶等。反应通式为：

$$A - B \longrightarrow A + B$$

5. 异构酶类 催化各种同分异构体之间相互转化的酶类，如磷酸己糖异构酶、磷酸丙糖异构酶等。反应通式为：

$$A \rightleftharpoons B$$

6. 合成酶类（或连接酶类） 催化两分子底物合成一分子化合物，同时偶联有 ATP 的高能磷酸键断裂释放能量的酶类，如谷氨酰胺合成酶、氨基酰 tRNA 合成酶等。反应通式为：

$$A + B + ATP \longrightarrow A - B + ADP + Pi$$

（二）酶的命名

1. 习惯命名法 通常是以酶催化的底物、反应的性质以及酶的来源命名。①依据酶所催化的底物命名，如淀粉酶、脂肪酶、蛋白酶等。还可指明酶的来源，如唾液淀粉酶、胰蛋白酶等。②依据催化反应的类型命名，如脱氢酶、转氨酶等。③综合上述两项原则命名，如乳酸脱氢酶、氨基酸氧化酶等。习惯命名法简单、易懂，应用历史较长，但缺乏系统的规则。

2. 系统命名法 国际酶学委员会（IEC）以酶的分类为依据，于 1961 年提出系统命名法。系统命名法规定每一个酶均有一个系统名称，它标明酶的所有底物与反应性质，并附有一个四位数字的分类编号，底物名称之间用“：”隔开。由于许多酶促反应是双底物或多底物反应，且许多底物的化学名称太长，使许多酶的系统名称过长。为了应用方便，国际酶学委员会又从每种酶的数个习惯名称中选定一个简便使用的推荐名称，见表 4－1。

表 4-1 酶的种类与命名举例

编号	推荐名称	系统名称	催化的反应
EC1.4.1.3	谷氨酸脱氢酶	L-谷氨酸：AD 氧化还原酶	L-谷氨酸 + H_2O + NAD^+ ⇌ α-酮戊二酸 + NH_3 + NADH
EC2.6.1.1	天冬氨酸氨基转移酶	L-天冬氨酸：α-酮戊二酸氨基转移酶	L-天冬氨酸 + α-酮戊二酸 ⇌ 草酰乙酸 + L-谷氨酸
EC3.5.3.1	精氨酸酶	L-精氨酸水解酶	L-精氨酸 + H_2O ⟶ L-鸟氨酸 + 尿素
EC4.1.2.13	果糖二磷酸醛缩酶	D-果糖 1，6-二磷酸：D-甘油醛 3-磷酸裂合酶	D-果糖 1，6-二磷酸 ⇌ D-甘油醛 3-磷酸 + 磷酸二羟丙酮
EC5.3.1.9	磷酸果糖异构酶	D-葡萄糖-6-磷酸酮醇异构酶	D-葡萄糖-6-磷酸 ⇌ D-果糖-6-磷酸
EC6.3.1.2	谷氨酰胺合成酶	L-谷氨酸：氨连接酶	L-谷氨酸 + NH_3 + ATP ⟶ L-谷氨酰胺 + ADP + 磷酸

第二节 酶的组成与结构

一、酶的组成

根据酶的化学组成不同，可将其分为单纯酶和结合酶两大类。

（一）单纯酶

单纯酶是仅由蛋白质构成，通常只有一条多肽链。其催化活性主要由蛋白质结构所决定。催化水解反应的酶，如淀粉酶、脂肪酶、蛋白酶、脲酶、核糖核酸酶等均属于单纯酶。

（二）结合酶

结合酶由蛋白质部分和非蛋白质部分组成，体内大多数酶属于结合酶。结合酶中的蛋白质部分称为酶蛋白（apoenzyme），非蛋白质部分称为辅助因子（cofactor），二者结合形成的复合物称为全酶。酶蛋白和辅助因子单独存在时均无活性，只有全酶才具有催化活性。

（结合酶）全酶 = 酶蛋白 + 辅助因子

结合酶的辅助因子有两类，一类是金属离子，另一类是小分子有机化合物。

作为辅助因子的金属离子有多种，常见的有 K^+、Na^+、Mg^{2+}、Zn^{2+}、Fe^{2+}（Fe^{3+}）、Cu^{2+}（Cu^+）、Mn^{2+}等。有的金属离子与酶结合紧密，提取过程中不易丢失，这些酶称为金属酶（metalloenzyme），如羧基肽酶、黄嘌呤氧化酶等；有的金属离子与酶蛋白结合的不甚紧密，但为酶的活性所必需，这类酶称为金属激活酶（metal activated enzyme），如己糖激酶、肌酸激酶、丙酮酸羧化酶等。金属离子在酶促反应中的作用主要有以下几方面：①作为催化基团参与酶促反应，传递电子；②在酶与底物之间起桥梁作用，维持酶分子的构象；③中和阴离子，降低反应中的静电斥力。

作为辅助因子的小分子有机化合物多数是 B 族维生素或 B 族维生素的衍生物（表 4-2），主要起运载体的作用，在反应中传递质子、电子或一些基团。

表 4-2 B 族维生素构成的辅助因子

维生素	辅助因子形式	主要功能
维生素 B_1	焦磷酸硫胺素（TPP）	脱羧
维生素 B_2	黄素单核苷酸（FMN） 黄素腺嘌呤二核苷酸（FAD）	递氢
维生素 PP	尼克酰胺腺嘌呤二核苷酸（NAD^+） 尼克酰胺腺嘌呤二核苷酸磷酸（$NADP^+$）	递氢
维生素 B_6	磷酸吡哆醛 磷酸吡哆胺	转氨基 氨基酸脱羧
泛酸	辅酶 A	酰基转移
生物素	生物素	羧化
叶酸	四氢叶酸（FH_4）	一碳单位转移
维生素 B_{12}	维生素 B_{12}	甲基转移

根据辅助因子与酶蛋白结合的牢固程度不同，可将辅助因子分为辅酶和辅基。将辅助因子中与酶蛋白共价结合，在反应中不能离开酶蛋白，并且通过透析或超滤方法将其去除者称为辅基（prosthetic group），如 FAD、FMN 等。与酶蛋白以非共价键疏松结合的辅助因子称为辅酶（coenzyme），在酶促反应中接受质子或基团后离开酶蛋白，参加另一酶促反应，如 NAD^+是某些脱氢酶的辅酶。

通常一种酶蛋白只能与一种辅酶结合，组成一个酶，作用于一种底物，向着一个方向进行化学反应。而一种辅酶可与多种酶蛋白结合，组成若干个酶，催化若干种底物发生同一类型的化学反应。如乳酸脱氢酶的酶蛋白，只能与 NAD^+结合，催化乳酸脱氢。但能与 NAD^+结合的酶蛋白则有很多种，如苹果酸脱氢酶、磷酸甘油脱氢酶中都含 NAD^+。由此也可看出，在酶促反应中，酶蛋白决定了反应底物的种类，即决定该酶的专一性，而辅酶（基）则决定底物的反应类型。

二、酶的结构

酶是生物大分子，远大于底物分子。在酶促反应过程中，酶与底物的结合仅限于酶分子的少数基团或较小部位。酶分子的氨基酸残基侧链上含有许多不同的化学基团，如—NH_2、—COOH、—OH、—SH 等，这些基团并不都与酶的催化活性有关。其中与酶活性密切相关的化学基团称为酶的必需基团，常见的有组氨酸残基的咪唑基、丝氨酸和苏氨酸残基的羟基、半胱氨酸残基的巯基又及谷氨酸残基的 γ-羧基等。有些必需基团在一级结构上可能相距甚远，但在空间结构上却彼此靠近，形成具有一定空间结构的区域，此区域能与底物特异结合并将底物转化为产物，这一区域称为酶的活性中心（active center）或活性部位（active site）。辅酶或辅基也参与活性中心的组成。

活性中心的必需基团有两种：一是结合基团（binding group），其作用是与底物相结合生成酶-底物复合物，决定酶的专一性；二是催化基团（catalytic group），催化底物敏感键发生化学变化，并将其转化成产物，决定酶的催化能力。活性中心内的必需基团同时具有这两种功能。另外，还有些必需基团位于活性中心以外的部位，虽然不参与活性中心的组成，但却为维持酶活性中心的空间构象所必需，这些必需基团称为活性中心外必需基团（图 4-4）。

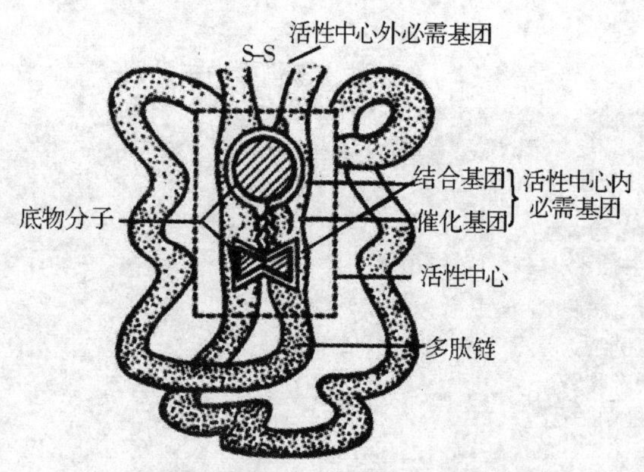

图4-4 酶的活性中心示意图

酶的活性中心往往位于酶分子表面或凹陷处，是酶催化作用的关键部位。不同的酶有不同的活性中心，故对底物有高度的特异性。形成或暴露酶的活性中心，可使无催化活性的酶原转变成具有催化活性的酶。相反，酶的活性中心一旦被其他物质占据或某些理化因素使酶的空间结构破坏，酶则丧失催化活性。

第三节 影响酶促反应速度的因素

酶的化学本质是蛋白质，而活性中心是酶催化作用的关键部位。一些理化因素，如底物浓度、酶浓度、温度、pH、激活剂和抑制剂等，均会影响活性中心的结构，从而影响到酶促反应的速度。研究酶促反应速度应以酶促反应的初速度为准，因为此时的反应速度与酶活性成正比，并可避免反应产物及其他因素对反应速度的影响。

一、底物浓度的影响

酶促反应中，在其他因素不变的情况下，底物浓度的变化对反应速度的影响作图呈矩形双曲线（图4-5）。当底物浓度很低时，游离的酶多，反应速度随底物浓度的增加而急骤增加，两者呈正比；随着底物浓度的进一步增高，反应速度增加的幅度逐渐下降，不再呈正比例增加；继续增加底物浓度，反应速度不再增加，达到最大值，称为最大反应速度（V_{max}），此时酶的活性中心已被底物饱和。

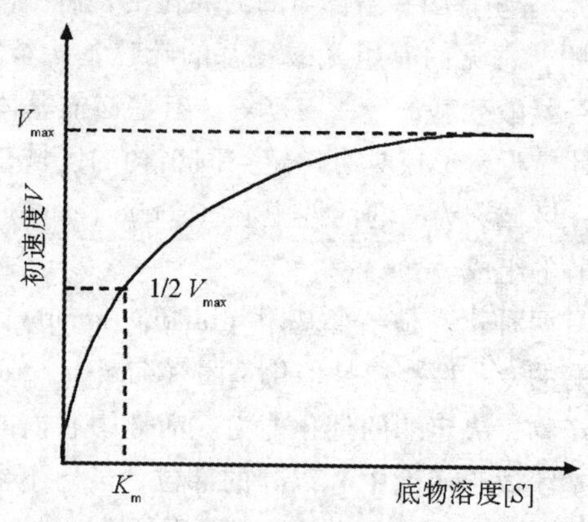

图4-5 底物浓度对酶促反应速度的影响

（一）米氏方程

1913 年，Michaelis 和 Menten 继承和发展了中间产物学说，提出了底物浓度与反应速度关系的数学方程式，即著名的米－曼氏方程式，简称米氏方程。

$$V=\frac{V_{max}\,[S]}{K_m+[S]}$$

式中 V_{max} 为最大反应速度，$[S]$ 为底物浓度，K_m 为米氏常数。当底物浓度很低（$[S]\ll K_m$）时，$V=V_{max}/K_m\,[S]$，反应速度与底物浓度成正比。当底物浓度很高（$[S]\gg K_m$）时，$V\cong V_{max}$，反应速度达到最大，再增加底物浓度对反应速度没有影响。

（二）K_m 与 V_{max} 的意义

1. K_m 值的定义　当酶促反应速度为最大反应速度一半时（设 $V=1/2V_{max}$），K_m 值与底物浓度相等（$K_m=[S]$）。

$$\frac{1}{2}V_{max}=\frac{V_{max}\,[S]}{K_m+[S]}$$

$$即\ K_m=[S]$$

K_m 值是酶促反应速度为最大反应速度一半时的底物浓度，单位为 mol/L。K_m 值是酶的特征性常数之一，一般只与酶的结构、底物和反应环境（如温度、pH、离子强度）有关，与酶的浓度无关。不同的酶值不同，大多数 K_m 酶的值在 $10^{-6}\sim10^{-2}$ mol/L 之间。对于同一底物，不同的酶 K_m 值不同；同工酶的 K_m 值不相同。

2. K_m 值可用来表示酶与底物的亲和力　值愈大，酶与底物的亲和力愈小；愈小，酶与底物的亲和力愈大。这表示不需要很高的底物浓度便可容易地达到最大反应速度。K_m 值最小的底物一般是该酶的最适底物或天然底物。

3. V_{max} 是酶完全被底物饱和时的反应速度，与酶浓度呈正比。

（三）K_m 值和 V_{max} 值的测定

米氏方程是一个双曲线函数，很难准确地测得 K_m 值和 V_{max} 值。通常将该方程转化成线性方程，即可容易地用图解法求得两者的数值。

（1）双倒数作图法　又称为林－贝氏（Lineweaver－Burk）作图法，是最常见的作图法。将米氏方程等号两边取倒数，即得到为线性关系的双倒数方程式。

$$\frac{1}{V}=\frac{K_m}{V_{max}}\cdot\frac{1}{[S]}+\frac{1}{V_{max}}$$

以 $1/V$ 对 $1/[S]$ 作图得一直线图，其纵轴上的截距为 $1/V_{max}$，横轴上的截距为 $-1/K_m$。

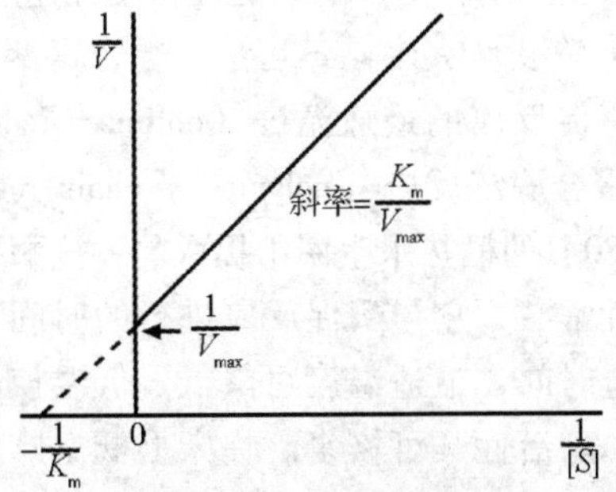

图 4－6　双倒数作图法

（2）Hanes 作图法 本作图法也是从米氏方程转变而来，其方程式为

$$\frac{[S]}{V}=\frac{K_m}{V_{max}}+\frac{1}{V_{max}}[S]$$

以［S］/V 对［S］作图（图 4－7），横轴截距为 $-K_m$，直线的斜率为 $1/V_{max}$。

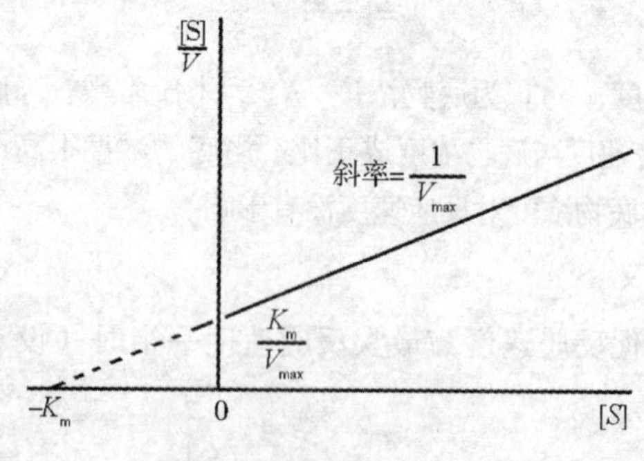

图 4－7 Hanes 作图法

二、酶浓度的影响

在酶促反应体系中，当底物浓度大大超过酶的浓度，使酶被底物饱和时，反应速度与酶浓度呈正比关系（图 4－8）。即酶浓度越高，反应速度越快。

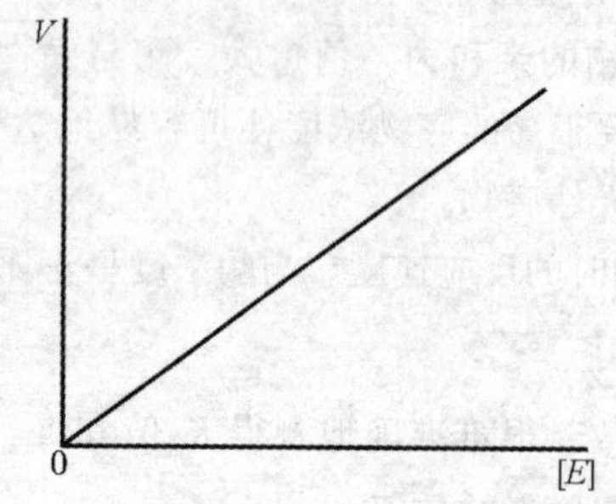

图 4－8 酶浓度对酶促反应速度的影响

三、温度的影响

酶是生物催化剂，温度对酶促反应速度具有双重影响。在较低温度时，随着温度升高，反应速度加快。另一方面，温度升高会增加酶的变性，反应速度下降（图 4－9）。大多数酶在 60℃以上开始变性，超过 80℃酶变性大多已不可逆。综合这两方面的因素，将酶促反应速度达到最快时的环境温度称为酶促反应的最适温度（optimum temperature）。人体内酶的最适温度一般在 35～40℃之间。而聚合酶链反应（polymerase chain reaction，PCR）使用的热稳定的 DNA 聚合酶是从生活在 70～80℃的栖热水生菌中提取的，该酶可耐受 100℃的高温。

最适温度不是酶的特征性常数，它与酶促反应进行的时间有关。酶可以在短时间内耐受较高的温度，相反，延长反应时间，最适温度可降低。低温使酶活性降低，但一般不会破坏酶使酶失活。当温度回升后，酶活性又可恢复。临床上低温麻醉便是利用酶的这一性质，以减慢组织细胞代谢速度，从而提高机体对氧和营养物质缺乏的耐受性。酶制剂应在冰箱中保存，以免发生酶的变性。由于温度对酶活性的显著影响，在测定酶活性时，应严格控制规定

的反应温度。

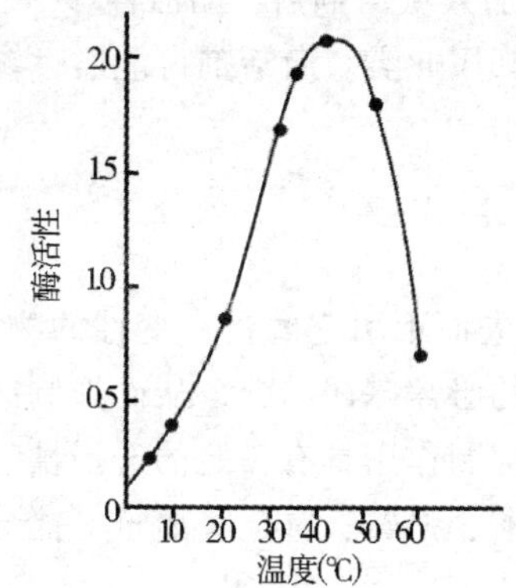

图 4-9 温度对酶促反应速度的影响

四、pH 的影响

酶分子中尤其是酶活性中心的许多基团，在不同的 pH 条件下解离状态不同，其所带电荷的种类和数量也不同。酶活性中心的某些必需基团往往仅在某一解离状态时才最容易与底物结合，具有最大的催化活性。此外，pH 也可影响底物和辅酶（如 NAD^+、CoASH、氨基酸等）的解离。过酸或过碱可使酶蛋白变性失活。因此，pH 的改变对酶的催化作用影响很大（图 4-10）。一种酶只在一定的 pH 范围内发挥催化作用，酶活性最大时的 pH 称为最适 pH（optimum pH）。体内多数酶的最适 pH 接近于中性，但也有例外，如胃蛋白酶的最适 pH 为 1.8，肝精氨酸酶的最适 pH 为 9.8。

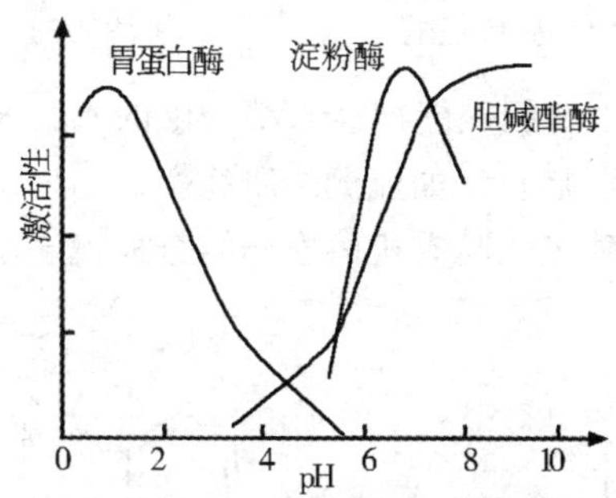

图 4-10 pH 对酶促反应速度的影响

最适 pH 不是酶的特征性常数，它受底物浓度、缓冲液的种类与浓度以及酶的纯度等因素的影响。故在测定酶活性时，应选用适宜的缓冲溶液，以保持酶活性的相对稳定。

五、激活剂的影响

凡能使酶从无活性变为有活性或使酶活性增加的物质称为酶的激活剂（activator）。激活剂大多为金属离子，如 K^+、Mg^{2+}、Mn^{2+} 等；少数为阴离子，如 Cl^- 等；也可为有机化合物，如胆汁酸盐等。

大多数金属离子激活剂对酶促反应是不可缺少的，这类激活剂称为必需激活剂。如 Mg^{2+} 是多种激酶和合成酶的必需激活剂。己糖激酶催化的反应中，Mg^{2+} 与底物 ATP 结合生成

$Mg^{2+}-ATP$参加反应。有些激活剂不存在时，酶仍有一定的催化活性，但催化效率较低，这类激活剂称为非必需激活剂。这类加入激活剂后，酶活性显著提高。如 Cl^- 对唾液淀粉酶的激活，胆汁酸盐对胰脂酶的激活等都属此类。激活剂可能通过参与酶的活性中心的构成或与酶及底物结合成复合物而起促进作用。

六、抑制剂的影响

能使酶的催化活性下降或丧失而不引起酶蛋白变性的物质称为酶的抑制剂（inhibitor）。抑制剂多与酶的活性中心内、外的必需基团结合，从而抑制酶的催化作用，除去抑制剂后酶的活性得以恢复。抑制剂对酶的抑制作用具有一定的选择性，一种抑制剂只能引起一种酶或某一类酶的活性降低或丧失。强酸、强碱、重金属离子等能导致蛋白变性失活，对酶的作用没有选择性，不属于抑制剂。

酶的抑制作用在医学上具有重要的意义，很多药物就是通过对体内某些酶的抑制来发挥治疗作用。另外，有些毒物也是通过对体内某些酶的抑制而产生毒性。根据抑制剂与酶结合的紧密程度不同，酶的抑制作用可分为不可逆性抑制与可逆性抑制两类。

（一）不可逆性抑制

有些抑制剂与酶活性中心的必需基团以共价键结合，使酶的活性丧失，不能用透析或超滤方法除去抑制剂，这种抑制作用称为不可逆性抑制作用。如敌百虫、敌敌畏、1059 等有机磷农药，能专一性地与胆碱酯酶活性中心丝氨酸残基上的 $-OH$ 结合，使该酶失活，引起有机磷农药中毒。

$$(R_1O)(R_2O)P(=O)X + E-OH \longrightarrow (R_1O)(R_2O)P(=O)O-E + HX$$

有机磷化合物 羟基酶 失活的酶 酸

失去活性的胆碱酯酶不能水解胆碱能神经末梢分泌的乙酰胆碱，造成乙酰胆碱蓄积，引起胆碱能神经兴奋性增强的中毒症状，如流涎、肌痉挛、心率缓慢、瞳孔缩小等。临床上常用解磷定（PAM）来治疗，解磷定能与有机磷农药结合成稳定的复合物，使酶解离出来而恢复酶活性。

$$(R_1O)(R_1O)P(=O)O-E + \text{(N-CH}_3\text{-吡啶}^+\text{-2-)CHNOH} \longrightarrow \text{(N-CH}_3\text{-吡啶}^+\text{-2-)CHNO}-P(=O)(OR_1)(OR_2) + E-OH$$

失活的酶 解磷定 解磷定与有机磷复合物 复活的酶

某些重金属离子如 Hg^{2+}、Ag^+、Pb^{2+} 及 As^{3+} 等能与酶的—SH 结合，使酶失活。化学毒剂路易士气是一种含砷化合物，与体内的巯基酶结合，导致人畜中毒。

$$Cl_2As-CH=CHCl + E(SH)_2 \longrightarrow E(S)_2As-CH=CHCl + 2HCl$$

路易士气 巯基酶 失活的酶 酸

巯基酶中毒可用二巯基丙醇来解毒，其巯基可与毒剂结合，使酶恢复活性。

$$E\langle{}^{S}_{S}\rangle As{-}CH{=}CHCl + \begin{matrix}CH_2{-}SH\\|\\CH{-}SH\\|\\CH_2{-}OH\end{matrix} \longrightarrow E\langle{}^{SH}_{SH} + \begin{matrix}CH_2{-}S\\|\\CH{-}S\\|\\CH_2{-}OH\end{matrix}\rangle As{-}CH{=}CHCl$$

失活的酶　　二巯基丙醇　　复活的酶　　二巯基丙醇-砷剂复合物

（二）可逆性抑制

有些抑制剂与酶以非共价键结合，引起酶活性降低或丧失，可采用透析或超滤等方法除去抑制剂，使酶活性恢复，这种抑制作用称为可逆性抑制作用。可逆性抑制作用可分为竞争性抑制、非竞争性抑制和反竞争性抑制。

1. 竞争性抑制　竞争性抑制剂与底物结构相似，可与底物竞争酶的活性中心，从而阻碍酶与底物结合，这种抑制作用称为竞争性抑制（competitive inhibition）。抑制剂与酶的结合是可逆的，抑制程度取决于抑制剂与底物浓度的相对比例。增加底物浓度可以减弱甚至解除竞争性抑制作用。竞争性抑制的作用机制和特点如下（图4－11）。

竞争性抑制的特点为：①竞争性抑制剂往往是酶的底物类似物或反应产物；②抑制剂与酶的结合部位与底物与酶的结合部位相同；③抑制剂浓度越大，则抑制作用越大；但增加底物浓度可使抑制程度减小；④动力学参数：K_m 值增大，V_m 值不变。

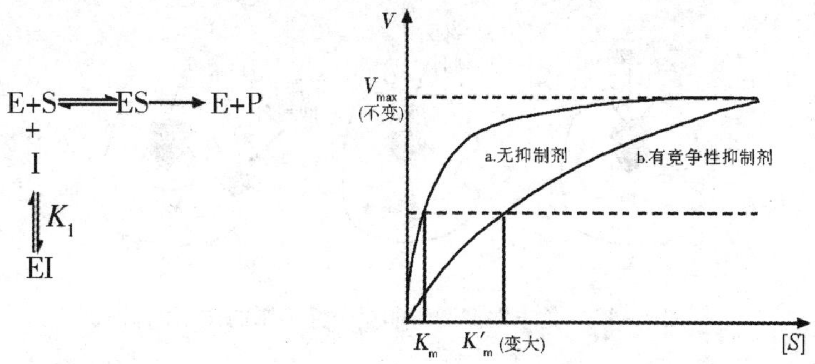

图4－11　竞争性抑制作用机制

丙二酸对琥珀酸脱氢酶的抑制即属竞争性抑制作用。丙二酸能与琥珀酸结构相似，可竞争性结合琥珀酸脱氢酶的活性中心，但该酶不能催化丙二酸发生反应。丙二酸与酶的亲和力远大于琥珀酸，当丙二酸的浓度仅为琥珀酸浓度的1/50时，酶的活性便被抑制50%。若增加琥珀酸的浓度，可减弱这种抑制作用。

$$\begin{matrix}COOH\\|\\CH_2\\|\\CH_2\\|\\COOH\end{matrix} + FAD \xrightarrow{\text{琥珀酸脱氢酶}} \begin{matrix}COOH\\|\\CH\\\|\\CH\\|\\COOH\end{matrix} + FADH_2 \qquad \begin{matrix}COOH\\|\\CH_2\\|\\COOH\end{matrix} \xrightarrow{\text{琥珀酸脱氢酶}} \text{无反应}$$

琥珀酸　　延胡索酸　　丙二酸

应用竞争性抑制的原理可阐明某些药物的作用机制。对磺胺药物敏感的细菌在生长繁殖时，不能直接利用环境中的叶酸，必须在菌体内二氢叶酸合成酶的催化下，以对氨基苯甲酸（PABA）为底物合成二氢叶酸（FH_2），进而合成核酸。磺胺类药物的化学结构与PABA相似，是二氢叶酸合成酶的竞争性抑制剂，可抑制 FH_2 的合成，使核酸合成受阻，从而抑制了细菌的生长繁殖。

$H_2N-C_6H_4-COOH$ 对氨基苯甲酸　　　　$H_2N-C_6H_4-SO_2NHR$ 磺胺类药物

人体能直接利用叶酸，核酸的合成不受磺胺类药物的干扰。根据竞争性抑制的特点，服用磺胺类药物时必须保持血液中药物的高浓度，以发挥其有效的抑菌作用。

甲氨蝶呤（MTX）、氟尿嘧啶（FU）、6-巯基嘌呤（6-MP）都属抗代谢药物，都是酶的竞争性抑制剂，分别通过抑制 FH_4、脱氧胸苷酸和嘌呤核苷酸的合成，从而抑制肿瘤细胞的生长。

2. 非竞争性抑制　有些抑制剂可与酶活性中心以外的必需基团结合，使酶的空间构象改变，引起酶活性下降，底物与抑制剂之间无竞争关系，称为非竞争性抑制（non-competitive inhibition）。由于抑制剂与底物结合部位不同，抑制剂与酶结合不影响底物与酶的结合，酶和底物的结合也不影响酶与抑制的结合。酶-底物-抑制剂复合物（ESI）不能释放出产物，从而使酶的催化活性降低。竞争性抑制作用与非竞争性抑制作用见图4-12。

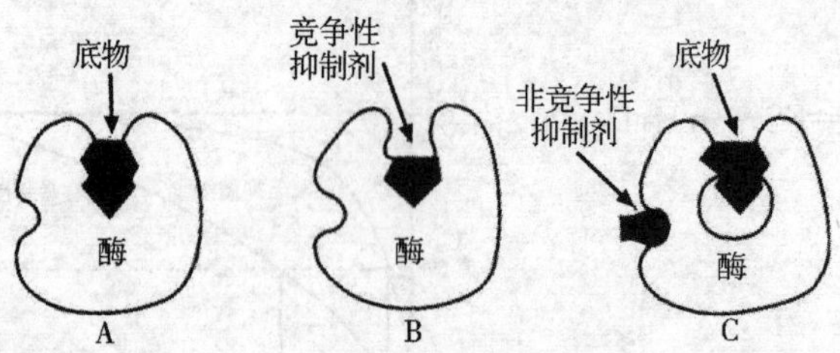

图4-12　竞争性抑制与非竞争性抑制的作用机制

非竞争性抑制特点为：①抑制剂与底物分别独立的与酶的不同部位结合；②抑制剂对酶与底物的结合无影响，故底物浓度的改变对抑制程度无影响；③动力学参数：K_m 值不变，V_m 值降低（图4-13）。显然，非竞争性抑制作用的强弱取决于抑制剂的浓度，不能用增加底物浓度减弱或消除抑制。

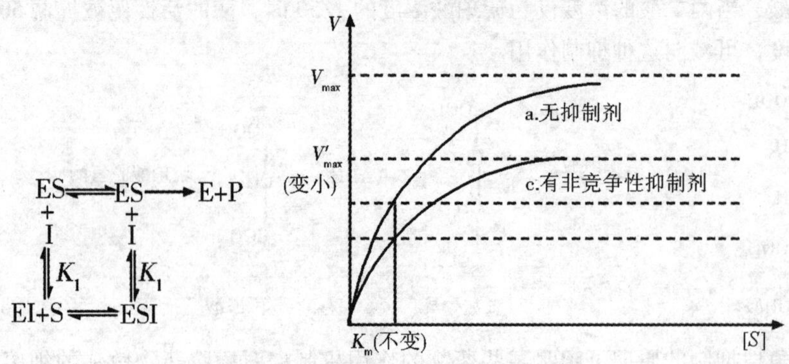

图4-13　非竞争性抑制的作用机制

3. 反竞争性抑制作用 抑制剂不与游离酶结合，但可与ES复合物结生成ESI，使ES的生成量减少，使酶活性降低，这种抑制作用为称反竞争性抑制（图4－14）。

反竞争性抑制的特点为：①抑制剂与底物可同时与酶的不同部位结合；②必须有底物存在，抑制剂才能对酶产生抑制作用；③动力学参数：K_m 减小，V_{max} 降低，但 V_{max}/K_m 比值不变，这是由于ES和ESI的形成更倾向于后者。增加底物的浓度反而更有利于ESI的形成而促进抑制作用，这也是称之为“反竞争”性抑制的原因之一。

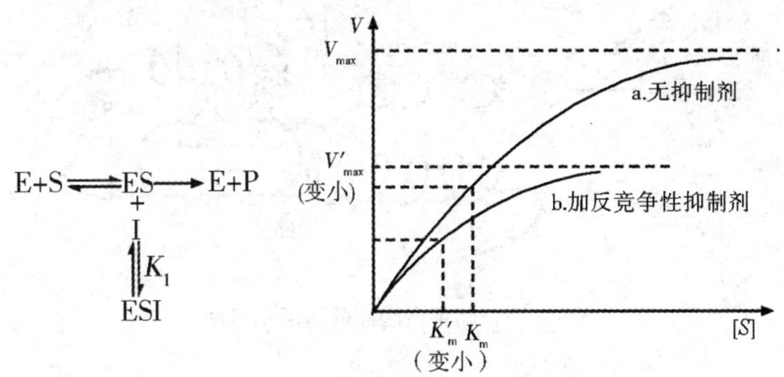

图4－14 反竞争性抑制的作用机制

第四节 酶在体内存在的几种形式

一、单体酶、寡聚酶、多酶复合体

根据蛋白质结构上的特点，酶可分为三类。

1. 单体酶 只有一条多肽链的酶称为单体酶，它们不能解离为更小的单位。其分子量为13 000～35 000。属于这类酶的为数不多，而且大多是促进底物发生水解反应的酶，即水解酶，如溶菌酶、蛋白酶及核糖核酸酶等。

2. 寡聚酶 由几个或多个亚基组成的酶称为寡聚酶。寡聚酶中的亚基可以是相同的，也可以是不同的，单个亚基没有催化活性。亚基间以非共价键结合，容易被酸、碱、高浓度的盐或其他的变性剂分离。寡聚酶的分子量从35 000到几百万。如磷酸化酶a、乳酸脱氢酶等。

3. 多酶复合体 由几个酶彼此嵌合形成的复合体。多酶复合体有利于细胞中一系列反应的连续进行，以提高酶的催化效率，同时便于机体对酶的调控。多酶复合体的分子量都在几百万以上。如丙酮酸脱氢酶系包括丙酮酸脱氢酶、硫辛酰转乙酰酶和二氢硫辛酰脱氢酶3种酶。

二、酶原

有些酶在细胞内合成或初分泌时，无催化活性，只有在一定条件下才能转变成有活性的酶，这种无活性的酶的前体称为酶原（zymogen）。酶原向酶的转化过程称为酶原的激活。酶原激活实质上是酶的活性中心形成或暴露的过程。

例如，胰蛋白酶原在胰腺合成分泌时无催化活性，随胰液进入小肠后，在 Ca^{2+} 存在下受肠激酶催化，从N－端水解掉一个六肽片段，使肽链分子的空间构象发生改变，形成酶的活性中心，从而转变成有活性的胰蛋白酶（图4-15）。

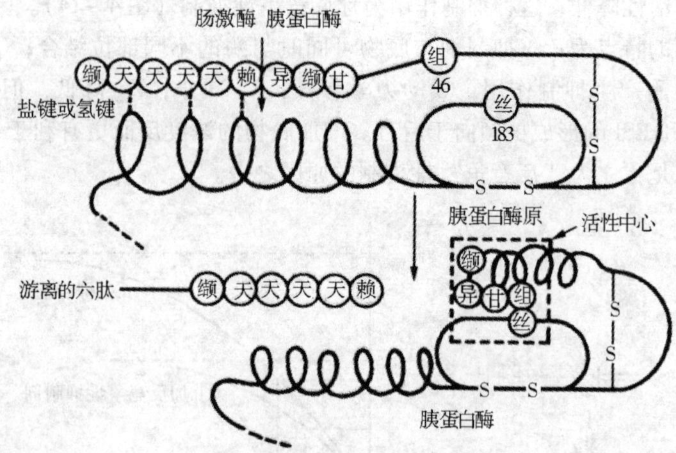

图4-15 胰蛋白酶原的激活示意图

消化道内蛋白酶原的激活具有级联反应性质。胰蛋白酶原被肠激酶激活后，生成的胰蛋白酶除可激活胰蛋白酶原本身（自身激活作用）外，还可进一步激活胰凝乳蛋白酶原（糜蛋白酶原）、羧基肽酶原A和弹性蛋白酶原，从而加速对食物的消化过程。部分酶原的激活过程见表4-3。

表4-3 部分酶原的激活过程

酶原	激活条件	激活的酶	水解片断
胃蛋白酶原	H^+或胃蛋白酶	胃蛋白酶	六个多肽片断
胰蛋白酶原	肠激酶或胰蛋白酶	胰蛋白酶	六肽
糜蛋白酶原	胰蛋白酶或糜蛋白酶	糜蛋白酶	两个二肽
羧基肽酶原A	胰蛋白酶	羧基肽酶A	几个碎片
弹性蛋白酶原	胰蛋白酶	弹性蛋白酶	几个碎片

酶原激活具有重要的生理意义。这种作用既可避免细胞产生的蛋白酶对细胞进行自身消化，又可使酶原到达特定部位发挥催化作用，从而保证体内代谢过程正常进行。如胰蛋白酶原若在胰腺即被激活，使胰腺本身的组织蛋白水解破坏，可引起急性胰腺炎。又如血液中的凝血酶原在正常情况下不被激活，当出血时，凝血酶原即被激活，促进血液凝固，以防止大量出血。

三、同工酶

同工酶（isoenzyme）是指催化相同的化学反应，但酶蛋白的分子结构、理化性质乃至免疫学特性均不相同的一组酶。同工酶存在于同一种属或同一个体的不同组织中，甚至同一组织细胞的不同亚细胞结构中，在代谢调节中起着重要作用。

同工酶是由两个或两个以上的亚基组成，具有四级结构。现已发现百余种酶具有同工酶，其中发现最早研究最多的同工酶是乳酸脱氢酶（lactate dehydrogenase，LDH或LD）。LDH是四聚体，有两型亚基：骨骼肌型（M型）和心肌型（H型），这两型亚基以不同比例组成五种同工酶：LDH_1（H_4）、LDH_2（H_3M）、LDH_3（H_2M_2）、LDH_4（HM_3）、LDH_5（M_4）（图4－16）。由于分子结构的差异，这五种同工酶具有不同的电泳速度，电泳时均移向正极，电泳速度由LDH_1→LDH_5依次递减。

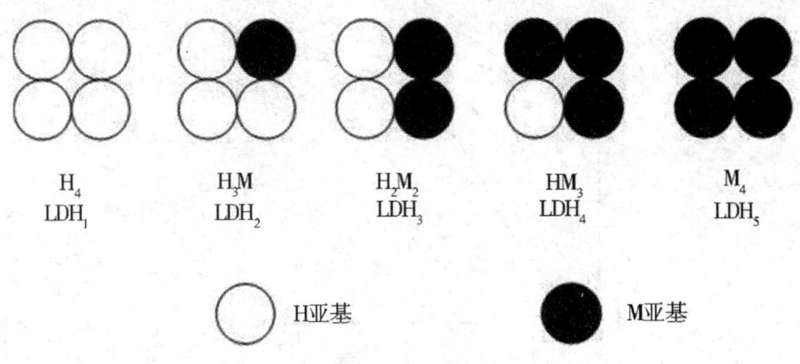

图4－16 乳酸脱氢酶同工酶的组成

LDH同工酶在不同组织器官中的含量与分布比例不同（图4－17），代谢特点也不同。心肌中含LDH_1较丰富，以催化乳酸脱氢生成丙酮酸为主；肝脏和骨骼肌中含LDH_5较多，以催化丙酮酸还原成乳酸为主。

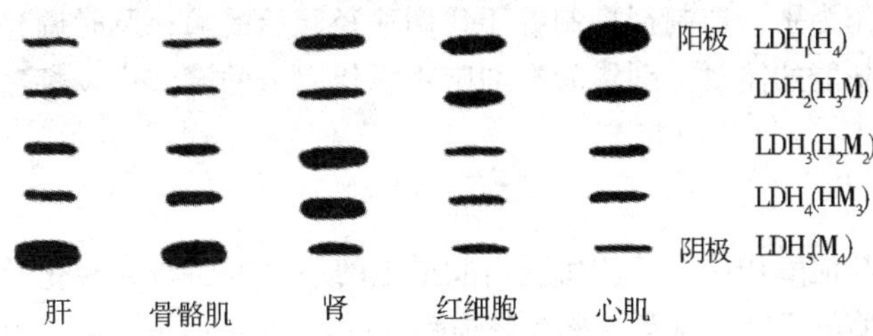

图4－17 LD同工酶在某些组织中的含量

临床上应用同工酶的测定可对疾病进行诊断和鉴别诊断，还可判断组织损伤的程度和进行预后。例如，LDH活性在心肌和肝脏损伤时均会增高，诊断的特异性不高，但心肌损伤患者LDH_1明显增高，肝细胞损伤时LDH_5明显增高。血清天门冬氨酸氨基转移酶（aspartate aminotransferase，AST）同工酶分为胞浆型（c－AST）和线粒体型（m－AST）两种。m－AST一般要在细胞坏死、线粒体破坏后才释放入血，其测定可判断心肌梗死的严重程度和推测心脏手术的预后。

四、别构酶与修饰酶

（一）别构酶

别构酶（allosteric enzyme）通常是具有四级结构的多亚基的寡聚酶。酶分子中除了具有催化作用的活性中心也称催化位点（catalytic site）外，还有别构位点（allosteric site）。后者是结合别构剂（allosteric effector）的部位，当它与别构剂结合时，酶的分子构象就会发生轻微变化，影响到催化位点对底物的亲和力和催化效率。若别构剂结合使酶与底物亲和力或催化效率增高的称为别构激活剂（allosteric activator），反之使酶与底物的亲和力或催化效率降低的称为别构抑制剂（allosteric inhibitor）。酶活性受别构剂调节的作用称为别构调节（allosteric regulation）作用。别构酶的催化位点与别构位点可共处一个亚基的不同部位，但更多的是分别处于不同亚基上。在后一种情况下具催化位点的亚基称催化亚基，而具别构位点的称调节亚基。变构酶催化的反应速度（v）对底物浓度曲线大多呈S形，这与一般酶的矩形双曲线不一样（图4-18）。

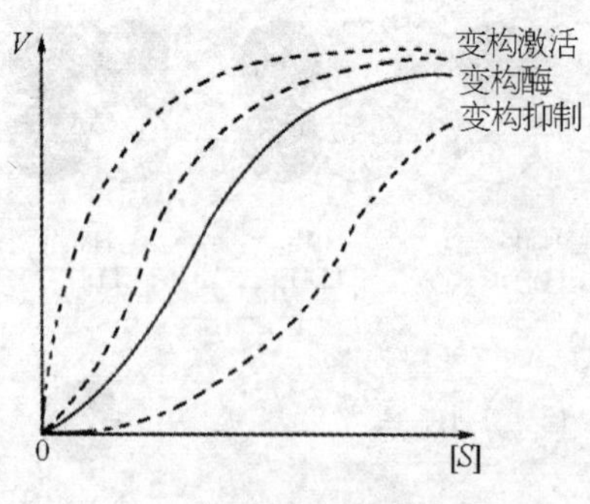

图4-18 变构酶的S形曲线

多数别构酶处于代谢途径的开端，而别构剂往往是一些生理性小分子及该酶作用的底物或该代谢途径的中间产物或终产物。故别构酶的催化活性受细胞内底物浓度、代谢中间物或终产物浓度的调节。终产物抑制该途径中的别构酶称反馈抑制（feedback inhibition）。一旦细胞内终产物增多，它作为别构抑制剂抑制处于代谢途径起始的酶，及时调整该代谢途径的速度，以适应细胞生理功能的需要。别构酶在细胞物质代谢上的调节中发挥重要作用，故别构酶又称调节酶。

（二）修饰酶

体内有些酶需在其他酶作用下，使酶蛋白肽链上的一些基团与某些化学基团发生可逆地共价结合，从而改变酶的活性，这类酶称为修饰酶（modification enzyme）。其中以共价修饰为多见，伴有共价键的修饰变化生成，故称共价修饰（covalent modification）。由于这种修饰导致酶活力改变称为酶的共价修饰调节（covalent modification regulation）。在这一过程中，酶发生无活性（或低活性）与有活性（或高活性）两种形式的互变，这种互变由不同的酶来催化。最常见的共价修饰是酶的磷酸化与去磷酸化，此外还有酶的乙酰化与去乙酰化、甲基化与脱甲基化、腺苷化与脱腺苷化等（表4-5）。由于共价修饰反应迅速，具有级联式放大效应，所以亦是体内调节物质代谢的重要方式。

表4-4 磷酸化修饰对酶活性的影响

酶	磷酸化	脱磷酸化
糖原磷酸化酶	激活	抑制
磷酸化酶b激酶	激活	抑制
羟甲基戊二酸单酰CoA还原酶激酶	激活	抑制
甘油三酯脂肪酶	激活	抑制
丙酮酸脱羧酶	抑制	激活
乙酰CoA羧化酶	抑制	激活
糖原合成酶	抑制	激活
磷酸果糖激酶	抑制	激活
丙酮酸脱氢酶	抑制	激活
羟甲基戊二酸单酰CoA还原酶	抑制	激活

第五节 酶的分离、提纯及活性测定

一、酶的分离、提纯

研究酶的性质、作用、反应的动力学、结构与功能的关系以及作为药物或生化试剂等实际应用均需高度纯化的酶制剂。大多数酶都是蛋白质，酶的分离纯化在材料选择、细胞破碎、粗制品的获得以及分离纯化方面与蛋白质十分相似。

1. 分离、提纯的步骤 酶的分离提纯包括三个基本环节：一是抽提，即把酶从材料转入溶剂中制成酶溶液；二是纯化，即把杂质从酶溶液中除掉或从酶溶液中把酶分离出来；三是制剂，即将酶制成各种剂型。在酶的分离纯化过程中注意避免变性因素导致酶活性的丢失。可通过检测酶的总活力和比活力评价分离提纯方法并加以改进。

2. 破碎细胞的方法 生物细胞内产生的酶，按其作用的部位可分为胞外酶和胞内酶两大类。胞外酶是由细胞产生后，分泌到胞外发挥作用。这类酶大多是水解酶类。如胃蛋白酶、淀粉酶等。胞外酶的制备不需破碎细胞。另一类胞内酶是在细胞内合成后，不分泌到胞外，而是在细胞内起催化作用。胞内酶的提取需先破碎细胞，再用缓冲液把酶抽提出来。动物细胞的破碎一般用研磨器、匀浆器。细菌细胞较难破碎，需要用超声波、溶菌酶、化学溶剂在适宜的 pH 和温度下进行破碎。

3. 分离和纯化的方法 盐析法、等电点沉淀法、色谱法均可用于酶的分离纯化，特别是亲和层析法在酶的分离纯化过程中占有重要地位。酶与底物、辅酶和某些抑制剂分子之间可专一、可逆地结合。利用这种亲和力，将酶的底物、辅酶和可逆抑制剂作为配基做成亲和层析柱，这样就能有效地将不具有相应生物亲和性的所有杂蛋白除去，大大提高纯化效率。

对于已被纯化的酶纯度鉴定，常用聚丙烯酰胺凝胶电泳（PAGE）进行检测。

二、酶活性测定

细胞内酶的种类很多且酶蛋白的含量甚微，很难直接测定其蛋白质的含量，因此酶学检测中一般是测定酶活性。测定血清（血浆）、尿液等体液中酶活性变化，可以反映某些疾病的发生和发展，有利于疾病诊断和预后判断。

1. 测定原理 临床上对酶活性的测定多采用相对测定法。即在一定条件下，测定单位时间内酶促反应体系中底物的消耗量或产物的生成量来表示酶活性。因为在反应初速度时，酶促反应体系中的产物从无到有，其生成量最能反映酶活性，故绝大多数方法都是把酶促反应体系中产物生成量作为酶活性测定的依据。

2. 酶活性单位的表示方法 1961 年国际生化学会酶学委员会建议使用国际单位（IU 或 U），即在规定条件下，每分钟催化 1μmol 底物转化为产物所需的酶量为 1IU；1972 年提出了 Katal 单位（简称 Kat）表示酶的活性。1 kat 是指在特定条件下，每秒催化 1mol 底物转化成产物所需的酶量。$1IU = 16.67 \times 10^{-9}Kat$；酶的比活力是每单位（一般是 mg）蛋白质中的酶活力单位数，比活力是表示酶纯度较好的指标。

3. 酶活性的测定方法 一般按照反应时间分类，酶活性的测定方法可分为定时法和速率法。定时法是指测定酶促反应开始后一段时间内产物的生成量或底物的消耗量以测定酶活性方法。该法一般需用强酸、强碱或蛋白沉淀剂终止反应；速率法是指在酶促反应的线性期，选择多个时间点连续测定产物（或底物）的生成量（或消耗量）以测定酶活性的方法，又称连续监测法、动力学法。速率法能够在很短的时间内（一般只需60s）并选择线性期进行测定，因此较定时法更为快速、准确。

4. 测定酶活性时的注意事项 酶活性测定必须确保所测定的是反应初速度，即在线性期进行测定。此时，酶促反应的速度最快且恒定，反应速度与酶活性成正比；酶的反应速度一般用单位时间内产物的增加量来表示；测定酶活性时使反应温度、pH、离子强度和底物浓度等保持恒定；测定酶反应速度时，应使 $[S] \gg [E]$，一般要求 $[S] \gg 10K_m$。

在实际操作时，还要考虑到样品处理的影响。制备血清时要避免溶血，并选择合适的抗凝剂。还要注意血清脂质和胆红素对测定结果的影响。如需保存样本，一般放置4℃冰箱中冷藏，但应注意保存时间对酶活性的影响程度。

第六节 酶与医学的关系及在医药学上的应用

酶与医学有着密切的关系，被广泛用于疾病的发生、诊断及治疗等各个方面的研究。

一、酶与疾病的发生

1. 遗传性疾病 酶是基因表达的特殊蛋白质，先天性或遗传性缺陷可使某些酶的基因表达异常，导致酶的质和量的先天性异常。酶的缺陷可使正常的代谢途径不能进行而导致疾病。现已发现的140多种先天性代谢缺陷疾病中，多由于基因突变不能合成某种特殊的酶所致。例如，酪氨酸酶遗传性缺陷时，使酪氨酸不能转化成黑色素，导致皮肤、毛发缺乏黑色素而患白化病。表4－5列出部分遗传性酶缺陷所致疾病。

表4－5 遗传性酶缺陷所致疾病

缺陷酶	相应疾病
酪氨酸酶	白化症
黑尿酸氧化酶	黑尿酸症
苯丙氨酸羟化酶系	苯丙酮酸尿症
葡萄糖－6－磷酸酶	糖原累积症
6－磷酸葡萄糖脱氢酶	蚕豆黄病
高铁血红蛋白还原酶	高铁血红蛋白血症
谷胱甘肽过氧化物酶	新生儿黄疸
肌腺苷酸脱氢酶	肌病

2. 中毒性疾病 临床上有些疾病是由于酶活性受到抑制引起的，这多见于中毒性疾病。例如，有机磷杀虫剂中毒是由于抑制了胆碱酯酶活性而引起的；重金属盐中毒是抑制了巯基酶的活性；氰化物中毒是抑制了细胞色素氧化酶等。

二、酶与疾病的诊断

1. 血清（浆）酶与疾病的诊断 血清（或血浆）中的酶有三类：血清（浆）功能性酶、外分泌酶和细胞内酶。

血清（浆）功能性酶是血浆蛋白质的固有成分，在血浆中发挥作用。这些酶大都在肝细胞合成后释放入血，且在血浆中的含量较恒定。如与血液凝固和纤维蛋白溶解有关的酶类、脂蛋白脂肪酶、肾素等。外分泌酶一般在血浆中不发挥作用，腺体中合成增多时，血浆中酶活性增高，如淀粉酶、胃蛋白酶、胰脂肪酶等。细胞内酶在血浆中的含量很低，组织器官损伤时血液中酶活性升高。常见的原因有：①细胞损伤或细胞膜通透性增加：如急性肝炎时血清丙氨酸氨基转移酶（AST）活性升高；②酶的排泄障碍：如胆道梗阻时，血清中碱性磷酸酶（ALP）、γ－谷氨酰转肽酶（γ－GT）活性升高；③酶在细胞内合成障碍：如肝病时，血中凝血酶原等含量可明显降低；④酶在细胞内的合成速度增加：如前列腺癌时酸性磷酸酶（ACP）活性升高；⑤酶活性受抑制：如有机磷中毒时，胆碱酯酶活性降低。

2. 同工酶在临床诊断中的价值 同工酶检测可提高酶学诊断的特异性和敏感性。如心肌梗死时 LDH_1 明显升高，肝功能损伤时 LDH_5 明显升高。肌酸激酶同工酶（CK－MB）为诊断急性心肌梗死（AMI）的最佳血清酶指标，在 AMI 发生后 2～3h，即明显升高。此外，同工酶测定还有助于疾病预后判断。例如，肝炎患者血中胞浆型 AST 同工酶（c－AST）增高，说明出现肝细胞坏死，预后不良。

3. 酶学分析技术 酶学分析技术是利用酶作为试剂（工具酶），用于测定待测酶活性或代谢物含量的一种方法。此法高效、灵敏、准确，已成为临床生化检验的一种重要技术，并在分子生物学领域得到广泛使用，发展迅速。如葡萄糖氧化酶法（GOD 法）测定血糖、速率法测定 ALT 活性等。

三、酶与疾病的治疗

1. 帮助消化 胃蛋白酶、胰蛋白酶、淀粉酶、脂肪酶和木瓜蛋白酶都可用于帮助消化。

2. 消炎抑菌 溶菌酶、菠萝蛋白酶、木瓜蛋白酶可缓解炎症，促进消肿；糜蛋白酶可用于外科清创和烧伤患者痂垢的清除等。磺胺类药物通过酶的竞争性抑制机制起到抑菌消炎的作用。

3. 防治血栓 链激酶、尿激酶和纤溶酶等均可溶解血栓，防止血栓形成，可用于脑血栓、心肌梗死等疾病的防治。

4. 治疗肿瘤 天门冬酰胺具有促进血液肿瘤生长的作用。利用天门冬酰胺酶分解天门冬酰胺可抑制血液肿瘤细胞的生长。人工合成的巯嘌呤（6－巯基嘌呤）、氟尿嘧啶（5－氟尿嘧啶）等药物，通过酶的竞争性抑制作用阻碍肿瘤细胞的异常生长，可起到抑制肿瘤的作用。

四、酶在科研上的应用

1. 工具酶 利用酶具有高度特异性的特点，将酶作为工具，在分子水平上对某些生物大分子进行定向的分割与连接。例如，限制性核酸内切酶、连接酶、TaqDNA 聚合酶等。

2. 酶标记测定法 该法是利用酶作为标记物并与待测物结合，通过对酶活性的测定判断待测物的存在和含量。如临床上应用广泛的酶联免疫吸附测定法（enzyme－linked immunosorbent assay，ELISA），其原理是抗原（抗体）先结合在固相载体上，然后加入抗体（抗原）与酶结合成的偶联物（标记物），当偶联物与固相载体上的抗原（抗体）反应结合后，再加上酶的相应底物发生而反应而显色，其颜色深浅与欲测的抗原（抗体）含量成正比。

3. 固定化酶 酶可经物理或化学方法处理，连接在载体（如凝胶、琼脂糖、树脂和纤维素等）上形成固定化酶。可用装柱的方式和流动相中的底物作用，使反应管道化、连续化和自动化。反应后可与产物自然分开，有利于产物回收。如将葡萄糖氧化酶固定在玻璃电极上，可测定血液中葡萄糖的含量，称为酶电极。

4. 抗体酶 抗体酶是一类具有催化活性的抗体，兼有抗体和酶的特点。抗体酶是基于底物与酶的活性中心结合时可诱导底物变构形成过渡态底物，由这种过渡态底物产生的抗体具有促使底物转变为过渡态进而发生催化反应的酶活性，故称之为抗体酶。抗体酶的研究是酶工程研究的前沿学科，制造抗体酶的技术比蛋白质工程和生产酶制剂简单，可以大量生产。

（黄川锋）

第五章　维生素

1. 掌握维生素的概念、特点；B 族维生素及其在体内的活性形式；维生素 A、维生素 D、维生素 C 的生理功能。

2. 熟悉维生素的分类及引起缺乏病的原因；B 族维生素和维生素 A、维生素 D、维生素 C 的结构特点。

3. 了解维生素 E、维生素 K 的结构，性质和生理功能。

第一节　概　述

一、维生素的概念

维生素（vitamin）是维持机体正常的生长和健康所必需的一类低分子有机化合物；大部分维生素在体内不能合成或合成量很少，必须主要由食物来提供；就功能而言，维生素既不是构成机体组织的成分，又不是体内的供能物质，而是在调节体内的物质代谢方面发挥重要作用。

二、维生素缺乏症及原因

机体因长期缺乏维生素而导致的疾病统称为维生素缺乏症。如：夜盲症、佝偻病、脚气病、癞皮病、坏血病等。

人体对维生素的需要量（vitamin requirement）是指能保持人体健康、达到机体应有的发育水平、能充分发挥效率地完成各项体力和脑力劳动所需维生素的最低量。一般人体每天对维生素的需要量很少，常以毫克或微克计。维生素需要量的确定一般可通过人群调查验证和实验研究两种方式进行。对有明显维生素缺乏而表现出症状的人来说，可通过补充食物的种类和数量使之营养状况得以改善和恢复，从而改善病情并以此估计人体对维生素的需要量。如人体对维生素 A 的需要量就是借此方式得以确定的。水溶性维生素的需要量往往通过饱和实验予以确定。

造成维生素缺乏症的原因有很多，简述如下。

（一）维生素的摄入量不足

（1）严重的挑食、偏食，膳食结构不合理，造成某些维生素的摄入不足。

（2）食物的加工、储存、烹调方法不当，造成食物中维生素的丢失和破坏，也是某些维生素摄入量不足的原因。

（3）长期食欲缺乏、吞咽困难等。

（二）机体对维生素的需要量增加

不同的个体对维生素的需要量有所不同，同一个体在某些条件下对维生素的需要量也会增加。如孕妇、哺乳期妇女、生长发育期儿童、重体力劳动者及特殊工种工人、长期高热和慢性消耗性疾病患者等都需要更多的维生素。

（三）机体吸收功能障碍导致维生素缺乏

消化系统疾病患者，如长期腹泻、消化道或胆道梗阻、胃酸分泌减少等均可造成维生素的吸收利用减少。

（四）药物等因素引起的维生素缺乏

长期大量服用抗生素类药物可抑制肠道正常菌群的生长，从而引起某些维生素的缺乏。原因在于肠道细菌能合成一定数量的某些维生素（如维生素 K、维生素 PP、维生素 B_6、叶酸、生物素、泛酸等）以供机体需要。

三、维生素的命名与分类

（一）命名

1. 按发现的先后顺序命名 根据各种维生素发现的先后顺序，在“维生素”之后加上 A、B、C、D、E、K 等拉丁字母来命名。有的初始发现以为是一种，后研究证明是几种维生素的混合物，便在拉丁字母右下方注以 1、2、3……等数字加以区别，如维生素 B_1、维生素 B_2、维生素 B_6、维生素 B_{12} 等。

2. 根据各种维生素的功能命名 如抗夜盲症维生素、抗佝偻病维生素、抗坏血病维生素、凝血维生素等。

3. 根据维生素的化学结构特点命名 如视黄醇、硫胺素、核黄素、烟酰胺（尼克酰胺）。

4. 根据维生素的其他特点命名 如泛酸、叶酸等。

维生素各种名称互相混淆，同物异名者颇为多见。如维生素 B_3 即泛酸、维生素 B_5 即烟酸、维生素 G 即维生素 B_2 又叫核黄素、维生素 M 即叶酸亦称维生素 R、维生素 H 即生物素。有的经证明并非维生素，如有人将精氨酸、甘氨酸和半胱氨酸的混合物叫维生素 B_4（目前临床上用的维生素 B_4 是腺嘌呤磷酸盐），维生素 F 即必需脂肪酸等。所以现在有的名称留下来了，有的被弃用，这也是我们见到的维生素名称不论是按拉丁字母顺序来看，还是按阿拉伯数字顺序来看都不连贯的原因。

（二）分类

维生素的种类很多，化学结构、性质差异很大，通常根据溶解性质分为脂溶性维生素（lipid－soluble vitamin）和水溶性维生素（water－soluble vitamin）两大类。

1. 脂溶性维生素 维生素 A（视黄醇、抗夜盲症维生素、抗干眼病维生素），维生素 D（钙化醇、抗佝偻病维生素），维生素 E（生育酚、抗不育维生素），维生素 K（凝血维生素）。

2. 水溶性维生素 维生素 B_1（硫胺素、抗脚气病维生素），维生素 B_2（核黄素），维生素 PP（尼克酸/烟酸和尼克酰胺/烟酰胺、抗癞皮病维生素），维生素 B_6（吡哆醇、吡哆醛、吡哆胺、抗皮炎维生素），泛酸（遍多酸），叶酸（抗贫血维生素），生物素，维生素 B_{12}（钴胺素、抗恶性贫血维生素），维生素 C（抗坏血酸、抗坏血病维生素）。

第二节 脂溶性维生素

脂溶性维生素不溶于水，但能够溶于脂溶性溶剂（如苯、乙醚及三氯甲烷等）中。在食物中，它们常和脂类物质共存，因此在肠道中消化吸收时也与脂类物质一起共同进行。当脂类物质消化吸收不良时（如胆道梗阻或长期腹泻），脂溶性维生素的吸收也大为减少，甚至会引起缺乏症。脂溶性维生素被吸收后，在血液中与脂蛋白或特异蛋白质结合而运输，并在体内尤其是肝脏有一定数量的储存。

一、维生素 A

（一）化学本质、性质及来源

维生素 A 是含有 β - 白芷酮环的不饱和一元醇类，包括维生素 A_1（视黄醇）和维生素 A_2（3 - 脱氢视黄醇）两种。维生素 A_2 的活性大约只有维生素 A_1 的一半。结构如下。

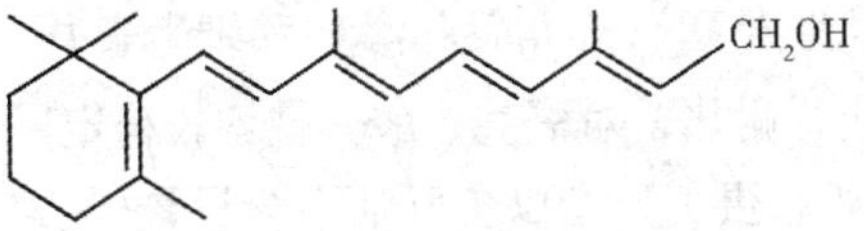

CH_2OH

维生素A_1(视黄醇)

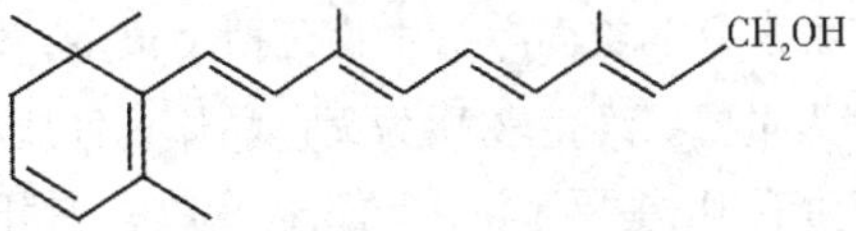

CH_2OH

维生素A_2(3–脱氢视黄醇)

在体内，视黄醇可被氧化成视黄醛，后者可被进一步氧化成视黄酸。由于其侧链中含有 4 个双键，故可形成顺、反式异构体。视黄醛中最重要的是 9 - 顺式视黄醛及 11 - 顺式视黄醛。

由于维生素 A 化学性质活泼，易被氧化，遇热、遇光、紫外线照射更易使其氧化而失去其生理作用，故维生素 A 制剂应装在棕色瓶内避光储存。一般的烹调方法对食物中的维生素 A 无严重的破坏作用。

维生素 A 主要来自动物性食物，如肝、乳制品、蛋黄、肉类及鱼肝油等。植物性食物尤其是黄、红色蔬菜中含有多种胡萝卜素，黄绿色蔬菜富含 β 胡萝卜素，胡萝卜乃是其最佳来源，而红色的棕榈油中含量更丰富，玉米中含量也较多。

食物中视黄醇多以脂肪酸酯的形式存在，在小肠水解为视黄醇，吸收后重新合成视黄醇酯，以脂蛋白形式储存在储脂细胞内。血浆中的视黄醇与视黄醇结合蛋白相结合而运输，后者又与已结合甲状腺素的前清蛋白结合成复合物，运输至靶组织与特异性受体结合利用。

（二）生理功能及缺乏症

1. 参与机体视觉作用 人视网膜中有两种感光细胞，即锥状细胞和杆状细胞，杆状细胞内的感光物质是视紫红质，它主要是由 11 - 顺式视黄醛与视蛋白结合而成的。

当机体缺乏维生素 A 时，视紫红质合成减少，对弱光的敏感度降低，暗适应能力降低，暗适应时间延长，严重时会造成夜盲症，中医学称为“雀目”。故有人称维生素 A 为抗夜盲症维生素。

2. 维持上皮组织结构的完整与健全 机体缺乏维生素 A 时，眼、消化道、呼吸道、腺体、泌尿生殖系统等组织器官上皮干燥、增生和角质化，功能不健全，机体抵抗微生物侵袭的能力降低，易感染疾病。泪腺上皮功能不健全，泪液分泌减少或停止，易受细菌感染而造成角膜、结膜干燥、发炎，甚至角膜软化而穿孔，此即干眼病，故维生素 A 又名抗干眼病维生素。

3. 促进正常生长发育 缺少维生素 A 时，生殖功能减退，骨骼生长发育不良或受阻。

4. 抗癌作用 动物实验表明，维生素 A 可诱导细胞分化，减轻化学致癌物质诱发肿瘤的作用。

5. 抗衰老作用 在氧分压较低的情况下，维生素 A 和胡萝卜素能直接消除自由基，有助于控制细胞膜及富含脂质的组织过氧化，是有效的抗氧化剂。

正常人血浆或血清维生素 A 浓度：婴儿为 0.68 ~ 1.7μmol/L，成人为 1.0 ~ 5.1μmol/L。当发生维生素 A 中毒时，成年人通常表现为嗜睡、脑压升高、呕吐及皮肤广泛性脱屑；儿童则表现为无食欲、恶心、烦躁、皮肤瘙痒、毛发稀疏易脱等，严重者可造成肝脏不可恢复性损伤（细胞坏死、纤维化和肝硬化），还可造成骨骼生长发育停滞。

二、维生素 D

（一）化学本质、性质及来源

维生素 D 为类固醇衍生物，种类很多，以维生素 D_2（麦角钙化醇）和维生素 D_3（胆钙化醇）较为重要。维生素 D 为无色晶体，性质稳定，耐热，对氧气、酸、碱均较稳定。

维生素 D_3 主要来源于动物性食物，如肝、奶、蛋黄，尤以鱼肝油中含量最丰富。人体内可由胆固醇转变为 7 - 脱氢胆固醇，储存在皮下，经日光或紫外线的照射，转变成维生素 D_3，植物油和酵母中含有不能被人体吸收的麦角固醇，经日光或紫外线照射可转变成能被人体吸收的维生素 D_2。

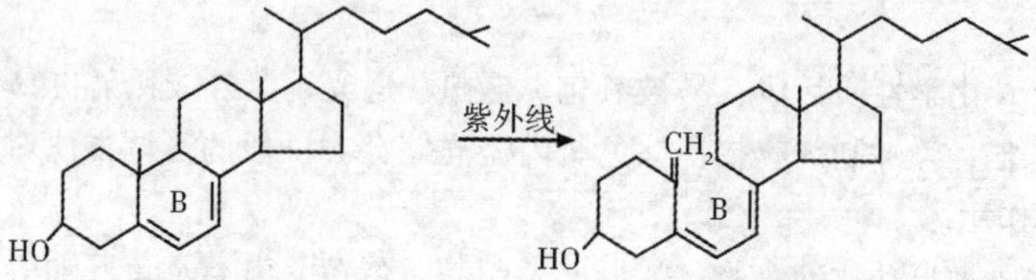

7-脱氢胆固醇 —紫外线→ 维生素D_3

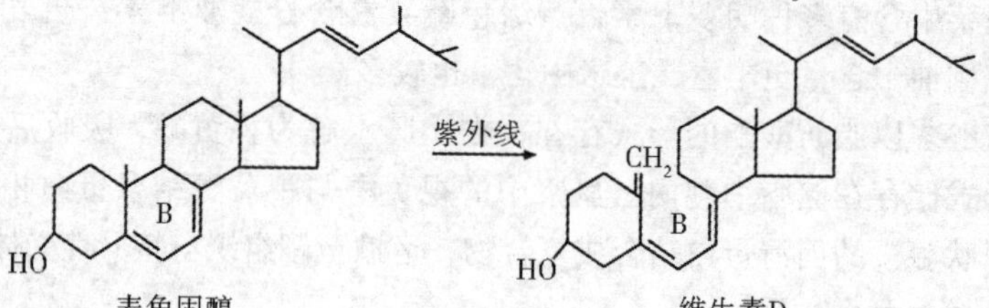

麦角固醇 —紫外线→ 维生素D_2

食物中的维生素 D 在小肠吸收后，与乳糜微粒结合，经淋巴入血，在血液中主要与特异载体蛋白——维生素 D 结合蛋白结合运输至肝，经 25 - 羟化酶催化形成 25 -（OH）- VD_3，这是维生素 D 在肝内的储存及血液中的运输形式。运输至肾脏，经肾小管上皮细胞线粒体内 1α - 羟化酶的催化生成 1，25 -（$OH)_2$ - VD_3，此乃维生素 D 在体内的活性形式。

（二）生理功能及缺乏症

1，25 -（$OH)_2$ - VD_3 的靶细胞是小肠黏膜、肾、骨组织。主要作用如下。

（1）促进小肠黏膜细胞钙结合蛋白的形成，从而促进钙的吸收，同时也促进磷的吸收。

（2）增加肾小管上皮细胞对钙、磷的重吸收。

（3）促进旧骨质中骨盐的溶解，促进成骨细胞的形成，促进新骨细胞中骨盐的沉积。

通过提高血钙和血磷的浓度，促进骨的钙化，从而促进骨骼和牙齿的形成。在体内维生素 D、甲状旁腺激素和降钙素等共同调节并维持机体的钙、磷平衡。

（4）研究表明，$1,25-(OH)_2-VD_3$ 还具有对抗 1 型和 2 型糖尿病的作用。对某些肿瘤细胞还具有抑制其增殖和促进其分化的作用。

机体缺乏维生素 D 时，血钙、血磷浓度下降，轻者表现为手足搐搦、惊厥等，重者儿童可得佝偻病，骨质生长障碍和骨化不全，表现为囟门闭合晚、鸡胸、“O”形或“X”形腿；成年人可患软骨病，也叫骨质软化症，骨骼脱钙，骨质密度降低，易发生骨折。对佝偻病和软骨病应以预防为主，多晒太阳，婴儿应注意供给钙和维生素 D，对患儿应利用维生素 D 制剂（如鱼肝油）和钙剂进行治疗。

三、维生素 E

（一）化学本质、性质及来源

维生素 E 又名生育酚（tocopherol），自然界包括生育酚和三烯生育酚两类，每类又分 α、β、γ、δ 四种，其中以 α－生育酚分布最为广泛，活性最强。

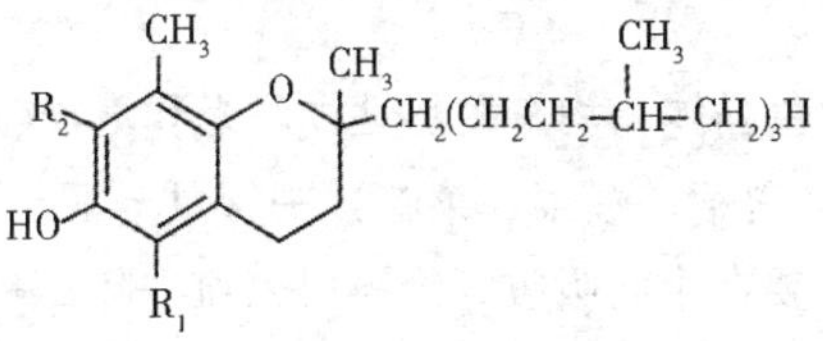

生育酚 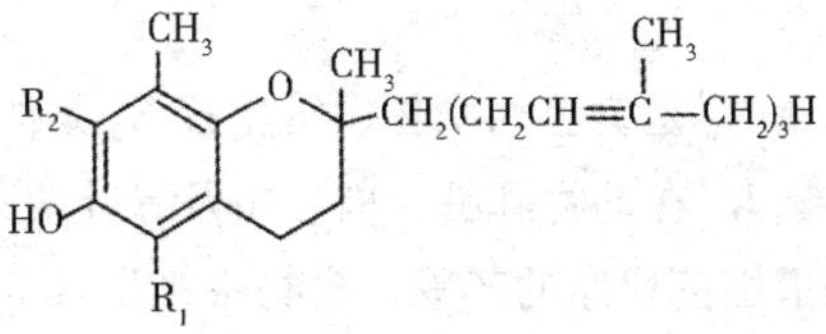　　　　生育三烯酚

维生素 E 是黄色油状物，在无氧条件下对热、碱等稳定，但对氧十分敏感，极易被氧化，因此可以保护其他易被氧化的物质不被破坏，是极其有效的抗氧化剂。

维生素 E 多存在于植物组织中，麦胚油等植物油、油性种子及蔬菜中含量丰富。

（二）生理功能及缺乏症

1. 抗氧化作用 维生素 E 的作用就在于捕捉自由基如 H_2O_2、$\cdot OH$、$ROO\cdot$、$O_2\cdot$ 等），它能在维生素 C 和谷胱甘肽的协同作用下变成生育醌，用以对抗生物膜上的磷脂分子中的多不饱和脂肪酸的过氧化反应，从而保护生物膜的结构和功能，减少各组织细胞内脂褐素的产生和沉着，延缓衰老。

2. 与动物生殖功能有关 缺乏维生素 E 可导致动物生殖器官受损而不育。动物实验证明，雄鼠缺乏维生素 E 时，睾丸萎缩，不产生精子；雌鼠缺乏维生素 E 时，虽能怀孕，但多出现胚胎及胎盘萎缩而被吸收，引起流产。故临床上常用维生素 E 治疗习惯性流产和先兆流产。

3. 促进血红素代谢 新生儿缺乏维生素 E 可引起贫血，这可能与血红蛋白合成减少及红细胞寿命缩短有关。所以孕妇、哺乳期妇女及新生儿应注意补充维生素 E。

4. 维生素 E 的其他作用 维生素 E 还具有抗炎、维持正常免疫功能和抑制细胞增殖的作用，降低血浆低密度脂蛋白的浓度，对预防和治疗动脉粥样硬化、肿瘤也起到一定的作用。

四、维生素 K

（一）化学本质、性质及来源

维生素 K 又称凝血维生素。天然的有维生素 K_1 和维生素 K_2 两种，现临床常用的是人工合成的水溶性的维生素 K_3 和维生素 K_4（可口服和注射）。它们均是 2－甲基－1，4－萘醌的衍生物。

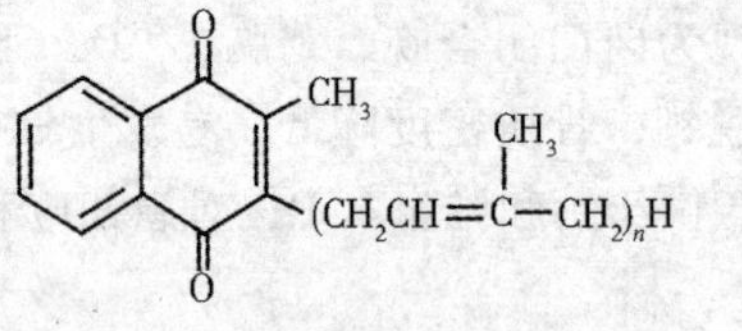

维生素K_2

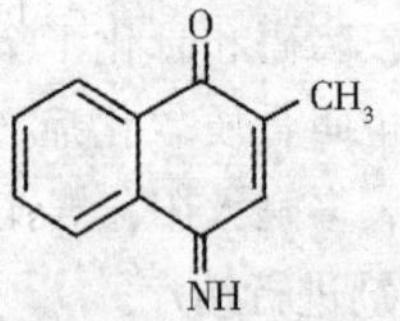

4–亚氨基–2–甲基萘醌(维生素K_4)

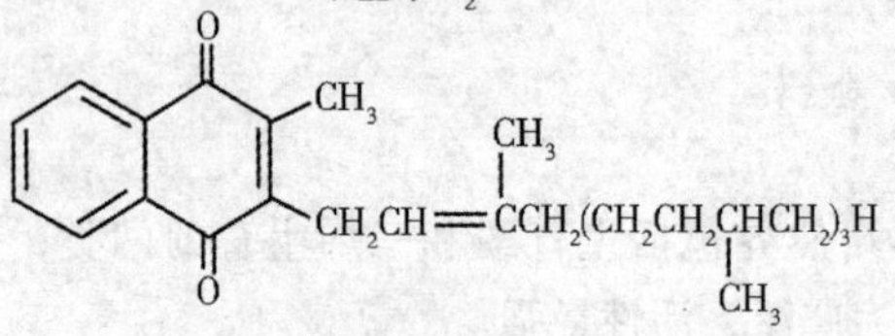

维生素K_1

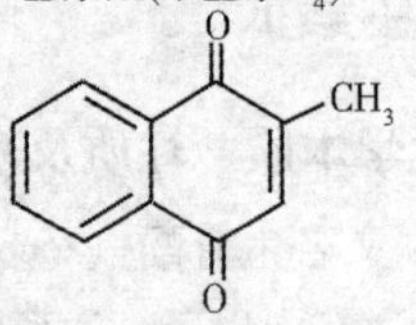

2–甲基1,4–萘醌(维生素K_3)

维生素 K_1 是黄色油状物，维生素 K_2 是淡黄色晶体。均有耐热性，对光和碱较敏感。

维生素 K_1 在动物肝脏、肉、鱼及绿叶蔬菜（苜蓿、菠菜、菜花）中含量丰富，维生素 K_2 是人体肠道细菌代谢的产物。食物中维生素 K 主要在小肠吸收，经淋巴入血并随 β－脂蛋白运送至肝脏储存。

（二）生理功能及缺乏症

1. 参与凝血作用 维生素 K 的主要生理功能是促进肝脏合成凝血因子Ⅱ、Ⅶ、Ⅸ和Ⅹ。故维生素 K 又称为凝血维生素。机体缺乏维生素 K 时，凝血时间延长，常发生皮下、肌肉及肠道出血。

2. 维生素 K 可维持骨盐含量，减少动脉钙化 骨中骨钙蛋白和骨基质蛋白均是维生素 K 依赖蛋白。大剂量的维生素 K 也可降低动脉硬化的危险。

3. 维生素 K 可增加肠蠕动和分泌功能 缺乏维生素 K 时平滑肌张力及收缩减弱。

4. 维生素 K 还可延缓糖皮质激素在肝中的分解 一般情况下，很少有缺乏维生素 K 的现象。但当胆道梗阻、胰腺病、肠黏膜萎缩或脂肪痢发生引起消化吸收不良时，或长期服用广谱抗生素抑制了肠道细菌生长时便有可能引起维生素 K 缺乏。由于维生素 K 不能透过胎盘，加之新生儿肠道内缺乏细菌，故新生儿有可能出现维生素 K 缺乏的现象。临产前有时给孕妇注射维生素 K，以防止新生儿出血。

第三节 水溶性维生素

水溶性维生素包括 B 族维生素和维生素 C。B 族维生素主要以其衍生物的形式构成体内酶的辅助因子发挥对物质代谢的调节作用。进入体内多余的水溶性维生素及其代谢产物均自尿中排出，很少在体内蓄积，不会发生中毒，但必须不断从食物中获取进行补充。

一、维生素 B_1

（一）化学本质、性质及来源

维生素 B_1 又名抗脚气病维生素，因其结构中含有硫及氨基，故又称为硫胺素。其结构中含有一个嘧啶环和一个噻唑环。临床使用的维生素 B_1 为合成的硫胺素盐酸盐，白色结晶。

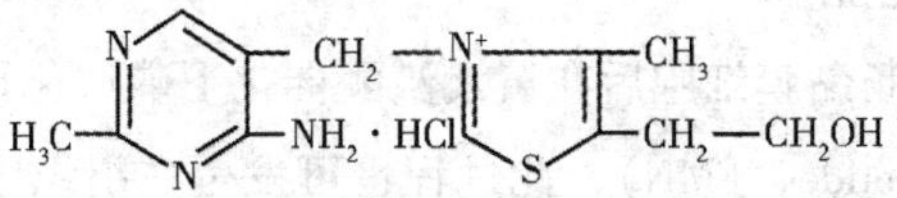

维生素 B_1 在水中溶解度大，在酸性溶液中耐热，在碱性溶液中加热极易分解。维生素 B_1 经氧化后生成脱氢硫胺素，在紫外光下呈现蓝色荧光，利用这一特性可检出组织中的维生素 B_1 或进行定量测定。

维生素 B_1 主要存在于种子外皮及胚芽中，米糠、麦麸、黄豆、酵母中含量最丰富，精白米和精白面粉中维生素 B_1 的含量远低于标准米和标准面粉。瘦肉、肝脏中也很多，干果、坚果、白菜、芹菜、防风、车前子也富含维生素 B_1。

维生素 B_1 主要在小肠中吸收，经血液运输至肝，在硫胺素焦磷酸激酶作用下生成焦磷酸硫胺素（thiamine pyrophosphate，TPP），此乃维生素 B_1 在体内的活性形式。

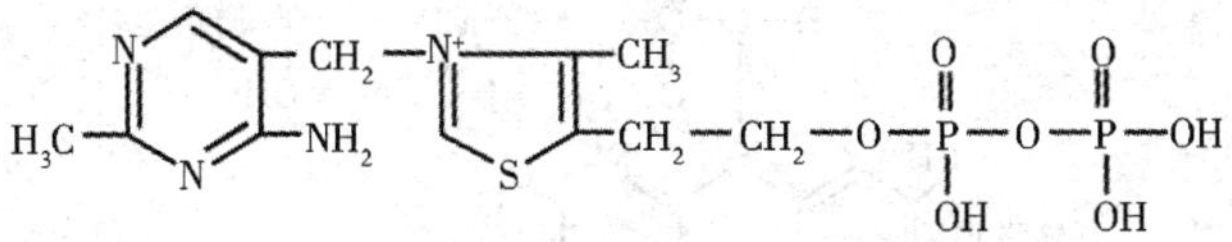

（二）生理功能及缺乏症

1. 焦磷酸硫胺素（TPP）是体内 α－酮酸氧化脱羧酶的辅酶 参与糖代谢中 α－酮酸（丙酮酸、α－酮戊二酸）的氧化脱羧反应，这是糖氧化分解供能的关键反应，正常情况下，神经组织主要依靠糖氧化分解供能。当机体缺乏维生素 B_1 时，导致末梢神经炎及其他神经病变。出现健忘、易怒、四肢无力、肌肉疼痛萎缩、腱反射消失等，另外还可出现心悸、呼吸困难、心脏肥大扩张、继发性充血性心衰等，称为脚气病，因此维生素 B_1 又称为抗脚气病维生素。

2. 抑制胆碱酯酶的活性 维生素 B_1 可抑制胆碱酯酶的活性，减少乙酰胆碱的水解。乙酰胆碱是神经递质，缺乏维生素 B_1 时，胆碱酯酶活性增强，乙酰胆碱水解加速，神经传导受到影响，导致胃肠蠕动减慢，消化液分泌减少，引起食欲缺乏、消化不良等。

3. 焦磷酸硫胺素（TPP）还是磷酸戊糖通路中转酮醇酶的辅酶 维生素 B_1 缺乏时，可因 5－磷酸核糖不能合成而影响核苷酸乃至核酸的合成，也可因 NADPH 的不能合成而影响脂肪酸、胆固醇、类固醇激素的合成，进而影响多组织的多方面的功能。

二、维生素 B_2

（一）化学本质、性质及来源

维生素 B_2 又称核黄素，是核糖醇与 6，7－二甲基异咯嗪的缩合物。其异咯嗪环上第 1 及第10位氮原子与活泼的双键相连，能进行可逆的加氢与脱氢反应，因而具有可逆的氧化还原特性。维生素 B_2 为橘黄色结晶，溶于水中呈现黄绿色荧光，酸性环境下稳定，碱性条件或光照极易被破坏。

维生素 B_2 广泛存在于动植物中，肝、肾、心、乳、蛋类、肉类及黄豆、小麦、青菜中含量丰富。自由型维生素 B_2 及其在小肠细胞内的磷酸化产物均可被吸收，几乎以原样排出。

（二）生理功能及缺乏症

维生素 B_2 吸收进入小肠黏膜细胞后在黄素激酶催化下磷酸化形成磷酸核黄素，也叫黄素单核苷酸（flavin mononucleotide，FMN），此过程也可发生在组织细胞内。后者进一步在体内焦磷酸化酶催化下转变成黄素腺嘌呤二核苷酸（flavin adenine dinucleotide，FAD）。FMN 和 FAD 就是维生素 B_2 在体内的活性形式。

FMN 和 FAD 是体内某些氧化还原酶的辅基，起传递氢的作用，参与氧化还原反应，促进体内的糖、脂肪和蛋白质代谢。以 FMN 和 FAD 为辅助因子的酶称为黄素蛋白酶或黄素酶、黄酶，如琥珀酸脱氢酶、脂酰辅酶 A 脱氢酶、L－氨基酸氧化酶、黄嘌呤氧化酶等。

机体缺乏维生素 B_2 时，常见的症状是：唇炎、舌炎、口角炎、阴囊炎、睑缘炎及角膜血管增生、溃烂、畏光、眼部灼痛、巩膜充血等。

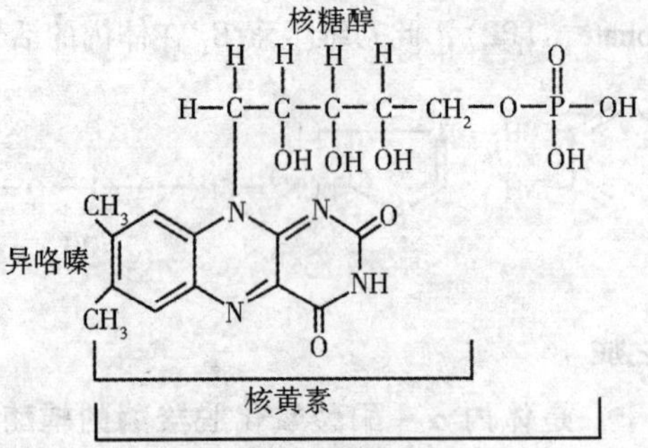

核糖醇

异咯嗪

核黄素

黄素单核苷酸(FMN)

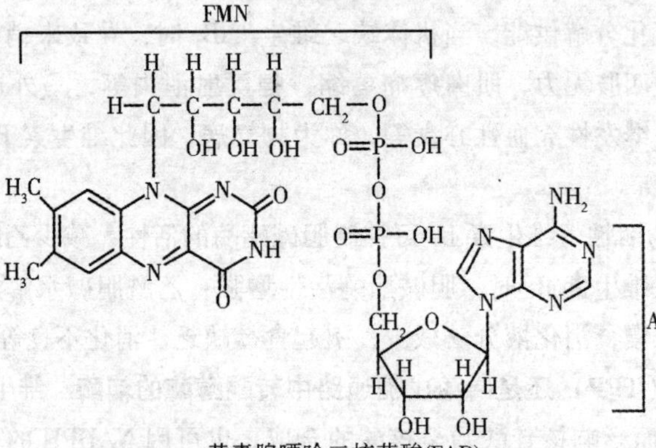

FMN

AMP

黄素腺嘌呤二核苷酸(FAD)

三、维生素 PP

（一）化学本质、性质及来源

维生素 PP 又称为抗癞皮病维生素，包括尼克酸（nicotinic acid，又称烟酸）和尼克酰胺（nicotinamide，又称烟酰胺），均为吡啶的衍生物，在体内可相互转化。烟酸和烟酰胺均为白色晶体，性质较稳定，不易被酸、碱、热破坏。

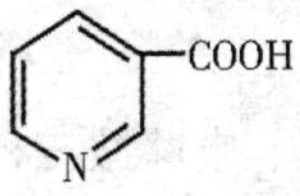

尼克酸 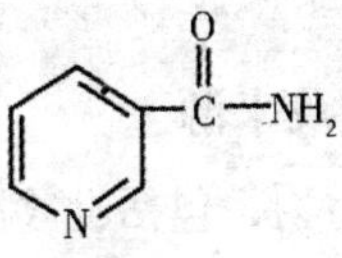　　　　尼克酰胺

维生素 PP 广泛存在于动、植物组织中，肉、鱼、谷类、花生、酵母中含量丰富。人体可利用色氨酸合成少量维生素 PP，但色氨酸是必需氨基酸，所以维生素 PP 主要从食物中摄取。主要经小肠吸收。

（二）生理功能及缺乏症

在体内，烟酸可转变成烟酰胺，后者与磷酸、核糖、腺嘌呤组成尼克酰胺腺嘌呤二核苷酸（nicotinamide adenine dinucleotide，NAD^+，CoⅠ，辅酶Ⅰ）和尼克酰胺腺嘌呤二核苷酸磷酸（nicotinamide adenine dinucleotide phosphate，$NADP^+$，CoⅡ，辅酶Ⅱ），其吡啶环中氮原子能可逆地接受与失去一个电子，其对面碳原子能可逆地加氢与脱氢。尼克酰胺每次可接受一个氢原子和一个电子，另一个质子游离在基质中。

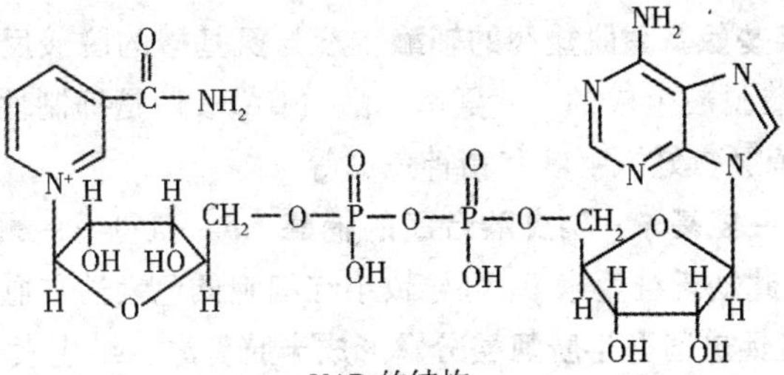

NAD^+的结构

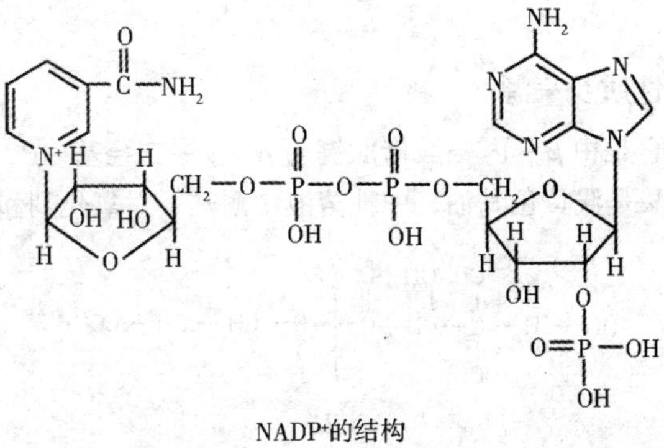

$NADP^+$的结构

1. NAD^+和 $NADP^+$是体内多种脱氢酶的辅酶　参与体内的氧化还原反应，参与物质代谢。人类缺乏维生素 PP 可患癞皮病，其主要临床表现是神经营养障碍，特别是发生皮炎、消化道炎、神经炎等。

2. 临床应用　大剂量的烟酸能扩张小血管，降低血胆固醇含量，还能抑制脂肪动员，减少极低密度脂蛋白的合成，从而降低血浆甘油三酯。所以临床上常用大剂量的烟酸治疗内耳眩晕症、外周血管病、偏头痛、高胆固醇血症及动脉粥样硬化等。

四、维生素 B_6

（一）化学本质、性质及来源

维生素 B_6 是吡啶的衍生物，包括吡哆醇、吡哆醛、吡哆胺三种。在体内吡哆醇转化成吡哆醛和吡哆胺，经磷酸化以磷酸酯的形式存在，磷酸吡哆醛和磷酸吡哆胺是维生素 B_6 在体内的活性形式。维生素 B_6 在酸中较稳定，对光和碱较敏感，高温下迅速被破坏。

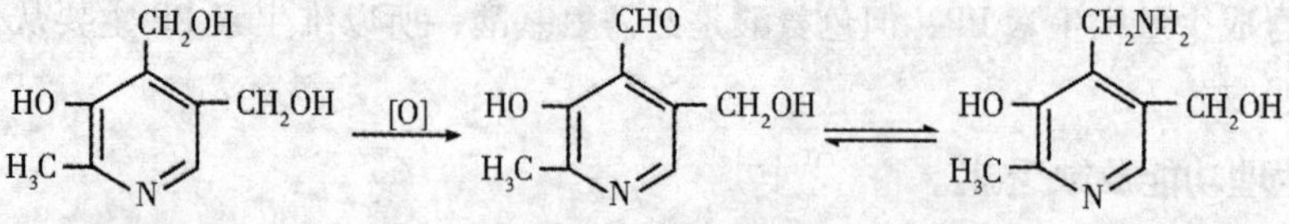

吡哆醇 →[O]→ 吡哆醛 ⇌ 吡哆胺

维生素 B_6 在动植物中广泛分布，蛋黄、乳汁、肉类、鱼、豆类、谷类、米糠、酵母及绿叶蔬菜中含量丰富。肠道细菌亦可少量合成。

（二）生理功能及缺乏症

1. 磷酸吡哆醛和磷酸吡哆胺是体内转氨酶的辅酶 在氨基酸代谢中起传递氨基的作用。

2. 磷酸吡哆醛是某些氨基酸脱羧酶的辅酶 参与氨基酸的脱羧反应生成重要的胺（多为神经递质）。例如谷氨酸脱羧生成的 γ－氨基丁酸（GABA）是抑制性神经递质，故临床上常用维生素 B_6 治疗婴儿惊厥、妊娠呕吐和精神焦虑等。

3. 磷酸吡哆醛是 δ－氨基 γ－酮戊酸合酶的辅酶 δ－氨基 γ－酮戊酸（ALA）合酶是血红素合成的限速酶，因此缺乏维生素 B_6 可导致小红细胞低色素性贫血和血清铁含量升高。

4. 磷酸吡哆醛还可促进同型半胱氨酸分解形成半胱氨酸 维生素 B_6 缺乏时可引起高同型半胱氨酸血症，可导致心脑血管疾病，如栓塞、高血压、动脉硬化等。

五、泛酸

（一）化学本质、性质及来源

泛酸又称遍多酸。它是由 β－丙氨酸借肽键与 α，γ－二羟基－β，β－二甲基丁酸缩合而成的一种酸性物质。泛酸是浅黄色黏油，中性溶液中耐热，对氧化剂和还原剂极为稳定。

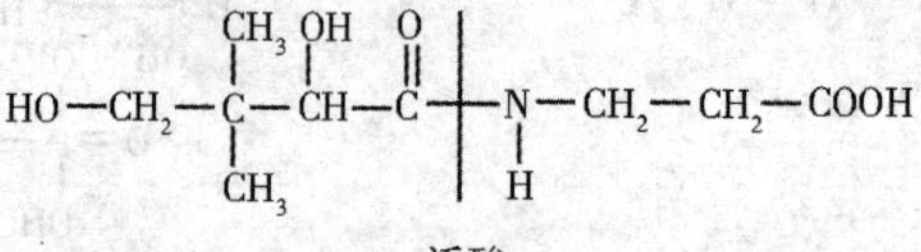

$$HO-CH_2-C(CH_3)_2-CH(OH)-C(=O)-NH-CH_2-CH_2-COOH$$

泛酸

泛酸广泛存在于生物界，肠内细菌亦可合成泛酸。

（二）生理功能及缺乏症

泛酸吸收后，经磷酸化并获得巯基乙胺而成为4－磷酸泛酰巯基乙胺，后者是体内辅酶 A（coenzyme A，CoA）和酰基载体蛋白（acyl carrier protein，ACP）的组成成分。辅酶 A 的结构：

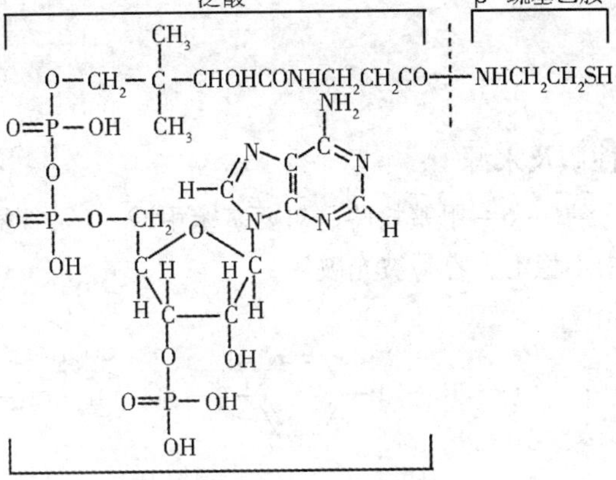

泛酸 β-巯基乙胺

AMP

辅酶 A 是体内酰基转移酶的辅酶，它和 ACP 都是体内酰基的载体，广泛地参与糖、脂类、蛋白质的代谢。辅酶 A 携带酰基的部位是巯基（—SH），它是辅酶 A 的活性基团，故辅酶 A 也经常写作 HSCoA、CoASH 或 CoA - SH。如携带乙酰基后可写作 CH_3CO - SCoA，称为乙酰辅酶 A。

正常膳食条件下不会发生泛酸缺乏症，但在治疗其他 B 族维生素缺乏病时适量给予泛酸常可提高疗效。

六、生物素

（一）化学本质、性质及来源

生物素是由噻吩环和尿素相结合而成的双环化合物，并带有戊酸侧链。自然界中至少有两种，即 α - 生物素和 β - 生物素。生物素为无色的针状结晶，普通温度下相当稳定，高温和氧化剂可使其丧失生理活性。

生物素在肝、肾、牛奶、蛋黄、酵母中含量丰富，菜花、坚果、豆类次之，肠道细菌亦可合成。

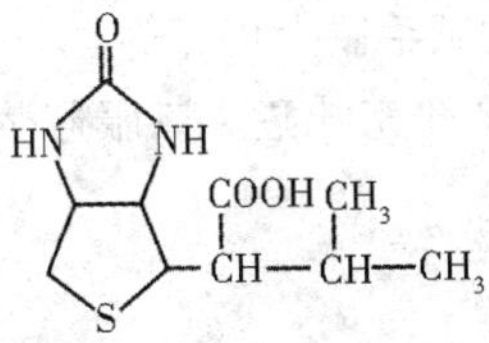

α-生物素 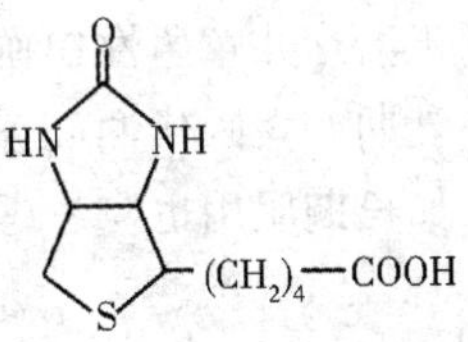　　β-生物素

（二）生理功能及缺乏症

1. 生物素是体内多种羧化酶的辅基 参与体内 CO_2 的固定和羧化反应，起着 CO_2 载体的作用，与糖、脂肪、蛋白质、核酸的代谢密切相关。如丙酮酸羧化酶、乙酰辅酶 A 羧化酶、丙酰辅酶 A 羧化酶等。

2. 生物素还参与细胞信号转导和基因表达 生物素影响细胞周期、转录和损伤的修复，人类很少发生生物素缺乏症。但若大量食用生鸡蛋清，则有可能患生物素缺乏病，因为生鸡蛋清中有一种抗生物素蛋白，能与生物素结合而导致其不能被吸收，加热后则可破坏这种蛋白质。生物素缺乏症的表现是：疲乏、恶心呕吐、食欲缺乏、脱屑性皮炎、苍白、抑郁、嘴唇鳞状上皮细胞脱落等。

七、叶酸

（一）化学本质、性质及来源

叶酸由2－氨基－4羟基－6－甲基蝶呤、对氨基苯甲酸、L－谷氨酸三部分组成。叶酸为黄色结晶，在酸性溶液中不稳定，容易被光破坏。

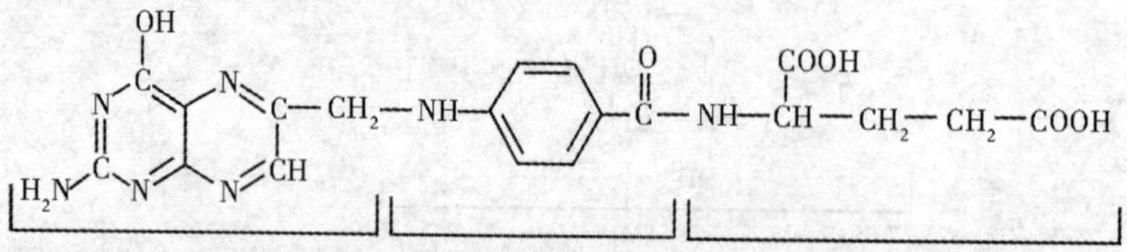

2-氨基-4-羟基-6-甲基蝶呤　对氨基苯甲酸(PABA)　L-谷氨酸

叶酸因在绿叶中含量丰富而得名，肝、酵母、水果中也很丰富，其次是乳、肉类及鱼。肠道细菌也可合成，故一般不易发生缺乏症。

（二）生理功能及缺乏症

进入体内的叶酸在小肠、肝脏、骨髓等组织中在维生素C和还原型辅酶Ⅱ（NADPH）参与下，经二氢叶酸还原酶的催化还原成二氢叶酸（FH_2），进一步还原成5，6，7，8－四氢叶酸（tetrahydrofolic acid，THFA，FH_4），此乃叶酸在体内的活性形式。四氢叶酸是体内一碳单位转移酶的辅酶，是一碳单位传递体。机体缺乏叶酸时，骨髓幼红细胞内DNA合成减少，细胞分裂受阻，细胞体积增大，造成巨幼红细胞性贫血，简称巨幼贫。所以叶酸又被称为抗贫血维生素。叶酸缺乏时，还会导致甲硫氨酸循环受阻，同型半胱氨酸不能甲基化转变成甲硫氨酸，引起高同型半胱氨酸血症，增加动脉粥样硬化、血栓生成和高血压的危险性。

磺胺类药物的结构与叶酸分子中的对氨基苯甲酸的结构相似，故在细菌体内合成叶酸的反应中，磺胺类药物起到了竞争性抑制作用，从而抑制了细菌的生长繁殖。

叶酸类抗代谢药甲氨蝶呤结构与叶酸相似，是二氢叶酸还原酶的强抑制剂，常用作抗癌药，目前在临床上用于治疗儿童急性白血病和妇女绒毛膜上皮癌等。

儿童、孕妇及哺乳期妇女因代谢旺盛，应适量补充叶酸。口服避孕药或抗惊厥药能干扰叶酸的吸收及代谢，如长期服用也应考虑补充叶酸。

八、维生素B_{12}

（一）化学本质、性质及来源

维生素B_{12}又称钴胺素，其结构中含有一个金属钴离子，是唯一含有金属元素的维生素。已知体内维生素B_{12}有多种形式，5′－脱氧腺苷钴胺素是维生素B_{12}在体内的主要存在形式，因为它以辅酶的形式参加多种重要的代谢反应，故又称它为辅酶B_{12}（CoB_{12}）；羟钴胺素性质比较稳定，是药用维生素B_{12}的常见形式，且它的疗效比氰钴胺素好；甲钴胺素是维生素B_{12}转运甲基的形式。维生素B_{12}是粉红色结晶，其水溶液在弱酸性条件下相当稳定，在强酸、强碱下则极易分解，日光、氧化剂、还原剂均易破坏维生素B_{12}。

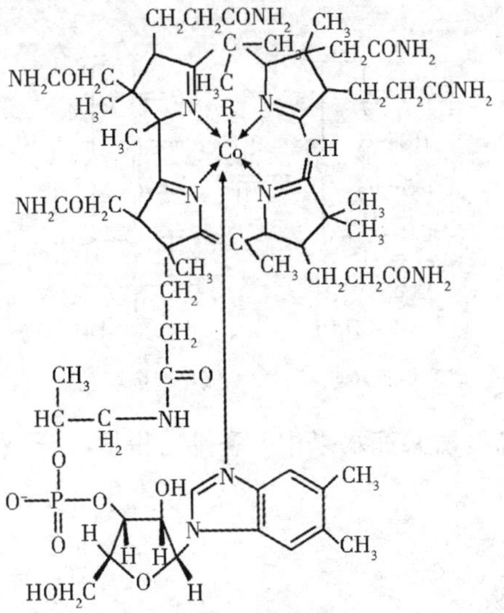

图5-1 钴胺素结构

R=CN：氰钴胺素；R=CH_3：甲钴胺素；R=OH：羟钴胺素；

R=5′-脱氧腺苷：5′-脱氧腺苷钴胺素

人类肠道细菌虽可合成维生素 B_{12}，但由于维生素 B_{12} 与蛋白质相结合而不能被人体吸收利用。肝、肾、肉类、鱼、蛋类均富含维生素 B_{12}，与蛋白质结合而存在，在胃中经酸或在肠内经胰蛋白酶作用分开，需要胃幽门部黏膜细胞分泌的高度特异的糖蛋白（内在因子）的帮助才能被吸收，故胃和胰腺功能障碍者可引起维生素 B_{12} 的缺乏。

（二）生理功能及缺乏症

1. 维生素 B_{12} 参与体内一碳单位的代谢 维生素 B_{12} 参与同型半胱氨酸的甲基化反应，甲基钴胺素是转甲基酶的辅酶。机体缺乏维生素 B_{12} 时，产生巨幼红细胞性贫血。

2. 5′-脱氧腺苷钴胺素是甲基丙二酰单酰辅酶 A 变位酶的辅酶 催化甲基丙二酰单酰辅酶 A 转变为琥珀酰辅酶 A。缺乏维生素 B_{12} 时，造成神经髓鞘质变性退化，因此出现神经疾病，所以维生素 B_{12} 有营养神经的作用。

机体发生巨细胞贫血同时伴有神经系统疾病称为恶性贫血。目前维生素 B_{12} 是治疗恶性贫血的首选药。维生素 B_{12} 也称为抗恶性贫血维生素。

严重胃肠道功能障碍者、长期素食者有可能患维生素 B_{12} 缺乏症。胃切除患者，需要维生素 B_{12} 治疗时应采取注射方式，口服无效。

九、维生素 C

（一）化学本质、性质及来源

维生素 C 具有防治坏血病的作用，故又称为抗坏血酸、抗坏血病维生素。

维生素 C 是无色无臭的片状结晶体，有酸味，易溶于水。正是由于它的烯二醇式结构，其 C-2 和 C-3 位上羟基既可以 H^+ 游离，又可以 H 原子释放，所以维生素 C 不但是强有机酸（酸性比乙酸强），而且还是强还原剂，极不稳定，容易为热或氧化所破坏，在中性或碱性溶液中更甚；光、金属离子（特别是 Fe^{3+}、Cu^{2+}）或荧光物质（如核黄素）更能促进维生素C氧化分解。

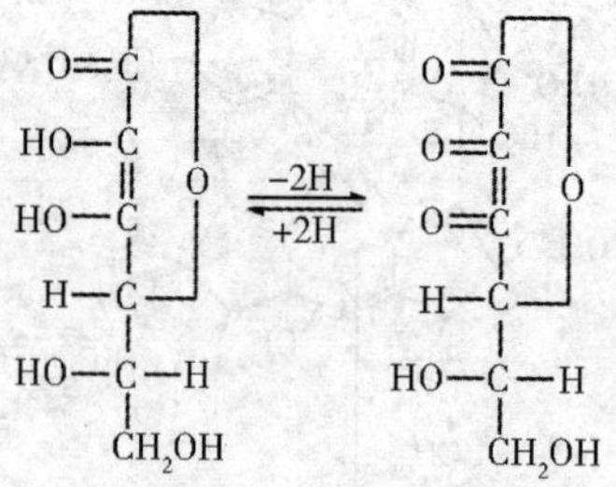

L-抗坏血酸 $\underset{+2H}{\overset{-2H}{\rightleftharpoons}}$ 氧化型抗坏血酸

维生素C广泛存在于新鲜蔬菜和水果中，番茄、柑橘、鲜枣、辣椒、山楂、豆芽菜等蔬菜和水果中含量尤其丰富。

（二）生理功能及缺乏症

1. 参与体内的羟化反应

（1）促进胶原蛋白的合成，缺乏维生素C时，伤口、溃疡不易愈合，骨骼、牙齿易折断、松动和脱落，毛细血管通透性增大，引起坏血病。

（2）参与胆固醇的转化　体内胆固醇在肝内转变成胆汁酸的过程中需经过羟化反应，此反应需要7α-羟化酶的催化，维生素C是该酶的辅酶，缺乏直接影响到胆固醇的代谢。

（3）参与芳香族氨基酸的代谢　苯丙氨酸转变成酪氨酸需要羟化；酪氨酸转变为对羟基苯丙酮酸后需再经羟化等反应生成尿黑酸；酪氨酸生成儿茶酚胺的过程也有羟化反应；色氨酸转变成5-羟色胺同样经过羟化反应，这些羟化过程都需要维生素C的参与。

2. 参与体内的氧化还原反应

（1）保护巯基酶的活性，维持谷胱甘肽的还原状态，发挥解毒作用，所以维生素C可以起到解毒作用。

（2）维生素C能使难以吸收的三价铁（Fe^{3+}）还原成易于吸收的二价铁（Fe^{2+}），因而有利于铁的吸收；维生素C还能促进红细胞中的高铁血红蛋白（MHb）还原为血红蛋白（Hb），恢复血红蛋白的运氧功能。

（3）维生素C能促进叶酸转变为四氢叶酸。

（4）维生素C能增加淋巴细胞的生成，提高吞噬细胞的吞噬能力，促进免疫球蛋白的合成，提高机体免疫力。临床上可用于心血管疾病、病毒性疾病等的支持治疗。

（蔡连富）

第二篇
物质代谢及其调节

第六章 糖代谢

1. 掌握糖酵解的概念、基本过程、关键酶、生理意义；丙酮酸氧化脱羧的酶和辅酶；三羧酸循环概念、过程、特点、关键酶、生理意义；磷酸戊糖途径的概念、特点、生理意义；糖原合成和分解的过程、关键酶；丙酮酸氧化脱羧的酶和辅酶；三羧酸循环的概念、过程、特点、关键酶、生理意义；糖异生的过程、关键酶和生理意义；乳酸循环的概念及生理意义；血糖的概念、来源和去路。

2. 熟悉糖酵解的调节机制；糖的有氧氧化的调节；丙酮酸氧化脱羧的过程和机制；糖原合成和分解的调节；糖异生的调节。

3. 了解糖的分类及生理功能；以糖类为基础的药物、糖基化工程；糖的消化吸收及糖代谢概况；血糖浓度的调节；糖代谢异常与药物治疗。

第一节 糖的分类及其生理功能

一、糖的分类

糖是多羟基醛或多羟基酮及其聚合物和衍生物的总称。在生物界中分布极广，含量较多，几乎存在于所有的动物、植物和微生物体内。根据其所含糖单位的数目及结构特点，糖大致可分为以下三类。

（一）单糖

单糖是用水解方法不能将其降解的糖，是糖类中最简单的一种，也是组成糖类物质的基本结构单位。根据其分子中所含碳原子的数目分为丙糖（三碳糖）、丁糖（四碳糖）、戊糖（五碳糖）、己糖（六碳糖），庚糖（七碳糖）。最简单的单糖为三碳糖，包括甘油醛和二羟丙酮，它们是糖代谢的中间产物。自然界中分布广、意义大的为五碳糖和六碳糖，前者包括核糖、脱氧核糖，后者包括葡萄糖、果糖和半乳糖。

（二）寡糖

寡糖是由单糖分子（2 个到 10 多个，一般含 2 个到 6 个）缩合而成的低聚糖。根据其所含单糖分子的数目可分为二糖、三糖、四糖等。自然界中分布最广的寡糖是二糖，如蔗糖、麦芽糖、乳糖等。有些寡糖能与蛋白质结合为糖蛋白，它们对糖蛋白的功能具有重要作用。

（三）多糖

多糖是由许多单糖单位构成的糖类物质。根据生物来源的不同，多糖可分为植物多糖、动物多糖、微生物多糖；根据生物功能可分为储存多糖和结构多糖；根据组成成分可分为均一多糖和不均一多糖等。

1. 均一多糖（同聚多糖）　由相同单糖缩合而成的多糖称为均一多糖或同聚多糖，如植物淀粉、糖原等。糖原又称动物淀粉，是糖在动物体内的理想储存形式，对调节葡萄糖的供求平衡，稳定血糖有重要意义。

2. 不均一多糖（杂多糖）　由两种以上不同类型的单糖缩合而成的多糖称为不均一多糖或杂多糖。黏多糖是一类含氮的不均一多糖，其化学组成一般为糖醛酸及氨基己糖或其衍生物，有的还含有硫酸，如肝素、透明质酸、硫酸软骨素等。黏多糖又称氨基多糖、酸性多糖和糖胺聚糖。

3. 结合糖　又称复合糖或糖复合物，是糖和蛋白质、脂质等非糖物质结合的复合分子，主要有糖蛋白、蛋白聚糖和糖脂。前二者是糖和蛋白质结合的复合物，糖蛋白中糖的含量一般少于蛋白质，如人红细胞膜糖蛋白、血浆糖蛋白等；蛋白聚糖中蛋白质含量一般少于多糖，其分子由一条或多条糖胺聚糖链和一个核心蛋白共价连接而成。糖胺聚糖和蛋白聚糖是细胞外基质的重要成分，维系着细胞之间的联系。

糖密码

对糖复合物结构与功能的研究证据表明，特异的聚糖结构被细胞用来编码若干重要信息，如细胞与细胞之间的相互作用、细胞外信号转导、糖蛋白的细胞内定向转运等。聚糖的结构复杂多样，所含信息量大，不仅可与核酸相媲美，而且在相同分子量所含信息密度上远超核酸。每一个聚糖都有其独特的能被蛋白质阅读并与蛋白质相结合的三维空间构象，此即糖密码（sugar code）。

二、糖的生理功能

糖类物质广泛分布于动植物体内，是人类食物中的重要成分，参与机体的多种生理功能。

1. 糖是人和动物的主要能源物质　糖最主要的生理功能是提供生命活动所需要的能量和碳源，人体所需能量的50%～70%来自于糖。

2. 糖类具有结构功能　糖蛋白和糖脂是生物膜的重要组成成分。蛋白聚糖是结缔组织基质和细胞间质等的重要组成成分，是组织细胞的天然黏合剂，对维持细胞的相对稳定和正常生理功能起重要作用。

3. 在生物体内转变为其他物质　糖在体内可转变成脂肪而储存；转变成某些氨基酸作为蛋白质合成的原料；还可通过产生 NADPH、磷酸核糖等其他代谢途径所需的生理活性物质。

4. 作为细胞识别的信息分子　糖蛋白是一类在生物体内广泛分布的复合糖。它们的糖链起着信息分子的作用，早在血型物质的研究中就有了一定的认识。随着分离分析技术和分子生物学的发展，近年来对糖蛋白和糖脂中的糖链结构和功能有了更进一步的了解，并因此出现了一门新的学科，称为糖生物学。

三、与糖类相关的药物研究

糖类及其复合物是自然界中广泛存在的一大类生物活性分子。虽然在药物研究中长期以来不受重视，但近年来不断发展的糖生物学揭示了糖类在生命活动中的重要作用，如细胞表面的大量受体分子几乎都是糖蛋白或糖脂类。以糖类为基础的药物研究和设计大致可分为这样几个阶段：①研究与糖类有关的生命现象；②阐明其分子基础；③从有关的糖复合物中找出有效的寡糖，并测定其结构；④开发更有效的衍生物；⑤寻找有效的非糖类模拟化合物。

糖基化工程是在深入研究糖蛋白中糖链结构、功能以及两者关系的基础上发展起来的，其目的之一是生产具有应用价值的糖蛋白。该技术主要是通过人为的操作包括增加、删除或调整蛋白质上的寡糖链，使之产生合适的糖型，从而达到有目的地改变糖蛋白的生物学功能。通过糖基化工程，可生产合乎人们需要的治疗性或实验性糖蛋白。可以相信，糖基化工程对21世纪的生命科学，特别是对研制、开发具有应用价值的糖蛋白药物将会做出较大的贡献。

第二节　糖的消化吸收

一、糖的消化

食物中的糖主要有植物淀粉、动物糖原及少量麦芽糖、蔗糖、乳糖、葡萄糖、果糖等。除单糖外，多糖和二糖都必须经过消化道内水解酶类的协同作用分解为单糖后才能被吸收利用。

二、糖的吸收

经上述消化过程后生成的单糖被小肠黏膜细胞吸收，经门静脉入肝。小肠黏膜细胞对葡萄糖的摄入是依赖特定载体转运的、主动耗能的过程，在吸收过程中同时伴有 Na^+ 的转运，这类葡萄糖转运体被称为 Na^+ 依赖型葡萄糖转运体（Na^+ - dependent glucose transporter，SGLT），它们主要存在于小肠黏膜和肾小管上皮细胞。消化吸收进入体内的单糖主要是葡萄糖，故糖在体内的运输形式是葡萄糖，储存形式则为糖原。

三、糖代谢概况

葡萄糖吸收入血后，依赖一类葡萄糖转运体进入细胞，在不同类型细胞内进行一系列复杂的化学反应。糖代谢主要是指葡萄糖在体内的一系列复杂的化学反应过程。葡萄糖在不同类型细胞中的代谢途径不同，其分解代谢方式在很大程度上受氧供状况的影响：在供氧充足时，葡萄糖进行有氧氧化彻底氧化分解为二氧化碳和水；在缺氧时，则进行糖酵解生成乳酸。此外，葡萄糖也可以进入磷酸戊糖途径等进行代谢，以发挥不同的生理作用。葡萄糖也可经合成代谢聚合成糖原，储存在肝或肌组织中。有些非糖物质如乳酸、丙酮酸等还可经糖异生途径转变成葡萄糖或糖原。

第三节 糖的分解代谢

一、糖酵解

在无氧或缺氧情况下，葡萄糖（或糖原）生成乳酸的过程称为糖酵解（glycolysis）。糖酵解的代谢反应过程可分为两个阶段：第一阶段是由葡萄糖分解成丙酮酸的过程，称为糖酵解途径（glycolytic pathway）；第二阶段是丙酮酸转变成乳酸的过程。糖酵解的全部反应在胞浆中进行。

（一）糖酵解途径

糖酵解是体内利用葡萄糖的最主要的代谢途径，可发生在所有细胞中。通过糖酵解途径，1 分子葡萄糖转变为 2 分子丙酮酸。在缺氧状态下，丙酮酸还原为乳酸；在有氧状态下，丙酮酸进入线粒体氧化为乙酰 CoA，乙酰 CoA 再通过三羧酸循环和氧化磷酸化彻底氧化为二氧化碳和水。糖酵解途径包括以下 10 步连续的化学反应。

1. 葡萄糖磷酸化生成 6－磷酸葡萄糖（glucose－6－phosphate，G－6－P） 葡萄糖进入细胞后在己糖激酶（在肝脏为葡萄糖激酶）催化下，磷酸化生成6－磷酸葡萄糖。此反应在细胞内不可逆，且消耗 1 分子 ATP。己糖激酶是糖酵解的限速酶之一，其 K_m 为 0. 1mmol/L，它也可以催化其他己糖的磷酸化，如半乳糖和果糖的磷酸化。肝内催化葡萄糖磷酸化的酶是己糖激酶的同工酶——葡萄糖激酶，它对葡萄糖的亲和力很低，K_m 为 10mmol/L。这种明显的差别反映了肝细胞和其他组织细胞在葡萄糖代谢上的不同：肝脏要维持血液中葡萄糖浓度恒定，以满足其他组织细胞对葡萄糖的需求；肝外组织细胞则主要为本细胞的需求而代谢葡萄糖。糖酵解若从糖原开始，则不进行此步反应。糖原首先磷酸解生成 1－磷酸葡萄糖，再在磷酸变位酶催化下生成 6－磷酸葡萄糖。

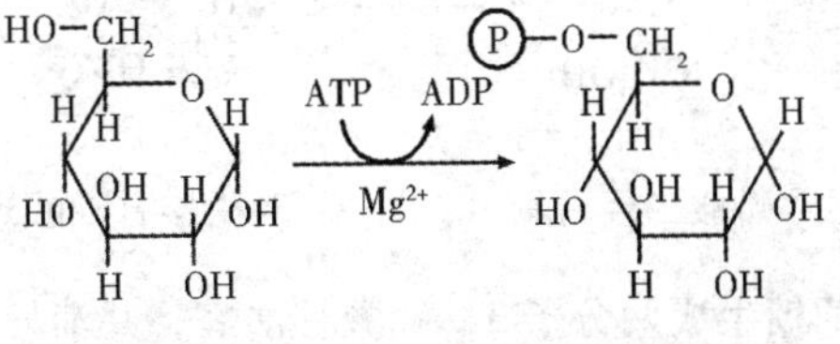

HO—CH₂ … ATP ADP Mg^{2+} … Ⓟ—O—CH₂

葡萄糖　　　　6–磷酸葡萄糖

2. 6－磷酸葡萄糖转变为 6－磷酸果糖（fructose－6－phosphate，F－6－P） 由磷酸己糖异构酶催化，需 Mg^{2+} 参与的可逆反应。

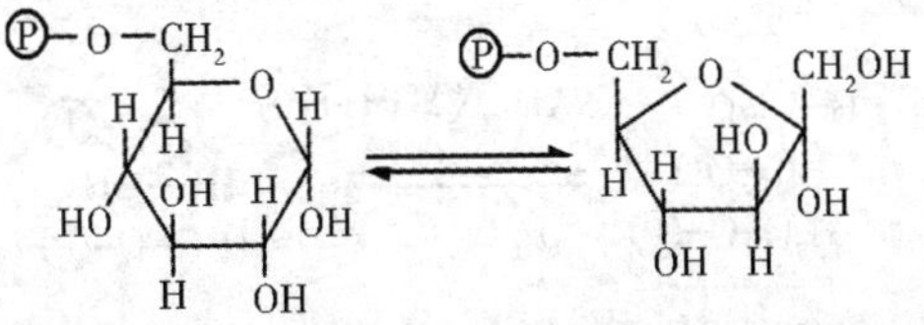

6–磷酸葡萄糖　　　　6–磷酸果糖

3. 6－磷酸果糖转变成 1，6－双磷酸果糖（fructose－1，6－biphosphate，F－1，6－2P） 这是第二个磷酸化反应，由 6－磷酸果糖激酶－1 催化 6－磷酸果糖 C_1 磷酸化，生成 1，6－

双磷酸果糖。此反应不可逆，需 ATP 和 Mg^{2+}。

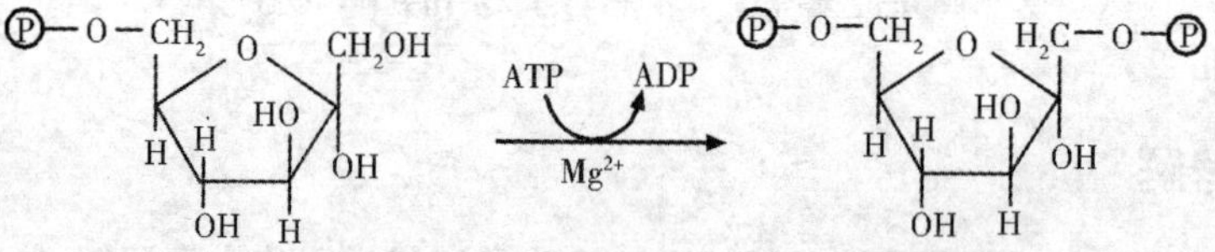

6-磷酸果糖 1,6-双磷酸果糖

通过以上两次磷酸化反应，葡萄糖分子的 C_1 和 C_6 被磷酸化，消耗两分子 ATP，葡萄糖转变为 1，6－双磷酸果糖。

4. 1，6－双磷酸果糖裂解为 2 分子磷酸丙糖 此反应可逆，由 1，6－双磷酸果糖醛缩酶（fructose 1，6－bisphosphate aldolase）催化 1，6－双磷酸果糖分解为磷酸二羟丙酮和 3－磷酸甘油醛。在酵解途径中，反应产物磷酸丙糖迅即被下一步反应移去。

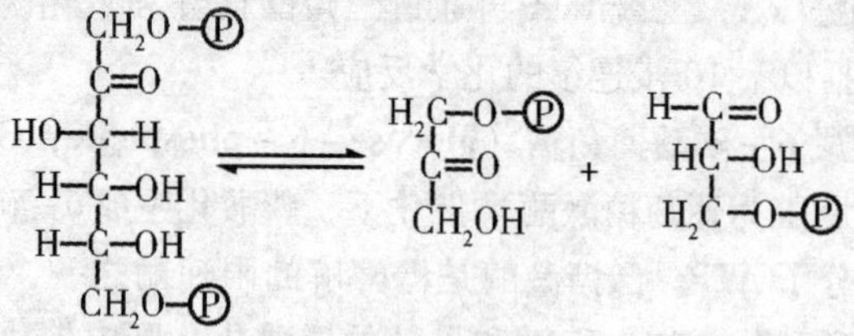

1,6-双磷酸果糖 磷酸二羟丙酮 3-磷酸甘油醛

5. 磷酸丙糖的同分异构化 3－磷酸甘油醛和磷酸二羟丙酮是同分异构体，在磷酸丙糖异构酶（triose phosphate isomerase）催化下可相互转变。在细胞内，3－磷酸甘油醛不断进入下一步反应，它的浓度低，所以磷酸二羟丙酮不断转变成 3－磷酸甘油醛，使代谢继续进行。

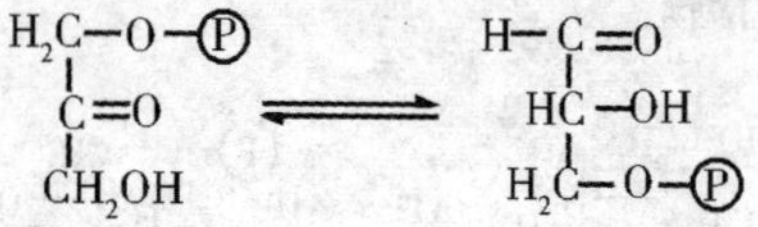

磷酸二羟丙酮 3-磷酸甘油醛

到此为止，一分子葡萄糖生成两分子 3－磷酸甘油醛，并消耗了两分子 ATP。

6. 3－磷酸甘油醛氧化为 1，3－二磷酸甘油酸 此反应由 3－磷酸甘油醛脱氢酶（glyceraldehyde 3－phosphate dehydrogenase）催化，3－磷酸甘油醛的醛基先被氧化成羧基，进而羧基被磷酸化。本反应是糖酵解过程中唯一的脱氢反应，以 NAD^+ 为受氢体，生成 $NADH + H^+$。反应产物 1，3－二磷酸甘油酸含有高能磷酸键，它水解时释放的能量可转移至 ADP 生成 ATP。

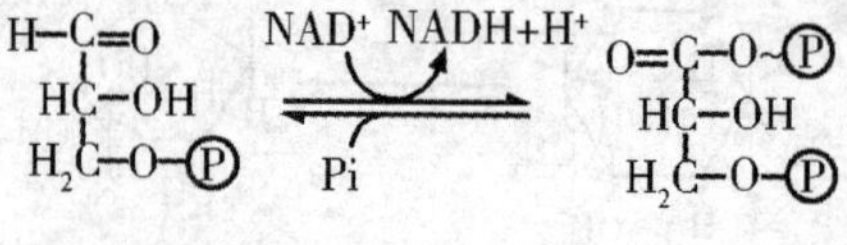

3-磷酸甘油醛 1,3-二磷酸甘油酸

7. 1，3－二磷酸甘油酸转变成 3－磷酸甘油酸 磷酸甘油酸激酶（phosphoglycerate kinase）催化 1，3－二磷酸甘油酸分子上的磷酸基转移到 ADP 分子上，形成 ATP 和 3－磷酸甘油

酸，反应需要 Mg^{2+} 参与。这类将底物的高能磷酸基直接转移给 ADP（或其他核苷二磷酸）生成 ATP（或其他核苷三磷酸）的反应，称为底物水平磷酸化（substrate - level phosphorylation）。

$$\begin{matrix} O{=}C{-}O{\sim}Ⓟ \\ CH{-}OH \\ H_2C{-}O{-}Ⓟ \end{matrix} \xrightleftharpoons{ADP \quad ATP} \begin{matrix} COO^- \\ HC{-}OH \\ H_2C{-}O{-}Ⓟ \end{matrix}$$

1,3-二磷酸甘油酸　　3-磷酸甘油酸

8. 3 - 磷酸甘油酸转变成 2 - 磷酸甘油酸 这步反应由磷酸甘油酸变位酶（phosphoglycerate mutase）催化，磷酸基在分子的 C_3 位和 C_2 位发生可逆转移，属于异构化反应。反应需要 Mg^{2+} 离子。

$$\begin{matrix} COO^- \\ HC{-}OH \\ H_2C{-}O{-}Ⓟ \end{matrix} \rightleftharpoons \begin{matrix} COO^- \\ HC{-}O{-}Ⓟ \\ H_2C{-}OH \end{matrix}$$

3-磷酸甘油酸　　2-磷酸甘油酸

9. 2 - 磷酸甘油酸脱水生成磷酸烯醇式丙酮酸 此反应由烯醇化酶（enolase）催化，生成磷酸烯醇式丙酮酸。反应时可引起分子内部的电子重排和能量重新分布，形成一个高能磷酸键。

$$\begin{matrix} COO^- \\ HC{-}O{-}Ⓟ \\ H_2C{-}OH \end{matrix} \rightleftharpoons \begin{matrix} COO^- \\ C{-}O{\sim}Ⓟ \\ \| \\ CH_2 \end{matrix} + H_2O$$

2-磷酸甘油酸　　磷酸烯醇式丙酮酸

10. 磷酸烯醇式丙酮酸生成丙酮酸 由丙酮酸激酶（pyruvate kinase）催化，将磷酸烯醇式丙酮酸的磷酸基转移给 ADP 生成 ATP，同时生成丙酮酸。这是另一个底物水平磷酸化反应。丙酮酸激酶的作用依赖于 K^+ 和 Mg^{2+}。

$$\begin{matrix} COO^- \\ C{-}O{\sim}Ⓟ \\ \| \\ CH_2 \end{matrix} \xrightarrow{ADP \quad ATP} \begin{matrix} COO^- \\ C{=}O \\ CH_3 \end{matrix}$$

磷酸烯醇式丙酮酸　　丙酮酸

（二）丙酮酸转变成乳酸

在缺氧状态下，丙酮酸还原为乳酸。反应由乳酸脱氢酶（LDH）催化，还原反应所需的氢来自上述第 6 步反应中 3 - 磷酸甘油醛脱氢所产生的 $NADH + H^+$，$NADH + H^+$ 本身转变成 NAD^+，糖酵解得以继续进行。

$$\begin{matrix} COO^- \\ | \\ C{=}O \\ | \\ CH_3 \end{matrix} + NADH + H^+ \xrightleftharpoons{乳酸脱氢酶} \begin{matrix} COO^- \\ | \\ H{-}C{-}OH \\ | \\ CH_3 \end{matrix} + NAD^+$$

丙酮酸　　乳酸

总之，糖酵解全程不需氧的参与；有1次脱氢反应，生成 NADH + H^+，用于将丙酮酸还原为乳酸，乳酸为糖酵解的终产物；经两次底物水平磷酸化可产生4分子 ATP，除去葡萄糖活化时消耗的2分子 ATP，可净生成2分子 ATP。

糖酵解途径中有3个不可逆反应，即己糖激酶（葡萄糖激酶）、6-磷酸果糖激酶-1和丙酮酸激酶催化的反应。这三个酶是糖酵解途径的关键酶，分别受变构效应物和激素的调节。目前认为6-磷酸果糖激酶-1的活性最低，是最重要的限速酶。当消耗能量较多，ATP 与 ADP（或 ATP 与 AMP）的比值降低时，6-磷酸果糖激酶-1和丙酮酸激酶均被激活，葡萄糖分解加速。反之，细胞内 ATP 储备丰富时，6-磷酸果糖激酶-1和丙酮酸激酶被抑制，糖分解速度减慢，ATP 生成减少。另外，胰岛素可诱导上述3种酶的合成，因而能促进糖酵解过程。

糖酵解的全部反应过程如图6-1所示。

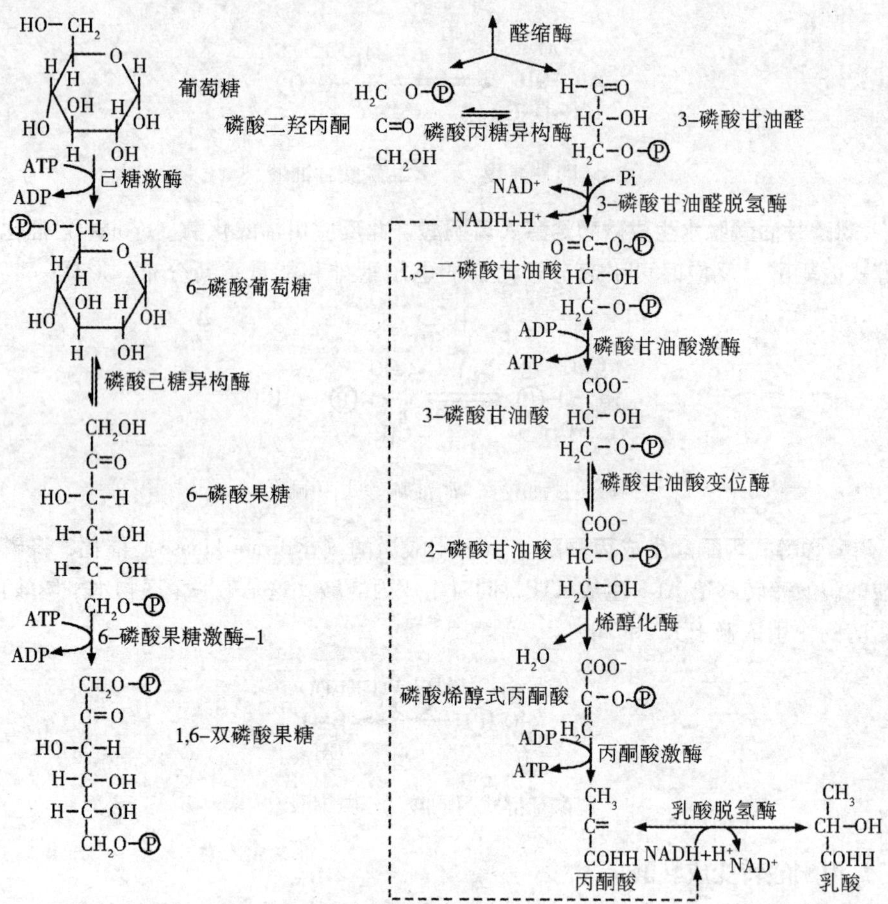

图6-1 糖酵解代谢途径

（三）糖酵解的生理意义

糖酵解最主要的生理意义在于迅速提供能量，这对肌肉收缩尤为重要。肌肉内 ATP 含量很低，仅5~7μmol/g 新鲜组织，只要肌肉收缩几秒钟即可耗尽。这时即使氧不缺乏，但因葡萄糖进行有氧氧化的反应过程比糖酵解长，来不及满足需要，而通过糖酵解则可迅速得到

ATP，当机体缺氧或剧烈运动肌肉局部血流相对不足时，能量主要通过糖酵解获得；成熟红细胞没有线粒体，完全依赖糖酵解供应能量；神经组织细胞、白细胞、骨髓等代谢极为活跃，即使不缺氧也常由糖酵解供应能量。

一般情况下，人体主要靠糖的有氧氧化供能，糖酵解是在特殊情况下机体应激供能的有效方式。除了当机体缺氧或剧烈运动肌肉局部血流相对不足时依靠糖酵解供能外，在一些病理情况下（如大量失血、呼吸障碍、循环衰竭等），因氧供不足而使糖酵解加强，甚至可因糖酵解过度致使体内乳酸堆积过多而发生乳酸性酸中毒。

二、糖的有氧氧化

葡萄糖在有氧条件下彻底氧化成二氧化碳和水的反应过程称为有氧氧化（aerobic oxidation）。糖酵解途径产生的丙酮酸在缺氧情况下被还原为乳酸，而在有氧状态下，该代谢途径产生的还原当量（$NADH + H^+$）进入线粒体经电子传递链的氧化作用生成水；丙酮酸则进入线粒体氧化脱羧生成乙酰 CoA，乙酰 CoA 进而进入三羧酸循环和氧化磷酸化彻底氧化成二氧化碳、水，同时释放能量。有氧氧化是葡萄糖氧化的主要方式，绝大多数细胞都通过它获得能量。糖的有氧氧化过程可概括如图 6－2。

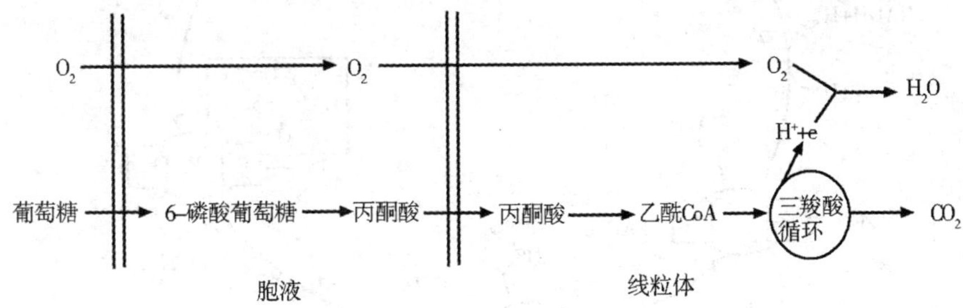

图 6－2 葡萄糖有氧氧化

（一）有氧氧化的反应过程

糖的有氧氧化大致可分为三个阶段。第一：葡萄糖经糖酵解途径分解成丙酮酸；第二：丙酮酸进入线粒体氧化脱羧生成乙酰 CoA；第三：三羧酸循环和氧化磷酸化。第一阶段的糖酵解途径已如前述，氧化磷酸化参见第七章生物氧化，在此主要介绍丙酮酸的氧化脱羧和三羧酸循环的反应过程。

1. 丙酮酸的氧化脱羧 丙酮酸进入线粒体后，在丙酮酸脱氢酶复合体的催化下，氧化脱羧生成乙酰 CoA。总反应式为：

$$丙酮酸 + NAD^+ + CoASH \rightarrow 乙酰CoA + NADH + H^+ + CO_2$$

丙酮酸脱氢酶复合体，存在于线粒体中，包括 3 种酶蛋白和 5 种辅助因子（表 6－1）。

表 6－1 丙酮酸脱氢酶复合体的组成

酶	辅助因子	所含维生素
丙酮酸脱氢酶（E_1）	TPP	维生素 B_1
二氢硫辛酸乙酰转移酶（E_2）	二氢硫辛酸、CoA	硫辛酸、泛酸
二氢硫辛酸脱氢酶（E_3）	FAD、NAD^+	维生素 B_2、维生素 PP

该复合体的几种酶顺序作用，形成紧密相连的连锁反应。过程分为五步，如图 6-3 所示。

（1）丙酮酸脱羧与 TPP 结合生成羟乙基-TPP，此反应由 E_1 催化。

（2）在 E_2 催化下，羟乙基被氧化成乙酰基，同时转移给硫辛酸，生成乙酰二氢硫辛酸。

（3）乙酰基转移给辅酶 A，生成乙酰辅酶 A。此反应仍由 E_2 催化。

（4）在 E_3 作用下，二氢硫辛酸脱氢氧化，再生成氧化型硫辛酸，同时将氢传递给 FAD 生成 $FADH_2$。

（5）同样由 E_3 作用，将 $FADH_2$ 中的 2H 转移给 NAD^+，生成 $NADH+H^+$。

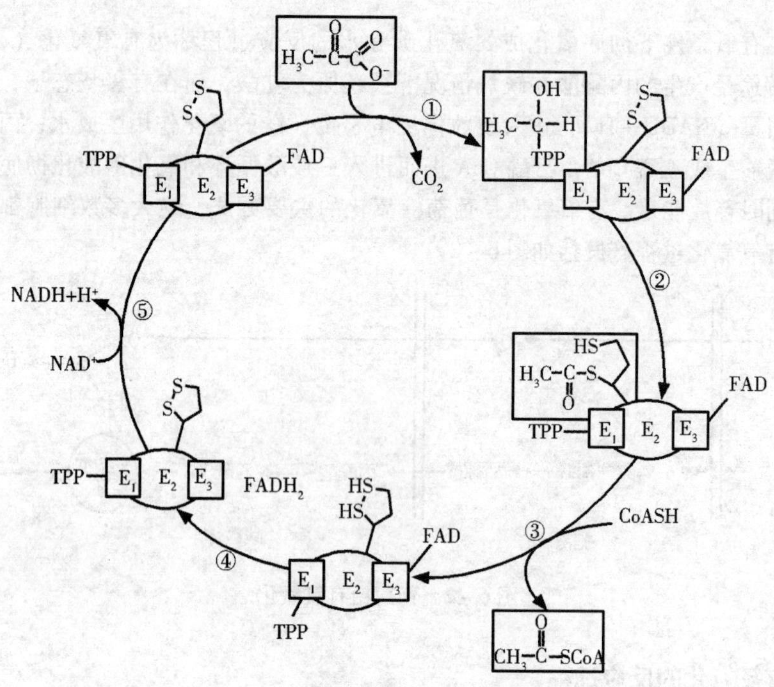

图 6-3 丙酮酸脱氢酶复合体作用机制

2. 三羧酸循环（tricarboxylic acid cycle，TAC） 亦称柠檬酸循环，此名称源于其第一个中间产物为含有三个羧基的柠檬酸。由于此循环由 Krebs 正式提出，为了纪念他，又称为 Krebs 循环。

（1）三羧酸循环的反应过程共包括 8 步。

反应 1：柠檬酸的形成。此反应由柠檬酸合酶（citrate synthase）催化，乙酰 CoA 与草酰乙酰缩合成柠檬酸，同时生成 CoA。这是三羧酸循环的第一个不可逆的限速反应。

$$\underset{\text{草酰乙酸}}{\begin{matrix}O=C-COOH\\|\\CH_2\\|\\COOH\end{matrix}} + \underset{\text{乙酰CoA}}{\begin{matrix}O\\\|\\C-CH_3\\|\\SCoA\end{matrix}} + H_2O \longrightarrow \underset{\text{柠檬酸}}{\begin{matrix}CH_2COOH\\|\\HO-C-COO^-\\|\\CH_2COOH\end{matrix}} + \underset{\text{CoA}}{CoASH} + H^+$$

反应 2：异柠檬酸的形成。在顺乌头酸水合酶（aconitate hydratase）作用下，柠檬酸脱水变成顺乌头酸这个中间物，顺乌头酸再加水生成异柠檬酸。

$$\begin{array}{c}COO^-\\|\\CH_2\\|\\{}^-OOC-C-OH\\|\\CH_2\\|\\COO^-\end{array}\xrightarrow{H_2O}\left[\begin{array}{c}COO^-\\|\\CH\\\|\\{}^-OOC-C\\|\\CH_2\\|\\COO^-\end{array}\right]\xrightarrow{H_2O}\begin{array}{c}COO^-\\|\\H-C-OH\\|\\{}^-OOC-C-H\\|\\CH_2\\|\\COO^-\end{array}$$

柠檬酸　　（酶-顺乌头酸）复合物　　异柠檬酸

反应3：第一次氧化脱羧。由异柠檬酸脱氢酶（isocitrate dehydrogenase）催化异柠檬酸氧化脱羧生成α-酮戊二酸。反应脱下的氢由 NAD^+ 接受。异柠檬酸脱氢酶是变构调节酶，其活性受 ADP 的变构激活，受 ATP 的变构抑制。这是三羧酸循环的第二个限速反应。

$$\begin{array}{c}COO^-\\|\\H-C-OH\\|\\{}^-OOC-C-H\\|\\CH_2\\|\\COO^-\end{array}\xrightarrow[Mg^{2+}\quad CO_2]{NAD^+\quad NADH+H^+}\begin{array}{c}COO^-\\|\\C=O\\|\\CH_2\\|\\CH_2\\|\\COO^-\end{array}$$

异柠檬酸　　α-酮戊二酸

反应4：第二次氧化脱羧。即α-酮戊二酸氧化脱羧生成琥珀酰辅酶 A。此反应由α-酮戊二酸脱氢酶复合体催化，该复合体与前述的丙酮酸脱氢酶复合体类似，也由 3 种酶组成，即α-酮戊二酸脱氢酶、二氢硫辛酸转琥珀酰酶和二氢硫辛酸脱氢酶，也包含与酶蛋白结合的 TPP、硫辛酸、FAD、NAD^+ 和 CoA 等辅酶或辅基成分。

$$\begin{array}{c}COO^-\\|\\C=O\\|\\CH_2\\|\\CH_2\\|\\COO^-\end{array}+NAD^+ + CoASH\longrightarrow\begin{array}{c}O=C\sim SCoA\\|\\CH_2\\|\\CH_2\\|\\COO^-\end{array}+NADH+H^+ + CO_2$$

α-酮戊二酸　　琥珀酰CoA

反应5：底物水平磷酸化反应。琥珀酰 CoA 是高能化合物，在这个反应中，琥珀酰 CoA 的硫酯键断开，释放出的能量用以使 GDP 合成 GTP，同时琥珀酰 CoA 变成琥珀酸。催化此反应的酶为琥珀酰辅酶 A 合成酶（succinyl synthetase）。此步反应是三羧酸循环中唯一的一次底物水平磷酸化反应，生成的 GTP 可在二磷酸核苷激酶催化下，将磷酸基转移给 ADP 而生成 ATP 与 GDP。

$$\begin{array}{c}O-C\sim SCoA\\|\\CH_2\\|\\CH_2\\|\\COO^-\end{array}\underset{}{\overset{GDP+Pi\quad GTP}{\rightleftharpoons}}\begin{array}{c}COO^-\\|\\CH_2\\|\\CH_2\\|\\COO^-\end{array}+CoASH$$

琥珀酰CoA　　琥珀酸

反应6：琥珀酸脱氢生成延胡索酸。琥珀酸脱氢酶（succinate dehydrogenase）催化琥珀酸氧化为延胡索酸，该酶是三羧酸循环中唯一与线粒体内膜结合的酶，其辅酶是FAD，且含有铁硫中心。来自琥珀酸的电子通过FAD和铁硫中心进入电子传递链，最终传递给O_2。丙二酸是琥珀酸的类似物，是琥珀酸脱氢酶强有力的竞争性抑制物，可以阻断三羧酸循环。

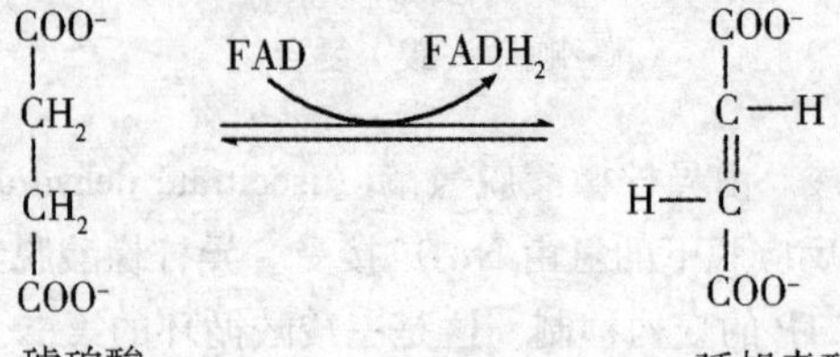

$$\underset{\text{琥珀酸}}{{}^{-}OOC-CH_2-CH_2-COO^{-}} \xrightleftharpoons[]{FAD \quad FADH_2} \underset{\text{延胡索酸}}{{}^{-}OOC-CH=CH-COO^{-}}$$

反应7：延胡索酸加水生成苹果酸。反应为可逆反应，由延胡索酸酶（fumarate hydratase）催化，延胡索酸酶只能催化延胡索酸发生反应，因而具有高度立体特异性。

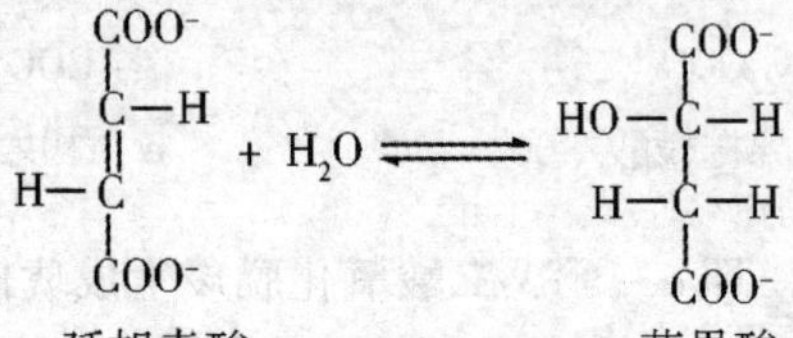

$$\underset{\text{延胡索酸}}{{}^{-}OOC-CH=CH-COO^{-}} + H_2O \rightleftharpoons \underset{\text{苹果酸}}{{}^{-}OOC-CH(OH)-CH_2-COO^{-}}$$

反应8：苹果酸脱氢生成草酰乙酸。三羧酸循环的最后一步。L-苹果酸脱氢酶催化产生草酰乙酸，脱下的氢由NAD^+传递，再生的草酰乙酸可再次携带乙酰基进入三羧酸循环。

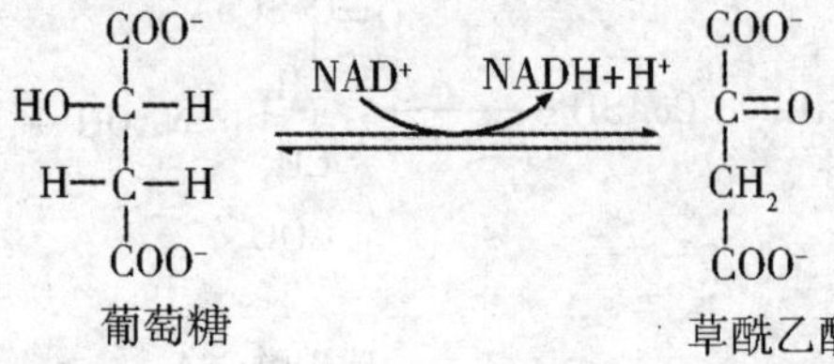

$$\underset{\text{葡萄糖}}{{}^{-}OOC-CH(OH)-CH_2-COO^{-}} \xrightleftharpoons[]{NAD^+ \quad NADH+H^+} \underset{\text{草酰乙酸}}{{}^{-}OOC-C(=O)-CH_2-COO^{-}}$$

三羧酸循环从2个碳原子的乙酰CoA与4个碳原子的草酰乙酸缩合成6个碳原子的柠檬酸开始，反复地脱氢氧化，通过脱羧方式生成CO_2。二碳单位进入三羧酸循环后，共生成2分子CO_2，这是体内CO_2的主要来源。每进行一次三羧酸循环，其最终结果是氧化了1分子乙酰CoA，生成2分子CO_2；4次脱氢产生3分子NADH + H^+和1分子$FADH_2$，其氢可通过呼吸链传递给氧生成水并释放能量用来合成ATP（参见生物氧化）。三羧酸循环本身每循环一次只能以底物水平磷酸化方式生成一分子高能磷酸化合物。

三羧酸循环的反应过程可归纳如图6-4。其总反应为：

$$CH_3CO \sim SCoA + 3NAD^+ + FAD + GDP + Pi + 2H_2O \longrightarrow$$
$$2CO_2 + 3NADH + 3H^+ + FADH_2 + CoASH + GTP$$

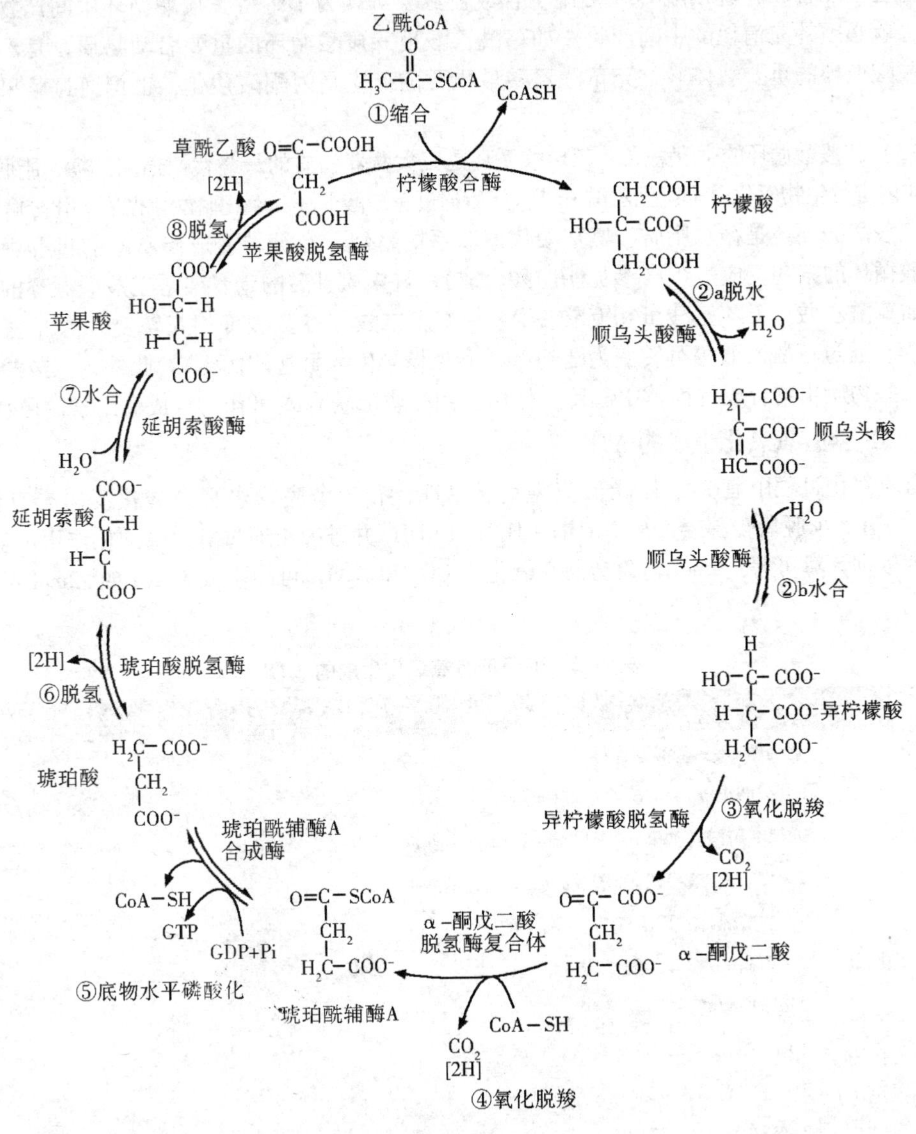

图6－4 三羧酸循环

（2）三羧酸循环的特点 ①三羧酸循环是在有氧条件下进行的。当氧供充足时，丙酮酸氧化生成乙酰 CoA，乙酰 CoA 再通过三羧酸循环和氧化磷酸化彻底氧化。故此时糖的氧化分解以有氧氧化为主，而无氧氧化被抑制。②三羧酸循环每运行一次共有 4 次脱氢反应，其中 3 次脱氢由 NAD^+ 接受，1 次由 FAD 接受，生成 3 分子 $NADH + H^+$ 和 1 分子 $FADH_2$。$NADH + H^+$ 和 $FADH_2$ 可通过呼吸链氧化产生 ATP，其中 1 分子 $NADH + H^+$ 可生成 2.5 分子 ATP，1 分子 $FADH_2$ 可生成 1.5 分子 ATP。加上底物水平磷酸化生成的 1 分子 GTP（相当于 1 分子 ATP），1 分子乙酰 CoA 通过三羧酸循环和氧化磷酸化共生成 10 分子 ATP。③三羧酸循环是单向反应体系。三羧酸循环中的柠檬酸合酶、异柠檬酸脱氢酶和 α－酮戊二酸脱氢酶复合体是该代谢途径的限速酶，催化的是单向不可逆反应，所以三羧酸循环是不可逆的。④三羧酸循环必须不断补充中间产物。由于体内各代谢途径的相互交汇和转化，三羧酸循环的中间产物常移出循环而参与其他代谢途径，如 α－酮戊二酸可转变成谷氨酸，草酰乙酸可转变为天冬氨酸而参与蛋白质合成；琥珀酰 CoA 可用于合成血红素等。为了维持三羧酸循环中间产物的一定浓度，就必须补充消耗的中间产物。如草酰乙酸是三羧酸循环的重要启动物质，是乙酰基进入三羧酸循环的重要载体。补充草酰乙酸最重要的反应是丙酮酸羧化，也可通过苹果酸脱氢生成。

（3）三羧酸循环的生理意义 三羧酸循环是三大营养物质的最终代谢通路。糖、脂肪、氨基酸在体内进行生物氧化时都产生乙酰 CoA，然后通过三羧酸循环和氧化磷酸化彻底氧化分解。

三羧酸循环还是糖、脂肪、氨基酸代谢联系的枢纽。在糖转变成脂肪酸的过程中需利用三羧酸循环的某些反应过程（参见脂肪酸合成）；许多氨基酸的碳骨架是三羧酸循环的中间产物，如草酰乙酸与天冬氨酸可相互转变，α－酮戊二酸与谷氨酸可相互转变（参见氨基酸代谢）等；通过草酰乙酸等可转变为葡萄糖（参见糖异生与氨基酸代谢）。此外，三羧酸循环在提供某些物质生物合成的前体中起重要作用。例如琥珀酰 CoA 可作为合成血红素的原料。

（二）糖有氧氧化生成的 ATP

有氧氧化过程中有 2 个耗能反应需消耗 ATP，有 3 个底物水平磷酸化反应会直接产生 ATP，另有 5 个脱氢步骤会产生 NADH + H^+ 和 $FADH_2$ 并进一步通过氧化磷酸化作用产生 ATP，以此为依据计算可得：1mol 葡萄糖彻底氧化成 CO_2 和 H_2O，可净生成 30mol 或 32mol ATP（表 6－2）。

表 6－2 葡萄糖有氧氧化生成的 ATP

反应阶段	反应	受氢体	ATP 生成（或消耗）
糖酵解	葡萄糖→6－磷酸葡萄糖		－1
	6－磷酸果糖→1，6－双磷酸果糖		－1
	2×3－磷酸甘油醛→2×1，3－二磷酸甘油酸	NAD^+	2×1.5 或 2×2.5
	2×1，3－二磷酸甘油酸→2×3 磷酸甘油酸		2×1
	2×磷酸烯醇式丙酮酸→2×丙酮酸		2×1
丙酮酸氧化脱羧	2×丙酮酸→2×乙酰 CoA	NAD^+	2×2.5
三羧酸循环	2×异柠檬酸→2×α－酮戊二酸	NAD^+	2×2.5
	2×α－酮戊二酸→2×琥珀酰 CoA	NAD^+	2×2.5
	2×琥珀酰 CoA→2×琥珀酸		2×1
	2×琥珀酸→2×延胡索酸	FAD	2×1.5
	2×苹果酸→2×草酰乙酸	NAD^+	2×2.5
合计			30（或 32）ATP

注：①在不同的组织细胞，胞液中生成的 NADH 进入线粒体的方式不同，所以产生的 ATP 也不同；
②因为 1 分子葡萄糖可生成 2 分子 3－磷酸甘油醛，故表中出现 2×。

（三）糖有氧氧化的调节

糖的有氧氧化是机体获得能量的主要方式。机体可根据能量的需求调节有氧氧化的速度。调节点主要是有氧氧化三个阶段中的关键酶，即第一阶段的己糖激酶、6－磷酸果糖激酶－1 和丙酮酸激酶；第二阶段的丙酮酸脱氢酶复合体和第三阶段的柠檬酸合酶、异柠檬酸脱氢酶和 α－酮戊二酸脱氢酶复合体。第一阶段的调节已叙述，主要介绍第二、第三阶段的调节。

1. 丙酮酸脱氢酶复合体的调节机制 丙酮酸脱氢酶复合体通过变构效应和共价修饰两种方式进行快速调节。此酶的变构抑制剂是其反应产物乙酰 CoA、NADH、ATP 以及长链脂肪酸，变构激活剂是 CoASH、NAD^+ 和 AMP。当饥饿、脂肪动员及脂酸氧化加强时，乙酰

CoA/CoASH和 NADH/NAD$^+$比值升高，此时糖的有氧氧化被抑制，大多数组织器官利用脂酸作为能量来源，以确保脑组织等对葡萄糖的需求；丙酮酸脱氢酶复合体也可被磷酸化而失活，催化此反应的酶是丙酮酸脱氢酶激酶，丙酮酸脱氢酶磷酸酶则使其脱磷酸而恢复活性。此外，胰岛素和 Ca^{2+}可促进丙酮酸脱氢酶的去磷酸化作用，使酶转变为活性形式，即通过共价修饰，改变丙酮酸的氧化速率。

2. 三羧酸循环中关键酶的调节机制 三羧酸循环的关键酶分别是柠檬酸合酶、异柠檬酸脱氢酶和α-酮戊二酸脱氢酶复合体，分别催化三个不可逆反应。目前一般认为后二者是三羧酸循环的调节点。异柠檬酸脱氢酶和α-酮戊二酸脱氢酶复合体在 NADH/NAD$^+$，ATP/ADP 比值高时被反馈抑制，ADP 是异柠檬酸脱氢酶的变构激活剂。此外，当线粒体 Ca^{2+}浓度升高时，可直接与异柠檬酸脱氢酶和α-酮戊二酸脱氢酶复合体结合，降低二者对底物的 K_m 值而使酶的活性增高。

氧化磷酸化的速率也影响三羧酸循环的速率和流量。三羧酸循环中代谢物脱下的氢分别被 NAD$^+$和 FAD 接受后经电子传递链传递进行氧化磷酸化。如氧化磷酸化过程受阻，NADH + H$^+$和 $FADH_2$ 保持还原状态，则三羧酸循环中的脱氢反应将无法继续进行。

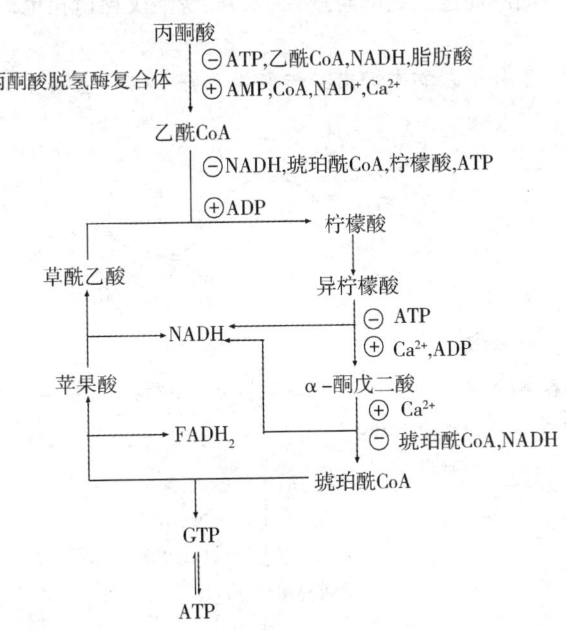

图6-5 三羧酸循环的调控

三、磷酸戊糖途径

磷酸戊糖途径（pentose phosphate pathway）是葡萄糖代谢的另一重要途径，该途径在胞液中进行，其主要意义是生成对细胞的生命活动具有重要生理意义的5-磷酸核糖和 NADPH，而不是生成 ATP。

（一）反应过程

磷酸戊糖途径的反应过程可分为两个阶段。第一阶段是不可逆的氧化反应，生成磷酸戊糖、NADPH + H$^+$及 CO_2；第二阶段则是可逆的非氧化反应，包括一系列基团转移反应，最终生成糖酵解的中间产物6-磷酸果糖和3-磷酸甘油醛。

1. 氧化反应阶段 6-磷酸葡萄糖脱氢酶（glucose-6-phosphate dehydrogenase，G-6-PD）催化6-磷酸葡萄糖脱氢生成6-磷酸葡萄糖酸内酯，此反应以 NADP$^+$为电子受体，6-磷酸葡萄糖酸内酯在内酯酶的作用下水解为6-磷酸葡萄糖酸，后者在6-磷酸葡萄糖酸脱氢酶作用下再次脱氢并自发脱羧而转变为5－磷酸核酮糖，同时生成 NADPH + H^+ 及 CO_2。5－磷酸核酮糖在异构酶的作用下转变为5－磷酸核糖或5－磷酸木酮糖。本阶段产生的5－磷酸核糖可用于合成核苷酸，NADPH + H^+ 则用于许多化合物的合成代谢。由于细胞中消耗的 NADPH + H^+ 量远大于核糖，故多余的核糖进入第二阶段进行进一步的代谢。

6–磷酸葡萄糖　6–磷酸葡萄糖酸内酯　6–磷酸葡萄糖酸　5–磷酸核酮糖　5–磷酸核糖

2. 基团转移反应　第二阶段反应的意义在于通过一系列基团转移反应，将核糖转变成6－磷酸果糖和3－磷酸甘油醛而进入糖酵解途径，因此磷酸戊糖途径也称磷酸戊糖旁路（pentose phosphate shunt）。

基团转移反应中，3分子磷酸戊糖最终转变为2分子磷酸己糖和1分子磷酸丙糖。

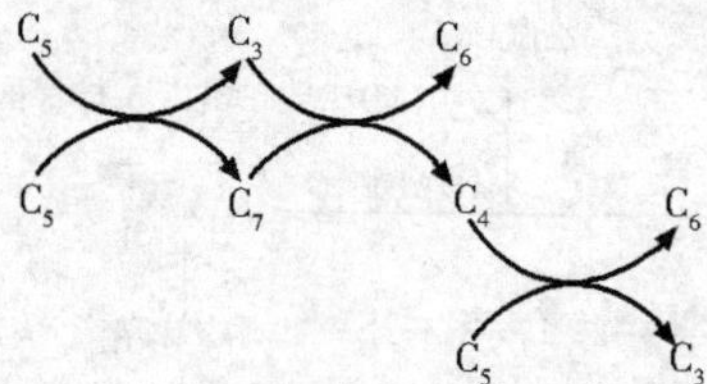

磷酸戊糖途径的总反应为：

$$3\times6-\text{磷酸葡萄糖}+6NADP^+\rightarrow2\times6-\text{磷酸果糖}+3-\text{磷酸甘油醛}+6NADPH+6H^++3CO_2$$

磷酸戊糖途径的总反应可归纳为图6－6。

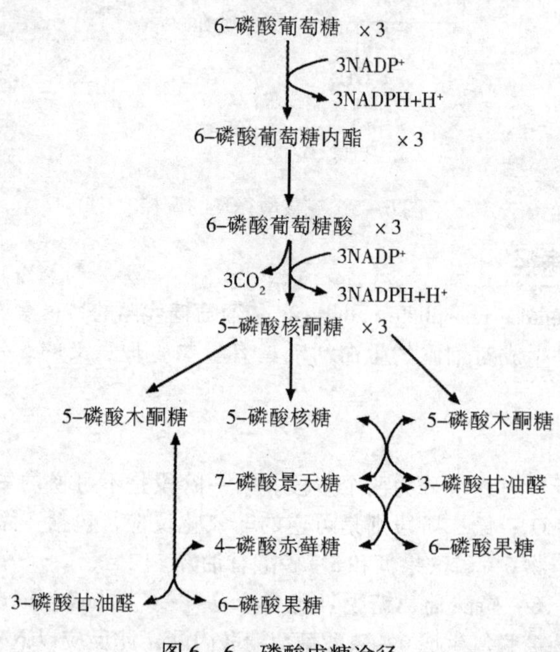

图6－6　磷酸戊糖途径

（二）磷酸戊糖途径的生理意义

磷酸戊糖途径的生理意义主要是产生5－磷酸核糖和NADPH＋H^+

1. 为核酸及其衍生物的生物合成提供原料　通过磷酸戊糖途径生成的5－磷酸核糖可为核酸及其衍生物的生物合成提供原料，因此体内的核糖不依赖食物的摄入，而是在体内通过磷酸戊糖途径合成。

2. NADPH＋H^+作为供氢体参与多种代谢反应　NADPH＋H^+所携带的氢不能通过电子传递链氧化释放能量，而是广泛参与体内许多代谢反应，发挥不同的生理功能。①NADPH＋H^+是体内许多合成代谢的供氢体，如脂肪酸、胆固醇及类固醇激素等化合物的合成，都需要大量的NADPH＋H^+。②NADPH＋H^+参与体内的羟化反应，有些羟化反应与生物合成有关，如胆固醇的合成、胆汁酸的合成等。有些则与激素、药物、毒物的生物转化有关。③NADPH＋H^+作为谷胱甘肽还原酶的辅酶，用于维持谷胱甘肽的还原状态。

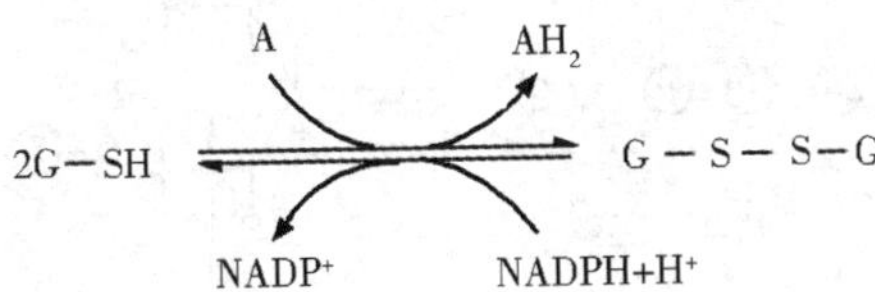

第四节　糖原的合成与分解

糖原（glycogen）是动物体内糖的储存形式。糖类物质被消化吸收进入体内，大部分转变成脂肪（甘油三酯）后储存于脂肪组织内，只有一小部分以糖原形式储存。葡萄糖转变为糖原形式储存的生物学意义在于当机体需要葡萄糖时它可以迅速分解以释放能量，而脂肪则不能。肝和肌肉是储存糖原的主要组织器官，但肝脏和肌肉组织储存糖原的生理意义却不相同。肝糖原可以补充血糖，而肌糖原主要供肌肉收缩的急需。糖原分子的葡萄糖单位主要以α－1，4糖苷键相连形成直链结构，部分以α－1，6糖苷键相连构成支链。糖原分子中有还原端和非还原端，糖原的合成与分解都是由非还原端开始的。

一、糖原的合成

体内由葡萄糖合成糖原的过程称为糖原合成作用（glycogenesis），其主要组织器官为肝脏和肌肉，糖原合成包括下列几步反应。

1. 葡萄糖磷酸化生成6－磷酸葡萄糖　反应由己糖激酶催化，ATP提供能量，需Mg^{2+}参与。此酶在糖酵解途径中已介绍。

ATP　ADP　Mg^{2+}

葡萄糖　　6–磷酸葡萄糖

2. 6－磷酸葡萄糖转变为1－磷酸葡萄糖　反应由磷酸葡萄糖变位酶催化。

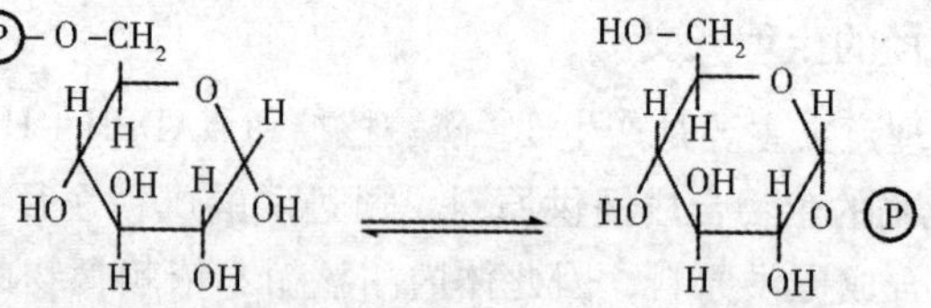

6-磷酸葡萄糖 ⇌ 1-磷酸葡萄糖

3. 尿苷二磷酸葡萄糖的生成 反应由尿苷二磷酸葡萄糖焦磷酸化酶（UDPG pyrophosphorylase）催化，由1-磷酸葡萄糖与尿苷三磷酸（UTP）反应生成尿苷二磷酸葡萄糖（UDPG），此反应是可逆反应，但由于焦磷酸随即被焦磷酸酶水解，所以实际上该反应是合成UDPG的单向反应。UDPG可看作“活性葡萄糖”。

1-磷酸葡萄糖 + Ⓟ~Ⓟ~Ⓟ-尿苷 ⇌ UDPG（O-Ⓟ~Ⓟ-尿苷） + PPi

4. UDPG中的葡萄糖单位与糖原（或糖原引物）的结合

$$\text{UDPG} + (\text{葡萄糖})_n \longrightarrow (\text{葡萄糖})_{n+1} + \text{UDP}$$

反应由糖原合酶（glycogen synthase）催化，此酶是糖原合成的关键酶，它催化UDPG中的葡萄糖1位碳与糖原非还原末端葡萄糖残基上的C_4羟基形成α-1，4糖苷键。每反应一次，糖原引物上即增加一个葡萄糖单位。在糖原合酶的作用下，上述反应反复进行，糖链不断延长，但不能形成分支。

所谓糖原引物是指细胞内原有的较小的糖原分子。在糖原合成过程中，UDPG充当葡萄糖基的供体，糖原引物为UDPG的葡萄糖基的接受体，游离的葡萄糖不能作为UDPG的葡萄糖基的接受体，即糖原合酶不能催化两个游离的葡萄糖或两个UDPG中的葡萄糖基形成α-1，4糖苷键。关于糖原合成过程中作为糖原引物的第一个糖原分子从何而来，过去一直不太清楚。近年来人们发现一种名为糖原蛋白（glycogenin）的蛋白，它能对自身进行共价修饰，将UDPG的葡萄糖基结合到糖原蛋白分子特定的酪氨酸残基上，此结合至糖原蛋白分子上的葡萄糖分子即为糖原合成的引物分子。

5. 分支链的形成 糖原合酶不能催化分支链的形成。当糖原合酶以α-1，4糖苷键延伸糖链长达12~18个葡萄糖基时，分支酶（branching enzyme）可将约6~7个葡萄糖基的一段糖链转移至邻近糖链上，以α-1，6糖苷键连接，形成分支（图6-7）。分支多可增加糖原水溶性，利于其储存，更重要的是增加了非还原末端的数目，有利于提高其分解代谢的反应速度。

二、糖原的分解

糖原分解（glycogenolysis）是指肝糖原分解为葡萄糖的反应过程。包括以下几步反应。

1. 糖原磷酸解为1-磷酸葡萄糖 反应由糖原磷酸化酶（glycogen phosphorylase）催化，从糖原的非还原端开始，将α-1，4糖苷键逐个分解断裂，生成1-磷酸葡萄糖和比原先少1个葡萄糖基的糖原。磷酸化酶是糖原分解的限速酶，它只能分解α-1，4糖苷键，对α-1，6

糖苷键无作用。当糖链上的葡萄糖基逐个磷酸解至离分支点约4个葡萄糖基时，由于空间位阻，磷酸化酶不能再发挥催化功能，需脱支酶的参与才可将糖原完全分解。

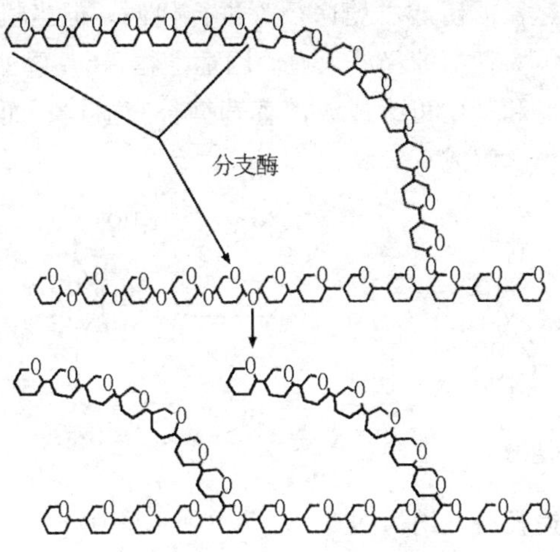

图6-7 分支酶的作用

2. 脱支酶催化的反应 脱支酶（debranching enzyme）是一种双功能酶，具有葡萄糖转移酶和α-1，6葡萄糖苷酶两种活性，当磷酸化酶由于空间位阻不能发挥作用时，其葡萄糖转移酶活性将糖链上的3个葡萄糖基转移至邻近糖链末端，仍以α-1，4糖苷键连接，剩下一个以α-1，6糖苷键连接在分支处的葡萄糖基被α-1，6葡萄糖苷酶活性水解成游离的葡萄糖。在磷酸化酶与脱支酶的协同作用下，糖原分子逐渐缩小，分支逐渐减少。最终产物中约有85%为1-磷酸葡萄糖，余者为游离葡萄糖。

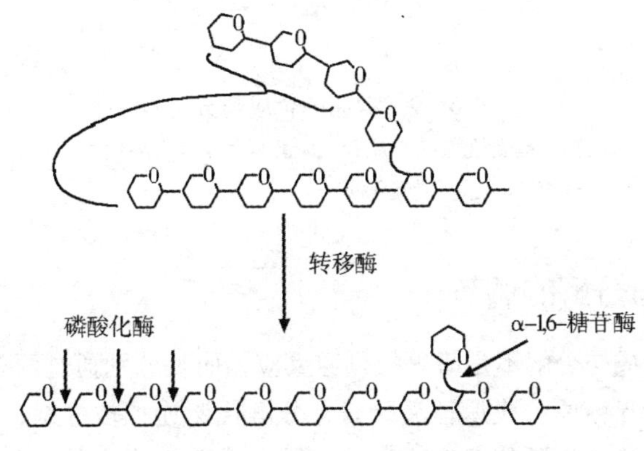

图6-8 脱支酶的作用

3. 1-磷酸葡萄糖转变为6-磷酸葡萄糖 此反应由磷酸葡萄糖变位酶催化。

1-磷酸葡萄糖 ⇌ 6-磷酸葡萄糖

4. 6－磷酸葡萄糖转变为葡萄糖 在葡萄糖－6磷酸酶（glucose－6－phosphatase）作用下，6－磷酸葡萄糖转变为葡萄糖。由肝糖原分解而来的6－磷酸葡萄糖，除了水解成葡萄糖释出之外，也可循糖酵解途径或磷酸戊糖途径等进行代谢。但当机体需要补充血糖，如饥饿时，肝糖原则绝大部分分解为葡萄糖释放入血。因葡萄糖－6－磷酸酶只存在于肝、肾，而不存在于肌肉中，故只有在肝和肾中可生成游离葡萄糖补充血糖；而在肌肉组织中肌糖原不能分解成葡萄糖，只能进行糖酵解或有氧氧化。

6–磷酸葡萄糖 + H_2O ⟶ 葡萄糖 + Pi

糖原合成及分解代谢途径可归纳为图6－9。

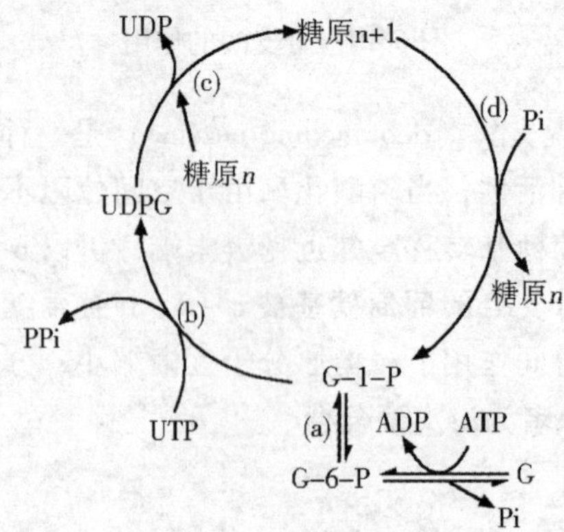

图6－9 糖原的合成与分解

a. 磷酸葡萄糖变位酶；b. 尿苷二磷酸葡萄糖焦磷酸化酶；c. 糖原合酶；d. 糖原磷酸化酶

三、糖原合成与分解的调节

如前所述，糖原合成与分解不是简单的可逆反应，而是分别通过两条不同的途径进行的，便于进行精细的调节。当糖原合成途径活跃时，分解代谢途径被抑制，反之亦然。糖原合成途径中的关键酶糖原合酶和糖原分解途径中的关键酶磷酸化酶的活性大小决定不同途径的代谢速率，进而影响糖原代谢的方向。糖原合酶和磷酸化酶的快速调节有共价修饰调节和变构调节两种方式。

（一）磷酸化酶

肝糖原磷酸化酶有磷酸化和去磷酸化两种形式，其磷酸化形式活性强，称为磷酸化酶a；其去磷酸形式无活性或活性低，称为磷酸化酶b。当磷酸化酶b的丝氨酸被磷酸化时，即转变为活性强的磷酸化酶a。这种磷酸化和去磷酸过程分别由磷酸化酶b激酶和磷蛋白磷酸酶－1催化。磷酸化酶b激酶也有活性型（磷酸化形式）和非活性型（去磷酸形式）两种。两种活性的转换分别是在依赖cAMP的蛋白激酶和磷蛋白磷酸酶－1的作用下完成的。

依赖 cAMP 的蛋白激酶也有活性型和非活性型两种形式，其活性受 cAMP 的调节。cAMP 是 ATP 在腺苷酸环化酶的作用下生成的，而腺苷酸环化酶的活性受激素调节。cAMP 在体内很快被磷酸二酯酶水解成 AMP，此时蛋白激酶随即转变为无活性型。这种通过一系列酶促反应将激素信号放大的连锁反应称为级联放大系统，与酶含量的调节相比，速度快、效率高。

磷酸化酶还受变构调节，葡萄糖是其变构调节剂。当葡萄糖浓度升高时，可使磷酸化酶 a 易于去磷酸而失活。因此，当血糖浓度升高时，可降低肝糖原的分解。

（二）糖原合酶

糖原合酶亦分为 a、b 两种形式。与磷酸化酶不同的是该酶的去磷酸化形式活性强，称为糖原合酶 a，其磷酸化形式活性低或无活性，称为糖原合酶 b 。糖原合酶的磷酸化和去磷酸化，也分别由蛋白激酶和磷蛋白磷酸酶 - 1 催化完成。

综上所述，磷酸化酶和糖原合酶的活性受磷酸化和去磷酸的共价修饰，两种酶磷酸化和去磷酸的方式相似，但效果却相反。磷酸化酶去磷酸化后活性降低，而糖原合酶的去磷酸化形式则是有活性的。这种调节方式说明糖原的合成与分解是密切配合，协调进行的，一条途径被激活的同时另一条途径被抑制。如进食后，过多的糖可在肝和肌肉等组织器官中合成糖原，而糖原的分解过程受到抑制；当饥饿或不进食时，肝糖原分解为葡萄糖进入血液以补充血糖，糖原合成过程则被抑制。糖原合成和分解的生理性调节主要靠胰高血糖素和胰岛素，胰高血糖素可诱导生成 cAMP，促进糖原分解。肾上腺素也可通过 cAMP 促进糖原分解，但可能仅在应激状态下发挥作用。胰岛素则抑制糖原分解，促进糖原合成。糖原合成与分解的共价修饰调节如图 6 - 10。

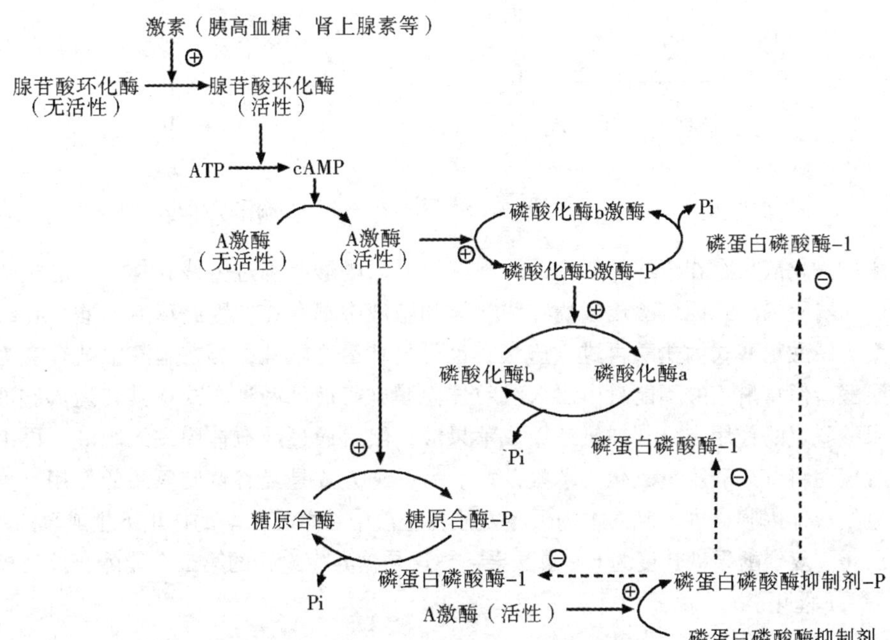

图 6 - 10　糖原合成与分解的共价修饰调节

第五节 糖异生

由非糖化合物转变为葡萄糖或糖原的过程称为糖异生（gluconeogenesis）。能转变为糖的非糖化合物主要有：甘油、有机酸（乳酸、丙酮酸及三羧酸循环中的各种羧酸）和生糖氨基酸。在生理条件下，糖异生的主要器官是肝脏，肾在正常情况下糖异生能力只有肝脏的1/10，长期饥饿和酸中毒时，肾脏的糖异生能力可大大增强。

一、糖异生途径

从丙酮酸生成葡萄糖的具体反应过程称为糖异生途径（gluconeogenesis pathway）。此途径基本上是糖酵解途径的逆过程。糖酵解途径中大多数反应是可逆的，但有3个不逆反应，在糖异生途径中须由另外的酶和反应代替，这些酶即为糖异生途径的限速酶。它们催化的反应如下。

1. 丙酮酸转变成磷酸烯醇式丙酮酸 糖酵解途径中磷酸烯醇式丙酮酸转变为丙酮酸是由丙酮酸激酶催化的。在糖异生途径中其逆过程由两个反应组成，催化这两个反应的酶分别是：丙酮酸羧化酶和磷酸烯醇式丙酮酸羧激酶。

第一个反应：由丙酮酸羧化酶（pyruvate carboxylase）催化丙酮酸转变为草酰乙酸，其辅酶为生物素，由ATP提供能量。

第二个反应：由磷酸烯醇式丙酮酸羧激酶催化草酰乙酸转变成磷酸烯醇式丙酮酸。反应中消耗一个高能磷酸键，同时脱羧。上述两步反应共消耗两分子ATP。

$$\underset{\text{丙酮酸}}{COO^- - C(=O) - CH_3} \xrightarrow[ATP \rightarrow ADP+Pi]{CO_2} \underset{\text{草酰乙酸}}{COO^- - C(=O) - CH_2 - COOH} \xrightarrow[GTP \rightarrow GDP]{\rightarrow CO_2} \underset{\text{磷酸烯醇式丙酮酸}}{COO^- - C(=CH_2) - O - PO_3^{2-}}$$

丙酮酸 草酰乙酸 磷酸烯醇式丙酮酸

丙酮酸羧化酶仅存在于线粒体内，故胞液中的丙酮酸必须进入线粒体，才能羧化生成草酰乙酸。而磷酸烯醇式丙酮酸羧激酶在线粒体和胞液中都存在，因此草酰乙酸可在线粒体中直接转变为磷酸烯醇式丙酮酸再进入胞液；也可先转运至胞液，再在胞液中被转变为磷酸烯醇式丙酮酸。但草酰乙酸不能自由出入线粒体内膜，需借助两种方式将其转运入胞液：一种是经苹果酸脱氢酶作用，将其加氢还原成苹果酸，然后通过线粒体膜进入胞液，再由胞质中苹果酸脱氢酶将苹果酸脱氢氧化为草酰乙酸。另一种方式是经谷草转氨酶的作用，生成天冬氨酸通过线粒体内膜，进入胞液中的天冬氨酸在胞液中谷草转氨酶的作用下生成草酰乙酸。

2. 1，6－双磷酸果糖转变为6－磷酸果糖 这是糖异生途径的第二个能障，此反应由果糖双磷酸酶－1催化。

$$\text{1,6-双磷酸果糖} + H_2O \longrightarrow \text{6-磷酸果糖} + Pi$$

1,6–双磷酸果糖 6–磷酸果糖

3. 6－磷酸葡萄糖水解为葡萄糖　此步反应与糖原分解的最后一步相同，由葡萄糖－6－磷酸酶催化完成。

$$\text{6-磷酸葡萄糖} + H_2O \longrightarrow \text{葡萄糖} + Pi$$

二、糖异生的调节

在以上三个反应中，底物和产物的互变分别由不同的酶催化其单向反应，这种互变循环称为底物循环（substrate cycle）。如果两种酶活性相等，不但不能将代谢推向前进，而且还会造成ATP的浪费，此即为无效循环。在机体组织细胞内两酶活性不完全相等，从而可使代谢反应向一个方向进行。

糖异生途径的调节和糖酵解途径的调节是密不可分的。如从丙酮酸进行有效的糖异生，就必须抑制糖酵解途径，以防止葡萄糖重新分解成丙酮酸；反之亦然。这种协调调节主要依赖于对这两条途径中的两个底物循环的调节。

1. 第一个底物循环是6－磷酸果糖和1，6－双磷酸果糖的互变　2，6－双磷酸果糖和AMP是6－磷酸果糖激酶－1的变构激活剂，它们在激活6－磷酸果糖激酶－1的同时，抑制果糖双磷酸酶－1，此时反应向糖酵解方向进行，同时抑制了糖异生。胰高血糖素通过cAMP和依赖cAMP的蛋白激酶使6－磷酸果糖激酶－2磷酸化而失活，降低肝细胞内2，6－双磷酸果糖水平，从而促进糖异生而抑制糖的分解。胰岛素的作用则相反。目前认为2，6－双磷酸果糖水平是肝内调节糖的分解和糖异生反应方向的主要信号。进食后，胰高血糖素/胰岛素比例降低，2，6－双磷酸果糖水平升高，糖异生被抑制，糖分解加强，为合成脂酸提供乙酰CoA。饥饿时情况则相反，胰高血糖素分泌增加，2，6－双磷酸果糖水平降低，糖异生加强，糖的分解被抑制。

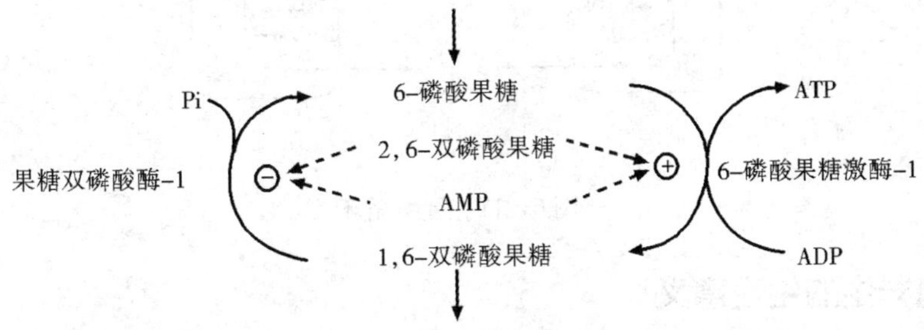

2. 第二个底物循环是磷酸烯醇式丙酮酸和丙酮酸的互变　1，6－双磷酸果糖是丙酮酸激酶的变构激活剂，通过1，6－双磷酸果糖可将两个底物循环联系与协调。胰高血糖素可减少1，6－双磷酸果糖的生成，进而可降低丙酮酸激酶的活性。胰高血糖素还可通过cAMP使丙酮酸激酶磷酸化而失活，从而抑制糖酵解。肝内丙酮酸激酶可被丙氨酸抑制，这有助于丙氨酸在饥饿时异生成糖。

乙酰CoA可促进糖异生。饥饿状态下脂肪大量氧化时乙酰CoA堆积，它一方面抑制丙酮酸脱氢酶系的活性，使丙酮酸大量蓄积，为糖异生提供原料；另一方面又可激活丙酮酸羧化酶，加速丙酮酸生成草酰乙酸，促进其异生为糖。

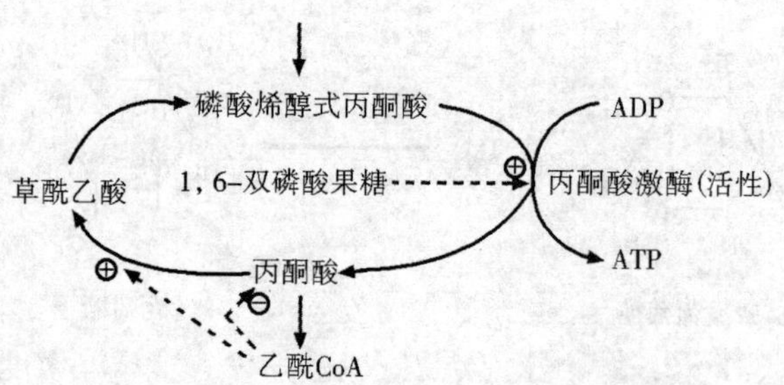

另外，胰高血糖素还可通过 cAMP 快速诱导磷酸烯醇式丙酮酸羧激酶基因的表达，诱导其酶蛋白的合成。胰岛素则显著降低磷酸烯醇式丙酮酸羧激酶 mRNA 水平，且对 cAMP 有对抗作用。因此，胰岛素可使磷酸烯醇式丙酮酸羧激酶酶蛋白合成减少，酶活性降低，从而抑制糖异生。

三、乳酸循环

肌肉收缩（尤其是氧供不足时）通过糖酵解生成乳酸，但肌肉内糖异生活性低，所以乳酸通过细胞膜弥散进入血液，经血液循环被肝脏摄取，在肝内异生为葡萄糖。葡萄糖释入血液后又可被肌肉摄取，这就构成了一个循环，此循环称为乳酸循环，也叫 Cori 循环（图 6－11）。乳酸循环的形成是由于肝和肌组织中酶的特点所致。乳酸循环的生理意义是：第一可防止因乳酸堆积引起酸中毒；第二有利于肌肉中乳酸的回收利用，避免能源浪费。乳酸循环是耗能的过程，2 分子乳酸异生成葡萄糖需消耗 6 分子 ATP。

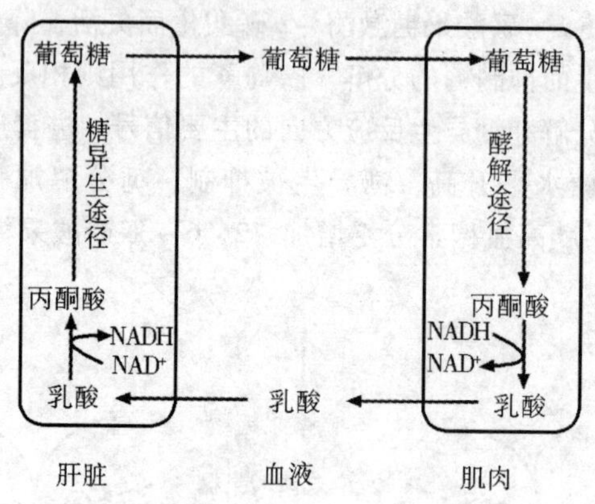

图 6－11 乳酸循环

四、糖异生的生理意义

1. 维持血糖浓度恒定 糖异生的主要原料为乳酸、氨基酸及甘油，乳酸来自肌糖原分解，乳酸的糖异生作用主要与运动强度有关。而在饥饿时，糖异生的原料主要为生糖氨基酸和甘油。饥饿早期，随着脂肪组织中脂肪的分解加速，运至肝的甘油增多，异生为葡萄糖；长期饥饿，糖异生的主要原料为氨基酸，这时蛋白质分解增强，消耗增多，机体抵抗力降低。

2. 补充肝糖原 实验证明，机体可由甘油、谷氨酸、丙酮酸、乳酸等小分子物质经糖异生作用合成糖原，此途径称为糖原合成的三碳途径。它是肝补充或恢复糖原储备的重要途径，尤其在饥饿后进食更为重要。

3. 调节酸碱平衡 长期饥饿，肾糖异生增强，有利于维持酸碱平衡。长期禁食后，体液pH降低，肾的糖异生作用增强。当肾脏细胞中α-酮戊二酸因异生成糖而减少时，促进谷氨酰胺脱氨生成谷氨酸以及谷氨酸脱氨生成α-酮戊二酸，肾小管细胞将NH_3分泌入管腔中，与原尿中H^+结合，降低原尿H^+的浓度，有利于排氢保钠，对于防止酸中毒有重要作用。

第六节 血糖与血糖浓度的调节

血糖（blood sugar）主要指血液中的葡萄糖。正常情况下，血糖浓度相对恒定，仅在较小范围内波动。正常人空腹血糖（碱性铜法测定）为3.89～6.11mmol/L。血糖浓度之所以能够保持相对恒定，在于机体精细的调节机制使血糖的来源和去路保持动态平衡。

一、血糖的来源和去路

（一）血糖的来源

1. 食物中糖的消化吸收 这是血糖的主要来源。

2. 肝糖原分解 主要在空腹时补充血糖，是空腹时血糖的重要来源。

3. 糖异生作用 禁食超过12h的情况下，肝糖原已不足以维持血糖浓度，大量非糖物质通过糖异生转变成糖维持血糖的正常水平。

（二）血糖的去路

1. 在组织细胞中氧化供能。

2. 合成糖原储存。

3. 转变为脂肪及某些氨基酸。

4. 转变成其他糖类物质 如核糖、氨基糖、葡萄糖醛酸。

5. 随尿排出 当血糖浓度高于8.89～10.00 mmol/L时，超过肾小管最大重吸收能力，则糖从尿液中排出，出现糖尿现象。此时的血糖值称为肾糖阈值。只有在病理情况下才会出现尿中排糖。血糖的来源与去路总结于图6-12。

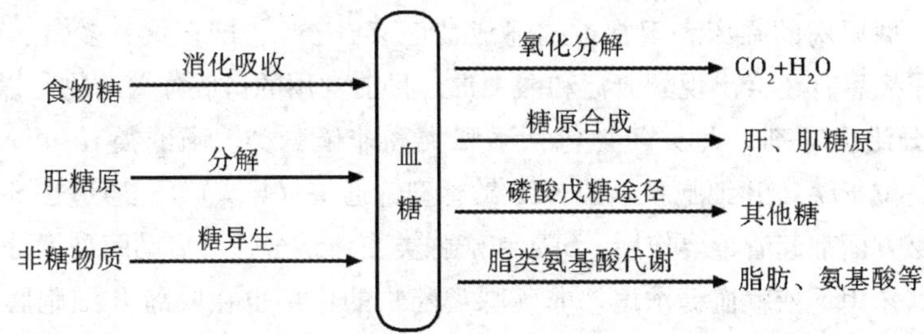

图6-12 血糖的来源和去路

二、血糖浓度的调节

血糖浓度保持恒定是糖、脂肪、氨基酸代谢协调的结果；也是肝、肌肉、脂肪等各组织器官代谢协调的结果。机体的各代谢途径以及各器官之间相互协调、密切配合，以适应能量供求的变化，主要依靠激素调节。调节血糖浓度的激素的作用机制见表6－3。

表6－3 激素对血糖水平的调节

降低血糖的激素		升高血糖的激素	
胰岛素	1. 促进葡萄糖进入肌肉、脂肪等组织细胞	肾上腺素	1. 促进肝糖原分解
	2. 促进葡萄糖在肝、肌肉内合成糖原		2. 促进肌糖原分解
	3. 促进糖的有氧氧化		3. 促进糖异生
	4. 促进糖转变为脂肪	胰高血糖素	1. 抑制肝糖原合成，促进肝糖原分解
	5. 抑制糖异生		2. 促进糖异生
		糖皮质激素	1. 促进糖异生
			2. 促进肝外组织蛋白质分解成氨基酸

三、血糖浓度异常与常用药物

（一）高血糖

空腹时血糖浓度高于6.9mmol/L称为高血糖。如果血糖值超过肾糖阈值8.89mmol/L时，尿中还可出现糖，此现象称为糖尿。糖尿可分为高血糖性糖尿和肾性糖尿。

高血糖性糖尿有生理性和病理性两类，生理性糖尿是指在生理情况下，一次性进食或经静脉输入大量葡萄糖，血糖急剧增高超过肾糖阈值，可引起饮食性糖尿；情绪激动，肾上腺素分泌增加，肝糖原分解，血糖上升，可引起情感性糖尿。在病理情况下，如胰岛素分泌障碍（糖尿病）或升高血糖激素亢进，均可导致高血糖，从而出现糖尿。肾性糖尿是指肾脏疾病引起的肾糖阈值降低所出现的糖尿，此时血糖浓度可以升高，也可以在正常范围。

糖尿病是一组以慢性血糖水平增高为特征的代谢性疾病，病因至今尚未完全阐明，临床上常见的有1型糖尿病和2型糖尿病。1型即胰岛素依赖性糖尿病，被认为是由于自身免疫破坏了胰岛中的B细胞，引起胰岛素分泌不足所致。2型糖尿病又称为非胰岛素依赖性糖尿病，常常在40岁以后才发病，故也称为成年发作性糖尿病。2型糖尿病患者血液中胰岛素水平并不低甚至高于正常水平，其发病原因主要是胰岛素受体缺乏或者胰岛素抵抗。此两型糖尿病均与遗传有关。糖尿病的临床表现常被描述成“三多一少”，即多饮、多食、多尿及体重减轻，严重的糖尿病患者还会出现酮血症和酸中毒。目前常用的口服降糖药物有以下几类。

1. 胰岛素分泌促进剂 此类药物包括磺脲类和非磺脲类。磺脲类（sulfonylureas，SUs）的作用靶部位是位于胰岛B细胞膜上的ATP敏感型钾通道（K_{ATP}），此通道在SUs以及葡萄糖刺激胰岛素分泌方面都起着重要作用。SUs和磺脲类受体结合，可启动胰岛素分泌的链式反应而降低血糖，其作用不依赖血糖浓度。非磺脲类药物的作用也在胰岛B细胞膜上的K_{ATP}，但结合位点与SUs不同，降血糖作用快而短，模拟胰岛素生理性分泌，用于控制餐后血糖。

2. 双胍类（biguanides） 此类药物作用机制包括：①提高外周组织（如肌肉、脂肪）对葡萄糖的摄取利用；②通过抑制糖异生和糖原分解，降低肝脏葡萄糖输出；③降低脂肪氧化率，提高葡萄糖的运转能力；④改善胰岛素敏感性，降低胰岛素抵抗。

3. α－葡萄糖苷酶抑制剂（AGI） 此类药物抑制小肠黏膜刷状缘的α－葡萄糖苷酶，延迟碳水化合物（如食物中的淀粉、糊精和双糖等）的消化吸收，降低餐后血糖。

4. 胰岛素增敏剂 主要通过结合和活化过氧化物酶体增殖物激活受体γ（一种在代谢控

制中起关键作用的受体，PPARγ）起作用。PPARγ 被激活后通过诱导脂肪生成酶和糖代谢调节相关蛋白的表达，促进脂肪细胞和其他细胞的分化，并提高细胞对胰岛素作用的敏感性，减轻胰岛素抵抗。

（二）低血糖

空腹血糖浓度低于 3.0mmol/L 时称为低血糖。多见于：①胰岛 B 细胞发生病变致使胰岛素分泌增多，或治疗时应用胰岛素过量；②某些对抗胰岛素的激素分泌减少；③长期不能进食或进食过少；④严重肝疾病引起糖原合成减少及糖异生功能低下。

脑组织对低血糖比较敏感，因为脑组织功能活动所需的能量主要来自糖的氧化，但脑组织含糖原极少，需要不断从血液中摄取葡萄糖氧化供能。当血糖浓度过低时，脑组织因能源缺乏而导致功能障碍，出现头昏、心悸、饥饿感及出冷汗等。若血糖浓度继续下降，就会严重影响大脑的功能，出现惊厥和昏迷，一般称为“低血糖昏迷”或“低血糖休克”。

（裴晋红）

第七章　生物氧化

1. 掌握生物氧化的概念和特点；呼吸链的概念、组成成分及各成分的功能；氧化磷酸化和底物水平磷酸化的概念；NADH 及 $FADH_2$ 氧化呼吸链组成成分的排列顺序和氧化磷酸化偶联部位。

2. 熟悉影响氧化磷酸化的因素。

3. 了解 ATP 的转化、贮存和利用；微粒体、过氧化物酶体氧化体系。

第一节　概　　述

一、生物氧化的概念

物质在生物体内进行的氧化分解称为生物氧化（biological oxidation），主要是糖、脂肪、蛋白质等在体内分解时逐步释放能量，最终生成二氧化碳和水的过程。生物氧化在细胞的线粒体内及线粒体外均可进行，但氧化过程不同。线粒体内的氧化伴有 ATP 的生成，而在线粒体外如内质网、过氧化物酶体、微粒体等的氧化是不伴有 ATP 生成的，主要和代谢物或药物、毒物的生物转化有关。细胞在进行生物氧化时，主要表现为摄取氧气，并释出二氧化碳，故又称生物氧化为细胞呼吸或组织呼吸。

二、生物氧化的特点

生物氧化中物质的氧化方式有加氧、脱氢、失电子，遵循氧化还原反应的一般规律。物质在体内外氧化时所消耗的氧、最终产物（CO_2，H_2O）和释放的能量均相同，但生物氧化又具有与体外氧化明显不同的特点。生物氧化是在细胞内温和的环境中（体温，pH 接近中性），在一系列酶的催化下逐步进行的，因此物质中的能量得以逐步释放，有利于机体捕获能量，提高 ATP 生成的效率。生物氧化过程中进行广泛的加水脱氢反应使物质能间接获得氧，并增加脱氢的机会；生物氧化中生成的水是由脱下的氢与氧结合产生的，CO_2 由有机酸脱羧产生。体外氧化（燃烧）产生的 CO_2、H_2O 由物质中的碳和氢直接与氧结合生成，能量是突然释放的。本章将主要介绍线粒体内的氧化，即糖、脂肪、蛋白质等氧化分解最终生成 CO_2 和 H_2O 及逐步释放能量以氧化磷酸化的方式生成 ATP 的过程。

第二节 线粒体氧化体系

一、氧化呼吸链的主要成分

在线粒体内，代谢物脱下的成对氢原子（2H）通过多种酶和辅酶所催化的连锁反应逐步传递，最终与氧结合生成水。由于此过程与细胞呼吸有关，所以将这一含多种氧化还原组分的传递链称为氧化呼吸链（oxidative respiratory chain）。在氧化呼吸链中，酶和辅酶按一定顺序排列在线粒体内膜上，其中传递氢的酶或辅酶称之为递氢体，传递电子的酶或辅酶称之为电子传递体。不论递氢体还是电子传递体都起传递电子的作用（$2H \rightleftharpoons 2H^+ + 2e$），所以氧化呼吸链又称电子传递链（electron transfer chain）。

现已发现组成氧化呼吸链的成分有多种，主要可分为以下五大类。

（一）尼克酰胺腺嘌呤二核苷酸

尼克酰胺腺嘌呤二核苷酸（NAD^+）是多种不需氧脱氢酶的辅酶，又称辅酶Ⅰ（CoⅠ），结构参考维生素内容，反应时，NAD^+中的尼克酰胺部分可接受一个氢原子及一个电子，尚有一个质子（H^+）留在介质中（图7－1）。

此外，有不少脱氢酶的辅酶为尼克酰胺腺嘌呤二核苷酸磷酸（$NADP^+$），又称辅酶Ⅱ（CoⅡ），它与NAD^+不同之处是在腺苷酸部分中核糖的2′位碳上羟基的氢被磷酸基取代而成。当此类酶催化代谢物脱氢后，其辅酶$NADP^+$接受氢而被还原生成$NADPH + H^+$，$NADPH + H^+$一般是为合成代谢或羟化反应提供氢。

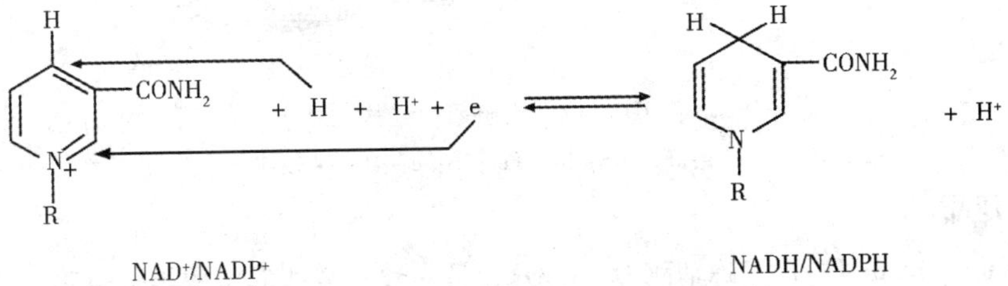

$NAD^+/NADP^+$ + H + H^+ + e ⇌ $NADH/NADPH$ + H^+

图7－1 NAD^+或$NADP^+$的作用机制

R代表NAD^+（或$NADP^+$）中除尼克酰胺以外的其他部分

（二）黄素蛋白

黄素蛋白（flavoproteins，FP）种类很多，其辅基有两种，一种为黄素单核苷酸（FMN），另一种为黄素腺嘌呤二核苷酸（FAD）。两者均含核黄素（维生素B_2），此外FMN尚含一分子磷酸，而FAD则比FMN多含一分子腺苷酸（AMP），其结构参考第五章维生素相关内容。

黄素蛋白是以FMN或FAD为辅基的不需氧脱氢酶。催化代谢物脱下的氢，由辅基FMN或FAD的异咯嗪环上的1位和10位的氮原子接受，从而转变成还原态的$FMNH_2$或$FADH_2$。FMN或FAD分子中的异咯嗪环部分在可逆的氧化还原反应中显示3种分子状态，氧化型FMN可接受1个质子和1个电子形成不稳定的FMNH·，再接受1个质子和1个电子转变为还原型FMN（$FMNH_2$），氧化时反应逐步逆行，因此属于单、双电子传递体（图7－2）。

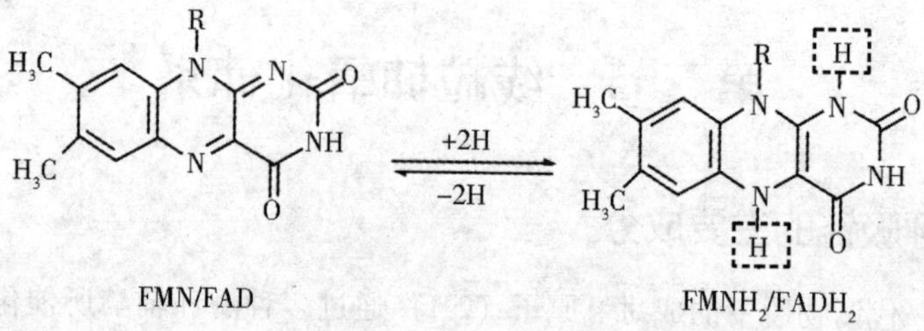

+2H
−2H

FMN/FAD　　　　　$FMNH_2/FADH_2$

图 7－2　FAD 和 FMN 的作用机制

（三）铁硫蛋白

铁硫蛋白（iron－sulfur protein，Fe－S）又称铁硫中心或铁硫簇，是存在于线粒体内膜上的一种与传递电子有关的蛋白质，其特点是分子中含铁原子和硫原子，铁与无机硫原子和蛋白质多肽链上半胱氨酸残基的硫相结合。铁硫蛋白在线粒体内膜上往往和其他递氢体或递电子体（黄素蛋白或细胞色素 b）结合成复合物而存在。根据所含铁原子和硫原子的数目不同，分为单个铁原子与半胱氨酸的巯基硫相连、2Fe－2S、4Fe－4S 等类型（图 7－3），它主要以（2Fe－2S）或（4Fe－4S）形式存在。

氧化状态时，铁硫蛋白中的铁原子是三价，当铁硫蛋白还原后，其中的三价铁转变成二价铁。一般认为，在两个铁原子中，只有一个被还原，因此，铁硫蛋白可能是一种单电子传递体。

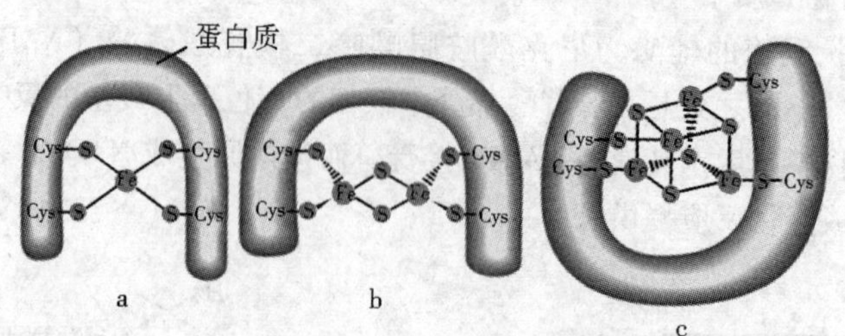

图 7－3　铁硫蛋白结构

a：Fe－4S；b：2Fe－2S；c：4Fe－4S

（四）泛醌

泛醌（ubiquinone UQ）又称辅酶 Q（CoQ），是一种脂溶性的苯醌类化合物，广泛存在于生物界。其分子结构中带有一很长的侧链，是由多个异戊二烯单位构成，不同来源的泛醌其异戊二烯单位的数目不同，人的 CoQ 的侧链由 10 个异戊二烯单位组成，用 CoQ_{10} 表示。

泛醌因侧链的疏水作用，它能在线粒体内膜中迅速扩散。泛醌的醌型结构可以结合两个电子和两个质子还原为氢醌型，故它是一种双递氢体（即双电子传递体）。先接受一个电子和一个质子还原成半醌，再接受一个电子和一个质子还原成二氢泛醌，后者又可脱去电子和质子而被氧化为泛醌（图 7－4）。

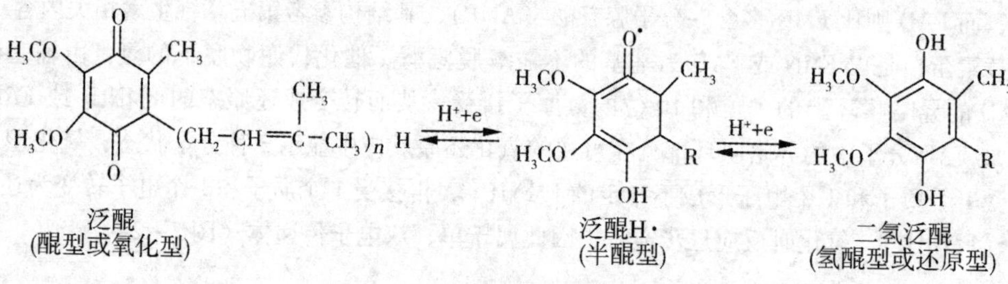

H^++e　　　　H^++e

泛醌（醌型或氧化型）　　泛醌H·（半醌型）　　二氢泛醌（氢醌型或还原型）

图 7－4　泛醌的结构和递氢反应

（五）细胞色素类

细胞色素类（cytochromes，Cyt）是以铁卟啉为辅基的电子传递体，在呼吸链中将电子从泛醌传递到氧。线粒体的电子传递链有五种细胞色素，即 Cyt b、Cyt c、Cyt c_1、Cyt a、Cyt a_3。细胞色素主要是通过血红素辅基中 $Fe^{3+} \rightleftharpoons Fe^{2+}$ 的互变起传递电子的作用，因此是单电子传递体。Cyt b 接受从泛醌传来的电子，并将其传递给 Cyt c_1，Cyt c_1 又将接受的电子传送给 Cyt c。Cyt a 与 Cyt a_3 是最后的一个载体，二者以复合物形式存在，又称细胞色素氧化酶（cytochrome oxidase）。Cyt aa_3 还含有两个必需的铜原子。Cyt a 从 Cyt c 接受电子后，传递给 Cyt a_3，由还原型 Cyt a_3 将电子直接传递给氧分子，在 Cyt a 和 Cyt a_3 间传递电子的是两个铜原子，铜在氧化-还原反应中也发生价态变化（$Cu^{+} \rightleftharpoons Cu^{2+}$）。

二、呼吸链中传递体的排列顺序

呼吸链组分的排列顺序是根据下列实验和原则确定的：①根据测定呼吸链各组分的标准氧化还原电位（$E^{0'}$）（表 7-1）确定其顺序。电子流动趋向从氧化-还原电位低向氧化-还原电位高的方向流动。②选择性阻断呼吸链确定其顺序。利用呼吸链特异的抑制剂阻断某一组分的电子传递，在阻断部位以前的组分处于还原状态，后面组分处于氧化状态。由于呼吸链每个组分的氧化和还原状态吸收光谱不相同，故可根据吸收光谱的改变进行检测，推断出呼吸链各组分的排列顺序。③利用呼吸链各组分特有的吸收光谱，以离体线粒体无氧时处于还原状态作为对照，缓慢给氧，观察各组分被氧化的顺序。④在体外将呼吸链进行拆开和重组，鉴定它们的组成与排列。

表 7-1　呼吸链中各氧化还原对的标准氧化还原电位

氧化还原对	$E^{0'}$（V）	氧化还原对	$E^{0'}$（V）
$NAD^{+}/NADH+H^{+}$	-0.32	Cyt c_1 Fe^{3+}/Fe^{2+}	0.23
$FMN/FMNH_2$	-0.30	Cyt c Fe^{3+}/Fe^{2+}	0.25
$FAD/FADH_2$	-0.22	Cyt a Fe^{3+}/Fe^{2+}	0.29
$Q_{10}/Q_{10}H_2$	0.06	Cyt a_3 Fe^{3+}/Fe^{2+}	0.35
Cyt b Fe^{3+}/Fe^{2+}	0.05（0.10）	$1/2O_2/H_2O$	0.82

注：$E^{0'}$ 值为 pH 7.0，25℃，1mol/L 底物浓度条件下，和标准氢电极构成的化学电池的测定值。

用胆酸、脱氧胆酸等反复处理线粒体内膜，可将呼吸链分离得到四种仍具有传递电子功能的酶复合体（complex）（表 7-2）。

表 7-2　人线粒体呼吸链复合体

复合体	酶名称	多肽链数	辅基
复合体Ⅰ	NADH-泛醌还原酶	39	FMN，Fe-S
复合体Ⅱ	琥珀酸-泛醌还原酶	4	FAD，Fe-S
复合体Ⅲ	泛醌-细胞色素 c 还原酶	10	铁卟啉，Fe-S
复合体Ⅳ	细胞色素 c 氧化酶	13	铁卟啉，Cu

（一）复合体Ⅰ

又称 NADH-泛醌还原酶，含有以 FMN 为辅基的黄素蛋白和以铁硫簇为辅基的铁硫蛋白。

整个复合体Ⅰ嵌在线粒体内膜上，其NADH结合面朝向线粒体基质，这样就能与基质内经脱氢酶催化产生的$NADH + H^+$相互作用。NADH脱下的氢经FMN、铁硫蛋白传递后，再传到泛醌，与此同时，伴有质子从线粒体基质转移至线粒体外（膜间隙）。每次传递电子过程同时偶联将4个H^+从内膜基质侧泵到内膜胞质侧，复合体Ⅰ有质子泵功能。

（二）复合体Ⅱ

又称琥珀酸－泛醌还原酶，含有以FAD为辅基的黄素蛋白、铁硫蛋白和Cyt b_{560}。其功能是将氢从琥珀酸传给FAD，然后经铁硫蛋白传递到泛醌。泛醌接受复合体Ⅰ或Ⅱ的氢后将H^+释放入线粒体基质中，将电子传递给复合体Ⅲ。该过程传递电子释放的自由能极小，不足以将H^+泵出线粒体内膜，因此复合体Ⅱ没有质子泵的功能。

（三）复合体Ⅲ

又称泛醌－细胞色素c还原酶，含有Cyt b_{562}，Cyt b_{566}、Cyt c_1、铁硫蛋白及其他多种蛋白质。通过复合体Ⅲ的电子传递作用，二氢泛醌被氧化为泛醌，Cyt c被还原。与此同时，质子从线粒体内膜转移至内膜外。因此复合体Ⅲ具有质子泵的作用。

Cyt c不包含在上述复合体中，是氧化呼吸链唯一水溶性球状蛋白，与线粒体内膜外表面疏松结合。Cyt c可将从Cyt c_1获得的电子传递到复合体Ⅳ。

（四）复合体Ⅳ

又称细胞色素c氧化酶，包括Cyt a及Cyt a_3，由于两者结合紧密，很难分离，故称之为Cyt aa_3。Cyt aa_3中含有两个铁卟啉辅基和两个铜原子。铜原子可进行$Cu^+ \rightleftharpoons Cu^{2+} + e$反应传递电子。

代谢物氧化后脱下的氢通过上述四个复合体的传递顺序为：从复合体Ⅰ或复合体Ⅱ开始，经泛醌到复合体Ⅲ，再经Cyt c到复合体Ⅳ，然后复合体Ⅳ从还原型细胞色素c转移电子到氧。活化了的氧与质子结合生成水。电子通过复合体转移的同时伴有质子从线粒体基质流向膜间隙，从而产生质子跨膜梯度贮存能量，形成跨膜电位，促使ATP的生成（图7－5）。

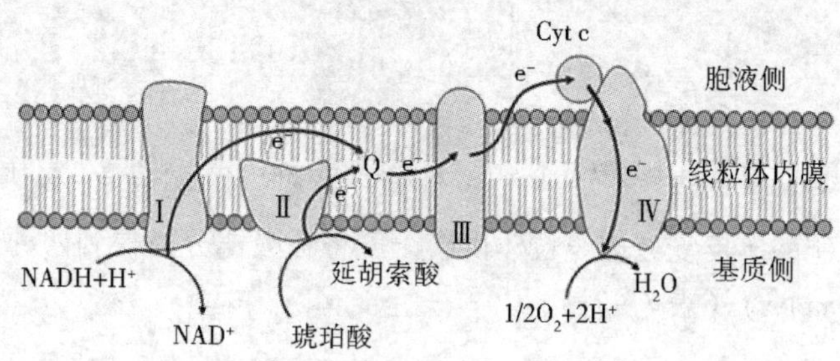

图7－5 呼吸链四个复合体传递顺序示意图

三、主要的氧化呼吸链

线粒体内的氧化呼吸链有两条，即NADH氧化呼吸链和琥珀酸氧化呼吸链。

（一）NADH氧化呼吸链

NADH氧化呼吸链是细胞内最主要的呼吸链，因为生物氧化过程中绝大多数脱氢酶都是以NAD^+为辅酶。底物在相应脱氢酶的催化下，脱下2H（$2H^+$ + 2e），交给NAD^+生成$NADH + H^+$；再经FMN传递给泛醌而生成二氢泛醌；二氢泛醌中的2H解离成$2H^+$和2e，其

中 $2H^+$ 游离于介质中，而 2e 则首先由 Cyt b 接受，沿着 $b \rightarrow c_1 \rightarrow c \rightarrow aa_3 \rightarrow O_2$ 的顺序逐步传递，最后由细胞色素氧化酶（Cyt aa_3）将两个电子传给氧原子，使氧生成 O^{2-}，O^{2-} 即与介质中的 $2H^+$ 结合生成 H_2O。其组成及作用如下：

SH_2 / S　⇄　NAD^+ / $NADH+H^+$　⇄　$FMNH_2$ (Fe–S) / FMN (Fe–S)　⇄　UQ / UQH_2　⇄　2Cyt–Fe^{2+} / 2Cyt–Fe^{3+}　⇄　1/2 O_2 / O^{2-} → H_2O

（$2H^+$ → H_2O）

（二）**琥珀酸氧化呼吸链**

也称为 $FADH_2$ 氧化呼吸链。琥珀酸在琥珀酸脱氢酶催化下脱下 2H 使 FAD 还原生成 $FADH_2$，后者把氢传递给泛醌，形成二氢泛醌，再经过与 NADH 氧化呼吸链相同的传递顺序最后生成水。其组成及作用如下：

琥珀酸 / 延胡索酸　⇄　FAD (Fe–S) / $FADH_2$ (Fe–S)　⇄　UQH_2 / UQ　⇄　2Cyt–Fe^{3+} / 2Cyt–Fe^{2+}　⇄　O^{2-} / 1/2 O_2　O^{2-} → H_2O

（$2H^+$ → H_2O）

（三）**电子传递链的抑制剂**

有些化合物能够与呼吸链的某些部位结合而阻断该部位的电子传递。如鱼藤酮、粉蝶霉素 A 及异戊巴比妥等，它们与复合体Ⅰ中的铁硫蛋白结合；抗霉素 A、二巯基丙醇抑制复合体Ⅲ中 Cyt b 与 Cyt c_1 间的电子传递；氰化物、CO、叠氮化合物及 H_2S 可与细胞色素 c 氧化酶结合，使电子不能传给氧。

氰化物中毒

氢氰酸气体或氰化钾抑制部位在细胞色素 c 氧化酶。氰化物是目前已知毒性最快最强的毒物。可与细胞色素 c 氧化酶结合，电子在最后这一步不能传递给氧，细胞呼吸和能量生成停止迅速死亡。中枢神经系统对于缺氧最敏感，解毒方案是给予多种亚硝酸盐。

四、氧化磷酸化

在有机体能量代谢中，ATP 是体内主要的高能化合物。细胞内的 ATP 有两种生成方式。一种是底物水平磷酸化（substrate phosphorylation），即代谢物在脱氢等反应过程中发生分子内部能量的重新分布，生成高能键，直接转移至 ADP（或 GDP）生成 ATP（或 GTP）的过程；

另一种方式是氧化磷酸化（oxidative phosphorylation），即代谢物氧化脱氢经呼吸链传递给氧生成水的同时，释放能量使 ADP 磷酸化生成为 ATP，由于是代谢物的氧化反应与 ADP 磷酸化反应偶联发生，故称为氧化磷酸化，也称为偶联磷酸化。氧化磷酸化是机体内生成 ATP 的主要方式。

（一）氧化磷酸化的偶联部位

根据下述实验结果可大致确定氧化磷酸化的偶联部位，即 ATP 产生的部位。

1. P/O 比值的测定 P/O 比值是指物质氧化时，每消耗 1mol 氧原子所消耗的无机磷的摩尔数。通过测定离体线粒体内几种物质氧化时的 P/O 比值，可以大体推测出偶联部位及 ATP 的生成数。在氧化磷酸化过程中，无机磷酸是用于 ADP 磷酸化生成 ATP 的，所以消耗无机磷的摩尔数可反映 ATP 的生成数（表 7-3）。

表 7-3 线粒体离体实验测得的一些底物的 P/O 比值

底 物	呼吸链的组成	P/O 比值
β-羟丁酸	NADH→复合体Ⅰ→CoQ→复合体Ⅲ→Cyt c→复合体Ⅳ→O_2	2.4～2.8
琥珀酸	复合体Ⅱ→CoQ→复合体Ⅲ→Cyt c→复合体Ⅳ→O_2	1.7
维生素 C（抗坏血酸）	Cyt c→复合体Ⅳ→O_2	0.88
细胞色素 c（Fe^{2+}）	复合体Ⅳ→O_2	0.61～0.68

已知β-羟丁酸的氧化是通过 NADH 进入氧化呼吸链，其 P/O 比值接近于 3，即 NADH 氧化呼吸链存在 3 个 ATP 生成部位。而琥珀酸氧化时，测得 P/O 比值接近 2，亦即琥珀酸氧化呼吸链存在两个 ATP 生成部位。表明，在 NADH 和泛醌之间存在一个偶联部位。此外，测得抗坏血酸氧化 P/O 比值接近 1，还原型 Cyt c 氧化时 P/O 比值也接近 1。两者的不同在于抗坏血酸是通过 Cyt c 进入呼吸链被氧化的，而还原型 Cyt c 则只经 Cyt aa_3 而氧化的，这表明在 Cyt aa_3 到氧之间存在一个偶联部位。从琥珀酸、抗坏血酸及还原型 Cyt c 的氧化可以表明在泛醌至 Cyt c 间存在另一个偶联部位。根据近年的实验证实，合成 1 个分子 ATP 需要消耗 4 个 H^+ 的跨膜势能，即经氧化呼吸链平均每泵出 4 个 H^+ 才能生成 1 分子可被机体利用的 ATP。NADH 氧化呼吸链每传递两个电子与氧结合成水，共泵出 10 个 H^+，P/O 应为 2.5，琥珀酸氧化呼吸链共泵出 6 H^+，P/O 应为 1.5。也就是说，一对电子经过 NADH 氧化呼吸链传递平均可生成 2.5 个 ATP，而经过琥珀酸氧化呼吸链传递平均可生成 1.5 个 ATP。

2. 自由能变化 从 NAD^+ 到泛醌段测得的电位差约 0.36V，从泛醌到 Cyt c 的电位差为 0.21V，而 Cyt aa_3 到分子氧为 0.55V。在电子传递过程中，自由能变化（$\Delta G^{0'}$）与电位变化（$\Delta E^{0'}$）之间存在以下关系：

$$\Delta G^{0'} = -nF\Delta E^{0'}$$

n 为传递电子数；F 为法拉第常数［96.5kJ/（mol·V）］。经计算，它们相应的 $\Delta G^{0'}$ 分别约为 69.5 kJ/mol、40.5 kJ/mol、102.3 kJ/mol，而生成 1mol ATP 所需能量约 30.5 kJ/mol，以上三处提供了足够合成 ATP 所需的能量，说明在复合体Ⅰ、Ⅲ、Ⅳ内各存在一个 ATP 的偶联部位。

（二）氧化磷酸化偶联机制

1. 化学渗透假说 化学渗透假说是 20 世纪 60 年代初由英国科学家 P. Mitchell 提出的。其基本要点是电子经呼吸链传递释放的能量，可将 H^+ 从线粒体内膜的基质侧泵到膜间隙，线粒体内膜不允许质子自由回流，因此产生质子电化学梯度贮存能量。当质子顺电化学梯度回流时，释放的能量使 ADP 和 Pi 生成 ATP。

2. ATP 合酶 ATP 是由位于线粒体内膜上的 ATP 合酶（ATP synthase）催化生成的。ATP 合酶由亲水性的 F_1 和疏水性的 F_0 两部分组成。F_1 在线粒体内膜的基质侧形成颗粒状突起，它主要由 5 种亚基组成，分别是 α_3、β_3、γ、δ、ε，其功能是催化生成 ATP；催化部位在 β 亚基中，但 β 亚基必须与 α 亚基结合才有活性。F_0 镶嵌在线粒体内膜中，它由 a_1、l、b_2、$c_{9\sim12}$ 亚基组成。c 亚基形成环状结构，a 亚基位于环外侧，与 c 亚基之间形成质子通道。(图 7-6)。

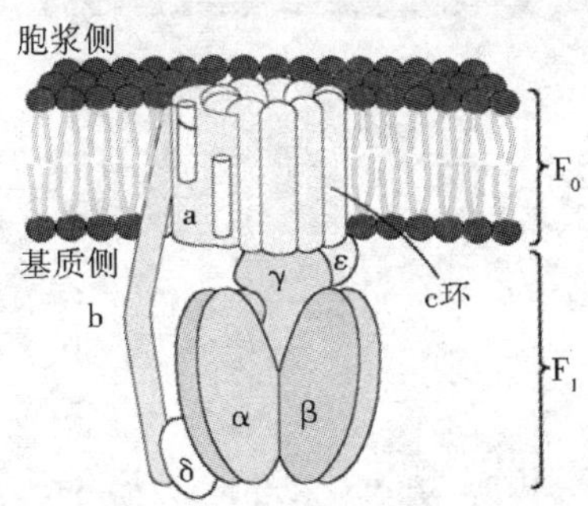

图 7-6 ATP 合酶结构模式图

当 H^+ 顺浓度梯度经 F_0 中 a 亚基和 c 亚基之间回流时，γ 亚基发生旋转，3 个 β 亚基的构象发生改变。β 亚基有三种存在状态：紧密状态 T，与 ATP 紧密连接；松弛状态 L，可与 ADP 及无机磷酸连接；开放状态 O，释放 ATP。当 ADP 和 Pi 结合到 L 状态的 β 亚基，由质子传递引起的构象变化将 L 状态转换为 T 状态，生成 ATP。同时，相邻的 T 状态转换为 O 状态，使生成的 ATP 释出。第三个 β 亚基又将 O 状态转换为 L 状态，使 ADP 结合上来，以便进行下一轮的 ATP 合成（图 7-7）。

ATP 的合成在 T 状态下进行并从 O 状态下释出。电化学梯度的能量使 T 状态转换为 O 状态。L 状态可结合 ADP。

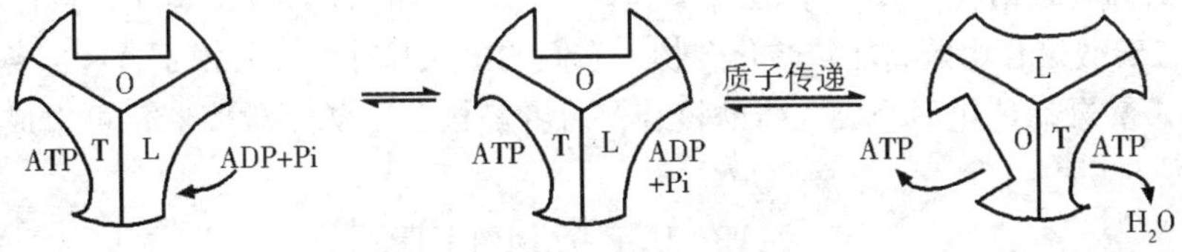

图 7-7 ATP 合酶的各状态

五、ATP 的利用和储存

（一）ATP 与高能磷酸化合物

糖、脂肪等物质在细胞内分解氧化过程中释放的能量，有相当一部分以化学能的形式贮存在某些特殊类型的有机磷酸酯或硫酯类化合物中。通常在代谢过程中出现的有机磷酸化合物有两类，一类化合物的磷酸酯键比较稳定，水解时放能量约 9～16kJ/mol，一般将其称为低能磷酸化合物或低能化合物；另一类有机磷酸化合物大多为酸酐类，如 ATP、ADP、磷酸肌酸、1，3-二磷酸甘油酸、磷酸烯醇式丙酮酸和乙酰磷酸等，这些化合物的磷酸酯键非常不稳定，水解时，释放的能量约为 30～60kJ/mol。一般将磷酸化合物水解时释出的自由能大于

20kJ/mol 者称高能磷酸化合物或高能化合物，而其所含的磷酸键称为高能磷酸键，后者以 ~ P 表示之。实际“高能磷酸键”的名称是不恰当的，高能磷酸键水解时释放的能量是整个高能磷酸化合物分子释放的能量，并不存在键能特别高的化学键。但因用高能磷酸键来解释生化反应较为方便，所以仍被采用。代谢过程中也产生一些高能硫酯化合物，如乙酰 CoA、琥珀酰 CoA 等。几种常见的高能化合物见表 7 -4。

表 7 -4 几种常见的高能化合物

通式	举例	释放能量［pH 7.0，25℃，kJ/mol（kcal/mol）］
$R-C(=NH)-NH\sim PO_3H_2$	磷酸肌酸	-43.9（-10.5）
$R-C(=CH_2)-O\sim PO_3H_2$	磷酸烯醇式丙酮酸	-61.9（-14.8）
$R-C(=O)-O\sim PO_3H_2$	脂酰磷酸	-41.8（-10.1）
$-P(=O)(OH)-O\sim PO_3H_2$	ATP，GTP，UTP，CTP	-30.5（-7.3）
$R-C(=O)\sim SCoA$	脂酰 CoA	-31.4（-7.5）

（二）ATP 的转换贮存和利用

虽然人类一切生理功能所需的能量，主要来自糖、脂类等物质的分解代谢，但都必须转化成 ATP 的形式而被利用，所以 ATP 是机体所需能量的直接供给者。ATP 为高能化合物，其分解时可以释放能量，这一放能反应可以与体内各种需要能量做功的吸能反应相配合，从而完成各种生理活动。

1. 参与糖、脂类及蛋白质的生物合成过程 ATP 可用于糖、脂类及蛋白质的生物合成过程。糖原合成除直接消耗 ATP 外，还需要 UTP 参加；磷脂合成需要 CTP；蛋白质合成需要 GTP。这些三磷酸核苷均是高能磷酸化合物，它们的生成和补充都要赖于 ATP。各种一磷酸核苷在核苷单磷酸激酶催化下生成二磷酸核苷，后者经核苷二磷酸激酶催化可生成相应的三磷酸核苷。

$$ATP + UDP \rightarrow ADP + UTP$$

$$ATP + CDP \rightarrow ADP + CTP$$

$$ATP + GDP \rightarrow ADP + GTP$$

另外，当体内 ATP 消耗过多（例如肌肉剧烈收缩）时，ADP 累积，在腺苷酸激酶催化下由 ADP 转变成 ATP 被利用。此反应是可逆的，当 ATP 需要量降低时，AMP 从 ATP 中获得 ~ P 生成 ADP。

$$ADP + ADP \rightleftharpoons ATP + AMP$$

2. 磷酸肌酸是肌肉中能量的贮存形式 肌酸在肌酸激酶（creatine kinase，CK）的催化下，由 ATP 提供 ~ P 生成磷酸肌酸，作为肌肉和脑中能量的一种贮存形式。当体内 ATP 不足时，磷酸肌酸将 ~ P 转移给 ADP，生成 ATP，再为生理活动提供能量。

$$\underset{\text{肌酸}}{H_3C-N(CH_2COOH)-C(=NH)-NH_2} + ATP \overset{\text{肌酸激酶}}{\rightleftharpoons} \underset{\text{磷酸肌酸}}{H_3C-N(CH_2COOH)-C(=NH)-NH\sim P} + ADP$$

生物体内能量的储存和利用都以 ATP 为中心（图 7－8）。

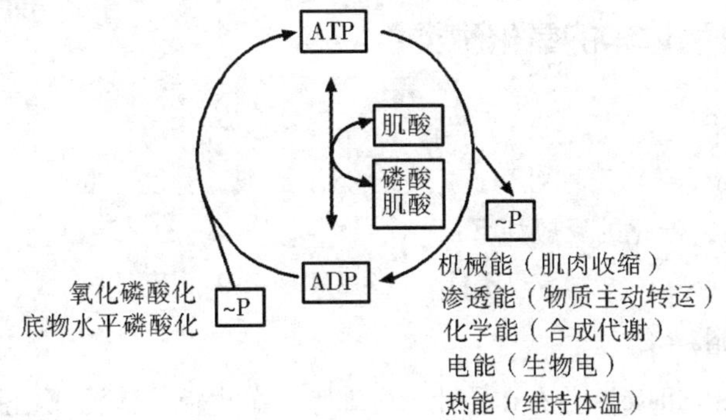

图 7－8　ATP 的生成和利用

第三节　非线粒体氧化体系

除线粒体外，微粒体和过氧化物酶体也是生物氧化的场所。其中存在一些不同于线粒体的氧化酶类，组成特殊的氧化体系，其特点是在氧化过程中不伴有偶联磷酸化，不生成 ATP。

一、微粒体加单氧酶系

加单氧酶的功能是催化氧分子中一个氧原子加到底物分子上使其羟化（加氧氧化），而另一个氧原子被氢（来自 NADPH + H^+）还原成 H_2O，故加单氧酶又称羟化酶或混合功能氧化酶。

$$RH+O_2+NADPH+H^+ \xrightarrow[\text{（混合功能氧化酶）}]{\text{羟化酶（加单氧酶系）}} ROH+NADP^++H_2O$$

上述反应需要细胞色素 P450（Cytochrome P450，Cyt P450）参与。Cyt P450 属于 Cyt b 类，与 CO 结合后在波长 450nm 处出现最大吸收峰。人 Cyt P450 有 100 多种同工酶，对被羟化的底物各有其特异性。此酶在肝和肾上腺的微粒体中含量最多，参与类固醇激素、胆汁酸及胆色素等的生成以及药物、毒物的生物转化过程。

二、超氧化物歧化酶

呼吸链电子传递过程中及体内其他物质氧化时可产生超氧离子，超氧离子可进一步生成 H_2O_2 和羟自由基（·OH），统称反应氧族。其化学性质活泼，可使磷脂分子中不饱和脂酸氧化生成过氧化脂质，损伤生物膜；过氧化脂质与蛋白质结合形成的复合物，积累成棕褐色的色素颗粒，称为脂褐素，与组织老化有关。

超氧化物歧化酶（superoxide dismutase，SOD）可催化一分子超氧离子氧化生成 O_2，另一分子超氧离子还原生成 H_2O_2。

$$2O_2^{\bar{\cdot}} + 2H^+ \xrightarrow{SOD} H_2O_2 + O_2$$

在真核细胞胞浆中，该酶以 Cu^{2+}、Zn^{2+} 为辅基，称为 CuZn－SOD；线粒体内以 Mn^{2+} 为辅基，称 Mn－SOD。生成的 H_2O_2 可被活性极强的过氧化氢酶分解。SOD 是人体防御内、外环境中超氧离子损伤的重要酶。

三、过氧化物酶体中的氧化酶类

（一）过氧化氢酶

过氧化氢酶（catalase）又称触酶，广泛分布于血液、骨髓、黏膜、肾脏及肝脏等。其辅酶分子含 4 个血红素，催化的反应如下：

$$2H_2O_2 \longrightarrow 2H_2O + O_2$$

（二）过氧化物酶

过氧化物酶（peroxidase）分布在乳汁、白细胞、血小板等体液或细胞中。该酶的辅基也是血红素，与酶蛋白结合疏松，这和其他血红素蛋白有所不同。它催化 H_2O_2 直接氧化酚类或胺类化合物，反应如下：

$$R + H_2O_2 \longrightarrow RO + H_2O \quad 或 \quad RH_2 + H_2O_2 \longrightarrow R + 2H_2O$$

临床上判断粪便中有无隐血时，就是利用白细胞中含有过氧化物酶的活性，将联苯胺氧化成蓝色化合物。

（马 颖）

第八章 脂类代谢

1. 掌握脂肪动员的概念、限速酶及调节；甘油代谢及脂肪酸β-氧化的过程、关键酶及能量生成；酮体的概念、代谢特点和生理意义；脂肪酸合成的原料、关键酶；甘油磷脂的合成及降解特点；胆固醇合成的原料、关键酶；血浆脂蛋白分类、组成及生理功能。

2. 熟悉脂类的含量、分布及生理功能；脂肪酸合成的具体过程；磷脂的分类；胆固醇的转化；载脂蛋白的生理作用。

3. 了解四种血浆脂蛋白的代谢概况。

脂类（lipids）是生物体内一类重要的有机化合物，包括脂肪（fat）和类脂（lipoid）两大类。脂肪是由1分子甘油和3分子脂肪酸组成的酯，因此称为三脂酰甘油（triacylglycerol）或甘油三酯（triglyceride，TG）。类脂主要包括磷脂（phospholipid，PL）、糖脂（glycolipid，GL）、胆固醇（cholesterol，Ch）以及胆固醇酯（cholesterol ester，CE）等。各种脂类在化学组成上虽然差异很大，但它们共同的物理性质是难溶于水而易溶于乙醚、三氯甲烷及丙酮等有机溶剂。

第一节 概 述

一、脂类的主要生理功能

（一）脂肪的生理功能

1. 储能和供能 脂肪是体内储存能量和提供能量的重要物质。甘油三酯是疏水性物质，在体内储存时几乎不结合水，占用体积较小，为同质量的糖原所占体积的1/4，是体内的主要储能形式。人体活动所需要的能量约20%~30%由甘油三酯提供。1g甘油三酯在体内氧化分解可产生38.94kJ（9.3kcal）的热量，比1g糖或蛋白质多1倍以上。因此在饥饿或禁食等特殊情况下，甘油三酯成为机体的主要能量来源。

2. 保持体温与保护内脏 分布在人体皮下的脂肪组织不易导热，可防止热量散失而保持体温。机体内脏器官周围的脂肪组织具有软垫作用，能缓冲外界的机械冲击，使内脏器官免受损伤。

脂肪乳剂

脂肪的营养作用主要是提供能量和必需脂肪酸，但脂肪不能像葡萄糖一样直接注入静脉，否则会产生脂肪栓塞，甚至导致死亡。因此，脂肪必须制成微细颗粒的乳剂方能注入静脉。脂肪乳剂是一种水包油型乳剂，主要由植物油、乳化剂和等渗剂组成。它不仅能提供高热量和必需脂肪酸，而且为等渗液，无利尿作用，所以成为肠外营养广泛使用的非蛋白能源之一。脂肪乳剂常常与葡萄糖、胰岛素同时使用，但静脉输入时应注意控制速度和每日剂量，并根据不同的疾病加以选用。

（二）类脂的生理功能

1. 维持生物膜的结构和功能 类脂特别是磷脂和胆固醇是细胞膜、核膜、线粒体膜、内质网膜及神经髓鞘膜等生物膜的重要组分。在膜的脂类双分子层结构中，磷脂成分约占60%以上，而胆固醇约占20%，其余为镶嵌在膜中的蛋白质。膜中的磷脂和胆固醇含量若稍有变化，都将导致膜的物理性质改变。可见，类脂在维持生物膜的正常结构和功能中起重要作用。

2. 作为第二信使参与代谢调节 细胞膜上的磷脂酰肌醇-4，5-二磷酸（PIP_2）被磷脂酶水解生成三磷酸肌醇（IP_3）和甘油二酯（DAG），两者均为激素作用的第二信使。

3. 转变成多种重要的活性物质 胆固醇在体内可转变生成肾上腺皮质激素、性激素、胆汁酸盐和维生素 D_3 等重要功能物质。

此外，食物中的脂类可促进脂溶性维生素的吸收；提供必需脂肪酸，即机体不能合成，必须由食物提供的脂肪酸，主要有亚油酸、亚麻酸和花生四烯酸等多不饱和脂肪酸等。

二、脂类的分布与含量

（一）脂肪的分布与含量

脂肪主要以甘油三酯的形式存在，多分布于皮下、肠系膜、腹腔大网膜及肾周围，这部分脂肪称为储存脂，脂肪组织则称为脂库。脂肪含量因人而异，成年男性的脂肪约占体重的10%～20%，女性稍高。体内脂肪含量因受膳食、运动、营养状况及疾病等多种因素的影响而发生改变，故又称可变脂。

（二）类脂的分布与含量

类脂是生物膜的基本成分，约占体重的5%，主要存在于细胞的各种膜性结构中。类脂在器官组织中的含量比较恒定，一般不受营养状况和机体活动的影响，因此又被称为基本脂或固定脂。不同组织中类脂的含量、种类不同。

三、脂类的消化吸收

（一）脂类的消化

食物中脂类主要为甘油三酯，约占90%，此外还含少量磷脂及胆固醇酯等。小肠上段是脂类消化的主要场所。脂类不溶于水，必须在小肠经胆汁酸盐的作用下，乳化分散成细小的微团后，才能被消化酶消化。胆汁酸盐是较强的乳化剂，能降低脂质－水界面处的表面张力，使脂肪及胆固醇酯等疏水的脂质乳化成微团，增加消化酶与脂质的接触面积，促进脂类的消化。消化脂类的酶有胰腺分泌入小肠的胰脂肪酶、辅脂酶、磷脂酶 A_2 及胆固醇酯酶。

除甘油外，脂肪及类脂的消化产物包括甘油一酯、脂肪酸、胆固醇及溶血磷脂等可与胆汁酸盐进一步乳化成更小的混合微团。在此微团中，极性小的胆固醇和脂肪酸等被包埋在核心，胆汁酸盐及磷脂等的疏水基团伸向微团中心，而亲水基团则伸向微团表面。这些微团体积更小，极性更大，易于穿过小肠黏膜上皮细胞表面的水化层屏障，被小肠黏膜上皮细胞所吸收。

（二）脂类的吸收

脂类消化产物的吸收部位主要在十二指肠下段及空肠上段。脂类消化产物的吸收包括两种情况。

1. 含短链脂肪酸（2～4C）及中链脂肪酸（6～10C）的甘油三酯　经胆汁酸盐乳化后即可被直接吸收，然后在肠黏膜细胞内水解为脂肪酸和甘油，通过门静脉进入血液循环。

2. 含长链脂肪酸（12～26C）的甘油三酯　在肠道分解为长链脂肪酸和甘油一酯后，再被吸收入肠黏膜细胞，然后在肠黏膜细胞的滑面内质网上，由脂酰CoA转移酶催化，重新合成甘油三酯。后者随即与粗面内质网上合成的载脂蛋白、磷脂、胆固醇等结合成乳糜微粒经淋巴进入血液循环。在肠黏膜细胞中由甘油一酯合成甘油三酯的途径称为甘油一酯合成途径。

第二节　甘油三酯代谢

一、甘油三酯的分解代谢

（一）脂肪的动员

脂肪组织中储存的甘油三酯在脂肪酶的催化下逐步水解为游离脂肪酸和甘油，并释放入血，供全身组织细胞氧化分解利用的过程称为脂肪的动员。

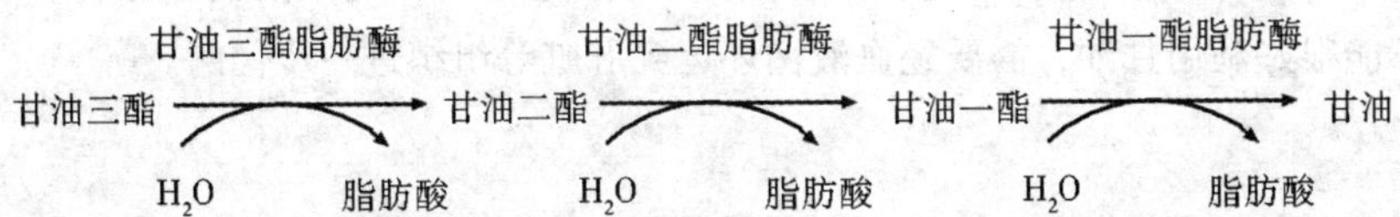

脂肪组织中含有的脂肪酶包括甘油三酯脂肪酶、甘油二酯脂肪酶及甘油一酯脂肪酶。其中甘油三酯脂肪酶活性最低，是甘油三酯水解的限速酶。

由于甘油三酯脂肪酶的活性受多种激素的调控，故又称为激素敏感性脂肪酶。肾上腺素、去甲肾上腺素、肾上腺皮质激素、甲状腺激素、胰高血糖素和生长素等激素，都通过增加脂肪细胞膜上腺苷酸环化酶（adenylate cyclase）的活性，使细胞内 cAMP 水平升高，进而激活蛋白激酶，在蛋白激酶的作用下，使无活性的甘油三酯脂肪酶磷酸化为有活性的甘油三酯脂肪酶，促进脂肪动员，因此将这些激素称为脂解激素。胰岛素既能够抑制腺苷酸环化酶的活性，又能够提高磷酸二酯酶的活性，降低细胞内 cAMP 的水平，从而使甘油三酯脂肪酶的活性下降，减少脂肪的动员，故将胰岛素称为抗脂解激素（图 8-1）。

当机体处于饥饿时，肾上腺素分泌增加，甘油三酯的分解随之增加，于是血液中游离脂肪酸的含量升高，脂肪酸在体内通过氧化分解释放大量能量以满足机体对能量的需求。

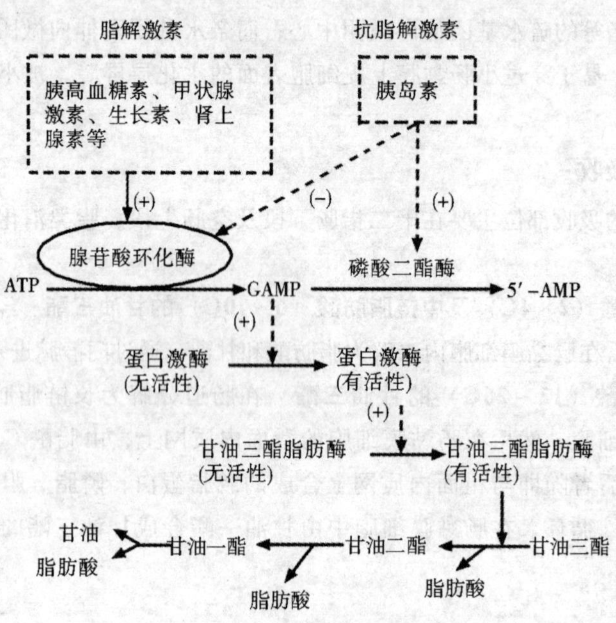

图 8-1 激素调节脂肪动员作用机制

（二）甘油的代谢

脂肪动员生成的甘油，随血液循环运往肝、肾等组织细胞被摄取利用。甘油经甘油激酶催化，消耗 ATP，生成 α-磷酸甘油，然后在 α-磷酸甘油脱氢酶催化下转变成磷酸二羟丙酮。磷酸二羟丙酮是糖代谢的中间产物，可经糖的有氧氧化生成 CO_2、H_2O 和大量 ATP；缺氧时进入糖酵解途径生成乳酸；或沿糖异生途径转变为葡萄糖或糖原（图 8-2）。甘油激酶主要存在于肝、肾及小肠黏膜细胞，而脂肪组织和肌肉细胞中的甘油激酶活性很低，因此脂肪组织和肌肉不能很好利用甘油，需要经血液循环运到肝脏等组织进一步代谢。

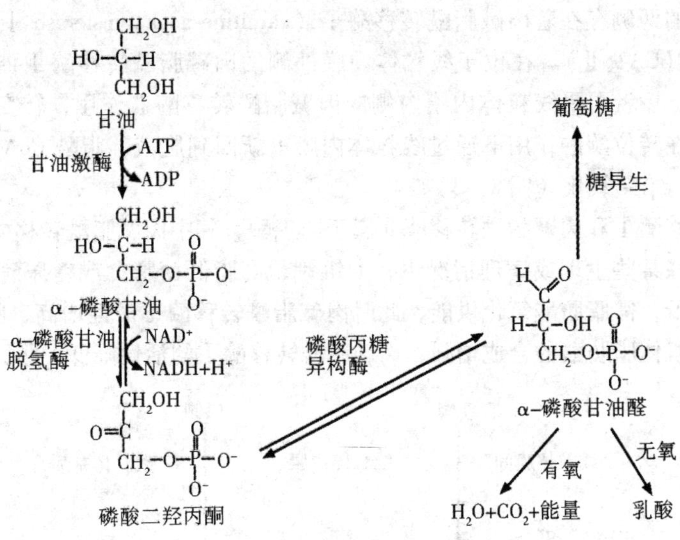

图8-2 甘油的代谢途径

（三）脂肪酸的β-氧化

早在1904年，Knoop就用不能被机体分解的苯基标记脂肪酸的末端，制成各种含奇数和偶数碳原子的苯脂酸分别饲喂犬，然后检测尿液的代谢终产物。他发现若喂标记奇数碳原子的脂肪酸，尿中得到的代谢物都是马尿酸，即苯甲酸（C_6H_5COOH）与机体解毒剂甘氨酸的结合产物；若喂标记偶数碳原子的脂肪酸，则尿中排出的代谢物均为苯乙尿酸，即苯乙酸（$C_6H_5CH_2COOH$）与甘氨酸结合产物。据此他提出脂肪酸的氧化是从羧基端的β碳原子开始，每次断裂两个碳原子的β-氧化学说。后来脂肪酸β-氧化学说得到同位素示踪技术的进一步证实。

脂肪酸是机体氧化供能的重要物质，在氧供给充足的条件下，脂肪酸在体内可彻底氧化生成CO_2和H_2O并释放大量能量。在体内除脑细胞和成熟红细胞外，大多数组织都能利用脂肪酸氧化供能，但以肝和肌肉组织最为活跃。线粒体是脂肪酸氧化的主要场所。脂肪酸的氧化可分为脂肪酸的活化、脂酰CoA进入线粒体、脂酰CoA的β-氧化过程及乙酰CoA的氧化等四个阶段。

1. 脂肪酸的活化 脂肪酸转变为脂酰CoA的过程称为脂肪酸的活化。该反应在胞液中的内质网和线粒体外膜上进行。在ATP、CoASH、Mg^{2+}存在条件下，游离脂肪酸由脂酰CoA合成酶（acyl-CoA synthetase）催化生成脂酰CoA。

$$\text{RCOOH} + \text{CoASH} + \text{ATP} \xrightarrow[\text{Mg}^{2+}]{\text{脂酰 CoA 合成酶}} \text{RCO} \sim \text{SCoA} + \text{AMP} + \text{PPi}$$

脂酰CoA分子中不仅含有高能硫酯键，而且水溶性强，可以明显提高脂肪酸的代谢活性。由于反应中生成的焦磷酸（PPi）立即被细胞内的焦磷酸酶水解为两分子的Pi，阻止了逆向反应的进行，其反应的总体是不可逆的。因此活化1分子的脂肪酸需要消耗两个高能磷酸键（一般认为相当于2分子ATP）。

2. 脂酰CoA进入线粒体 脂肪酸的活化在胞液中进行，而催化脂肪酸氧化的酶系则存在于线粒体的基质内，因此活化的脂酰CoA必须进入线粒体基质才能氧化分解。实验证明，脂酰CoA不能直接通过线粒体内膜，需要借助特异转运载体肉毒碱（carnitine），或称肉碱，将脂酰基通过线粒体内膜转运至线粒体基质。

线粒体内膜的两侧存在着肉碱脂酰转移酶Ⅰ（carnitine acyl transferase Ⅰ，CAT Ⅰ）和肉碱脂酰转移酶Ⅱ（CAT Ⅱ）。在位于线粒体内膜外侧的肉碱脂酰转移酶Ⅰ催化下，脂酰 CoA 转化为脂酰肉碱，后者再受线粒体内膜内侧的肉碱脂酰转移酶Ⅱ作用，转变为脂酰 CoA，并释放肉碱。肉碱在转位酶的作用下通过线粒体内膜重新回到胞液，脂酰 CoA 则在线粒体基质中酶的催化下进行 β－氧化（图 8－3）。

肉碱脂酰转移酶Ⅰ和肉碱脂酰转移酶Ⅱ属于同工酶，其中肉碱脂酰转移酶Ⅰ是脂肪酸 β－氧化的限速酶。在某些生理或病理情况下，如饥饿、高脂低糖膳食或糖尿病等时，体内糖的氧化分解作用降低，需脂肪酸氧化供能，此时肉碱脂酰转移酶Ⅰ活性增高，脂肪酸氧化加快；相反，饱食后，机体脂肪酸的合成增强，肉碱脂酰转移酶Ⅰ的活性降低，脂肪酸的氧化减慢。

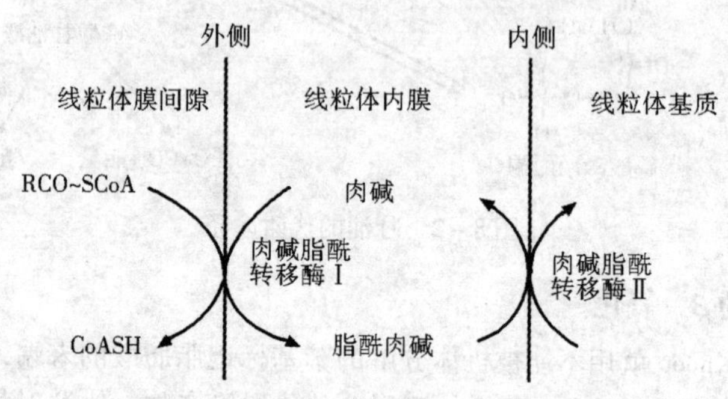

图 8－3 脂酰 CoA 进入线粒体基质示意图

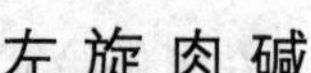

左旋肉碱又称 L－肉碱，是一种促使脂肪转化为能量的类氨基酸，红色肉类是左旋肉碱的主要来源，对人体无毒副作用。不同类型的日常饮食已经含有 5～100mg 的左旋肉碱，但一般人每天只能从膳食中摄入 50mg。左旋肉碱的主要生理功能是促进脂肪转化成能量，服用左旋肉碱能够在减少身体脂肪、降低体重的同时，不减少水分和肌肉，目前左旋肉碱已应用于医药、保健和食品等领域，并已被瑞士、法国、美国和世界卫生组织规定为多用途营养剂。我国食品添加剂卫生标准 GB 2760—1996 规定了左旋肉碱酒石酸盐（左旋肉碱的稳定形态）为食品营养强化剂，可应用于咀嚼片、胶囊、乳粉及乳饮料等。

3. 脂酰 CoA 的 β－氧化过程 脂酰 CoA 进入线粒体基质后，在脂肪酸 β－氧化酶系的催化下，从脂酰基的 β－碳原子开始进行脱氢、加水、再脱氢和硫解等 4 步连续酶促反应，每经过一次 β－氧化，生成 1 分子乙酰 CoA 和比原来少 2 个碳原子的脂酰 CoA。其氧化过程如下。

（1）脱氢 脂酰 CoA 在脂酰 CoA 脱氢酶的催化下，α、β 碳原子上各脱去 1 个氢原子，生成 α，β－烯酰 CoA，脱下的 2H 由 FAD 生成 $FADH_2$。经呼吸链氧化生成 1.5 分子 ATP。

（2）加水 α，β－烯酰 CoA 在 α，β－烯酰水化酶的催化下，加 1 分子 H_2O 生成 β－羟脂酰 CoA。

(3) 再脱氢 β－羟脂酰 CoA 在β－羟脂酰 CoA 脱氢酶的催化下，脱去β－碳原子上的2H，生成β－酮脂酰 CoA，脱下的2H 由 NAD^+接受，生成 $NADH+H^+$。后者经呼吸链氧化生成2.5 分子 ATP。

(4) 硫解 β－酮脂酰 CoA 在β－酮脂酰 CoA 硫解酶的催化下，需1 分子 CoASH 参加，生成1 分子乙酰 CoA 和比原来少两个碳原子的脂酰 CoA。

生成的比原来少两个碳原子的脂酰 CoA 再次进行脱氢、加水、再脱氢和硫解等连续反应，如此反复进行，直至脂酰 CoA 全部氧化为乙酰 CoA（图 8－4）。

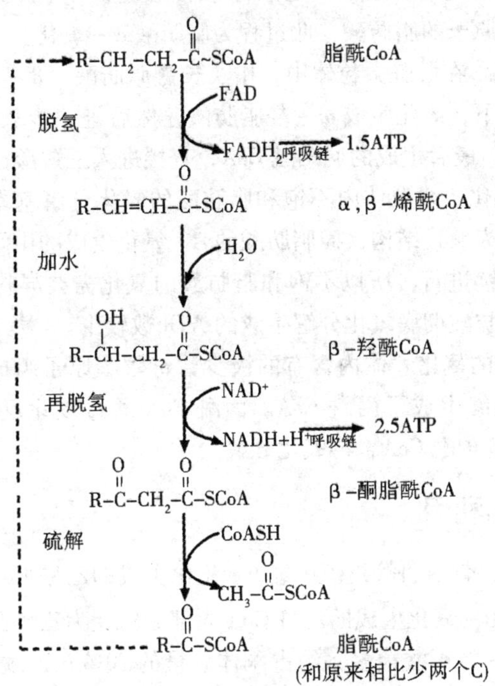

图 8－4 脂肪酸β－氧化的过程

4. 乙酰 CoA 的氧化 脂肪酸β－氧化生成的乙酰 CoA 主要通过三羧酸循环彻底氧化生成 CO_2 和 H_2O，并释放能量，也可以转变为其他中间代谢产物。

脂肪的重要生理功能是氧化供能，脂肪酸每经过一次β－氧化可产生 4 分子 ATP，每分子乙酰 CoA 经三羧酸循环彻底氧化可产生 10 分子 ATP。

以 16C 的软脂酸为例，计算其彻底氧化所释放的能量。软脂酸氧化分解的总反应式为：

$$CH_3(CH_2)_{14}CO \sim SCoA + 7CoASH + 7FAD + 7NAD^+ + 7H_2O \longrightarrow 8CH_3COSCoA + 7FADH_2 + 7NADH + 7H^+$$

1 分子软脂酸需要进行 7 次β－氧化，生成 7 分子 $FADH_2$，7 分子 $NADH+H^+$及 8 分子乙酰 CoA。因此 1 分子软脂酸彻底氧化共生成 7×1.5ATP + 7×2.5ATP + 8×10ATP = 108ATP，减去脂肪酸活化时消耗的两分子 ATP，净生成 106 分子 ATP。按 1mol ATP 水解释放的自由能为 30.54kJ，则 106mol ATP 生成的自由能为 3237kJ，而 1mol 软脂酸在体外彻底氧化生成 CO_2 和 H_2O 时，释放的自由能为 9790kJ，因此在正常情况下机体对软脂酸氧化的能量利用率为 33%，其余以热能的形式释放，以维持体温的恒定。

脂肪酸β－氧化是体内脂肪酸分解的主要途径，可为机体提供大量能量供应。此外，脂肪酸β－氧化也是脂肪酸的改造过程，因为人体所需脂肪酸碳链的长短不同，通过β－氧化可将长链脂肪酸改造成长度适宜的脂肪酸供机体所用。脂肪酸β－氧化过程中生成的乙酰 CoA 是一种十分重要的中间化合物，既可以进入三羧酸循环彻底氧化供能，也可用于合成多种重要化合物，如酮体、胆固醇和类固醇化合物等。

（四）脂肪酸的其他氧化方式

脂肪酸氧化的方式除β－氧化外，在机体内还发现有其他氧化方式。

1. 脂肪酸α－氧化 长链脂肪酸在一定条件下氧化成α－羟脂肪酸后，再经氧化脱羧作用，生成比原来少一个碳原子的脂肪酸，此过程为脂肪酸α－氧化。

2. 脂肪酸的ω－氧化 在肝脏微粒体中，中、长链脂肪酸（8～12C）末端（称为ω位）的甲基在加单氧酶的催化下，氧化生成ω－羟脂肪酸，然后进一步氧化成ω，α－二羧酸，再进入线粒体进行β－氧化，最后生成的琥珀酰 CoA，直接进入三羧酸循环而被氧化。

3. 不饱和脂肪酸的氧化 线粒体内不饱和脂肪酸的氧化分解基本类似饱和脂肪酸的β－氧化。但不饱和脂肪酸均为顺式结构，而脂肪酸的β－氧化生成的中间产物中，其双键必须是反式结构氧化反应才能继续进行，所以不饱和脂肪酸的氧化需要异构酶的参与。同时，与饱和脂肪酸相比，不饱和脂肪酸彻底氧化分解生成的 ATP 数较少。

4. 奇数碳原子脂肪酸的氧化 体内含有的极少数奇数碳原子组成的脂肪酸，经过β－氧化除生成乙酰 CoA 外，最终生成了丙酰 CoA。丙酰 CoA 通过羧化反应生成甲基丙二酸单酰 CoA，再经异构反应生成琥珀酰 CoA，再氧化分解。

二、酮体的生成和利用

脂肪酸在肝外如心肌、骨骼肌等组织中经β－氧化生成的乙酰 CoA，能彻底氧化生成 CO_2 和 H_2O，但脂肪酸在肝内β－氧化生成的乙酰 CoA 大部分转变为乙酰乙酸、β－羟丁酸和丙酮，三者统称为酮体。其中β－羟丁酸最多，约占酮体总量的 70%；乙酰乙酸约占 30%；丙酮含量极微。这是由于肝细胞内具有活性较强的合成酮体的酶系，而又缺乏氧化利用酮体的酶系，因此肝内生成的酮体必须通过细胞膜进入血液循环，运往肝外组织被利用。

（一）酮体的生成

酮体生成的部位是在肝细胞的线粒体内，合成的原料为脂肪酸β－氧化生成的乙酰 CoA，合成过程的限速酶为羟甲基戊二酸单酰 CoA 合成酶（HMG CoA 合成酶）。其合成过程如下（图 8－5）。

（1）在乙酰乙酰 CoA 硫激酶的催化下，两分子乙酰 CoA 缩合生成乙酰乙酰 CoA，同时释放出 1 分子 CoASH。

（2）在 HMG CoA 合成酶催化下，乙酰乙酰 CoA 再与 1 分子乙酰 CoA 缩合生成羟甲基戊二酸单酰 CoA（HMG CoA），并释放出 1 分子 CoASH。

（3）在 HMG CoA 裂解酶的催化下，HMG CoA 裂解生成乙酰乙酸和乙酰 CoA。乙酰乙酸在β－羟丁酸脱氢酶的催化下，被还原成β－羟丁酸，由 $NADH + H^+$ 提供氢。部分乙酰乙酸可在酶的催化下脱羧而生成丙酮。

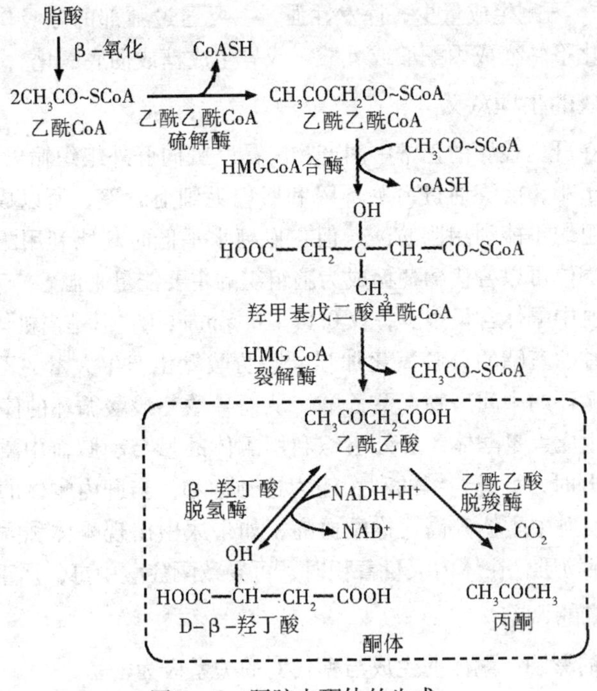

图8-5　肝脏中酮体的生成

（二）酮体的利用

酮体利用的酶类主要有乙酰乙酸硫激酶、琥珀酰 CoA 转硫酶、乙酰乙酰 CoA 硫解酶及β-羟丁酸脱氢酶等。在脑、心、肾和骨骼肌等肝外组织细胞线粒体中，氧化利用酮体的酶类活性很强，能够将酮体氧化分解成 CO_2 和 H_2O，同时释放大量能量供这些组织利用。而肝细胞中没有琥珀酰 CoA 转硫酶和乙酰乙酸硫激酶，所以肝细胞不能利用酮体。酮体氧化利用的特点是肝内生成，肝外利用。

1. 乙酰乙酸的活化　乙酰乙酸的活化有两条途径：一是在 ATP 和 CoASH 参与下，乙酰乙酸经乙酰乙酸硫激酶催化，直接活化生成乙酰乙酰 CoA；二是在琥珀酰 CoA 转硫酶的作用下，乙酰乙酸与琥珀酰 CoA 进行高能硫酯键的交换，生成乙酰乙酰 CoA 和琥珀酸。催化乙酰乙酸活化的两个酶都分布于脑、心、肾和骨骼肌等肝外组织细胞的线粒体中。

2. 乙酰 CoA 的生成　乙酰乙酰 CoA 在硫解酶的催化下，生成两分子乙酰 CoA，然后进入三羧酸循环彻底氧化（图8-6）。

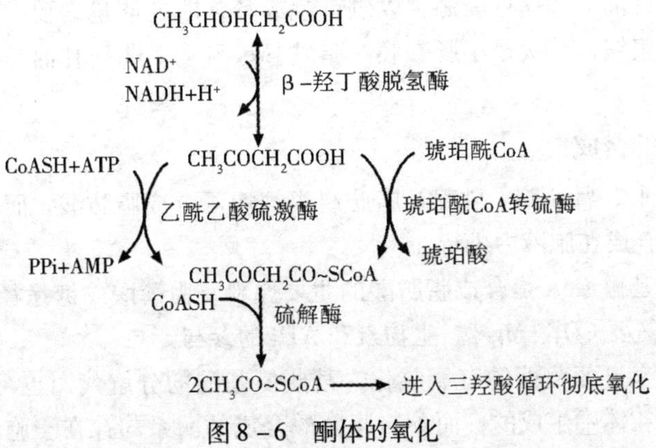

图8-6　酮体的氧化

3. 丙酮的呼出 丙酮生成量少、挥发性强，主要通过肺部的呼吸作用排出体外。部分丙酮也可在多种酶催化下转变成丙酮酸或乳酸，或异生成糖或彻底氧化。

（三）酮体生成的生理意义

酮体是脂肪酸在肝内代谢的正常中间产物，是肝脏向肝外组织输出脂类能源的一种形式。酮体易溶于水，分子小，能够通过血脑屏障和肌肉毛细血管壁，所以成为脑、心、肾及骨骼肌的重要能源。脑组织不能利用脂肪酸，但在血糖水平低时却能利用酮体，因此在长期饥饿或糖供应不足时，酮体可以替代葡萄糖成为脑组织的主要能量来源。

正常情况下，血中酮体含量很少，仅0.03～0.5mmol/L。但是当机体处于饥饿、高脂低糖饮食及糖尿病时，甘油三酯的分解氧化加强，脂肪酸氧化产生大量的乙酰 CoA，由于糖异生作用耗尽了三羧酸循环的中间产物草酰乙酸，从而导致三羧酸循环的停止，乙酰 CoA 不能彻底氧化供能，结果生成大量酮体。肝外组织利用酮体的量与动脉血中酮体浓度成正比，血中酮体浓度达7mmol/L时，肝外组织的利用能力达到饱和。当肝内酮体的生成量超过肝外组织的利用能力时，可使血中酮体升高，称酮血症，如果尿中出现酮体称酮尿症。由于乙酰乙酸和β-羟丁酸是酸性物质，在体内大量蓄积时，可导致酮症酸中毒，严重者可危及生命。

（四）酮体生成的调节

1. 饱食和饥饿的影响 酮体的生成与糖代谢的关系极为密切。

（1）饱食状况下胰岛素分泌增强，胰岛素是一个增加血糖去路，促进糖原、脂肪、蛋白质合成的激素，可通过对这些代谢途径中关键酶的含量和活性的调节（如增加丙酮酸脱氢酶、糖原合酶、软脂酸和甘油三酯合成酶系的活性），使机体代谢以糖分解供能、糖原和脂肪合成为主，脂肪动员受抑制，血中游离脂肪酸浓度降低，肉碱脂酰转移酶Ⅰ活性减弱，肝内β-氧化减弱，故酮体生成减少。

（2）饥饿状况下胰岛素分泌下降，胰高血糖素分泌增加，作用正好与上述过程相反。机体以脂肪酸氧化分解供能为主，脂肪动员增强，血中游离脂肪酸浓度升高，肉碱脂酰转移酶Ⅰ活性增强，肝内β-氧化增强，故酮体生成增多。

2. 丙二酰 CoA 对生酮作用的调节 糖代谢旺盛时，产生的乙酰 CoA 和柠檬酸通过变构激活乙酰 CoA 羧化酶，促进丙二酰 CoA 的生物合成。后者竞争性抑制肉碱脂酰转移酶Ⅰ，阻止长链脂酰 CoA 进入线粒体进行β-氧化，故酮体生成减少。

三、甘油三酯的合成代谢

机体通过合成甘油三酯储存能源，以供饥饿或禁食时的能量需要。甘油三酯合成的主要场所是肝脏和脂肪组织，其次是小肠黏膜。脂酰 CoA 和α-磷酸甘油是合成甘油三酯的主要原料。

（一）脂肪酸的合成

1. 合成部位 肝、肾、脑、乳腺及脂肪组织等均可合成脂肪酸，而肝是合成脂肪酸的主要场所。脂肪酸的合成在胞液中进行。

2. 合成原料 乙酰 CoA 是合成脂肪酸的主要原料，由磷酸戊糖途径提供 $NADPH + H^+$ 作为供氢体，此外还需要 CO_2、Mg^{2+}、生物素和 ATP 的参与。

乙酰 CoA 主要来自葡萄糖的有氧氧化，某些氨基酸的分解代谢也可提供部分乙酰 CoA。乙酰 CoA 都是在线粒体中生成的，而参与脂肪酸合成的酶系却存在于胞液中，线粒体内的乙酰 CoA 必须转运到胞液才能进行脂肪酸的合成。实验证明，乙酰 CoA 不能自由穿过线粒体膜，但可通过柠檬酸－丙酮酸循环（citrate pyruvate cycle）将线粒体内的乙酰 CoA 转运到胞液。线粒体内的乙酰 CoA 与草酰乙酸缩合生成柠檬酸，然后柠檬酸通过线粒体内膜上特异载体的转运进入胞液，再由胞液中的柠檬酸裂解酶（citrate lyase）催化生成草酰乙酸和乙酰 CoA。乙酰 CoA 用于脂肪酸的合成，而草酰乙酸则在苹果酸脱氢酶的作用下还原成苹果酸，再经线粒体内膜上的载体转运入线粒体内。苹果酸也可经苹果酸酶的作用分解为丙酮酸，再经载体转运进入线粒体。进入线粒体的苹果酸和丙酮酸最终均可转变成草酰乙酸，再参与乙酰 CoA 的转运（图 8－7）。

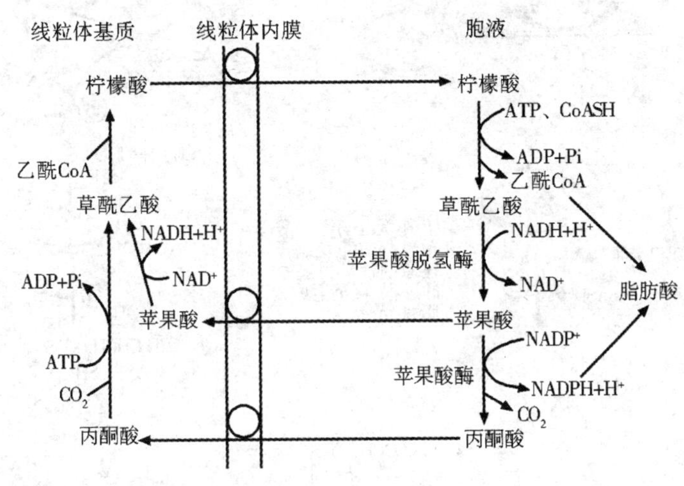

图 8－7 柠檬酸－丙酮酸循环

3. 合成的过程

（1）丙二酸单酰 CoA 的合成　乙酰 CoA 进入胞液后，先经乙酰 CoA 羧化酶的催化生成丙二酸单酰 CoA，再参与脂肪酸的生物合成。其反应式如下：

$$CH_3CO \sim SCoA + HCO_3^- + ATP \xrightarrow[\text{生物素}-Mg^{2+}]{\text{乙酰 CoA 羧化酶}} HOOCCH_2CO \sim SCoA + ADP + Pi$$

乙酰 CoA 羧化酶（acetyl CoA carboxylase）是以生物素为辅基的变构酶，是脂肪酸生物合成的限速酶。该酶在细胞内以两种形式存在，一种是无活性的单体，另一种是有活性的多聚体。柠檬酸和异柠檬酸是此酶的变构激活剂，使其由无活性的单体聚合成有活性的多聚体；而软脂酰 CoA 和其他长链脂酰 CoA 为此酶的变构抑制剂，使酶由有活性的多聚体解聚成无活性的单体。

乙酰 CoA 羧化酶除受变构调节外，也受磷酸化和去磷酸化的共价修饰调节。此酶可被一种依赖于 AMP 的蛋白激酶磷酸化而失活。胰高血糖素能激活这种蛋白激酶，从而抑制乙酰 CoA 羧化酶的活性；胰岛素则能通过蛋白质磷酸酶的作用使磷酸化的乙酰 CoA 羧化酶脱去磷酸而恢复活性，促进脂肪酸的合成。

（2）软脂酸的合成　软脂酸是 16 碳原子的脂肪酸，即 1 分子乙酰 CoA 和 7 分子丙二酸单酰 CoA 在脂肪酸合成酶系的催化下，由 $NADPH + H^+$ 提供氢合成。其总反应式为：

$$CH_3CO \sim SCoA + 7HOOCCH_2CO \sim SCoA + 14NADPH + 14H^+ \xrightarrow{\text{脂肪酸合成酶系}}$$
$$CH_3(CH_2)_{14}CO \sim SCoA + 6H_2O + 7CO_2 + 8CoASH + 14NADP^+$$

在哺乳动物中，脂肪酸合成酶系属于多功能酶，催化脂肪酸合成的七种酶和酰基载体蛋白（acyl carrier protein，ACP）按一定顺序排列在多肽链上，更好地提高了脂肪酸的合成效率。软脂酸的合成过程是一个连续的酶促反应，每次增加两个碳原子，都要重复进行缩合、加氢、脱水和再加氢的过程。经过7次循环后，生成16碳的软脂酸ACP，最后经硫酯酶水解释放软脂酸。软脂酸的具体合成过程（图8-8）。

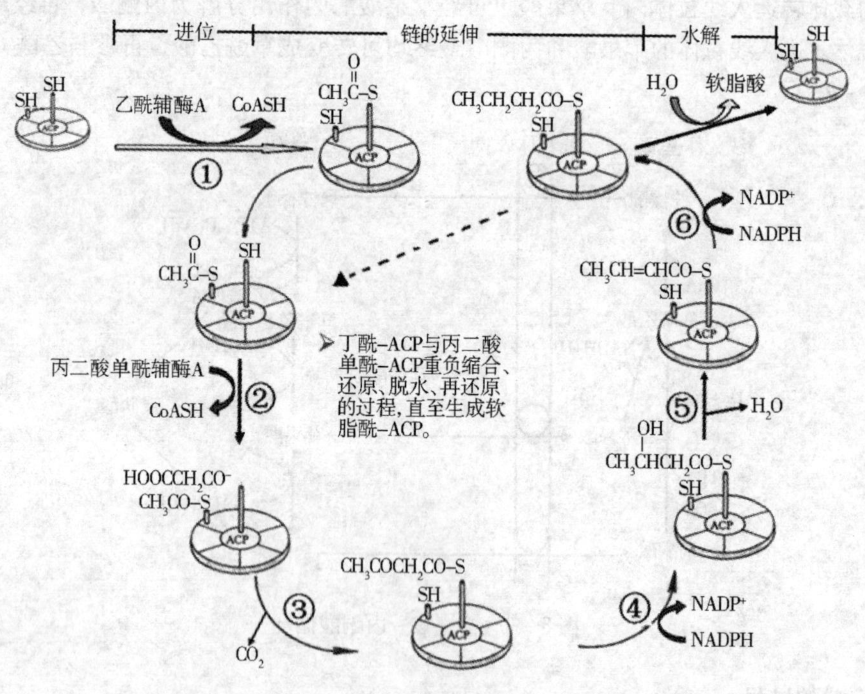

图8-8 软脂酸的生物合成

①启动 软脂酸的合成启动过程由乙酰基转移酶催化，分两步进行。首先乙酰CoA的乙酰基转移到ACP的巯基上，然后再转移到酶分子的半胱氨酸巯基上。

②装载 在丙二酰基转移酶的催化下，丙二酰基被装载到乙酰基转移酶的ACP巯基上，形成“乙酰基-酶-丙二酰基”三元复合物。

③缩合 在β-酮脂酰合成酶的催化下，丙二酰基ACP与乙酰基发生脱羧缩合生成乙酰乙酰ACP。

④加氢 在β-酮脂酰还原酶的催化下，以$NADPH+H^+$为供氢体，乙酰乙酰ACP被加氢还原生成α，β-羟丁酰ACP。

⑤脱水 在β-羟脂酰脱水酶的催化下，α，β-羟丁酰ACP分子中β位的羟基与α位的氢脱水，生成α，β-烯丁酰ACP。

⑥再加氢 在α，β-烯脂酰还原酶的催化下，α，β-烯丁酰ACP加氢还原生成丁酰ACP，完成第一轮循环。如此，经过7次循环，消耗1分子乙酰CoA、7分子丙二酰CoA、7分子ATP和14分子$NADPH+H^+$，即生成1分子的软脂酰ACP。

⑦硫解 在长链脂酰硫酯酶的催化下，软脂酰ACP的硫酯键水解断裂，将软脂酸从酶复合体中释放出来。

4. 脂肪酸的加工改造 脂肪酸合成酶系催化的产物是16碳的软脂酸，组成人体的脂肪酸碳链长短不一，是对软脂酸改造和加工完成的。脂肪酸碳链的缩短在线粒体由β-氧化酶系催化完成，而碳链的延长分别在滑面内质网和线粒体中由脂肪酸延长酶系催化完成。

人体中的不饱和脂肪酸主要有软油酸（16:1，Δ^9）、油酸（18:1，Δ^9）、亚油酸（18:2，$\Delta^{9,12}$）、亚麻酸（18:3，$\Delta^{9,12,15}$）及花生四烯酸（20:4，$\Delta^{5,8,11,14}$）等。前两种不饱和脂肪酸分别由软脂酸和硬脂酸活化后经 Δ^9 去饱和酶催化脱氢而成。后三种多不饱和脂肪酸必须从食物中摄取。

5. 脂酸合成的调节

（1）代谢物的调节作用　进食高脂肪食物以后或饥饿脂肪动员加强时，肝细胞内脂酰 CoA 增多，可别构抑制乙酰 CoA 羧化酶，从而抑制体内脂酸的合成；进食糖类而糖代谢加强，NADPH 及乙酰 CoA 供应增多，有利于脂酸的合成，同时糖代谢加强使细胞内 ATP 增多，可抑制异柠檬酸脱氢酶，造成异柠檬酸及柠檬酸堆积，透出线粒体，可别构激活乙酰 CoA 羧化酶，使脂酸合成增加。此外，大量进食糖类也能增强各种合成脂肪有关的酶活性从而使脂肪合成增加。

（2）激素的调节作用　胰岛素是调节脂肪合成的主要激素。它能诱导乙酰 CoA 羧化酶、脂酸合成酶、乃至 ATP－柠檬酸裂解酶等的合成，从而促进脂酸合成。同时，由于胰岛素还能促进脂酸合成磷脂酸，因此还增加脂肪的合成。

胰高血糖素通过增加蛋白激酶 A 活性使乙酰 CoA 羧化酶磷酸化而降低其活性，故能抑制脂酸的合成，此外也抑制甘油三酯的合成，甚至减少肝脂肪向血中释放。肾上腺素、生长素也能抑制乙酰 CoA 羧化酶，从而影响脂酸合成。

胰岛素能加强脂肪组织的脂蛋白脂酶活性，促使脂酸进入脂肪组织，再加速合成脂肪而贮存，故易导致肥胖。

（二）α－磷酸甘油的生成

体内 α－磷酸甘油的生成有两条途径：一条是糖酵解途径产生的中间代谢产物磷酸二羟丙酮，它可在 α－磷酸甘油脱氢酶的催化下，以 NADH + H^+ 为辅酶，还原成 α－磷酸甘油。该反应广泛存在，是 α－磷酸甘油的主要来源。另一条途径是甘油在甘油激酶的催化下，消耗 ATP 生成 α－磷酸甘油（图 8－9）。

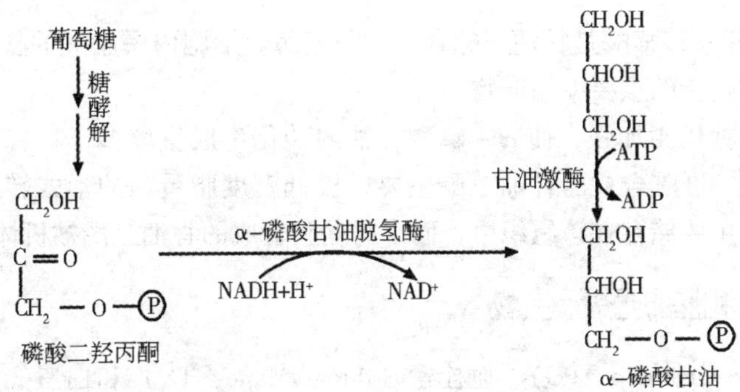

图 8－9　α－磷酸甘油的来源

（三）甘油三酯的合成

甘油三酯是以 α－磷酸甘油和脂酰 CoA 为原料合成。肝细胞和脂肪细胞的内质网是合成甘油三酯的主要部位，其次是小肠黏膜。甘油三酯合成有两条基本途径。

1. 甘油一酯途径　小肠黏膜上皮细胞主要以此途径合成甘油三酯。该途径主要利用消化吸收的甘油一酯为起始物，再加上两分子脂酰 CoA，合成甘油三酯（图 8－10）。

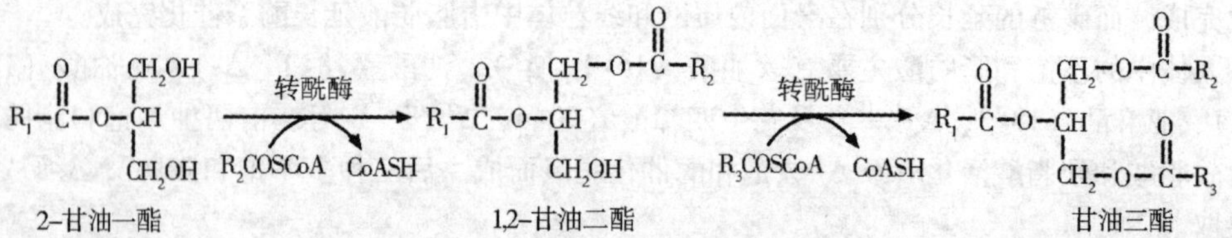

2-甘油一酯 $\xrightarrow[R_2COSCoA \to CoASH]{转酰酶}$ 1,2-甘油二酯 $\xrightarrow[R_3COSCoA \to CoASH]{转酰酶}$ 甘油三酯

图 8－10 甘油一酯途径合成甘油三酯

2. 甘油二酯途径 肝细胞和脂肪细胞主要由此途径合成甘油三酯。在组织细胞内质网中，1 分子 α－磷酸甘油与 1 分子脂酰 CoA 在 α－磷酸甘油脂酰转移酶的催化下，生成 1 分子的溶血磷脂酸，后者再与另一分子脂酰 CoA 反应，生成 1 分子的磷脂酸，磷脂酸经磷脂酸磷酸酶水解生成甘油二酯，然后甘油二酯与 1 分子脂酰 CoA 在甘油二酯脂酰转移酶的作用下，生成甘油三酯（图 8－11）。

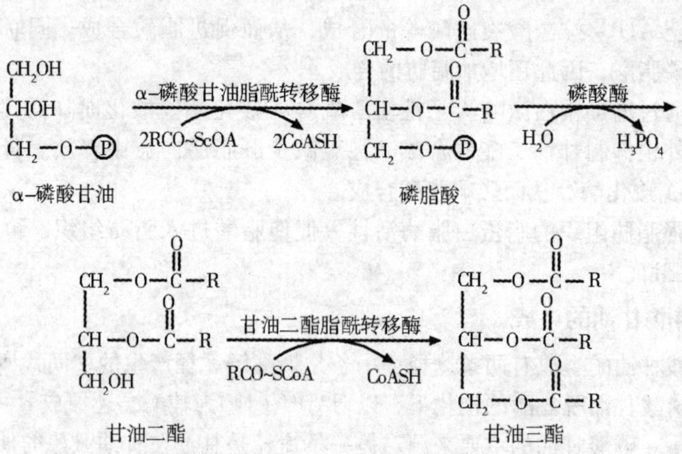

α－磷酸甘油 $\xrightarrow[2RCO\sim SCoA \to 2CoASH]{\alpha-磷酸甘油脂酰转移酶}$ 磷脂酸 $\xrightarrow[H_2O \to H_3PO_4]{磷酸酶}$

甘油二酯 $\xrightarrow[RCO\sim SCoA \to CoASH]{甘油二酯脂酰转移酶}$ 甘油三酯

图 8－11 甘油二酯途径合成甘油三酯

α－磷酸甘油脂酰转移酶是甘油三酯合成的限速酶。细胞内磷脂酸的含量极微，但它是机体合成甘油三酯和磷脂的重要中间产物。

当机体细胞中糖代谢加强，使 α－磷酸甘油的转化生成量增多，就有利于甘油三酯的合成。在一般情况下，肝脏合成的甘油三酯主要以极低密度脂蛋白的形式转运到肝外，脂肪组织合成的甘油三酯主要储存在该组织中，而小肠黏膜合成的甘油三酯被机体直接吸收。

四、多不饱和脂肪酸衍生物

前列腺素（prostaglandin，PG）、血栓素（thromboxane，TX）和白三烯（leukotriene，LT）均由必需脂肪酸花生四烯酸转变生成，其化学本质都是二十碳不饱和脂肪酸的衍生物，是体内一类重要的生物活性物质。这类物质几乎参与所有细胞的代谢活动，与机体的炎症、免疫、过敏、凝血及心血管疾病等重要病理过程有关。

（一）前列腺素、血栓烷及白三烯的合成

1. 前列腺素及血栓烷的合成 除红细胞外，全身各组织均有合成 PG 的酶系，血小板尚有血栓烷合成酶。细胞膜中的磷脂含有丰富的花生四烯酸。在各种刺激因素如血管紧张素Ⅱ（angiotensin Ⅱ）、缓激肽（bradykinin）、肾上腺素、凝血酶及某些抗原抗体复合物等作用

下，细胞膜中磷脂酶 A_2 被激活，使磷脂水解生成花生四烯酸，然后在一系列酶作用下合成 PG、TX 的各种中间产物和衍生物，如 PGG_2、PGH_2、PGD_2、PGE_2、PGF_2、PGI_2、TXA_2 和 TXB_2。

2. 白三烯的合成　花生四烯酸在脂氧合酶（lipoxygenase）作用下，加入 1 分子氧生成5 - 氢过氧化二十碳四烯酸（5 - hydroperoxy - eicotetraenoic acid，5 - HPETE），然后经脱水酶作用脱去 1 分子水生成白三烯（LTA_4）。LTA_4 在酶催化作用下转变生成 C_6 上均连接一个硫原子并具有重要生物活性的化合物，如 LTB_4、LTC_4、LTD_4、LTE_4 及 LTF_4 等。

（二）前列腺素、血栓烷和白三烯的生理功能

1. 前列腺素（PG）

（1）引起炎症　PGE_2 能使局部血管扩张，毛细血管通透性增加，引起红、肿、痛、热等症状。

（2）影响支气管平滑肌　PGE_2 使支气管平滑肌松弛，而 $PGF_{2\alpha}$ 对其有收缩作用。

（3）降压作用　PGE_2 和 PGA_2 使动脉平滑肌舒张，使血压降低。

（4）胃酸分泌　PGE_2 和 PGI_2 抑制胃酸分泌，促进胃肠平滑肌蠕动。

（5）促进排卵和分娩　PGE_2 和 $PGF_{2\alpha}$ 使卵巢平滑肌收缩，引起排卵，而且子宫释放的 $PGF_{2\alpha}$ 能加强子宫收缩，促进分娩。此外，PGI_2 还有舒张血管和阻止血小板凝集的作用。

2. 血栓烷（TX）

（1）促进凝血和血栓形成　血小板产生的 TXA_2 可引起血小板聚集，血管收缩，加速凝血和血栓的形成。

（2）对抗 PGI_2 的作用　血管内皮细胞释放的 PGI_2 则有很强的舒血管及抗血小板凝集，抑制凝血及血栓形成的作用。冠心病和心肌梗死所形成的血栓可能与 TXA_2 产生过多有关。

3. 白三烯（LT）

（1）引起平滑肌的收缩　由肥大细胞释放的 LTC_4、LTD_4 及 LTE_4 是一类能引起过敏反应的慢反应物质，作用缓慢而持久，不仅能引起支气管平滑肌的剧烈收缩，还能引起胃肠道及子宫平滑肌收缩。

（2）调节白细胞的功能　能促进白细胞的游走及趋化作用，刺激腺苷酸环化酶，诱发多形核白细胞脱颗粒，使溶酶体释放水解酶类，促进炎症及过敏反应的发展。

第三节　磷脂代谢

一、磷脂的结构与分类

磷脂是一类含磷酸的类脂，按其化学组成不同可分为甘油磷脂和鞘磷脂两大类。以甘油为骨架构成的磷脂称为甘油磷脂，以鞘氨醇为骨架构成的磷脂称为鞘磷脂。

（一）　甘油磷脂

甘油磷脂在体内的含量高、分布广泛，是由甘油、磷酸和脂肪酸和含氮化合物组成。

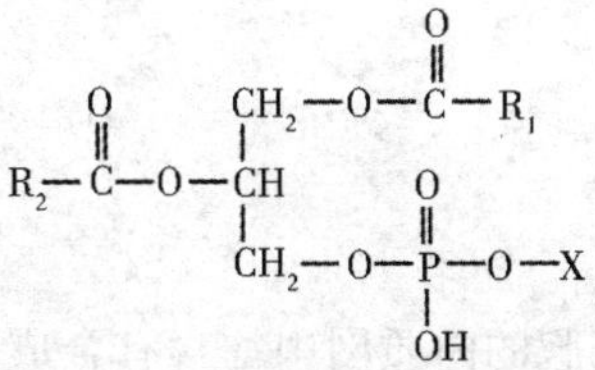

```
                                   O
                                   ‖
           O          CH2—O—C—R1
           ‖           |
   R2—C—O—CH         O
                       |          ‖
                      CH2—O—P—O—X
                                  |
                                  OH
```

甘油磷脂结构式

甘油三酯合成过程的中间产物磷脂酸是最简单的甘油磷脂。若在磷脂酸分子的磷酸基团上结合一分子含氮化合物，则可生成各种不同的甘油磷脂。如果含氮化合物取代基团为胆碱、乙醇胺、丝氨酸或肌醇，生成的甘油磷脂就会是磷脂酰胆碱（卵磷脂）、磷脂酰乙醇胺（脑磷脂）、磷脂酰丝氨酸或磷脂酰肌醇（表8-1）。

甘油磷脂分子中既有疏水基团，又含有亲水基团。甘油磷脂的 C_1 和 C_2 位的脂酰基为疏水基团，C_3 位上的磷酰含氮碱或羟基为亲水基团，故它能与极性或非极性物质结合。甘油磷脂是构成生物膜和合成血浆脂蛋白的重要物质，并能促进脂类的消化吸收。

表8-1 机体中几类重要的甘油磷脂

X-OH	X取代基	甘油磷脂的名称
水	—H	磷脂酸
胆碱	$—CH_2CH_2N^+(CH_3)_3$	磷脂酰胆碱（卵磷脂）
乙醇胺	$—CH_2CH_2NH_3^+$	磷脂酰乙醇胺（脑磷脂）
丝氨酸	$—CH_2CHNH_2COOH$	磷脂酰丝氨酸
甘油	$—CH_2CHOHCH_2OH$	磷脂酰甘油
磷脂酰甘油	$—CH_2CHOHCH_2O—P(=O)(OH)—OCH_2$；$HCOCOR_2$；$CH_2OCOR_1$	二磷脂酰甘油（心磷脂）
肌醇	（肌醇环结构：H、OH、OH、H、H、H、OH、HO、OH、H、H）	磷脂酰肌醇

（二）鞘磷脂

人体含量最多的鞘磷脂是神经鞘磷脂，它是由鞘氨醇、脂肪酸及磷酸胆碱组成。神经鞘磷脂是以鞘氨醇为骨架，其氨基通过酰胺键与脂肪酸相连接，其末端羟基与磷脂酰胆碱通过磷酸酯键相连形成。神经鞘磷脂是神经髓鞘的主要成分，也是构成生物膜的重要磷脂。

$$
\begin{array}{l}
\quad\quad\quad\quad\quad HO—CH—CH{=}CH—(CH_2)_{12}—CH_3 \\
R—C(=O)—NH—CH—H \\
\quad\quad\quad\quad\quad\quad CH_2—O—P(=O)(O^-)—CH_2—CH_2—\overset{+}{N}(CH_3)_3
\end{array}
$$

脂酰基　鞘氨醇　磷脂酰胆碱

神经鞘磷脂

二、甘油磷脂的代谢

（一）甘油磷脂的合成

1. 合成部位 人体各组织细胞的内质网中均含有合成磷脂的酶系，因此都能合成甘油磷脂，但以肝、肾及肠等组织最为活跃。

2. 合成原料 合成甘油磷脂的原料有甘油、脂肪酸、磷酸盐、丝氨酸、乙醇胺、胆碱及肌醇等物质。甘油和脂肪酸主要来自糖代谢；多不饱和脂肪酸主要从植物油中摄取；胆碱和乙醇胺既可从食物中获取，也可由丝氨酸在体内转变而来。甘油磷脂的合成还需 ATP 供能，CTP 作为合成 CDP－乙醇胺、CDP－胆碱及 CDP－二酰甘油等活化中间物的载体。

胆碱和乙醇胺分别在 ATP 参与下生成磷酸乙醇胺和磷酸胆碱，然后再分别与 CTP 作用，生成胞苷二磷酸胆碱（CDP－胆碱）和胞苷二磷酸乙醇胺（CDP－乙醇胺）（图 8－12）。

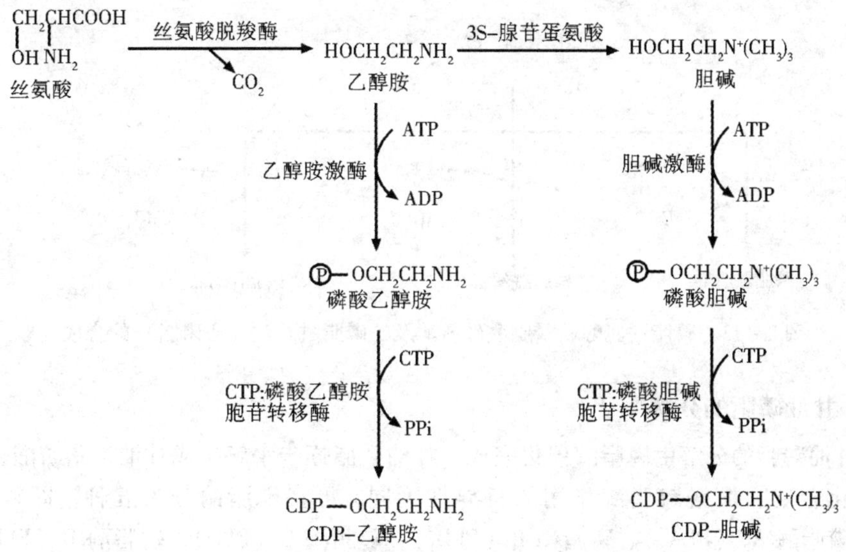

图 8－12 CDP－胆碱和 CDP－乙醇胺生成

3. 合成过程 现以磷脂酰胆碱和磷脂酰乙醇胺为例介绍其合成过程。

（1）甘油二酯合成途径 磷脂酰胆碱及磷脂酰乙醇胺主要通过此途径合成。这两类磷脂在体内含量最多，占组织及血液中磷脂的 75% 以上。甘油二酯是合成的重要中间物。胆碱及乙醇胺由活化的 CDP－胆碱及 CDP－乙醇胺提供。在位于内质网膜上的磷酸胆碱脂酰甘油转移酶或磷酸乙醇胺脂酰甘油转移酶的催化下，CDP－胆碱和 CDP－乙醇胺分别与甘油二酯反应，生成磷脂酰胆碱（卵磷脂）和磷脂酰乙醇胺（脑磷脂）。

（2）CDP－甘油二酯合成途径 磷脂酰肌醇、磷脂酰丝氨酸及二磷脂酰甘油（心磷脂）由此途径合成。由葡萄糖生成磷脂酸与上述途径相同。不同的是磷脂酸不被磷酸酶水解，本身即为合成这类磷脂的前体。然后，磷脂酸由 CTP 提供能量，在磷脂酰胞苷转移酶的催化下，生成活化的 CDP－甘油二酯。CDP－甘油二酯是合成这类磷脂的直接前体和重要中间物，在相应合成酶的催化下，与丝氨酸、肌醇或磷脂酰甘油缩合，即生成磷脂酰肌醇、磷脂酰丝氨酸及二磷脂酰甘油（图 8－13）。

以上是各类磷脂合成的过程。此外磷脂酰胆碱亦可由磷脂酰乙醇胺从 *S*－腺苷蛋氨酸获得甲基生成，通过这种方式合成占人肝的 10% ～15% 。磷脂酰丝氨酸可由磷脂酰乙醇胺羧化或其乙醇胺与丝氨酸交换生成。

Ⅱ型肺泡上皮细胞可合成一种特殊的磷脂酰胆碱，其 1 位和 2 位均为软脂酰基，故称为二软脂酰胆碱。它是较强的表面活性剂，能保持肺泡的表面张力，有利于肺泡的伸张，能防止肺泡排出空气后的折叠塌陷。如果新生儿肺泡上皮细胞合成障碍，则会引起肺不张。

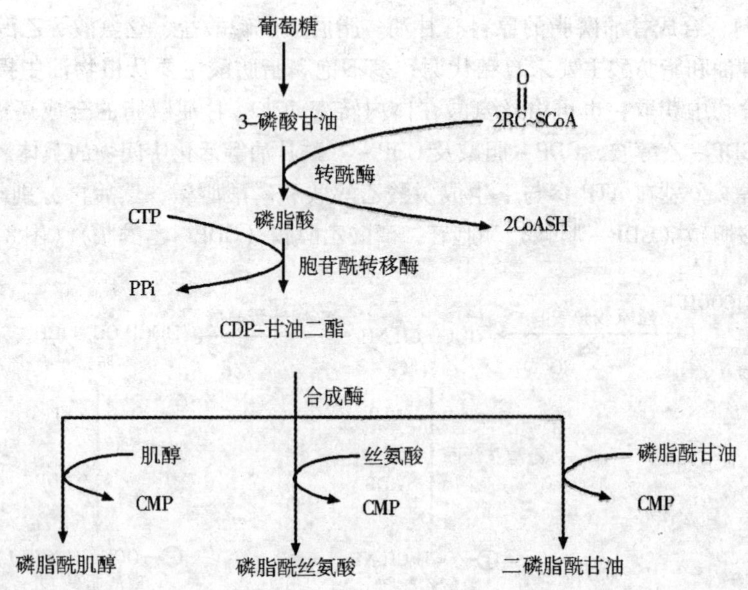

图 8-13　磷脂酰肌醇、磷脂酰丝氨酸及二磷脂酰甘油（心磷脂）的合成

（二）甘油磷脂的分解

体内甘油磷脂的分解由磷脂酶催化完成，甘油磷脂逐步水解生成甘油、脂肪酸、磷酸及多种含氮化合物。根据磷脂酶作用的特异性不同，可将磷脂酶分为五种，即磷脂酶 A_1（PLA_1）、磷脂酶 A_2（PLA_2）、磷脂酶 B（PLB_1）、磷脂酶 C（PLC）、磷脂酶 D（PLD）（图 8-14）。

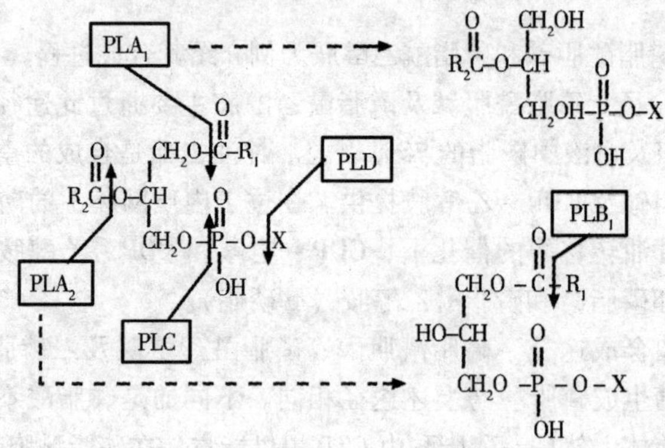

图 8-14　磷脂酶对甘油磷脂的水解

磷脂酶 A_1 和磷脂酶 A_2 水解甘油磷脂产生的溶血磷脂是一类较强的表面活性物质，能使红细胞膜或其他细胞膜破裂引起溶血或细胞坏死。毒蛇体内含有磷脂酶 A_1，机体被毒蛇咬伤后会引起溶血。临床上急性胰腺炎的发病机制是由于磷脂酶 A_2 的激活而使胰腺细胞膜损伤破坏所致。磷脂酶 C 能水解溶血磷脂 C_1 位或溶血磷脂 C_2 位上的酯键，使其失去溶解细胞膜的作用。

（三）甘油磷脂与脂肪肝

脂肪肝（fatty liver）是各种原因引起的肝细胞内脂肪的堆积。正常情况下，肝中脂类的含量约占肝重的5%，其中磷脂约占3%，甘油三酯约占2%。如果肝中聚集过多的甘油三酯，其含量超过肝重的5%时，为轻度脂肪肝；超过10%时，为中度脂肪肝；超过25%时，为重度脂肪肝。

磷脂酰胆碱是人体内含量最多的磷脂，如果胆碱的供给或合成不足，会使肝中磷脂酰胆碱的合成减少，导致极低密度脂蛋白的形成发生障碍，肝细胞内的甘油三酯因不能运出而致含量升高，同时甘油二酯转变成磷脂酰胆碱的量减少而转变成甘油三酯的量增多，于是肝内的甘油三酯来源增多而去路减少，从而引起甘油三酯在肝细胞内的堆积，形成脂肪肝。

第四节　胆固醇代谢

胆固醇具有环戊烷多氢菲的基本结构，是人体重要的脂类物质之一。它既是生物膜及血浆脂蛋白的重要成分，又能转变成重要的生理活性物质。胆固醇分布于全身各组织中，正常人体含胆固醇140g左右，分布不均，肾上腺含胆固醇特别高，这与皮质激素的合成有关。脑和神经组织的胆固醇含量也很高，其量约占全身胆固醇总量的1/4。肝、肾、肠等内脏及皮肤、脂肪组织含有较多的胆固醇，其中以肝脏的含量最高，肌肉组织中胆固醇的含量较低。

人体胆固醇的来源有两条途径，一是自身合成，二是从食物中摄取。正常成人每天膳食中约含胆固醇300～500mg，主要来自动物内脏、蛋黄、奶油及肉类。食物中的胆固醇被吸收后，在人体内主要以游离胆固醇及胆固醇酯的形式存在。其结构式如下：

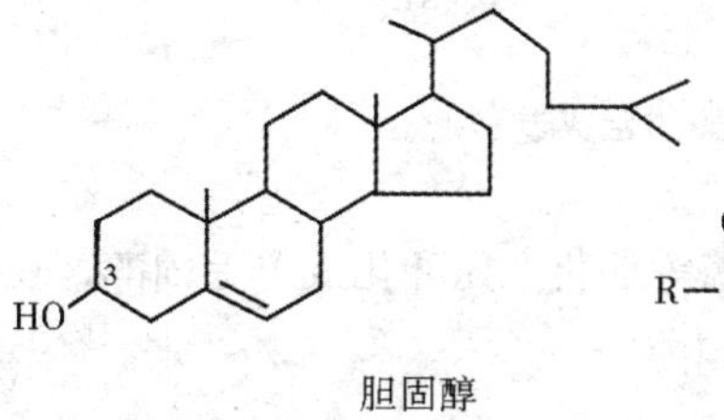

胆固醇 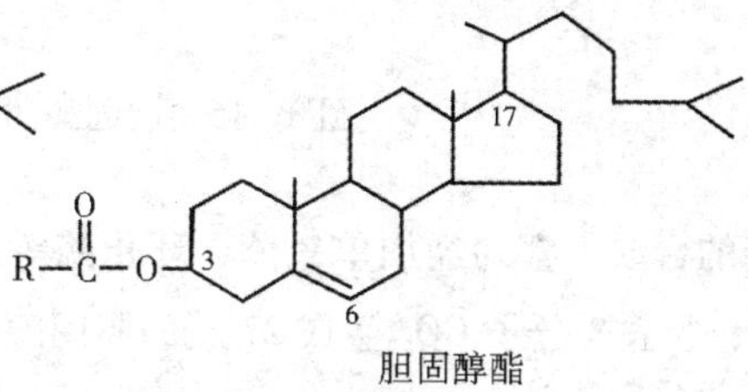　　胆固醇酯

一、胆固醇的合成代谢

（一）胆固醇合成的部位和原料

1. 合成部位　成年人除脑组织及成熟红细胞外，其他组织均可合成胆固醇。肝脏是胆固醇合成的主要场所，其合成量约占总量的70%～80%，其次为小肠，可占总量的10%。合成胆固醇的酶系分布在细胞的胞液及内质网上。

2. 合成原料　胆固醇合成的原料是乙酰CoA，还需要$NADPH + H^+$供氢和ATP供能。每合成1分子胆固醇需要18分子乙酰CoA，36分子ATP及16分子$NADPH + H^+$。乙酰CoA和ATP主要来自糖的有氧氧化，而$NADPH + H^+$则来自磷酸戊糖途径。因此，高糖饮食可使血浆中的胆固醇含量升高。

（二）胆固醇合成的基本过程

1. 甲基二羟戊酸（MVA）的生成　在胞液中，首先由两分子乙酰CoA在乙酰乙酰CoA

硫解酶的催化下缩合成乙酰乙酰 CoA，然后再与 1 分子乙酰 CoA 缩合生成 HMG CoA，反应由 HMG CoA 合成酶催化。HMG CoA 在线粒体中裂解生成酮体；在胞液中被还原生成甲基二羟戊酸，反应由 HMG CoA 还原酶催化，由 NADPH + H^+ 供氢。HMG CoA 还原酶是胆固醇生物合成的限速酶。

2. 鲨烯的合成　MVA 在一系列酶的催化下，由 ATP 提供能量，先磷酸化、再脱羧基、脱羟基生成活泼的 5 碳焦磷酸化合物，然后 3 分子 5 碳焦磷酸化合物缩合成 15 碳的焦磷酸法尼酯，两分子焦磷酸法尼酯再缩合、还原成 30 碳的多烯烃化合物——鲨烯（图 8－15）。

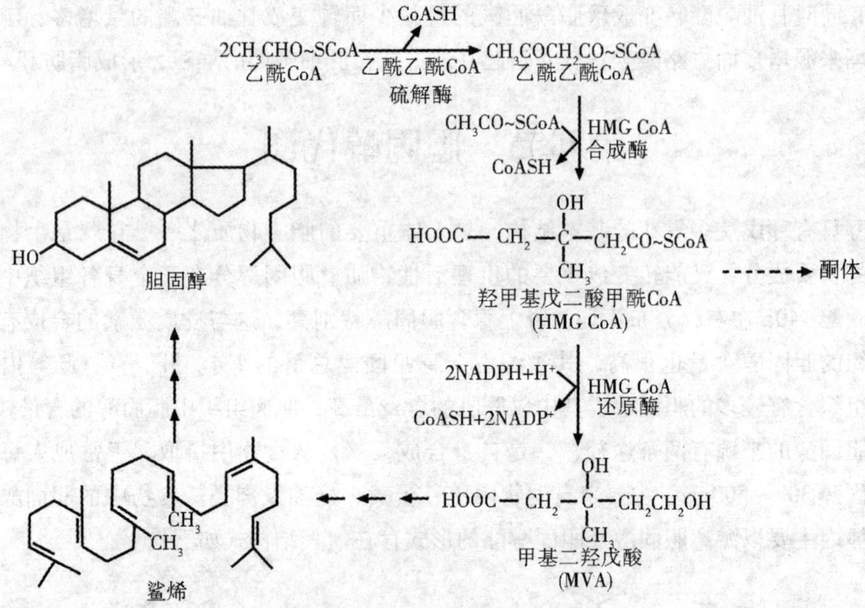

$2CH_3CHO{\sim}SCoA$（乙酰CoA）→（乙酰乙酰CoA硫解酶，−CoASH）→ $CH_3COCH_2CO{\sim}SCoA$（乙酰乙酰CoA）

→（$CH_3CO{\sim}SCoA$，HMG CoA合成酶，−CoASH）→ $HOOC-CH_2-C(OH)(CH_3)-CH_2CO{\sim}SCoA$ 羟甲基戊二酸甲酰CoA (HMG CoA) ┈┈→ 酮体

→（$2NADPH+H^+$，HMG CoA还原酶，$CoASH+2NADP^+$）→ $HOOC-CH_2-C(OH)(CH_3)-CH_2CH_2OH$ 甲基二羟戊酸 (MVA)

┈→ 鲨烯 ┈→ 胆固醇

图 8－15　胆固醇的合成过程

3. 胆固醇的合成　鲨烯经加单氧酶、环化酶等催化，先环化成羊毛固醇，在经氧化、脱羧和还原反应，脱去 3 分子 CO_2 生成 27 碳的胆固醇。

（三）胆固醇合成的调节

HMG CoA 还原酶是胆固醇合成过程的限速酶。各种因素对胆固醇合成的调节，主要是通过影响 HMG CoA 还原酶的活性实现的。

1. 胆固醇的反馈调节　这种反馈调节主要存在于肝脏。机体摄入高含量的外源性胆固醇，可反馈性地降低肝脏中 HMG CoA 还原酶的活性，使内源性胆固醇的合成减少。但小肠黏膜缺乏这种反馈机制，尽管大量进食胆固醇，仍有 60% 的胆固醇在体内合成；如果长期不进食胆固醇，血浆胆固醇浓度也只能降低 10% ～25%，可见仅靠限制食物中胆固醇的含量，并不能使血清胆固醇的含量大幅度降低。

2. 激素的调节　胰岛素、甲状腺素、胰高血糖素及糖皮质激素等均可影响胆固醇的合成。胰岛素能诱导 HMG CoA 还原酶的合成，从而增加胆固醇的合成。胰高血糖素和糖皮质激素能抑制 HMG CoA 还原酶的活性，使胆固醇的合成减少。甲状腺素一方面可提高 HMG CoA 还原酶的活性，增加胆固醇的合成，另一方面还可促进胆固醇向胆汁酸转化，且后一作用较强，所以甲状腺素功能亢进患者血清胆固醇常降低。

3. 饥饿与饱食 饥饿可抑制胆固醇的合成。饥饿不仅使HMG CoA还原酶的合成减少、活性降低，而且也可引起胆固醇合成原料（如乙酰CoA与NADPH + H^+）不足，从而减少胆固醇的合成；相反，机体长期过多摄入糖或脂肪后，HMG CoA还原酶的活性升高，胆固醇的合成就增加。

4. 药物作用 某些药物如洛伐他汀或辛伐他汀等因其结构与HMG CoA相似，故能竞争性抑制HMG CoA还原酶的活性，减少体内胆固醇的合成。还有一类阴离子交换树脂药物如考来烯胺，可通过干扰肠道胆汁酸盐的重吸收，促使机体更多的胆固醇转变生成胆汁酸盐，以降低血清中胆固醇的浓度。

二、胆固醇的酯化

细胞内和血浆中的游离胆固醇都可以被酯化成胆固醇酯，但不同的部位催化胆固醇酯化的酶及其反应过程不同。

（一）细胞内胆固醇的酯化

细胞内的游离胆固醇可在脂酰CoA胆固醇脂酰转移酶（acyl－CoA cholesterol acyl transferase，ACAT）的催化下，接受脂酰CoA的脂酰基形成胆固醇酯和CoASH。

$$\text{胆固醇} + \text{脂酰 CoA} \xrightarrow{\text{ACAT}} \text{胆固醇酯} + \text{CoASH}$$

（二）血浆内胆固醇的酯化

血浆中，在卵磷脂胆固醇脂酰转移酶（lecithin cholesterol acyl transferase，LCAT）的催化下，磷脂酰胆碱第2位碳原子的脂酰基，转移至胆固醇3位羟基上，生成胆固醇酯和溶血卵磷脂。LCAT是由肝实质细胞合成，肝实质细胞有病变或损害时，可使LCAT活性降低，引起血浆胆固醇酯含量下降。

$$\text{胆固醇} + \text{卵磷脂} \xrightarrow{\text{LCAT}} \text{胆固醇酯} + \text{溶血卵磷脂}$$

三、胆固醇的转化与排泄

（一）胆固醇的转化

胆固醇在体内既不能彻底氧化生成CO_2和H_2O，也不能作为能源物质提供能量，但胆固醇可通过对其基本结构环戊烷多氢菲的侧链氧化、还原或降解转变为其他具有环戊烷多氢菲为骨架的生理活性物质。

1. 转变成胆汁酸 胆固醇在肝脏中转变成胆汁酸是胆固醇代谢的主要去路，是肝脏清除体内胆固醇的主要方式。正常人每天合成的胆固醇约有40%在肝中转变为胆汁酸，随胆汁进入肠道。胆汁酸分子中既有亲水基团，又有疏水基团，能够在肠道中与脂类消化产物形成微团，使脂类物质乳化，促进脂类的消化与吸收。

2. 转变成类固醇激素 胆固醇是肾上腺皮质、睾丸、卵巢等内分泌腺合成类固醇激素的原料。胆固醇在肾上腺皮质的球状带、束状带及网状带细胞内可以合成醛固酮、皮质醇和雄激素，在睾丸间质细胞合成睾丸酮，在卵巢的卵泡内膜细胞及黄体中可合成雌二醇及孕酮。

3. 转变为维生素 D_3 在人体皮肤、肝脏和小肠黏膜中，胆固醇可被脱氢氧化为 7 - 脱氢胆固醇，随血液运至皮下，经紫外线照射后转变为维生素 D_3。

（二）胆固醇的排泄

体内大部分胆固醇在肝中转变为胆汁酸，随胆汁排出，这是胆固醇排泄的主要途径。还有一部分胆固醇直接随胆汁进入肠道，其中一部分被肠黏膜重吸收，另一部分被肠道细菌还原为粪固醇，随粪便排出体外。

第五节 血脂与血浆脂蛋白

一、血脂

血浆所含脂类统称血脂。它的组成包括：甘油三酯、磷脂、胆固醇和胆固醇酯以及游离脂肪酸等。血脂的来源可分为外源性和内源性两种，外源性指从食物摄取的脂类经消化吸收进入血液，内源性指脂类由体内合成或脂库中甘油三酯动员后释放入血。血脂含量仅占全身脂类总量的极少部分，并且不如血糖恒定，受膳食、年龄、性别、职业以及代谢等的影响，波动范围很大。空腹时血脂相对稳定，临床测定应在进食后 10 ~ 12h 取血。血脂含量的测定可作为高脂血症、动脉粥样硬化及冠心病等疾病的辅助诊断指标。正常成年人空腹 12 ~ 14h 血脂的组成及含量见表 8 - 2。

表 8 - 2 正常成人空腹血脂的组成及含量

脂类物质	血浆含量	
	mmol/L	mg/dl
甘油三酯	10 ~ 150（100）	0.11 ~ 1.69（1.13）
总胆固醇	100 ~ 250（200）	2.59 ~ 6.47（5.17）
胆固醇酯	70 ~ 200（145）	1.81 ~ 5.17（3.75）
游离胆固醇	40 ~ 70（55）	1.03 ~ 1.81（1.42）
总磷脂	150 ~ 250（200）	48.44 ~ 80.73（64.58）
游离脂肪酸	5 ~ 20（15）	

二、血浆脂蛋白

脂类不溶于水，因此在血浆中不能游离存在，而要与血浆中水溶性很强的蛋白质结合形成脂蛋白（lipoprotein），才能实现脂类在血浆中的运输。

（一）血浆脂蛋白的分类

各种脂蛋白因所含脂类及蛋白质含量不同，其密度、颗粒大小、表面电荷、电泳行为及免疫性均有不同。一般用电泳法及超速离心法可将血浆脂蛋白分为四类。

1. 电泳分类法 电泳分类法主要根据不同脂蛋白的表面电荷不同，在电场中具有不同的迁移率，按其电泳迁移率的大小，可将脂蛋白分为 α - 脂蛋白、前 β - 脂蛋白、β - 脂蛋白及乳糜微粒四类。分离血浆脂蛋白常用的电泳方法为醋酸纤维素薄膜电泳和琼脂糖或聚丙烯酰胺凝胶电泳。α - 脂蛋白泳动最快，相当于 α_1 - 球蛋白的位置；前 β 位于 β - 脂蛋白之前，相当于 α_2 - 球蛋白的位置；β - 脂蛋白相当于 β - 球蛋白的位置；乳糜颗粒则留在原点不动（图 8 - 16）。

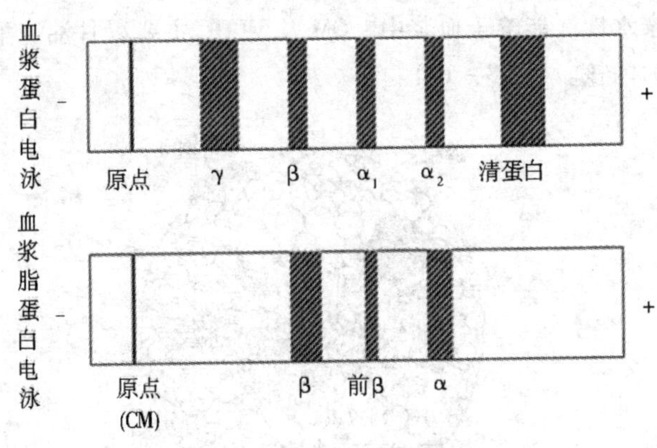

图 8－16　血浆脂蛋白琼脂薄膜电泳

2. 密度分类法（超速离心法）　由于各种脂蛋白含脂类及蛋白质量各不相同，因而其密度亦各不相同。血浆在一定的盐溶液中进行超速离心时，各种脂蛋白因密度不同而飘浮或沉降，据此自上而下分为四类：乳糜颗粒（CM）、极低密度脂蛋白（VLDL）、低密度脂蛋白（LDL）和高密度脂蛋白（HDL）。

除上述四类脂蛋白外，还有中密度脂蛋白（IDL），它是 VLDL 在血浆中的代谢物，其组成及密度介于 VLDL 及 LDL 之间。

（二）血浆脂蛋白的组成

血浆脂蛋白主要由蛋白质、甘油三酯、磷脂、胆固醇及其酯组成。各类脂蛋白都含有这四类成分，但其组成比例及含量却大不相同。乳糜微粒颗粒最大，含甘油三酯最多，达 80%～95%，蛋白质最少，约占 1%，故密度最小，血浆静置即可漂浮。VLDL 中甘油三酯为主要成分，含量达 50%～70%，但蛋白质、磷脂及总胆固醇含量均高于 CM，故密度较 CM 大。LDL 含总胆固醇最多，约 40%～50%，其蛋白质含量约 20%～25%。HDL 含蛋白质最多而含甘油三酯最少，颗粒最小，密度最大（表 8－3）。

表 8－3　各种血浆脂蛋白的性质、组成和功能

分类	密度法 电泳法	CM CM	VLDL 前 β－脂蛋白	LDL β－脂蛋白	HDL α－脂蛋白
性质	密度	<0.95	0.95～1.006	1.006～1.063	1.063～1.210
	颗粒直径（mm）	80～500	20～80	20～25	7.5～10
	电泳位置	原点	α_2－球蛋白	β－球蛋白	α_1－球蛋白
组成（%）	蛋白质	0.5～2	5～10	20～25	50
	甘油三酯	80～95	50～70	10	5
	磷脂	5～7	15	20	25
	总胆固醇	4～5	15～19	48～50	20～23
合成部位		小肠	肝脏	血浆	肝脏、小肠
功能		转运外源性甘油三酯	转运内源性甘油三酯	转运内源性胆固醇到肝外组织	逆向转运胆固醇到肝内组织

（三）血浆脂蛋白的结构

各种血浆脂蛋白具有大致相似的基本结构。疏水性较强的甘油三酯和胆固醇酯均位于脂蛋白的内核，而既有极性基团又有非极性基团的载脂蛋白、磷脂及游离胆固醇则以单分子层借其非极性的疏水基团与内核的疏水键相连，覆盖于脂蛋白表面，而其极性基团朝外，呈球形，所以脂蛋白具亲水性，能溶于血浆中。CM 及 VLDL 主要以甘油三酯为内核，LDL 及 HDL 则主要以胆固醇酯为内核。(图 8－17)。

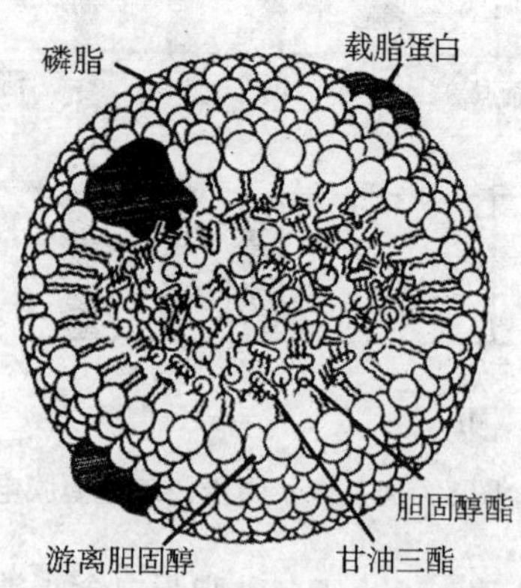

图 8－17 血浆脂蛋白的结构

三、载脂蛋白

血浆脂蛋白中的蛋白质部分称载脂蛋白（apolipoprotein，apo）。目前已从人血浆中分离出 20 种载脂蛋白，主要有 apoA、apoB、apoC、apoD 及 apoE 等五类。某些载脂蛋白又分为若干亚类，如 apoA 分为 apoAⅠ、apoAⅡ、apoAⅣ及 apoAⅤ；apoB 又分为 $apoB_{100}$ 及 $apoB_{48}$；apoC 又分为 apoCⅠ、apoCⅡ、apoCⅢ及 apoCⅣ。不同脂蛋白含不同的载脂蛋白。如 HDL 主要含 apoAⅠ及 apoAⅡ；LDL 几乎只含 $apoB_{100}$；VLDL 主要含 $apoB_{100}$ 和 apoCⅡ，还含有 apoCⅠ、apoCⅢ及 apoE；CM 主要含 $apoB_{48}$。载脂蛋白不仅在结合和转运脂质及稳定脂蛋白的结构上发挥重要作用，而且还调节脂蛋白代谢关键酶活性，参与脂蛋白受体的识别，在脂蛋白代谢上发挥极为重要的作用。

四、血浆脂蛋白代谢

（一）参与脂蛋白代谢的主要酶类

1. 脂蛋白脂肪酶（LPL） 其功能是催化 CM 和 VLDL 核心的甘油三酯分解为脂肪酸和甘油，使脂蛋白逐渐变为直径较小的残粒。LPL 的活性需要 apoCⅡ来激活。

2. 肝脂肪酶（HL） 其功能是催化小颗粒脂蛋白（如 VLDL 残粒、CM 残粒及 HDL）中甘油三酯的分解。此酶的活性不需要 apoCⅡ来激活。

3. 卵磷脂胆固醇脂酰转移酶（LCAT） apoAⅠ是此酶的激活剂。

（二）参与脂蛋白代谢的受体

血浆脂蛋白受体位于细胞膜上，与相应的脂蛋白配体有高度的亲和力，从而介导细胞对脂蛋白的摄取与代谢，主要载体有如下。

1. VLDL 受体（apoE 受体） 主要识别含 apoE 丰富的脂蛋白（如 CM 残粒和 VLDL 残粒），是清除血液中 CM 残粒和 VLDL 残粒的主要受体。此受体位于肝细胞膜上，残粒与受体结合并被摄取进入细胞内降解。

2. LDL 受体（apoB，apoE 受体） 能识别并结合含 $apoB_{100}$、apoE 的脂蛋白，如 LDL 和 IDL。此受体广泛分布于肝、动脉壁平滑肌等各组织的细胞膜表面。

3. HDL 受体 能特异识别并结合 HDL。此受体广泛分布于全身各组织的细胞膜上。

4. 清道夫受体 介导清除血液中修饰的 LDL（如氧化修饰 LDL，即 ox－LDL）。清道夫受体（scavenger receptor，SR）主要存在于巨噬细胞及血管内皮细胞表面。

（三）血浆脂蛋白代谢

1. 乳糜微粒 CM 由小肠黏膜上皮细胞合成，是运输外源性甘油三酯的主要形式。食物中的脂肪经消化吸收后，进入小肠黏膜细胞，小肠黏膜细胞利用食物中摄取的甘油三酯、磷脂、胆固醇及 $apoB_{48}$、apoA 等形成新生的 CM。新生 CM 经淋巴管流入血液，接受 apoC 及 apoE 并脱去部分 apoA，形成成熟的 CM。其中所含的 apoCⅡ可激活心肌、骨骼肌及脂肪等组织毛细血管内皮细胞表面的脂蛋白脂肪酶（LPL）。在 LPL 的作用下，CM 中的甘油三酯逐步被水解，生成的脂肪酸被机体组织摄取利用，同时脱去其表面的 apoC 和剩余的 apoA，形成富含磷脂、胆固醇酯及 $apoB_{48}$ 和 apoE 的残余颗粒。残余颗粒表面因含有 apoE，故能识别肝细胞膜表面的 apo E 受体并与之结合，被 LDL 受体和 LRP 受体（LDL 受体相关蛋白受体）识别，肝脂肪酶（HL）水解后，最终被肝细胞摄取利用（图 8－18）。正常人 CM 在血浆中代谢迅速，半衰期仅为 5～15min，因此空腹 12～14h 后血浆中不含 CM。

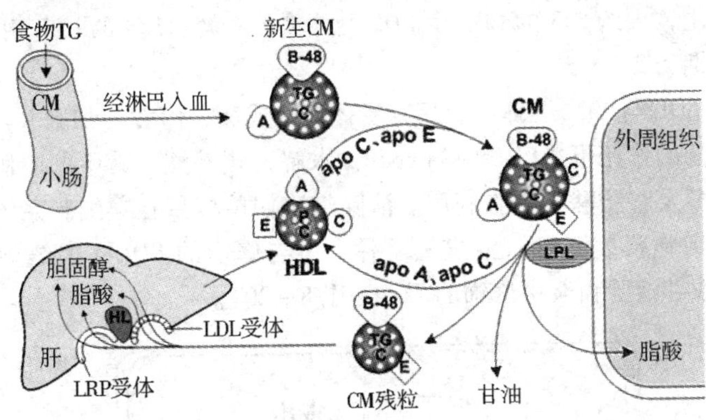

图 8－18 乳糜微粒代谢示意图

2. 极低密度脂蛋白（VLDL） VLDL 主要由肝细胞合成，小肠黏膜也有少量合成，是运输内源性甘油三酯的主要形式。肝细胞主要利用葡萄糖为原料合成甘油三酯，也可利用食物及脂肪组织动员的脂肪酸合成甘油三酯。合成的甘油三酯与磷脂、胆固醇及 $apoB_{100}$ 等形成新生 VLDL。新生 VLDL 进入血液循环后，接受 apoE 和 apoC，转变为成熟 VLDL。apoC 中的 apoCⅡ能激活肝外组织毛细血管壁内皮细胞上的 LPL。在 LPL 的作用下，VLDL 中的甘油三酯逐渐被降解，同时脱去 apoC。随着 VLDL 本身颗粒逐渐变小，密度逐渐增高以及 $apoB_{100}$ 和 apoE 含量的相对增加，VLDL 转变为中间密度脂蛋白（IDL）。IDL 中甘油三酯与胆固醇的含量大致相等，载脂蛋白主要是 $apoB_{100}$ 和 apoE。一部分 IDL 与肝细胞膜上的 apoE 受体结合后被肝细胞摄取利用；另一部分 IDL 转变为 LDL，其过程为 IDL 中的甘油三酯被 LPL 与 HL 进一步水解，同时脱去其表面的 apoE，转变为以胆固醇酯为主要组分和 $apoB_{100}$ 的 LDL（图 8－19）。VLDL 在血浆中的半衰期为 6～12h。

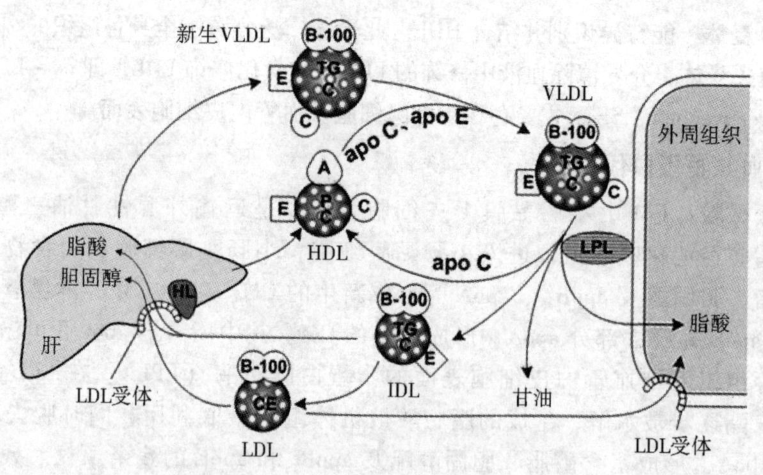

图8－19 极低密度脂蛋白代谢示意图

3. 低密度脂蛋白（LDL） LDL由VLDL在血浆中转变而来，是转运肝合成的内源性胆固醇的主要形式。正常人空腹时的血浆脂蛋白主要是LDL，可占到血浆脂蛋白总量的2/3。LDL在体内的代谢途径有两条，一条是LDL受体途径；另一条是由清除细胞来清除。其中以LDL受体途径为主，大约2/3的LDL由LDL受体途径降解，1/3的LDL由清除细胞清除。LDL在血浆中的半衰期为2～4天。

当血浆中的LDL与LDL受体结合后，受体聚集成簇，内吞入细胞并与溶酶体融合。在溶酶体中蛋白水解酶的作用下，LDL中的$apoB_{100}$水解为氨基酸，其中的胆固醇酯被胆固醇酯酶水解为游离胆固醇及脂肪酸供细胞利用。清除细胞如单核－吞噬细胞系统中的巨噬细胞和血管内皮细胞，其细胞膜表面具有清道夫受体，可与修饰的LDL（如氧化修饰LDL，即ox－LDL）结合，摄取并清除血浆中修饰的LDL（图8－20）。

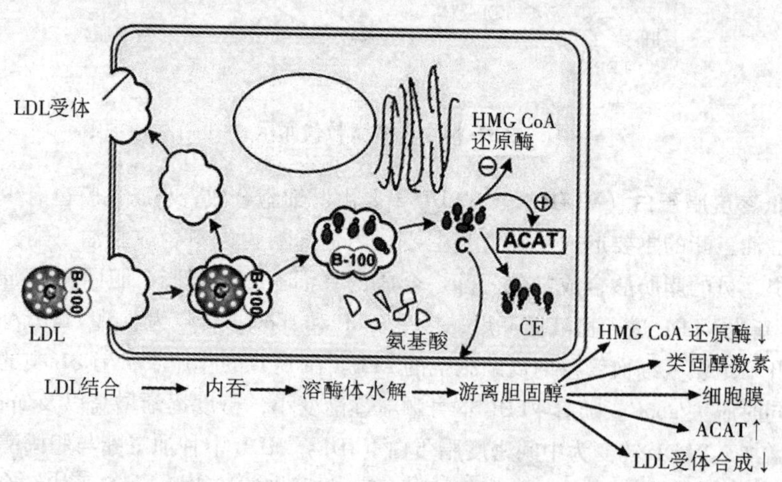

图8－20 低密度脂蛋白代谢示意图

4. 高密度脂蛋白（HDL） HDL主要由肝细胞合成，小肠黏膜细胞亦有少量合成，此外，三磷酸腺苷结合转运体1（ABC－1）转运的游离胆固醇、CM及VLDL分解代谢过程中脱落的组分也可合成新生的HDL。新生HDL是机体从外周组织向肝逆转运胆固醇的主要形式。新生的HDL颗粒呈圆盘状，所含的载脂蛋白主要为apoA和apoC，仅含少量胆固醇。新生的

HDL进入血液循环后，在血浆中的卵磷脂胆固醇脂酰转移酶（LCAT）的催化下，HDL表面卵磷脂的2位脂酰基转移至血浆中胆固醇的3位羟基上，生成溶血卵磷脂和胆固醇酯。在LCAT的作用下，生成的胆固醇酯被转移到HDL的内核。LCAT由肝实质细胞合成，分泌入血，在血浆中发挥作用，HDL表面的apoAⅠ是LCAT的激活剂。随着内核胆固醇酯的不断增多，核心逐步膨胀，盘状的HDL转变成球状的HDL，并脱去其表面的apoC和apoE，转变为成熟的HDL（图8-21）。

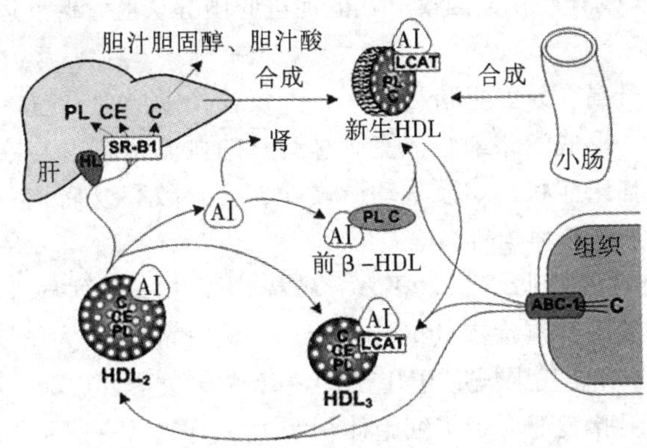

图8-21　高密度脂蛋白代谢示意图

HDL主要在肝降解。成熟的HDL与肝细胞膜上的HDL受体结合，然后被肝细胞摄取，其中的胆固醇可用于合成胆汁酸或直接通过胆汁排出体外。由于HDL具有清除周围组织中的胆固醇及保护血管内膜不受LDL损害的作用，因此HDL有抗动脉硬化和防止心脏病突发的作用。糖尿病患者及肥胖者血浆中的HDL均较低，易患冠心病。HDL在血浆中的半衰期为3~5天。

五、血浆脂蛋白代谢异常及降血脂药物

（一）血浆脂蛋白代谢异常

1. 高脂蛋白血症　由于脂类在血浆中主要以脂蛋白形式存在，因此高脂血症（hyperlipidemia）实际上就是高脂蛋白血症（hyperlipoproteinemia）。高脂血症是指人血浆中脂类浓度高于正常范围的上限。临床上一般以成人空腹12~14h血中甘油三酯（TG）浓度超过2.26mmol/L（200mg/dl），总胆固醇（TC）浓度超过6.21mmol/L（240mg/dl），儿童总胆固醇浓度超过4.14 mmol/L（160 mg/dl）为高脂血症的标准。1970年世界卫生组织（WHO）建议，将高脂蛋白血症分为六型，各型高脂蛋白血症的血脂与脂蛋白的变化如下（表8-4）。

表8-4　高脂蛋白血症分型

分型	血浆脂蛋白变化	血脂变化	
Ⅰ	乳糜微粒增高	甘油三酯↑↑↑	总胆固醇↑
Ⅱa	低密度脂蛋白增加		总胆固醇↑↑
Ⅱb	低密度及极低密度脂蛋白同时增加	甘油三酯↑↑	总胆固醇↑↑
Ⅲ	中间密度脂蛋白增加	甘油三酯↑↑	总胆固醇↑↑
Ⅳ	极低密度脂蛋白增加	甘油三酯↑↑	
Ⅴ	极低密度脂蛋白及乳糜微粒同时增加	甘油三酯↑↑↑	总胆固醇↑

高脂血症又可分为原发性和继发性两大类。原发性高脂血症可能与脂蛋白代谢的酶、脂蛋白受体或载脂蛋白的先天缺陷有关。继发性高脂血症常继发于控制不良的糖尿病、肝病、肾病及甲状腺功能减退。另外，过量摄入糖、肥胖、酗酒或长期服用某些药物，也可诱发高脂蛋白血症。

2. 动脉粥样硬化 动脉粥样硬化（atherosclerosis）主要是动脉内壁膜损伤，血管壁纤维化增厚，管腔变狭窄的一种病理改变。凡能增加动脉壁胆固醇内流和沉积的脂蛋白，如 LDL、VLDL 等，称为致动脉粥样硬化的因素；凡能促进胆固醇从血管壁外运的脂蛋白，如 HDL，称为抗动脉硬化因素。.

血浆胆固醇水平升高，易引起脂类浸润，不仅损伤动脉血管壁内皮细胞，而且还促进胆固醇在血管壁的沉积，形成泡沫细胞，使通过动脉的血流量减少，导致组织器官发生缺血性损伤，并出现相应的临床症状，如冠状动脉硬化，会导致心绞痛、心肌梗死，而脑血管粥样硬化，就会导致脑出血或脑血栓等。

3. 肥胖症 全身性的脂肪堆积过多，导致体内发生一系列病理生理变化，称为肥胖症（obesity）。目前国际上用体重指数（body mass index，BMI）作为肥胖度的衡量标准。BMI = 体重（kg）/身高^2（m^2）。我国规定 BMI 在 24 ~ 26 为轻度肥胖；26 ~ 28 为中度肥胖；大于 28 为重度肥胖。成年人肥胖表现为脂肪细胞体积增大，但数目一般不增多；生长发育期儿童肥胖则表现为脂肪细胞体积增大，数目也增多。

引起肥胖的因素很多，除了遗传因素和内分泌失调之外，常见的原因是热量摄入过多，同时体力活动过少，从而使食物中的糖、脂肪酸、甘油、氨基酸等大量转化成甘油三酯储存于脂肪组织中。

肥胖症患者常伴有高血糖、高血脂、高血压、高胰岛素血症，并会发生一系列内分泌和代谢改变。肥胖症的防治原则主要是控制饮食和增加活动量。

4. 低脂蛋白血症 高脂蛋白血症由于与心血管疾病密切相关，一直是人们研究的热点，然而较为少见的低脂蛋白血症近年来也得到了研究者的关注。引起低脂蛋白血症的原因是由于一方面脂蛋白的合成减少，另一方面可能是分解旺盛所致，目前认为前者是低脂蛋白血症的主要原因。

血清总胆固醇浓度在 3. 3mmol/L 以下或甘油三酯在 0. 45mmol/L 以下者，属于低脂蛋白血症。总胆固醇和甘油三酯浓度同时降低者多见，血浆脂蛋白中多见 HDL、LDL 和 VLDL 均降低。

低脂蛋白血症也分原发性和继发性两种。原发性低脂蛋白血症产生的原因常有 apoAⅠ缺乏和变异、卵磷脂胆固醇脂酰转移酶缺乏，无β－脂蛋白血症，家族性低β－脂蛋白血症。继发性低脂蛋白血症多见于内分泌疾病（如甲状腺功能亢进等）、各种低营养、吸收障碍、恶性肿瘤等疾病。

（二）降血脂药物

1. 胆酸螯合剂 这类药物也称为胆酸隔置剂，主要为碱性阴离子交换树脂，在肠道内能与胆酸呈不可逆结合，因而阻碍胆酸的肠肝循环，促进胆酸随大便排出体外，阻断胆汁酸中胆固醇的重吸收。同时伴有肝内胆酸合成增加，引起肝细胞内游离胆固醇含量减少，反馈性上调肝细胞表面 LDL 受体表达，加速血浆 LDL 分解代谢，使血浆胆固醇和 LDL－C 浓度降低。本类药物可使血浆总胆固醇（TC）水平降低 15% ~20%，使 LDL－C 降低 20% ~25%，但对甘油三酯（TG）无降低作用甚或稍有升高，故仅适用于单纯高胆固醇血症，或与其他降脂药物合用治疗混合型高脂血症。如考来烯胺、考来替泊。

2. 烟酸及其衍生物　属B族维生素，当用量超过作为维生素作用的剂量时，可有明显的降脂作用。烟酸的降脂作用机制尚不十分明确，可能与抑制脂肪组织中的脂解和减少肝脏中极低密度脂蛋白（VLDL）合成和分泌有关。此外，烟酸还具有促进脂蛋白脂肪酶的活性，加速脂蛋白中TG的水解，因而其降TG的作用明显。临床上观察到，烟酸既降低胆固醇又降低TG，同时还具有升高HDL－C的作用。常规剂量下，烟酸可使TC降低10%～15%，LDL－C降低15%～20%，TG降低20%～40%，并使HDL－C轻度至中度升高。所以，该类药物的适用范围较广，可用于除纯合子型家族性高胆固醇血症及Ⅰ型高脂蛋白血症以外的任何类型的高脂血症。如烟酸、阿昔莫司。

3. 苯氧芳酸类（或称贝特类）　贝特类能增强脂蛋白脂肪酶的活性，加速VLDL分解代谢，并能抑制肝脏中VLDL的合成和分泌。这类药物可降低TG 22%～43%，而降低TC仅为6%～15%，并有不同程度升高HDL－C作用。其适应证为高脂血症或以甘油三酯升高为主的混合型高脂血症。如氯贝丁酯、非诺贝特、吉非贝齐、苯扎贝特。

4. 他汀类　这类药物是细胞内胆固醇合成限速酶即HMG CoA还原酶的抑制剂，是目前临床上应用最广泛的一类调脂药。他汀类降脂作用的机制目前认为是由于该类药能抑制细胞内胆固醇合成早期阶段的限速酶即HMG CoA还原酶，造成细胞内游离胆固醇减少，并通过反馈性上调细胞表面LDL受体的表达，因而使细胞LDL受体数目增多及活性增强，加速了循环血液中VLDL残粒（或IDL）和LDL的清除。如洛伐他汀、辛伐他汀、普伐他汀、氟伐他汀、阿伐他汀。

5. 其他降脂药物

（1）普罗布考　又名丙丁酚。吸收入体内后，可渗入到LDL颗粒核心中，因而有可能改变LDL的结构，使LDL易通过非受体途径被清除。此外，该药可能还具有使肝细胞LDL受体活性增加和抑制小肠吸收胆固醇的作用。同时，普罗布考还是一种强力抗氧化剂。可使血浆TC降低20%～25%，LDL－C降低5%～15%，而HDL－C也明显降低（可达25%）。主要适用于高胆固醇血症尤其是纯合子型家族性高胆固醇血症。

（2）鱼油制剂　国内临床上应用的鱼油制剂有多烯康、脉络康及鱼烯康制剂。主要含二十碳戊烯酸（EPA）和二十二碳乙烯酸（DHA）。其降低血脂的作用机制尚不十分清楚，可能与抑制肝脏合成VLDL有关。鱼油制剂仅有轻度降低TG和稍升高HDL－C的作用，对TC和LDL－C无影响。主要用于高脂血症。

根据临床上高脂血症的表型，降脂药物的临床应用分三种情况：①单纯性高胆固醇血症：是指血浆胆固醇水平高于正常，而血浆甘油三酯则正常。这种情况可选用胆酸螯合剂、他汀类、普鲁布考、弹性酶和烟酸，其中以他汀类为最佳选择。②单纯性高脂血症：轻至中度高脂血症常可通过饮食治疗使血浆甘油三酯水平降至正常，不必进行药物治疗。而对于中度以上的高脂血症，则可选用鱼油制剂和贝特类调脂药物。③混合型高脂血症：是指既有血浆胆固醇水平升高又有血浆甘油三酯水平升高。这种情况还可分为两种亚型：若是以胆固醇升高为主，则首选他汀类；如果是以甘油三酯升高为主，则可先试用贝特类。烟酸类制剂对于这种类型血脂异常也较为适合。

此外，对于严重的高脂血症患者，单用一种调脂药，可能难以达到理想的调脂效果，这时可考虑采用联合用药。简单说来，只要不是同一类调脂药物，均可考虑联合用药。而临床上常采用联合用药：对于严重高胆固醇血症，若单种药物的降脂效果不理想，可采用他汀类＋胆酸螯合剂或＋烟酸或＋贝特类；对于重度高脂血症者，可采用贝特类＋鱼油。

（程红娜）

第九章　蛋白质的分解代谢

1. 掌握必需氨基酸的概念、种类；氨基酸的脱氨基方式及机制；尿素合成的基本步骤及生理意义；一碳单位的概念、种类、载体和生理功能。

2. 熟悉蛋白质的生理功能；氨的来源和转运；α－酮酸的代谢。

3. 了解高氨血症和氨中毒；含硫氨基酸的代谢；芳香族氨基酸的代谢。

第一节　蛋白质的营养

一、营养素的概念

食物中可给人体提供能量、机体构成成分和组织修复材料以及生理调节功能的化学成分称为营养素。人体所需要的营养素约有几十种，按化学性质可概括为七大类：蛋白质、糖类、脂类、无机盐、维生素、水和纤维素。

二、蛋白质的生理功能

蛋白质是人体极为重要的营养素，细胞的一切生命活动都离不开蛋白质。首先，它是维持组织细胞的生长、更新和修补所必需的，且不能由糖或脂类代替；其次，某些蛋白质还具有特殊的生理功能，如参与催化、物质转运、机体防御、信号传导、肌肉收缩、代谢调节等；再者，氨基酸代谢过程中还可产生一些重要的含氮类生理活性物质如激素、神经递质、胺类、嘌呤、嘧啶等；此外，蛋白质也是能量的一种来源，每克蛋白质在体内氧化分解可产生17.9kJ（4.3kcal）能量。一般成人每日约有18%的能量来自蛋白质，但糖与脂肪可以代替蛋白质提供能量，故氧化供能是蛋白质的次要生理功能。饥饿时，组织蛋白分解增加，每输入100g葡萄糖能节约近50g蛋白质的消耗，因此，对不能进食的消耗性疾病患者应注意葡萄糖的补充，以减少组织蛋白的消耗。

三、氮平衡

测定人体每日摄入食物的含氮量（摄入氮）与排泄物中的含氮量（排出氮）之间关系的实验，称为氮平衡实验，简称氮平衡。氮平衡可反映机体的蛋白质代谢状况。

食物中的含氮物质绝大部分是蛋白质，非蛋白质的含氮物质含量很少，可以忽略不计。故通过测定食物中的含氮量，可以估算出其中的蛋白质含量。蛋白质在体内分解代谢所产生的含氮物质，主要由尿、粪排出。因此了解氮平衡的状态，就能估计蛋白质在体内的代谢量及人体的生长、营养等情况。氮平衡有以下三种情况。

1. 总氮平衡 摄入氮 = 排出氮，表明体内蛋白质的合成与分解大致相当，见于正常成人。

2. 正氮平衡 摄入氮 > 排出氮，表明体内蛋白质的合成大于分解，见于儿童、孕妇及恢复期患者。

3. 负氮平衡 摄入氮 < 排出氮，表明体内蛋白质的分解大于合成，即摄入的蛋白质不能满足机体蛋白质合成的需要，体重通常下降。如慢性消耗性疾病（肿瘤、结核、严重创伤、烧伤等）、营养不良、饥饿等。

氮平衡对评价食物蛋白质营养价值、补充儿童及孕妇和恢复期患者所需的蛋白质营养物质以及指导临床上相关疾病的治疗均具有重要的实用价值。我国营养学会推荐的蛋白质营养标准成年人每天为70g，相当于每天1～1.2g/kg体重。婴幼儿、儿童因生长发育需要，应增至每天2～4g/kg体重。

四、蛋白质的营养价值

人体对蛋白质的需要实际上是对氨基酸的需要。从人体营养角度而言，可将构成人体蛋白质的20种氨基酸分为必需氨基酸、非必需氨基酸。必需氨基酸是指机体需要但自身不能合成，或者合成的速度不能满足机体需要的氨基酸。它们必须由食物蛋白质供给，否则就不能维持机体的氮平衡。人体的必需氨基酸通常为8种，即亮氨酸、异亮氨酸、缬氨酸、赖氨酸、苏氨酸、蛋氨酸、苯丙氨酸和色氨酸。另外，人体虽能合成精氨酸、组氨酸，但通常难以满足自身的需要，需要从食物中摄取一部分，人们称之为半必需氨基酸。还有，在一些特殊的病理或生理情况下，机体对某些氨基酸的需要量增加，体内合成难以满足需要，这些氨基酸称为“条件性必需氨基酸”，如谷氨酰胺、精氨酸对于长期使用营养支持疗法的人来讲为条件性必需氨基酸；牛磺酸被认为是早产儿的条件性必需氨基酸。非必需氨基酸并非机体不需要，只是因为体内能自行合成，或者可由其他氨基酸转变而来，可以不必由食物供给。

食物种类千差万别，每种食物的蛋白质含量、氨基酸组成各不相同，人体对它们的消化、吸收和利用程度也存在差异。评价食品蛋白质的营养价值应从两个方面考虑，一是“质”，它取决于分子中必需氨基酸的含量和比例；二是“量”，它取决于蛋白质在食品中的含量。此外，还应考虑机体对食品蛋白质的消化、利用程度。一般来说，动物蛋白质所含的必需氨基酸的种类、数量和比例与人体更为接近，故营养价值高；植物蛋白质则差一些，但也有完全蛋白质，如豆类蛋白质的氨基酸组成和人体蛋白质的组成接近，因此有较高的营养价值。多种食物蛋白质混合使用时，其所含的必需氨基酸之间可以相互补充，从而提高蛋白质的营养价值，称为蛋白质的互补作用。我国北方人把玉米、小米和黄豆混合磨成“杂和面”作为主食，是提高蛋白质营养价值的好方法。某些疾病情况下，为保证氨基酸的需要，可进行混合氨基酸输液。

“大头娃娃”之谜

安徽阜阳农村曾经出现“大头娃娃”，他们头脸肥大、四肢细短、全身水肿，根据医院的诊断，这些婴儿所患的都是营养不良综合征，其“元凶”正是蛋白质等营养物质指标严重低于国家标准的劣质婴儿奶粉。按照国家卫生标准，婴儿一段奶粉蛋白质含量为12%~18%，二段、三段奶粉蛋白质含量应该不低于18%，可这些劣质奶粉蛋白质含量大多数只有2%~3%，有的甚至只有0.37%。其实这种表现属于营养不良性水肿，又称低蛋白血症，是一种营养缺乏的特殊表现。由于长期的负氮平衡，导致血浆蛋白减少，胶体渗透压降低，于是血浆中的水向组织液渗透，组织液增加，引起组织水肿。

第二节　氨基酸的一般代谢

一、体内氨基酸的代谢概况

食物蛋白质经过消化吸收进入体内的氨基酸为外源性氨基酸。体内各组织蛋白质分解以及组织合成的非必需氨基酸为内源性氨基酸。它们在体内混为一体，分布在体液中参与代谢，称为氨基酸代谢库。机体没有专一的组织器官储存氨基酸，氨基酸代谢库实际上包括细胞内液、细胞间液和血液中的氨基酸。

氨基酸的主要功能是合成蛋白质，也合成多肽及其他含氮的生理活性物质。体内的各种含氮物质几乎都可由氨基酸转变而成，包括蛋白质、肽类激素、氨基酸衍生物、胺类、嘌呤碱、嘧啶碱、肌酸、黑色素、辅酶或辅基等。

从结构上看，各种氨基酸除了侧链R基不同外，均有α-氨基和α-羧基。氨基酸在体内的分解代谢实际上就是氨基、羧基和R基的代谢。氨基酸分解代谢的主要途径是脱氨基生成氨和相应的α-酮酸，α-酮酸可进一步氧化分解生成 CO_2 和 H_2O，并提供能量，也可经一定的代谢反应转变成糖或脂在体内贮存。氨基酸的另一条分解途径是脱羧基生成 CO_2 和胺，胺在体内可经胺氧化酶作用，进一步分解生成氨和相应的醛、酸。氨对人体来说是有毒的物质，氨在体内主要合成尿素排出体外，还可以合成其他含氮物质（包括非必需氨基酸、谷氨酰胺等），少量的氨可直接经尿排出。由于不同的氨基酸结构不同，因此它们的代谢也有各自的特点。体内氨基酸的代谢概况如图9-1所示。

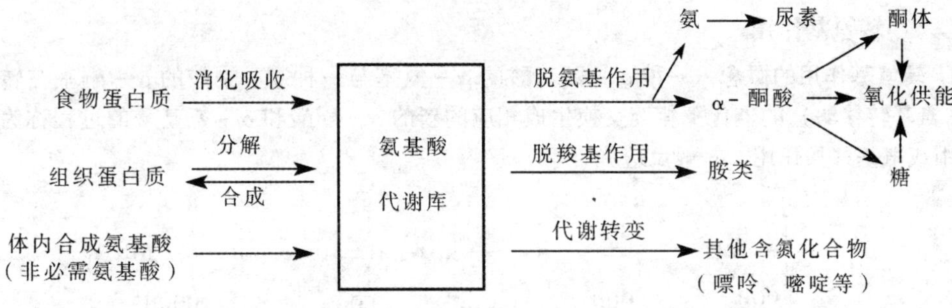

图9－1 体内氨基酸代谢概况

二、氨基酸的脱氨基作用

脱氨基作用是指氨基酸在酶的催化下脱去氨基生成α－酮酸的过程，它是氨基酸在体内分解的主要方式。构成人体蛋白质的氨基酸共有20种，它们的结构不同，脱氨基的方式也不同，有氧化脱氨基作用、转氨基作用、联合脱氨基作用和非氧化脱氨基作用等，其中以联合脱氨基作用最为重要。

（一）氧化脱氨基作用

指氨基酸在酶的作用下，氧化脱氢，水解脱氨，产生游离的氨和α－酮酸，反应如下。

$$\underset{\text{氨基酸}}{R-\underset{NH_2}{\overset{H}{\overset{|}{\underset{|}{C}}}}-COOH} \xrightarrow{-2H} \underset{\text{亚氨基酸}}{R-\underset{NH}{\underset{\|}{C}}-COOH} \xrightarrow{+H_2O} \underset{\alpha\text{-酮酸}}{R-\underset{O}{\underset{\|}{C}}-COOH} + \underset{\text{氨}}{NH_3}$$

组织中能催化氨基酸氧化脱氨的酶有：L－氨基酸氧化酶、D－氨基酸氧化酶、L－谷氨酸脱氢酶。前二者对人体内氨基酸脱氨的意义不大。体内的氧化脱氨反应主要由L－谷氨酸脱氢酶催化。L－谷氨酸脱氢酶是一种不需氧脱氢酶，以NAD^+或$NADP^+$为辅酶，在体内分布很广，在肝、肾和脑组织中活性很强，但在肌肉中活性较低，反应过程如下。

$$\underset{\text{L－谷氨酸}}{\begin{array}{l} NH_2 \\ | \\ CH-COOH \\ | \\ (CH_2)_2-COOH \end{array}} \xrightarrow[NAD^+\,(NADP^+)\ \curvearrowright\ NADH+H^+\,(NADPH+H^+)]{\text{L-谷氨酸脱氢酶}} \begin{array}{l} NH \\ \| \\ C-COOH \\ | \\ (CH_2)_2-COOH \end{array} \underset{-H_2O}{\overset{+H_2O}{\rightleftharpoons}} \underset{\alpha\text{-酮戊二酸}}{\begin{array}{l} O \\ \| \\ C-COOH \\ | \\ (CH_2)_2-COOH \end{array}} + NH_3$$

在体内，L－谷氨酸脱氢酶催化可逆反应，一般情况下偏向于谷氨酸的合成，因为高浓度的氨对机体有害，此反应平衡点有助于保持较低的氨浓度。但当谷氨酸浓度高而NH_3浓度低时，则有利于脱氨基和α－酮戊二酸的生成。特别是L－谷氨酸脱氢酶和转氨酶联合作用时，几乎所有氨基酸都可以脱去氨基，因此L－谷氨酸脱氢酶在氨基酸代谢上具有重要地位。L－谷氨酸脱氢酶是一种变构酶，已知GTP和ATP是此酶的变构抑制剂，而GDP和ADP是其变构激活剂。因此当体内GTP和ATP不足时，谷氨酸加速氧化脱氨，这对于氨基酸氧化供能起着重要的调节作用。L－谷氨酸脱氢酶的特异性很强，仅催化L－谷氨酸氧化脱氨。显然，大多数的氨基酸需通过其他方式脱氨。

（二）转氨基作用

1. 转氨基作用的概念 一种α－氨基酸的α－氨基与一种α－酮酸的α－酮基在转氨酶（又称氨基转移酶）的催化下相互交换生成相应的新的α－酮酸和α－氨基酸的过程称为转氨基作用或氨基移换作用。一般反应如下。

$$\mathrm{H{-}C(R_1)(COOH){-}NH_2} + \mathrm{R_2{-}C{=}O(COOH)} \xrightleftharpoons{\text{转氨酶}} \mathrm{R_1{-}C{=}O(COOH)} + \mathrm{H{-}C(R_2)(COOH){-}NH_2}$$

上述反应可逆，平衡常数接近1，反应的方向取决于四种物质的相对浓度，因而转氨基作用也是体内某些非必需氨基酸合成的重要途径。除赖氨酸、脯氨酸和羟脯氨酸外，体内大多数氨基酸可以参与转氨基作用。

2. 转氨酶 催化转氨基作用的酶统称为转氨酶或氨基转移酶。人体内有多种转氨酶，分别催化相应氨基酸的转氨基反应，其中以谷丙转氨酶（glutamic pyruvic transaminase，GPT）又称为丙氨酸氨基转移酶（alanine aminotransferase，ALT）和谷草转氨酶（glutamic oxaloacetic transaminase，GOT）也称为天冬氨酸氨基转移酶（aspartate aminotransferase，AST）最为重要。它们分别催化下述反应：

$$\underset{\text{谷氨酸}}{\mathrm{HOOC{-}CH_2{-}CH_2{-}CHNH_2{-}COOH}} + \underset{\text{丙酮酸}}{\mathrm{CH_3{-}C({=}O){-}COOH}} \xrightleftharpoons{\text{GPT}} \underset{\alpha\text{-酮戊二酸}}{\mathrm{HOOC{-}CH_2{-}CH_2{-}C({=}O){-}COOH}} + \underset{\text{丙氨酸}}{\mathrm{CH_3{-}CHNH_2{-}COOH}}$$

$$\underset{\text{谷氨酸}}{\mathrm{HOOC{-}CH_2{-}CH_2{-}CHNH_2{-}COOH}} + \underset{\text{草酰乙酸}}{\mathrm{HOOC{-}CH_2{-}C({=}O){-}COOH}} \xrightleftharpoons{\text{GOT}} \underset{\alpha\text{-酮戊二酸}}{\mathrm{HOOC{-}CH_2{-}CH_2{-}C({=}O){-}COOH}} + \underset{\text{天冬氨酸}}{\mathrm{HOOC{-}CH_2{-}CHNH_2{-}COOH}}$$

转氨酶的分布很广，不同的组织器官中各转氨酶活性高低不同，如心肌中GOT最丰富，肝中则GPT最丰富（表9－1）。转氨酶为胞内酶，正常情况下血清中转氨酶活性极低。当病理改变引起细胞膜通透性增高、组织坏死或细胞破裂时，转氨酶大量释放，血清转氨酶活性明显增高。如急性肝炎患者血清GPT活性明显升高，心肌梗死患者血清GOT活性明显升高。这可用于相关疾病的临床诊断，也可作为观察疗效和预后的指标，不过因其他组织中也具有一定量的转氨酶活性，故在分析上述指标时仍需结合临床具体情况注意其非特异性问题。

表9－1 正常成人各组织中GOT和GPT活性（U/g湿组织）

组织器官	心脏	肝脏	骨骼肌	肾	胰腺	脾	肺	血清
GPT	7100	44 000	4800	19 000	2000	1200	700	16
GOT	156 000	142 000	99 000	91 000	28 000	14 000	10 000	20

3. 转氨基作用机制 转氨酶是结合酶，其辅酶为维生素 B_6 的磷酸酯，即磷酸吡哆醛或磷酸吡哆胺。磷酸吡哆醛先从氨基酸接受氨基转变成磷酸吡哆胺，同时氨基酸则转变成 α－酮酸。磷酸吡哆胺进一步将氨基转移给另一种 α－酮酸而生成相应的氨基酸，同时磷酸吡哆胺又变回磷酸吡哆醛。在转氨酶的催化下，磷酸吡哆醛与磷酸吡哆胺的这种相互转变，起着传递氨基的作用（图 9－2）。

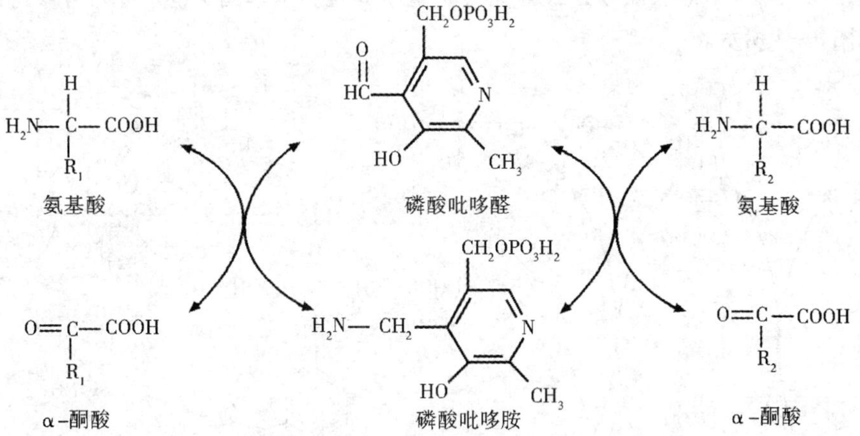

图 9－2 转氨基作用机制

（三）联合脱氨基作用

氨基酸的转氨基作用在生物体内普遍存在，但它只是将氨基转移到 α－酮酸分子上生成另一种氨基酸，并未真正脱掉氨基。同时，氧化脱氨基作用仅限于 L－谷氨酸，根本无法满足机体脱氨基的需要。体内氨基酸的脱氨主要为联合脱氨基作用，即转氨作用和脱氨作用相偶联，有以下两种方式。

1. 转氨基作用偶联 L－谷氨酸脱氢酶氧化脱氨基作用 氨基酸首先与 α－酮戊二酸在转氨酶作用下生成 α－酮酸和谷氨酸，然后谷氨酸经 L－谷氨酸脱氢酶作用脱去氨基而生成 α－酮戊二酸，后者再继续参加转氨基作用。反应的全过程可逆，因此它也是体内合成非必需氨基酸的重要途径（图 9－3）。

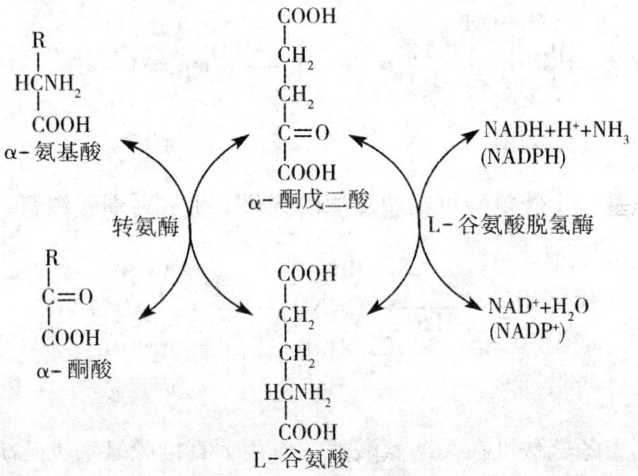

图 9－3 转氨基作用偶联 L－谷氨酸脱氢酶氧化脱氨基作用

2. 转氨基作用偶联嘌呤核苷酸循环 上述联合脱氨基作用主要在肝、肾等组织中进行。骨骼肌和心肌中L－谷氨酸脱氢酶的活性很低，难于进行以上方式的联合脱氨基过程，需通过嘌呤核苷酸循环脱去氨基。在此过程中，氨基酸首先通过连续的转氨基作用将氨基转移给草酰乙酸生成天冬氨酸，天冬氨酸再与次黄嘌呤核苷酸（IMP）反应生成腺苷酸代琥珀酸，后者经过裂解释放出延胡索酸并生成腺嘌呤核苷酸（AMP）。AMP在腺苷酸脱氨酶（此酶在肌组织中活性较强）催化下脱去氨基，最终完成氨基酸的脱氨基作用。IMP可以再参与循环。反应过程如图9－4所示。

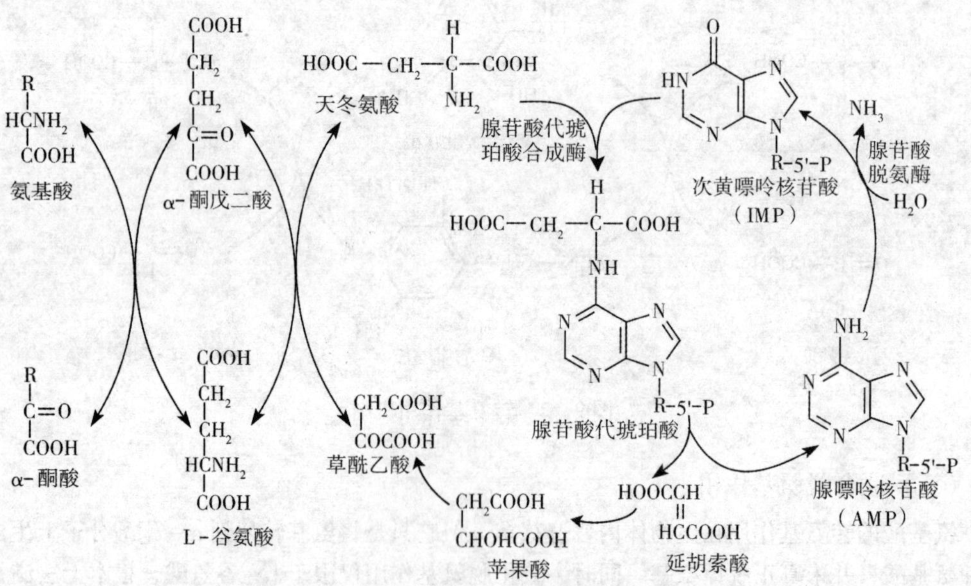

图9－4 转氨基作用偶联嘌呤核苷酸循环脱氨

（四）非氧化脱氨基作用

某些氨基酸还可以通过非氧化脱氨基作用将氨基脱掉生成α－酮酸，该方式主要存在于微生物中，动物体内亦有，但不常见。

1. 脱水脱氨基 如丝氨酸可在丝氨酸脱水酶的催化下生成丙酮酸和氨。

$$\underset{\text{丝氨酸}}{\begin{array}{l}CH_2-OH\\ HCNH_2\\ COOH\end{array}} \xrightarrow[-H_2O]{\text{脱水酶}} \begin{array}{l}CH_3\\ C=NH\\ COOH\end{array} \xrightarrow{+H_2O} \underset{\text{丙酮酸}}{\begin{array}{l}CH_3\\ C=O\\ COOH\end{array}} + NH_3$$

2. 脱硫化氢脱氨基 半胱氨酸可在脱硫酶的催化下生成丙酮酸和氨。

$$\underset{\text{半胱氨酸}}{\begin{array}{l}CH_2-SH\\ HC-NH_2\\ COOH\end{array}} \xrightarrow[-H_2S]{\text{脱硫酶}} \begin{array}{l}CH_3\\ C=NH\\ COOH\end{array} \xrightarrow{+H_2O} \underset{\text{丙酮酸}}{\begin{array}{l}CH_3\\ C=O\\ COOH\end{array}} + NH_3$$

3. 直接脱氨基 天冬氨酸可在天冬氨酸酶的作用下直接脱氨生成延胡索酸和氨。

$$\begin{array}{l}COOH\\|\\CH_2\\|\\HC-NH_2\\|\\COOH\end{array} \xrightarrow{\text{天冬氨酸酶}} \begin{array}{l}HOOC-CH\\\quad\quad\;\;\|\\\quad\quad\;\;CH-COOH\end{array} + NH_3$$

天冬氨酸　　　　　　　　　延胡索酸

三、氨的代谢

机体各种途径来源的氨汇入血液形成血氨。氨能透过细胞膜和血脑屏障，对细胞尤其是中枢神经系统来说为有毒物质，故氨在体内不能积聚，必须加以处理。正常人血氨浓度一般不超过59μmol/L（0.1mg/100ml），严重肝病时，可引起血氨浓度升高，导致肝性脑病，表现为语言紊乱、视力模糊、机体发生一种特有的震颤，甚至昏迷或死亡。

（一）氨的来源和去路

氨的来源可概括为以下几个方面。

（1）氨基酸脱氨基作用产生的氨是体内氨的主要来源。

（2）体内氨基酸脱羧后产生的胺类进一步分解也可以产生氨。

（3）服用的胺类药物及体内其他含氮物质（如嘌呤、嘧啶）氧化分解所产生的氨。

（4）肠道吸收的氨　它有两个来源，即肠内氨基酸在肠道细菌作用下产生的氨和肠道尿素经肠道细菌尿素酶水解产生的氨。肠道产氨的量较多，每日约4g。肠内腐败作用增强时，氨的产生量增多。NH_3 比 NH_4^+ 易于穿过细胞膜而被吸收，在碱性环境中，NH_4^+ 偏向于转变成 NH_3。因此肠道 pH 偏碱时，氨的吸收加强。临床上对高血氨患者采用弱酸性透析液做结肠透析，而禁用碱性肥皂水灌肠，就是为了减少氨的吸收。

（5）肾小管上皮细胞分泌的氨　血液中的谷氨酰胺流经肾脏时，可被肾小管上皮细胞中的谷氨酰胺酶分解生成谷氨酸和 NH_3。这部分氨分泌到肾小管腔中主要与尿中的 H^+ 结合成 NH_4^+，以铵盐的形式由尿排出体外，酸性尿有利于肾小管上皮细胞中的氨扩散入尿，但碱性尿则会妨碍肾小管上皮细胞中 NH_3 的分泌，此时氨被吸收入血，成为血氨的另一个来源。故而临床上对因肝硬化而产生腹水的患者，不宜使用碱性利尿药，以免血氨升高。

氨的去路：氨是有毒的物质，人体必须及时将氨转变成无毒或毒性小的物质，然后排出体外，其去路如下：①在肝脏合成尿素，然后经肾脏随尿排出体外，这是最主要的去路。②生成谷氨酰胺及铵盐。小部分氨与谷氨酸结合，生成无毒的谷氨酰胺，然后随血液运到肾脏，再经过水解，最后形成铵盐，随尿排出；③通过还原性加氨的方式固定在 α-酮戊二酸上生成谷氨酸；谷氨酸又通过转氨基作用将氨基转移给其他 α-酮酸，生成某些非必需氨基酸。④合成嘌呤、嘧啶等一些重要的含氮化合物。

（二）氨的转运

氨是有毒物质。各组织中产生的氨主要以无毒的丙氨酸、谷氨酰胺两种形式经血液运至肝合成尿素或运至肾以铵盐形式随尿排出。

1. 丙氨酸-葡萄糖循环　肌肉中的氨基酸将氨基转给丙酮酸生成丙氨酸，丙氨酸经血液循环转运至肝脏，通过联合脱氨基作用，释放出氨用于合成尿素，生成的丙酮酸则经糖异生转变为葡萄糖，葡萄糖经血液循环转运至肌肉重新分解产生丙酮酸，丙酮酸再接受氨基生成丙氨酸。丙氨酸和葡萄糖反复地在肌肉和肝之间进行氨的转运，故将这一途径称为丙氨酸-

葡萄糖循环。通过这个循环，一方面使肌肉中的氨以无毒的丙氨酸形式运输到肝，另一方面又使肝为肌肉提供了葡萄糖，作为肌肉活动的能源（图 9-5）。

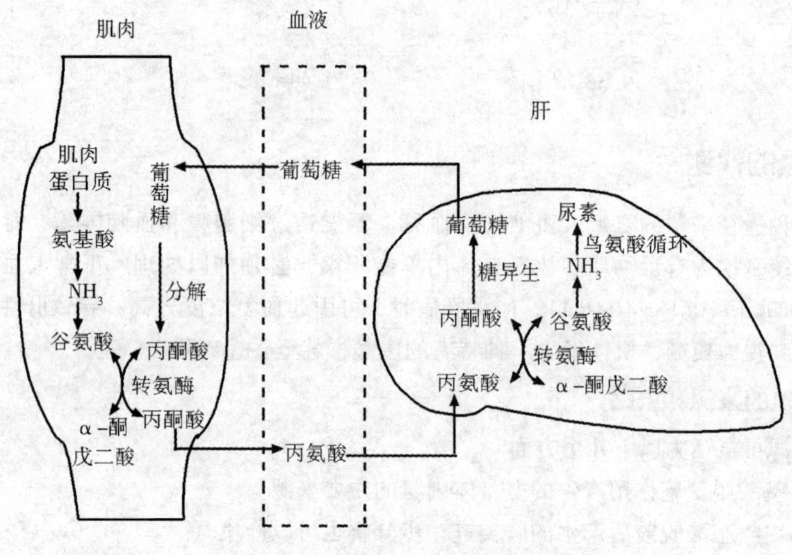

图 9-5 丙氨酸-葡萄糖循环

2. 谷氨酰胺的运氨作用 谷氨酰胺是氨的另一种转运形式，它主要从脑、肌肉等组织向肝或肾运氨。氨与谷氨酸在谷氨酰胺合成酶的催化下生成谷氨酰胺，由血液输送到肝或肾，再经谷氨酰胺酶水解成谷氨酸及氨，氨可在肝中合成尿素或在肾中生成铵盐后随尿排出。可以认为，谷氨酰胺既是氨的解毒产物，又是氨的储存及运输形式。谷氨酰胺在脑中固定和转运氨的过程中起着重要作用。临床上氨中毒患者可服用或输入谷氨酸盐，以降低氨的浓度。

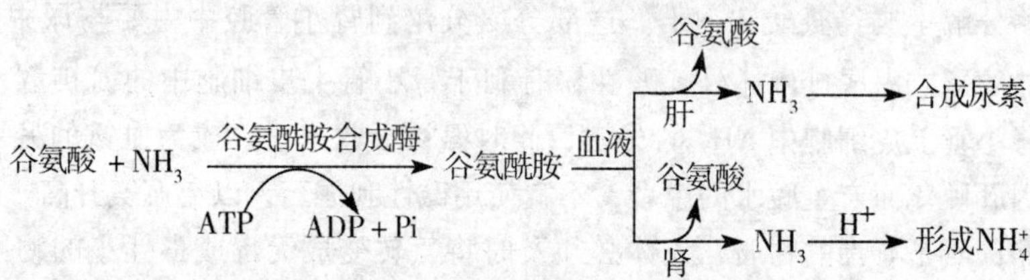

值得一提的是，谷氨酰胺可以提供其酰胺基使天冬氨酸转变成天冬酰胺。正常的机体细胞能够合成足量的天冬酰胺以供蛋白质合成的需要，但白血病细胞却不能或很少能合成天冬酰胺，必须依靠血液从其他器官运输而来。因此临床上常用天冬酰胺酶以减少血中天冬酰胺浓度，达到治疗白血病的目的。

（三）尿素的生成——鸟氨酸循环

如前所述，正常情况下体内的氨主要在肝中合成尿素而解毒，只有少部分氨在肾以铵盐形式由尿排出。正常成人尿素占排氮总量的 80% ~90%，可见肝在氨解毒中起着重要作用。

1. 肝是尿素合成的主要器官 实验证明，将动物（犬）的肝切除，则血液及尿中尿素含量明显降低。若给此动物输入或饲喂氨基酸，则大部分氨基酸积存于血液中，也有一部分随尿排出，另有一小部分氨基酸脱去氨基而变成 α-酮酸及氨，因而血氨增高。若只切除犬的肾而保留肝，则尿素仍然可以合成，但不能排出，因此血中尿素浓度明显升高。若将犬的肝、肾同时切除，则血中尿素的含量可以维持在较低水平，而血氨浓度则显著升高。此外，临床上可见急性重型肝炎（急性肝坏死）患者血及尿中几乎不含尿素而氨基酸含量增多。这些实验与临床观察充分证明，肝是合成尿素的主要器官。肾及脑等其他组织虽然也能合成尿素，但合成量甚微。

2. 尿素合成的鸟氨酸循环学说　肝如何合成尿素？1932 年，德国学者 Krebs 和 Henseleit 根据一系列实验，首次提出了鸟氨酸循环（ornithine cycle）学说，又称尿素循环（urea cycle）或 Krebs – Henseleit 循环。实验依据如下：将大鼠肝的薄切片放在有氧条件下加铵盐保温数小时后，铵盐的含量减少，同时尿素却增多。在此切片中，分别加入各种化合物，并观察它们对尿素生成速度的影响。发现鸟氨酸、瓜氨酸或精氨酸能够大大加速尿素的合成。根据这三种氨基酸的结构推断，它们彼此相关，即鸟氨酸可能是瓜氨酸的前体，而瓜氨酸又是精氨酸的前体。实验还观察到，当大量鸟氨酸与肝切片及 NH_4^+ 保温时，确有瓜氨酸的积存。此外，早已证实肝含有精氨酸酶，此酶催化精氨酸水解生成鸟氨酸及尿素。基于以上事实，Krebs 和 Henseleit 提出了一个循环机制，即：鸟氨酸与氨及二氧化碳结合生成瓜氨酸；瓜氨酸再接受 1 分子氨而生成精氨酸；精氨酸水解产生尿素，并重新生成鸟氨酸。接着，鸟氨酸参与新一轮循环（图 9 – 6）。后来有人用同位素标记的 $^{15}NH_4Cl$ 或含 ^{15}N 的氨基酸饲养犬，发现随尿排出的尿素含有 ^{15}N，但鸟氨酸中不含 ^{15}N，用含 ^{14}C 标记的 $NaH^{14}CO_3$ 饲养犬，随尿排出的尿素也含有 ^{14}C。由此进一步证实了尿素可由氨及二氧化碳合成。

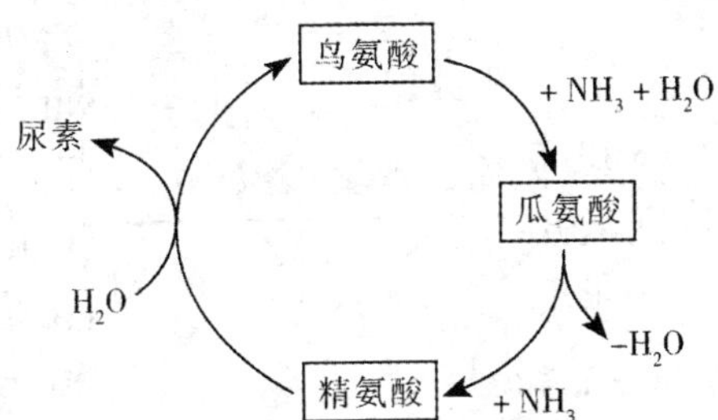

图 9 – 6　Krebs 和 Henseleit 最初提出的鸟氨酸循环机制

3. 鸟氨酸循环的详细过程　研究表明，鸟氨酸循环过程复杂，分为以下五步。

（1）氨基甲酰磷酸的合成　在 Mg^{2+}、ATP 及 *N* – 乙酰谷氨酸（*N* – acetyl glutamic acid，AGA）存在的情况下，由氨基甲酰磷酸合成酶Ⅰ（carbamoyl phosphate synthetase Ⅰ，CPS – Ⅰ）催化氨与二氧化碳在肝细胞线粒体合成氨基甲酰磷酸。氨基甲酰磷酸为高能化合物，性质活泼。

$$CO_2+NH_3+H_2O+2ATP \xrightarrow[N\text{-乙酰谷氨酸，}Mg^{2+}]{\text{氨基甲酰磷酸合成酶Ⅰ}} H_2N-\overset{\overset{\displaystyle O}{\|}}{C}-O\sim PO_3^{2-} + 2ADP + Pi$$

氨基甲酰磷酸

$$CH_3-\underset{\underset{\displaystyle O}{\|}}{C}-NH-\underset{\displaystyle CH_2CH_2COOH}{\overset{\displaystyle COOH}{\overset{|}{CH}}}$$

N–乙酰谷氨酸

此反应不可逆，消耗两分子 ATP。CPS－Ⅰ是一种变构酶，AGA 是此酶的变构激活剂。

真核细胞中有两种氨基甲酰磷酸合成酶（CPS）：线粒体 CPS－Ⅰ利用游离的 NH_3 为氮源合成氨基甲酰磷酸，参与尿素合成；胞浆 CPS－Ⅱ利用谷氨酰胺作氮源，参与嘧啶核苷酸的从头合成。两种 CPS 催化合成的产物虽然相同，但它们是两种不同性质的酶，其生理意义也不相同：CPS－Ⅰ参与尿素的合成，这是肝细胞独特的一种生理功能，是细胞高度分化的结果，它的活性可作为肝细胞分化程度的指标之一；CPS－Ⅱ参与嘧啶核苷酸的从头合成，与细胞增殖过程中核酸的合成有关，它的活性可作为细胞增殖程度的指标之一。

在肝细胞线粒体中，氨基甲酰磷酸合成酶Ⅰ和 L－谷氨酸脱氢酶催化的反应是紧密偶联的。L－谷氨酸脱氢酶催化谷氨酸氧化脱氨，产生 NH_3 和 $NADH + H^+$。$NADH + H^+$ 经呼吸链氧化生成 H_2O，释放出来的能量用于使 ADP 磷酸化生成 ATP。因此 L－谷氨酸脱氢酶催化的反应不仅为氨基甲酰磷酸的合成提供底物 NH_3，同时也为其提供 ATP。氨基甲酰磷酸合成酶Ⅰ将有毒的氨转变成氨基甲酰磷酸，反应中生成的 ADP 又是 L－谷氨酸脱氢酶的变构激活剂，促进谷氨酸进一步氧化脱氨。这种紧密偶联有利于迅速将氨固定在肝细胞线粒体内，防止氨逸出线粒体进入胞浆进而透过细胞膜进入血液引起血氨升高。

（2）瓜氨酸的合成　氨基甲酰磷酸在线粒体内经鸟氨酸氨基甲酰转移酶的催化，将氨基甲酰基转移至鸟氨酸生成瓜氨酸。

$$\underset{\text{鸟氨酸}}{NH_2-(CH_2)_3-CHNH_2-COOH} + \underset{\text{氨基甲酰磷酸}}{NH_2-C(=O)-O\sim PO_3^{2-}} \xrightarrow{\text{鸟氨酸氨基甲酰转移酶}} \underset{\text{瓜氨酸}}{NH_2-C(=O)-NH-(CH_2)_3-CHNH_2-COOH} + H_3PO_4$$

（3）精氨酸代琥珀酸的合成　瓜氨酸穿过线粒体膜进入胞浆中，在胞浆中由精氨酸代琥珀酸合成酶催化其脲基与天冬氨酸的氨基缩合生成精氨酸代琥珀酸，从而获得尿素分子中的第二个氮原子。天冬氨酸本身又可由草酰乙酸与谷氨酸经转氨基作用再生成，谷氨酸的氨基则可来自体内多种氨基酸。由此可见，多种氨基酸的氨基通过天冬氨酸而参与尿素的合成。

$$\underset{\text{瓜氨酸}}{NH_2-C(=O)-NH-(CH_2)_3-CHNH_2-COOH} + \underset{\text{天冬氨酸}}{NH_2-CH(COOH)-CH_2-COOH} \xrightarrow[ATP \rightarrow AMP+PPi \quad H_2O]{\text{精氨酸代琥珀酸合成酶}, Mg^{2+}} \underset{\text{精氨酸代琥珀酸}}{NH_2-C(=N-CH(COOH)-CH_2-COOH)-NH-(CH_2)_3-CHNH_2-COOH}$$

（4）精氨酸的合成　在胞浆中，精氨酸代琥珀酸通过精氨酸代琥珀酸裂解酶的催化形成精氨酸和延胡索酸。延胡索酸经三羧酸循环变为草酰乙酸，草酰乙酸与谷氨酸进行转氨作用又可变回天冬氨酸。

$$NH_2-C(=N-CH(COOH)CH_2COOH)-NH-(CH_2)_3-CHNH_2-COOH \xrightarrow{\text{精氨酸代琥珀酸裂解酶}} NH_2-C(=NH)-NH-(CH_2)_3-CHNH_2-COOH + HOOC-CH=CH-COOH$$

精氨酸代琥珀酸　　　　精氨酸　　　　延胡索酸

（5）精氨酸水解生成尿素　精氨酸被精氨酸酶催化生成尿素和鸟氨酸，鸟氨酸再从胞浆进入线粒体参与另一轮循环，如此周而复始地促进尿素的生成。

$$NH_2-C(=NH)-NH-(CH_2)_3-CHNH_2-COOH + H_2O \xrightarrow{\text{精氨酸酶}} NH_2-(CH_2)_3-CHNH_2-COOH + NH_2-C(=O)-NH_2$$

精氨酸　　　　鸟氨酸　　　　尿素

将尿素合成的详细过程总结如图 9－7。

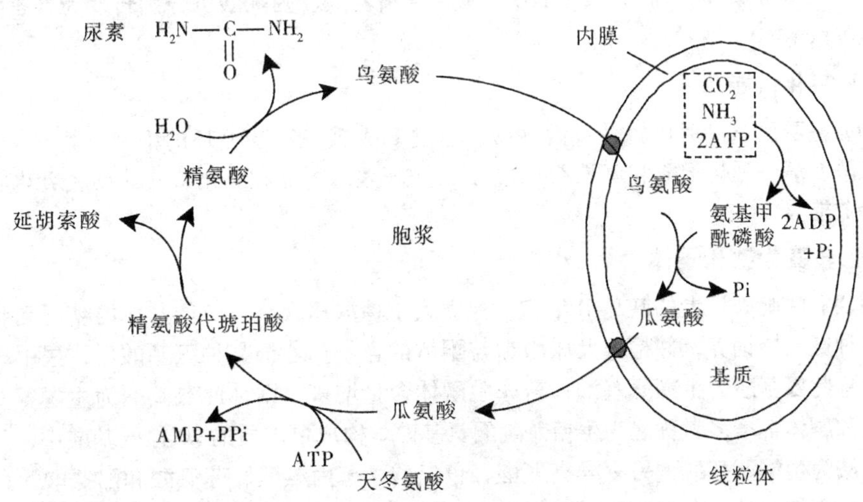

图 9－7　尿素合成（鸟氨酸循环）的详细过程

尿素分子中的 2 个氮原子，1 个来自氨，另 1 个则来自天冬氨酸，而天冬氨酸又可由其他氨基酸通过转氨基作用而生成。因此，尿素分子中的 2 个氮原子都直接或间接来自各种氨基酸。另外，尿素合成是一个耗能的过程，合成 1 分子尿素需要消耗 4 个高能磷酸键。

4. 尿素合成的调节　尿素的合成受多种因素的调控，主要影响因素如下：①食物的影响，如高蛋白膳食者尿素合成速度加快，排泄的含氮物中尿素占 80% ~90%。②氨基甲酰磷酸合成酶Ⅰ的调控，氨基甲酰磷酸合成酶Ⅰ（CPS－Ⅰ）为尿素合成的关键酶，*N*－乙酰谷氨酸（AGA）是该酶必需的变构激活剂。肝脏生成尿素的速度与 AGA 浓度相关。当氨基酸分解旺盛时，由转氨作用引起谷氨酸浓度升高，增加 AGA 的合成，从而激活 CPS－Ⅰ，加速氨基甲酰磷酸合成，推动尿素循环。另外，精氨酸是AGA合成酶的激活剂，故临床上常利用精氨酸治疗高氨血症。③鸟氨酸循环中酶系的调节作用，精氨酸代琥珀酸合成酶是尿素合成的限速酶，其活性改变也可调节尿素的合成速度。

5. 尿素合成障碍可致高氨血症和氨中毒 机体解除氨毒的主要方式是在肝脏中经鸟氨酸循环合成尿素。肝功能严重损害或尿素合成途径的相关酶具有遗传性缺陷时，都可导致尿素合成障碍，血氨浓度升高，称为高氨血症。此时血氨会进入脑并引起脑细胞损害和功能障碍，临床上称为肝性脑病或肝昏迷。氨中毒的机制尚不清楚。一般认为，氨进入脑组织，可与α-酮戊二酸结合生成谷氨酸，谷氨酸又可与氨进一步结合生成谷氨酰胺，从而使α-酮戊二酸和谷氨酸减少。α-酮戊二酸减少会导致三羧酸循环减弱，脑组织缺乏ATP供能而发生功能障碍；谷氨酸本身为神经递质，且是另一种神经递质γ-氨基丁酸的前体，其减少亦会影响大脑的正常生理功能，严重时可出现昏迷。降低血氨有助于肝性脑病的治疗。常用的降低血氨的方法包括：减少氨的来源，如限制蛋白质摄入量、口服抗生素药物抑制产氨肠道菌；增加氨的去路，如给予谷氨酸以结合氨生成谷氨酰胺等。

四、α-酮酸的代谢

氨基酸脱氨基后生成的α-酮酸可以进一步代谢，主要有3条途径。

（一）生成非必需氨基酸

体内的一些营养非必需氨基酸可通过相应的α-酮酸经氨基化而生成。这些α-酮酸可来自糖代谢和三羧酸循环。例如：α-酮戊二酸、草酰乙酸、丙酮酸可分别转变为谷氨酸、天冬氨酸、丙氨酸。

（二）氧化供能

各种氨基酸脱氨基后可转变成丙酮酸、乙酰CoA或三羧酸循环的中间产物（α-酮戊二酸、琥珀酰CoA、延胡索酸和草酰乙酸），再经过三羧酸循环和氧化磷酸化彻底氧化成CO_2和H_2O并释放能量。

（三）转变为糖和酮体

使用四氧嘧啶破坏犬的胰岛B细胞，建立人工糖尿病犬模型。待其体内糖原和脂肪耗尽后，用某种氨基酸饲养，并检查犬尿中糖与酮体的含量。若饲某种氨基酸后，尿中排出葡萄糖增多，称此氨基酸为生糖氨基酸；若尿中酮体含量增多，则称此氨基酸为生酮氨基酸；尿中葡萄糖和酮体都增多者称之为生糖兼生酮氨基酸。构成蛋白质的20种氨基酸中，只有亮氨酸和赖氨酸为生酮氨基酸，另有异亮氨酸、色氨酸、苯丙氨酸、苏氨酸和酪氨酸5种氨基酸为生糖兼生酮氨基酸，余者皆为生糖氨基酸。

第三节 个别氨基酸代谢

上节论述了氨基酸代谢的一般过程。但是，有些氨基酸还有其特殊的代谢途径，并具有重要的生理意义。本节首先介绍某些氨基酸的特殊代谢方式，例如氨基酸的脱羧基作用和一碳单位的代谢，然后再介绍含硫氨基酸、芳香族氨基酸的代谢。

一、氨基酸的脱羧作用

部分氨基酸可在氨基酸脱羧酶的催化下进行脱羧基作用，生成相应的胺，脱羧酶的辅酶为磷酸吡哆醛。下面介绍几种重要氨基酸的脱羧作用。

1. 谷氨酸脱羧生成γ-氨基丁酸 γ-氨基丁酸（gamma-aminobutyric acid，GABA）由谷氨酸脱羧基生成，催化此反应的酶是L-谷氨酸脱羧酶。此酶在脑、肾组织中活性很高，所以脑中GABA含量较高。GABA是一种仅见于中枢神经系统的抑制性神经递质，对中枢神经元有普遍性抑制作用。临床上对于惊厥和妊娠呕吐的人常常使用维生素B_6治疗，其机制就在于维生素B_6构成氨基酸脱羧酶的辅酶，能促进GABA的生成而增强中枢抑制作用。

$$HOOC-CH_2-CH_2-CH(NH_2)-COOH \xrightarrow[\text{（辅酶：磷酸吡哆醛）}]{\text{L-谷氨酸脱羧酶}} HOOC-CH_2-CH_2-CH_2NH_2 + CO_2$$

L-谷氨酸　　　　GABA

2. 组氨酸脱羧生成组胺 组胺为组氨酸脱去羧基后的产物，主要由肥大细胞产生并贮存，在乳腺、肺、肝、肌肉及胃黏膜中含量较高。体内许多组织在过敏反应、炎症、创伤等情况下释放组胺。组胺的作用：①血管舒张剂，可引起血管扩张，毛细血管通透性增加，造成血压下降，甚至休克；②可使平滑肌收缩，引起支气管痉挛而发生哮喘；③还可以刺激胃蛋白酶和胃酸分泌，故可用于研究胃分泌功能。临床上可使用抗组胺类药（通常为组胺受体拮抗剂）来治疗相应的疾病如过敏性皮炎、湿疹、荨麻疹、晕动症、胃和十二指肠溃疡等。食用某些不新鲜的组氨酸含量高的鱼类，易引起过敏性食物中毒，原因在于污染鱼体的细菌如组胺无色杆菌，可产生脱羧酶，使组氨酸脱羧生成组胺。

$$\text{咪唑基}-CH_2CH(NH_2)COOH \xrightarrow{\text{组氨酸脱羟酶}} \text{咪唑基}-CH_2CH_2NH_2 + CO_2$$

组氨酸　　　　组胺

3. 色氨酸经羟化、脱羧生成5-羟色胺 色氨酸首先经色氨酸羟化酶催化生成5-羟色氨酸，再经5-羟色氨酸脱羧酶催化成5-羟色氨（5-hydroxytryptamine，5-HT）。5-HT最早是从血清中发现的，又名血清素。

$$\text{吲哚基}-CH_2CH(NH_2)COOH \xrightarrow{\text{色氨酸羟化酶}} \text{5-羟吲哚基}-CH_2CH(NH_2)COOH$$

色氨酸　　　　5-羟色氨酸

$$\text{5-羟色氨酸} \xrightarrow{\text{5-羟色胺脱羧酶}} \text{吲哚基}-CH_2CH_2NH_2 + CO_2$$

5-羟色胺

5－HT在神经系统、胃肠道、血小板和乳腺等组织均能生成。在脑内，5－HT可作为抑制性神经递质，与调节睡眠、体温和镇痛等有关。在松果体，5－HT可经乙酰化、甲基化等反应转变为褪黑激素，褪黑激素的分泌有昼夜节律和季节性节律，与机体神经内分泌及免疫调节功能有密切关系。在外周，5－HT是一种强烈的血管收缩剂。5－HT含量太低容易忧郁、焦虑及睡眠失调。

4. 半胱氨酸经氧化、脱羧生成牛磺酸 牛磺酸又称α－氨基乙磺酸，最早由牛黄中分离出来，故得名。在体内，半胱氨酸先氧化成磺酸丙氨酸，再由磺酸丙氨酸脱羧酶催化脱去羧基生成牛磺酸。牛磺酸具有多种营养生理功能和药理作用，如作为结合胆汁酸的重要组分，调节脂类的消化和吸收；促进婴幼儿脑组织和智力发育；提高神经传导和视觉功能；改善内分泌状态，增强人体免疫力；抗疲劳；增强细胞膜抗氧化能力、保护心肌细胞等。

$$\underset{\text{半胱氨酸}}{\begin{matrix}CH_2-SH\\|\\CH-NH_2\\|\\COOH\end{matrix}} \xrightarrow{3[O]} \underset{\text{磺酸丙氨酸}}{\begin{matrix}CH_2-SO_3H\\|\\CH-NH_2\\|\\COOH\end{matrix}} \xrightarrow[CO_2]{\text{磺酸丙氨酸脱羧酶}} \underset{\text{牛磺酸}}{\begin{matrix}CH_2-SO_3H\\|\\CH_2-NH_2\end{matrix}}$$

5. 某些氨基酸的脱羧基作用可以产生多胺类物质 多胺（polyamines）在生物体内广泛存在，它是一类带有两个或两个以上氨基的低分子脂肪族化合物。最常见的多胺有腐胺、精脒（又称亚精胺）、精胺。在体内，鸟氨酸经鸟氨酸脱羧酶催化生成腐胺，*S*－腺苷甲硫氨酸在SAM脱羧酶催化下脱羧生成*S*－腺苷－3－甲硫基丙胺。在精脒合成酶的催化下将*S*－腺苷－3－甲硫基丙胺的丙胺基移到腐胺分子上合成精脒。在精胺合成酶催化下，再将另一分子*S*－腺苷－3－甲硫基丙胺的丙胺基转移到精脒分子上，最终合成了精胺。

鸟氨酸脱羧酶是多胺合成的限速酶。精脒与精胺是调节细胞生长的重要物质。凡生长旺盛的组织，如胚胎、再生肝、肿瘤组织等，鸟氨酸脱羧酶的活性和多胺的含量都有所增加。多胺本身带有大量的正电荷，易与带负电荷的核酸结合，可能在基因表达和细胞分裂的调控中起作用，多胺促进细胞增殖的机制可能与此有关。目前临床上通常测定人血或尿中多胺的水平来作为肿瘤辅助诊断及病情变化的生化指标之一。

$$SAM \rightarrow CO_2 + 腺苷-\overset{+}{S}(CH_3)-(CH_2)_3-NH_2$$

$$\underset{\text{鸟氨酸}}{\begin{matrix}COOH\\|\\CH-NH_2\\|\\(CH_2)_3\\|\\NH_2\end{matrix}} \xrightarrow[\text{鸟氨酸脱羧酶}]{CO_2} \underset{\text{腐胺}}{\begin{matrix}NH_2\\|\\(CH_2)_4\\|\\NH_2\end{matrix}} \xrightarrow[\text{精脒合成酶}]{\text{腺苷}-S-CH_3} \underset{\text{精脒}}{\begin{matrix}NH_2\\|\\(CH_2)_3\\|\\NH\\|\\(CH_2)_4\\|\\NH_2\end{matrix}} \xrightarrow[\text{精胺合成酶}]{\text{腺苷}-S-CH_3} \underset{\text{精胺}}{\begin{matrix}NH_2\\|\\(CH_2)_3\\|\\NH\\|\\(CH_2)_4\\|\\NH\\|\\(CH_2)_3\\|\\NH_2\end{matrix}}$$

二、一碳单位代谢

某些氨基酸在分解代谢过程中产生的含有一个碳原子的有机基团，称为一碳单位（one carbon unit）或一碳基团（one carbon group）。一碳单位的生成、转变、运输及参与物质合成的反应过程叫做一碳单位代谢。

（一）一碳单位的种类及其载体

体内重要的一碳单位有：甲基（$—CH_3$）、甲烯基（$—CH_2—$）、甲炔基（$—CH=$）、甲酰基（—CHO）和亚氨甲基（—CH = NH）。一碳单位不能以游离形式存在，常与四氢叶酸（FH_4）结合在一起转运，参与代谢，因此，FH_4 是一碳单位的载体，也可以看作一碳单位代谢的辅酶。在体内，四氢叶酸是由叶酸通过两步还原反应生成的，即叶酸首先在二氢叶酸还原酶的催化下，转变成二氢叶酸，再在二氢叶酸还原酶的催化下进一步还原成四氢叶酸。

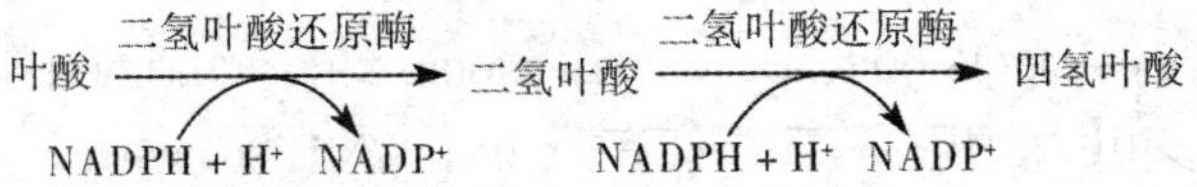

叶酸 —(二氢叶酸还原酶; $NADPH + H^+$ → $NADP^+$)→ 二氢叶酸 —(二氢叶酸还原酶; $NADPH + H^+$ → $NADP^+$)→ 四氢叶酸

5，6，7，8 - FH_4 的结构如下：

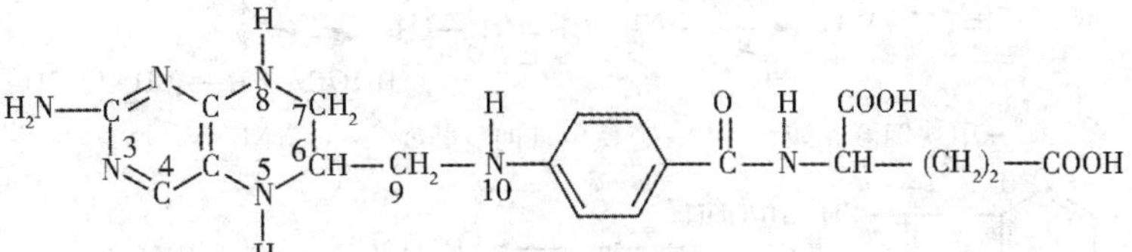

5,6,7,8-四氢叶酸

一碳单位与 FH_4 结合的位点在 FH_4 的 N^5 和 N^{10} 上，通常有如下 5 种形式：①N^{10} - 甲酰四氢叶酸（N^{10} - CHO—FH_4）；②N^5 - 亚氨甲基四氢叶酸（N^5 - CH = NH—FH_4）；③N^5，N^{10} - 甲烯四氢叶酸（N^5，N^{10} - CH_2— FH_4）；④N^5，N^{10} - 甲炔四氢叶酸（N^5，N^{10} = CH—FH_4）；⑤N^5 - 甲基四氢叶酸（N^5 - CH_3—FH_4）。

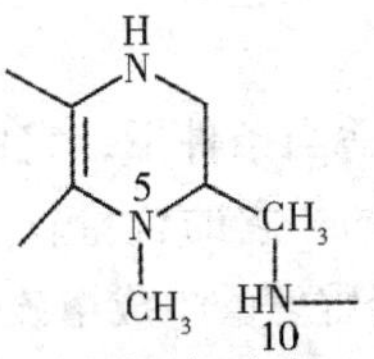

N^5-甲基四氢叶酸 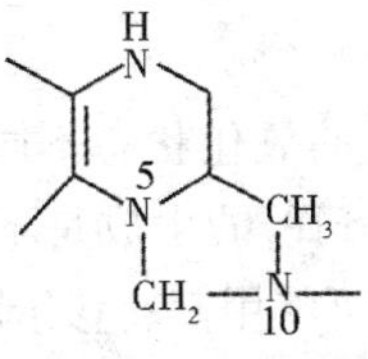　　N^5,N^{10}-甲烯四氢叶酸 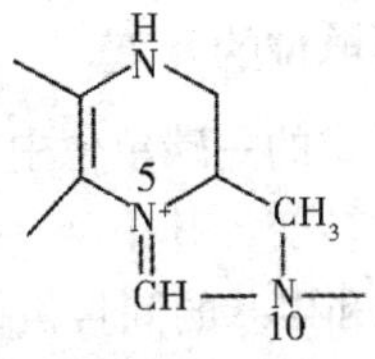　　N^5,N^{10}-甲炔四氢叶酸

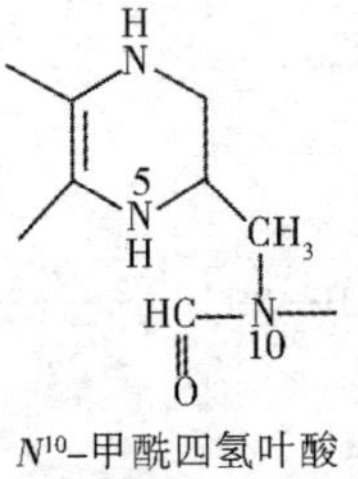

N^{10}-甲酰四氢叶酸 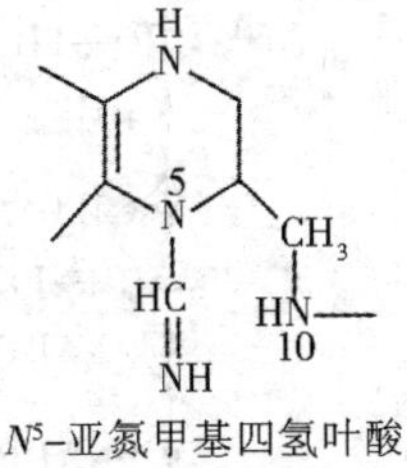　　N^5-亚氮甲基四氢叶酸

（二）一碳单位的来源

一碳单位主要来源于丝氨酸、甘氨酸、组氨酸及色氨酸的分解代谢。一碳单位由氨基酸生成的同时就结合在 FH_4 上了（图 9 - 8）。

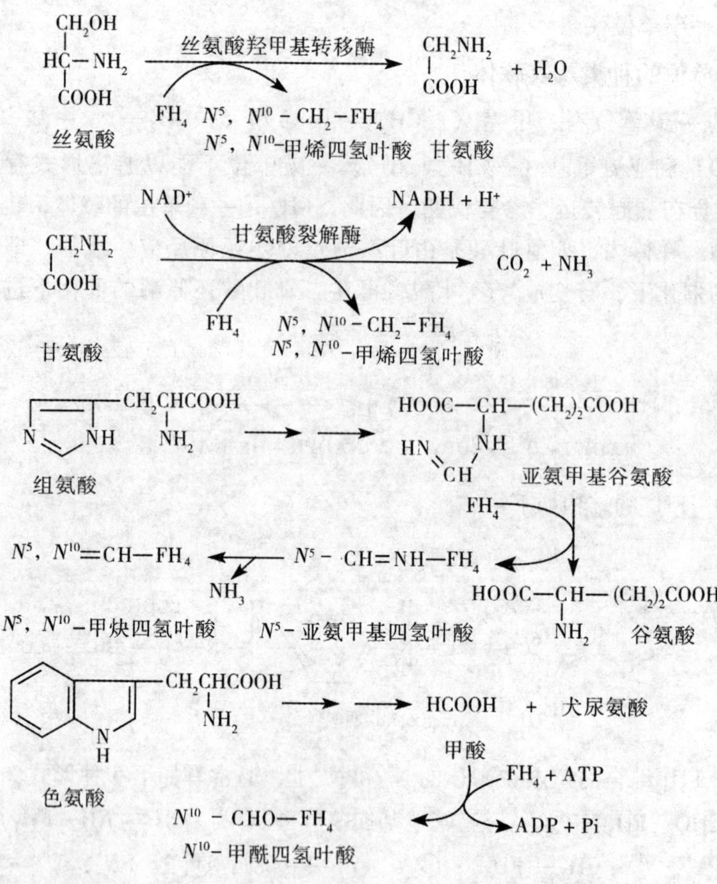

图 9－8 一碳单位的来源

（三）一碳单位的互变

各种不同形式的一碳单位中碳原子的氧化状态不同。在适当条件下，它们可以通过氧化还原反应而彼此转变。其中 N^5－CH_3—FH_4 的生成是不可逆的，它的含量较多，成为细胞内 FH_4 的储存形式和甲基的间接供体，它可将甲基转移给同型半胱氨酸生成甲硫氨酸和 FH_4，甲硫氨酸再转变为活泼的甲基供体 S－腺苷甲硫氨酸（SAM），为多种化合物的合成提供甲基。各种形式一碳单位的相互转换见图 9－9。

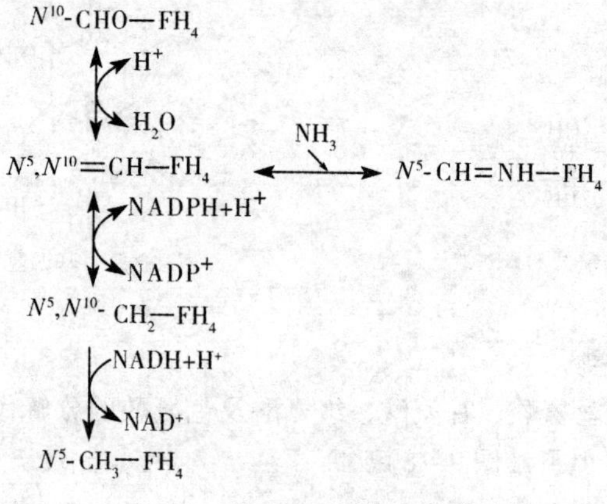

N^{10}-CHO—FH_4

H^+

H_2O

N^5,N^{10}═CH—FH_4 ⟷ (NH_3) ⟷ N^5-CH=NH—FH_4

NADPH+H^+

$NADP^+$

N^5,N^{10}-CH_2—FH_4

NADH+H^+

NAD^+

N^5-CH_3—FH_4

图 9－9 一碳单位的相互转换

（四）一理功能碳单位的生

1. 一碳单位是合成嘌呤核苷酸和嘧啶核苷酸的原料　如 N^5，$N^{10}-CH_2—FH_4$ 直接提供甲基用于 dUMP 向 dTMP 的转化；$N^{10}-CHO—FH_4$ 和 N^5，$N^{10}=CH—FH_4$ 分别在嘌呤核苷酸的从头合成途径中为嘌呤环的合成提供 C_2 和 C_8 原子。由于一碳单位源自氨基酸，故其成为氨基酸代谢和核苷酸代谢联系的纽带。若一碳单位代谢发生障碍或 FH_4 合成不足，会影响核酸合成，使细胞分裂增殖受阻，导致巨幼红细胞贫血症的发生。临床上磺胺类抗菌药正是通过阻断细菌 FH_4 的合成，影响其一碳单位代谢，达到抑制细菌生长增殖的作用。抗癌药物氨甲蝶呤作为叶酸类似物，可抑制肿瘤细胞 FH_4 的合成，进而影响其核酸合成而发挥药理作用。

2. 满足机体多种重要物质生物合成时对甲基的需要　生物体内合成胆碱、卵磷脂、肉碱、肌酸、肾上腺素等化合物及 DNA、蛋白质的甲基化均需 *S* - 腺苷甲硫氨酸提供甲基，而 *S* - 腺苷甲硫氨酸的形成有赖于 $N^5-CH_3—FH_4$（参见甲硫氨酸循环与甲基转移）。

三、含硫氨基酸的代谢

体内含硫氨基酸包括甲硫氨酸、半胱氨酸和胱氨酸。

（一）半胱氨酸和胱氨酸的代谢

1. 半胱氨酸和胱氨酸的互变　半胱氨酸含巯基（—SH），胱氨酸含二硫键（S—S—），二者可通过氧化还原反应而互变。二硫键对蛋白质的正确折叠和高级结构的形成与维持十分重要。例如胰岛素分子由 A、B 二条肽链组成，A 链有 1 个链内二硫键，A 链和 B 链之间通过 2 个链间二硫键连接在一起；免疫球蛋白 IgG 的轻链和重链也是通过链间二硫键结合的。体内许多蛋白质或酶的活性与半胱氨酸残基上的巯基密切相关，一些毒物如路易士气、碘乙酸和重金属盐可与酶分子中的巯基结合而表现其毒性，药物二巯基丙磺酸钠、二巯基丁二酸钠能游离出相关酶的巯基而解除毒性。

$$2\ \begin{matrix}CH_2SH\\ |\\ CHNH_2\\ |\\ COOH\end{matrix} \underset{+2H}{\overset{-2H}{\longleftrightarrow}} \begin{matrix}CH_2-S-S-CH_2\\ |\qquad\qquad |\\ CHNH_2\qquad CHNH_2\\ |\qquad\qquad |\\ COOH\qquad COOH\end{matrix}$$

半胱氨酸　　　　　　胱氨酸

2. 活性硫酸根代谢　含硫氨基酸氧化分解均可产生硫酸根（SO_4^{2-}），半胱氨酸是体内硫酸根的主要来源。半胱氨酸可直接脱去氨基和巯基，生成丙酮酸、氨和硫化氢，硫化氢被氧化生成硫酸根。半胱氨酸巯基亦可先氧化生成亚磺基，然后再生成硫酸根。体内的硫酸根，一部分以无机盐的形式随尿排出，一部分经 ATP 活化生成活性硫酸根，即 3′ - 磷酸腺苷 - 5′ - 磷酸硫酸（3′ - phosphoadenosine - 5′ - phosphosulfate，PAPS）。

PAPS 的性质活泼，在肝脏的生物转化中有重要作用。例如类固醇激素可与 PAPS 结合成硫酸酯而被灭活，一些外源性酚类可形成硫酸酯而增加其溶解性以利于从尿中排出。此外，PAPS 还可参与硫酸角质素、硫酸软骨素、硫酸皮肤素、肝素等的合成。

CH_2SH / $CHNH_2$ / $COOH$ —[O]→ CH_2-SO_3H / $CHNH_2$ / $COOH$ —[O]→ CH_2-SO_3H / CH_2NH_2 牛磺酸；→ CO_2；→ NH_3；[O] → $CH_3-CO-COOH + H_2SO_3$

半胱氨酸　亚磺丙氨酸　丙酮酸

H_2SO_3 —[O]→ H_2SO_4 —ATP 活化→ PAPS

活性硫酸根形式（PAPS）

3. 半胱氨酸参与合成谷胱甘肽 谷胱甘肽可保护某些蛋白质及酶分子的巯基不被氧化，从而维持其生物活性。如红细胞中含有较多 GSH，对保护红细胞膜完整性及促使高铁血红蛋白还原为血红蛋白均有重要作用。此外，体内产生的过氧化物及自由基，可通过谷胱甘肽过氧化物酶（GSH－Px）清除，GSH－Px 的活性中心是硒半胱氨酸，它能催化 GSH 变为 GSSG，同时使有毒的过氧化物还原成无毒的羟基化合物。在肝中，GSH 参与药物、毒物的生物转化。另外，GSH 还通过参与 γ－谷氨酰基循环将外源氨基酸主动转运到细胞内。

4. 半胱氨酸参与合成肌酸 肌酸和磷酸肌酸在能量储存及利用中起重要作用。二者互变使体内 ATP 供应具有后备潜力。肌酸在肝和肾中合成，广泛分布于骨骼肌、心肌、大脑等组织中。肌酸以甘氨酸为骨架，由精氨酸提供脒基、SAM 供给甲基，在脒基转移酶和甲基转移酶的催化下合成。在肌酸激酶的催化下可将 ATP 的高能磷酸基转移到肌酸分子上形成磷酸肌酸（CP）。肌酸和磷酸肌酸的代谢终产物为肌酸酐，简称肌酐。正常成人每日尿中肌酐量较为恒定。肾严重病变时，肌酐排泄受阻，血中肌酐浓度升高。因此，临床上常通过测定血中和尿中肌酐的含量来诊断肾病。肌酸的代谢见图 9－10。

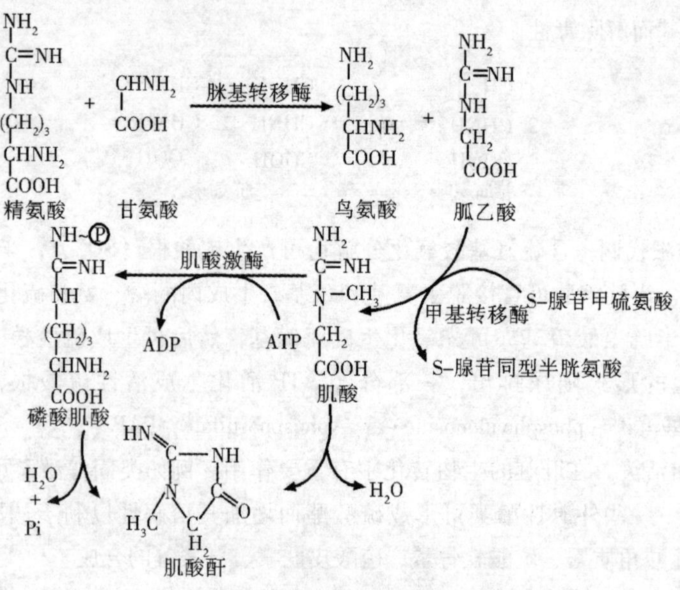

图 9－10 肌酸的代谢

（二）甲硫氨酸代谢

1. *S*－腺苷甲硫氨酸的生成　甲硫氨酸分子与 ATP 在腺苷转移酶催化下反应生成 SAM。SAM 中的甲基是高度活化的，称为活性甲基，SAM 称为活性甲硫氨酸。

$$\underset{\text{甲硫氨酸}}{\mathrm{CH_3{-}S{-}CH_2{-}CH_2{-}CHNH_2{-}COOH}} + \mathrm{ATP} \xrightarrow{\text{腺苷转移酶}} \underset{S\text{—腺苷甲硫氨酸（SAM）}}{\text{腺苷}{-}\mathrm{S^{+}(CH_3){-}CH_2{-}CH_2{-}CHNH_2{-}COOH}} + \mathrm{PPi} + \mathrm{Pi}$$

2. 甲硫氨酸循环与甲基转移　SAM 可在不同甲基转移酶的催化下，将甲基转移给各种甲基受体而形成许多甲基化合物，如肾上腺素、胆碱、甜菜碱、肉碱、肌酸等都是从 SAM 中获得甲基的。SAM 是体内最主要的甲基供体。

$$\underset{\text{SAM}}{\text{腺苷}{-}\mathrm{S^{+}(CH_3){-}CH_2{-}CH_2{-}CHNH_2{-}COOH}} \xrightarrow[\text{甲基转移酶}]{\mathrm{RH}\ \to\ \mathrm{R{-}CH_3}} \underset{\text{S-腺苷同型半胱氨酸}}{\text{腺苷}{-}\mathrm{S^{+}H{-}CH_2{-}CH_2{-}CHNH_2{-}COOH}} \xrightarrow{\text{腺苷}} \underset{\text{同型半胱氨酸}}{\mathrm{SH{-}CH_2{-}CH_2{-}CHNH_2{-}COOH}}$$

SAM 转出甲基后形成 *S*－腺苷同型半胱氨酸，SAH 水解释出腺苷变为同型半胱氨酸。同型半胱氨酸接受 N^5－甲基四氢叶酸（$N^5-CH_3—FH_4$）提供的甲基再生成甲硫氨酸，形成一个循环过程，称为甲硫氨酸循环（图 9－11）。

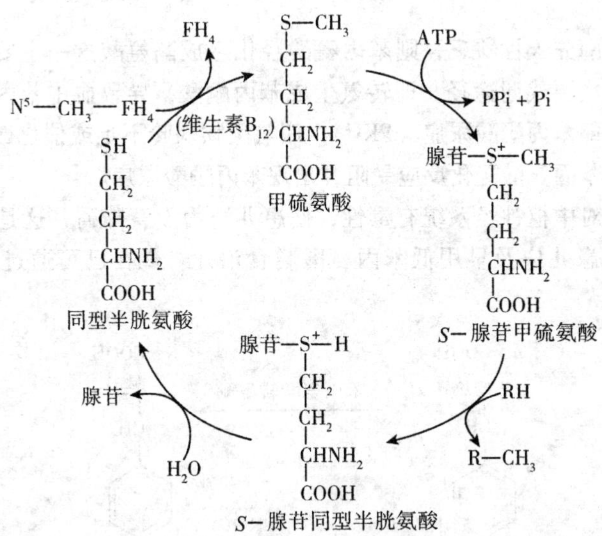

图 9－11　甲硫氨酸循环

此循环的生理意义是由 $N^5-CH_3—FH_4$ 提供甲基生成甲硫氨酸，再通过 SAM 提供甲基以进行体内广泛存在的甲基化反应，因此，$N^5-CH_3—FH_4$ 可看成是体内甲基的间接供体，此循环是体内利用 $N^5-CH_3—FH_4$ 的唯一反应。

$N^5-CH_3—FH_4$ 提供甲基使同型半胱氨酸转变成甲硫氨酸，反应由 $N^5-CH_3—FH_4$ 转甲基酶催化，辅酶是维生素 B_{12}，当维生素 B_{12} 缺乏时，甲基转移反应受阻，不仅影响甲硫氨酸的合成，同时也导致叶酸以 $N^5-CH_3—FH_4$ 的形式在体内堆积，使组织中游离的 FH_4 含量减少，无法重新利用以转运其他一碳单位，导致核酸合成障碍，影响细胞分裂，引起巨幼红细胞性贫血。不难看出，维生素 B_{12} 对核酸合成的影响是间接地通过影响叶酸代谢而实现的。

四、芳香族氨基酸的代谢

芳香族氨基酸包括苯丙氨酸、酪氨酸和色氨酸。在体内苯丙氨酸可转变成酪氨酸，但酪氨酸不能转变为苯丙氨酸，故苯丙氨酸是必需氨基酸。

（一）苯丙氨酸和酪氨酸代谢

1. 苯丙氨酸代谢 正常情况下，苯丙氨酸主要羟化为酪氨酸后进一步代谢。羟化反应由苯丙氨酸羟化酶催化完成，它是一种混合功能氧化酶，其辅酶为四氢生物蝶呤。反应生成的二氢生物蝶呤在二氢生物蝶呤还原酶催化下以 $NADPH+H^+$ 为供氢体还原再生成为四氢生物蝶呤。

COOH—CHNH$_2$—CH$_2$—C$_6$H$_5$（苯丙氨酸） + O_2 —苯丙氨酸羟化酶（四氢生物蝶呤 → 二氢生物蝶呤；NADPH+H$^+$ → NADP$^+$）→ COOH—CHNH$_2$—CH$_2$—C$_6$H$_4$—OH（酪氨酸） + H_2O

若苯丙氨酸羟化酶先天性缺乏，则苯丙氨酸羟化生成酪氨酸这一主要代谢途径受阻，于是大量的苯丙氨酸走次要代谢途径，即转氨生成苯丙酮酸，导致血中苯丙酮酸含量增高，并从尿中大量排出，此即苯丙酮酸尿症（PKU），四氢生物蝶呤不足或催化四氢生物蝶呤再生的还原酶缺陷，也会使苯丙氨酸羟化反应受阻，出现苯丙酮酸尿症。

苯丙酮酸的堆积对中枢神经系统有毒性，使患儿智力发育障碍，这是氨基酸代谢中最常见的一种遗传疾病，患儿应及早用低苯丙氨酸膳食治疗。现在已可通过产前基因诊断控制PKU患儿出生。

COOH—CHNH$_2$—CH$_2$—C$_6$H$_5$（苯丙氨酸） —苯丙氨酸转氨酶→ COOH—C=O—CH$_2$—C$_6$H$_5$（苯丙酮酸）

2. 酪氨酸代谢

（1）转变为儿茶酚胺 酪氨酸经酪氨酸羟化酶催化生成3，4二羟苯丙氨酸（又叫多巴）。多巴经多巴脱羧酶催化生成多巴胺。在肾上腺髓质，多巴胺在多巴胺 β－氧化酶催化下，其 β－碳原子羟化生成去甲肾上腺素，去甲肾上腺素接受 SAM 的甲基转变成肾上腺素。多巴胺、去甲肾上腺素、肾上腺素统称为儿茶酚胺。

酪氨酸 —羟化→ 3,4－二羟苯丙氨酸 —脱羧→ 多巴胺 —羟化→ 去甲肾上腺素 —甲基化→ 肾上腺素

（多巴胺、去甲肾上腺素、肾上腺素：儿茶酚胺）

帕金森病是由于脑纹状体缺乏多巴胺所致的一种严重的神经系统疾病。临床常用L－多巴治疗，L－多巴本身不能通过血脑屏障，无直接疗效，但在相应组织中可脱羧生成多巴胺达到治疗作用。目前，“肾上腺髓质脑内移植”治疗帕金森病取得较好疗效，原因在于肾上腺髓质可生成多巴胺以弥补脑中多巴胺不足。

（2）合成黑色素　在黑色素细胞中，酪氨酸在酪氨酸酶催化下羟化生成多巴，多巴再经氧化生成多巴醌，多巴醌进一步环化和脱羧生成吲哚醌。黑色素即是吲哚醌的聚合物。人体若缺乏酪氨酸酶或酪氨酸酶功能减退，会导致黑色素合成障碍而罹患白化病。患者皮肤、毛发、虹膜、视网膜等缺乏色素，皮肤呈乳白色或淡粉红色，头发淡黄色或白色，纤细无光泽，虹膜呈灰蓝色或透明，人们将这类患者俗称为“羊白头”。由于缺乏黑色素对紫外线的防护作用，患者对阳光敏感，易患皮肤癌。酪氨酸酶活性的检测亦是增白类化妆品研制过程中的重要指标。

酪氨酸 —酪氨酸酶→ 多巴 → 多巴醌 → → 吲哚醌 —聚合→ 黑色素

（3）分解代谢　酪氨酸经转氨基作用生成对羟基苯丙酮酸，进一步分解则可生成延胡索酸和乙酰乙酸，二者分别参与糖和脂肪酸的代谢，因此苯丙氨酸和酪氨酸均为生糖兼生酮氨基酸。酪氨酸在分解代谢中会生成中间产物尿黑酸，如尿黑酸氧化酶缺乏，则尿黑酸裂环降解受阻，大量尿黑酸排入尿中，经空气氧化为相应的对醌，后者可聚合为黑色物质，此即尿黑酸尿症。

酪氨酸 —酪氨酸转氨酶→ 羟苯丙酮酸 → 尿黑酸 → → 延胡索酸 ＋ 草酰乙酸

（4）碘化生成甲状腺激素 T_3、T_4　甲状腺滤泡上皮细胞内的碘，在过氧化物酶的作用下转变成活性碘，并迅速和甲状腺球蛋白上的酪氨酸合成一碘酪氨酸（T_1）和二碘酪氨酸（T_2）。2 个二碘酪氨酸偶联成四碘甲状腺原氨酸（T_4），1 个二碘酪氨酸和 1 个一碘酪氨酸偶联成 1 个三碘甲状腺原氨酸（T_3）。T_3、T_4 统称甲状腺激素，它们是维持机体正常代谢和生长发育的必需物质，对骨和脑的发育尤为重要。婴幼儿缺乏甲状腺激素时，中枢神经系统发育出现障碍，长骨生长停滞，表现为以智力迟钝和身材矮小为特征的呆小症；成年人缺乏甲状腺激素则会发生黏液性水肿。故临床上可用甲状腺素替代疗法治疗克汀病和黏液性水肿。

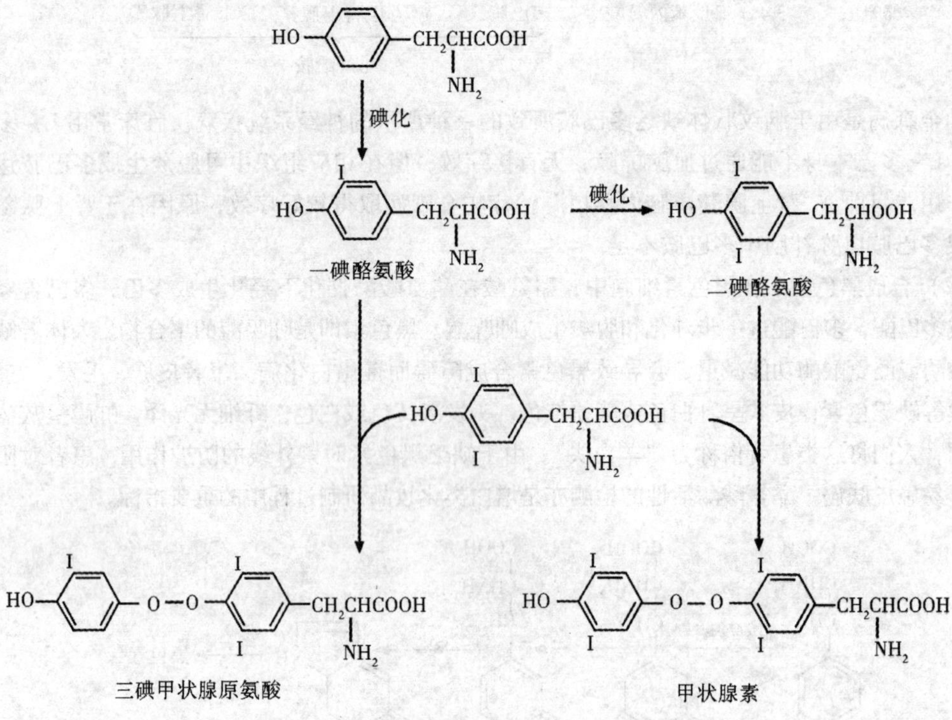

图 9－12　甲状腺激素 T_3、T_4 的生成过程

（5）生成酪胺　酪氨酸脱羧后可产生具有升血压作用的酪胺，正常情况下，酪胺在肝被单胺氧化酶氧化分解而失活。当用单胺氧化酶抑制剂（如异烟肼等药物）治疗某些治病时，应禁食含酪胺量高的食物，如酸牛奶、干酪、甜酒（尤其是葡萄酒）等，否则可引起严重高血压。

（二）色氨酸代谢

色氨酸除生成生物活性物质 5－羟色胺、一碳单位外，还可进行分解代谢产生丙酮酸与乙酰乙酰辅酶 A，所以色氨酸是生糖兼生酮氨基酸。除此之外，色氨酸分解还可产生尼克酸（烟酸），作为 NAD（P）$^+$ 的关键成分。这是体内合成维生素的一个特例，但合成量甚少，不能满足机体需要，仍需由食物补充。

（何震宇）

第十章　核苷酸代谢

1. 掌握核苷酸从头合成和补救合成的概念、脱氧核苷酸的合成；嘌呤核苷酸补救合成的关键酶和生理意义。

2. 熟悉嘌呤核苷酸和嘧啶核苷酸从头合成的原料和基本过程；嘌呤核苷酸分解代谢与痛风症。

3. 了解核苷酸的生物学功能、核苷酸抗代谢物的种类及其作用机制。

核苷酸是核酸的基本结构单位。人体内的核苷酸主要由机体细胞自身合成，因而核苷酸不属于营养必需物质。食物中的核酸大多以核蛋白的形式存在。核蛋白在胃中受胃酸的作用，分解成核酸与蛋白质。核酸在小肠中受胰液和肠液中各种水解酶的作用逐步水解，最终生成碱基、戊糖和磷酸（图 10－1）。磷酸和戊糖可再被利用，碱基除小部分可再被利用外，大部分均被分解而排出体外。

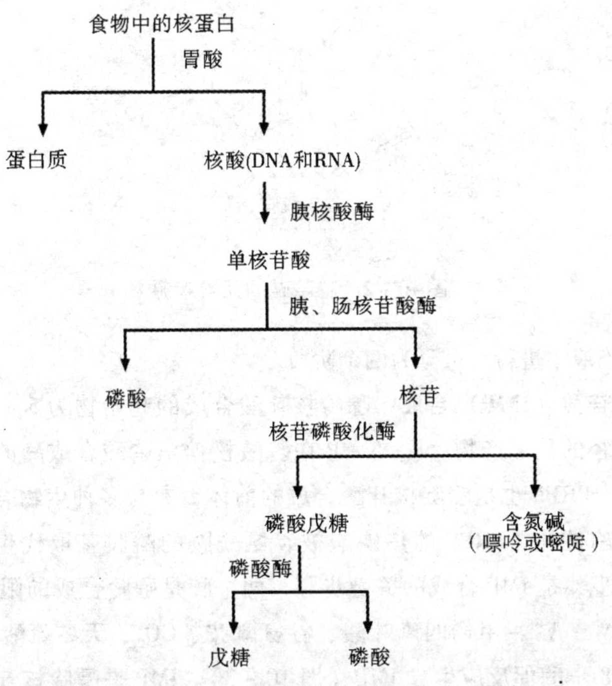

图 10－1　食物核酸的消化

核苷酸具有多种生物学功能：①作为核酸合成的原料是核苷酸最主要的功能；②体内能量的利用形式；③参与代谢和生理调节；④构成辅酶；⑤形成活化中间代谢物，如 UDP－葡萄糖合成糖原，*S*－腺苷甲硫氨酸是活性甲基的载体。

核苷酸代谢包括合成代谢和分解代谢。

第一节 嘌呤核苷酸代谢

一、合成代谢

体内嘌呤核苷酸的合成可分为从头合成和补救合成两条途径。利用氨基酸、一碳单位、CO_2 和磷酸核糖等简单物质为原料，经过一系列酶促反应合成嘌呤核苷酸的途径称为从头合成途径（de novo synthesis），这是嘌呤核苷酸合成的主要途径。以体内游离的嘌呤或嘌呤核苷为原料经过比较简单的反应合成核苷酸的过程称为补救合成途径（salvage pathway）。

（一）嘌呤核苷酸的从头合成

嘌呤核苷酸的从头合成是在磷酸核糖分子上逐步合成，而不是先合成嘌呤碱再与核糖及磷酸结合的。合成的原料包括 5－磷酸核糖、天冬氨酸、甘氨酸、谷氨酰胺、一碳单位及 CO_2 等，主要在肝脏中合成，其次是小肠黏膜和胸腺。嘌呤碱的 C、N 来源见图 10－2。

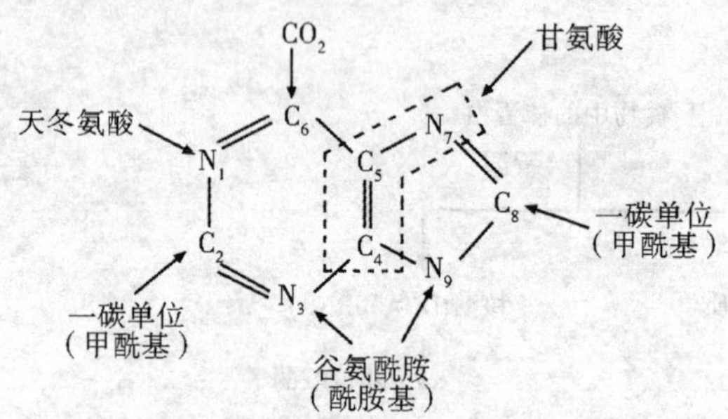

图 10－2 嘌呤碱的元素来源

反应过程均在胞液中进行，可分为两个阶段。

1. 次黄嘌呤核苷酸（IMP）合成 嘌呤核苷酸合成的起始物为 5－磷酸核糖（R－5－P），是磷酸戊糖途径的代谢产物。R－5－P 在磷酸核糖焦磷酸合成酶的催化下生成磷酸核糖焦磷酸（PRPP）。PRPP 也是嘧啶核苷酸合成的前体，参与多种生物合成过程。然后，由磷酸核糖酰胺转移酶催化，PRPP 的焦磷酸被谷氨酰胺的酰胺基取代生成 5－磷酸核糖胺（PRA）。以上两个步骤是 IMP 合成的关键步骤，两个酶是嘌呤合成的限速酶。在 PRA 的基础上，由甘氨酸、N^5，N^{10}－甲烯四氢叶酸、谷氨酰胺、CO_2、天冬氨酸、N^{10}－甲酰四氢叶酸依次参与，经过 8 步酶促反应生成 IMP（图 10－3）。IMP 是嘌呤核苷酸合成的重要中间产物。

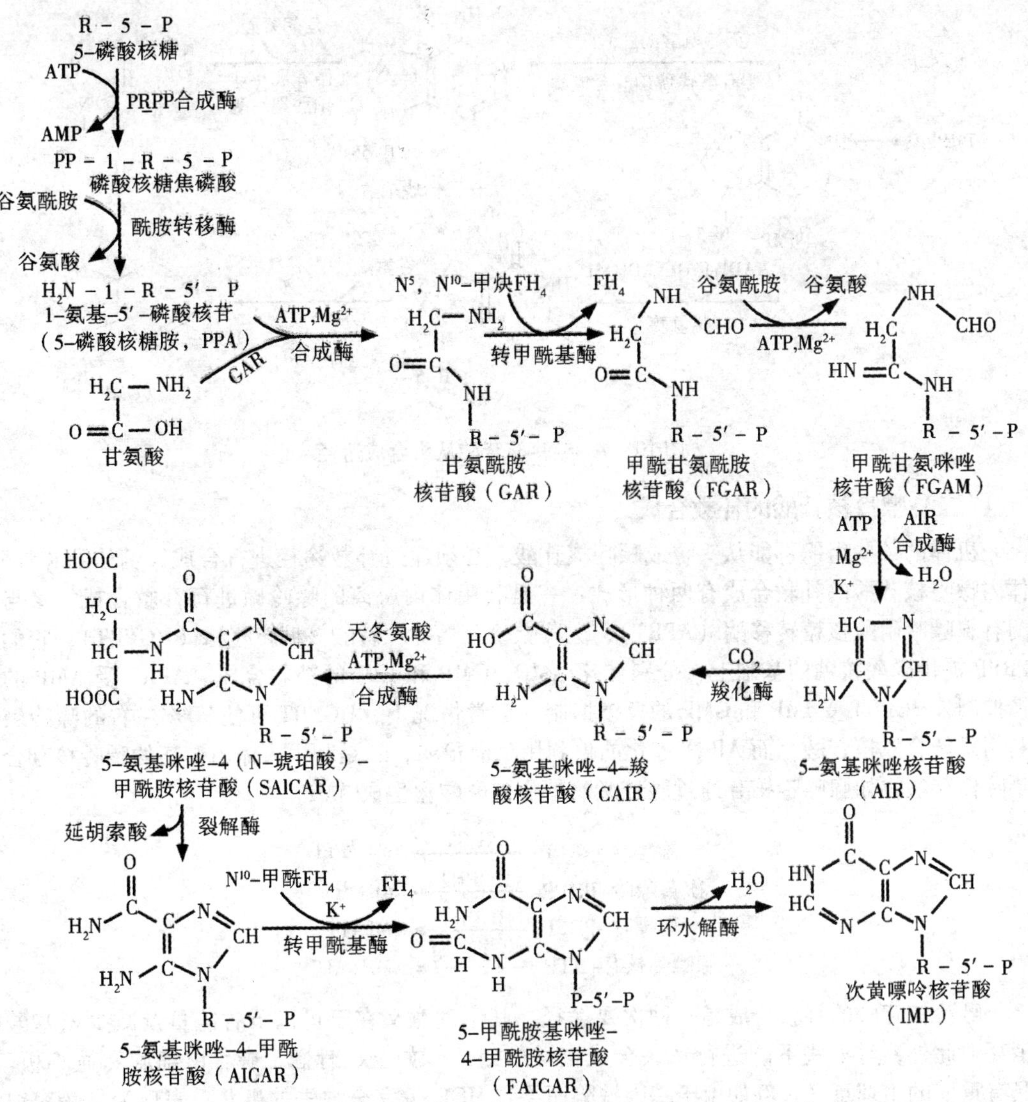

图 10－3　IMP 的合成

2. AMP 和 GMP 的生成　IMP 沿两条途径转变成 AMP 和 GMP。一条由腺苷酸代琥珀酸合成酶催化，天冬氨酸提供氨基，脱去延胡索酸，生成 AMP。另一条 IMP 也可氧化生成黄嘌呤核苷酸（XMP），由谷氨酰胺提供氨基生成 GMP。反应过程由 ATP、GTP 供能。（图 10－4）

核酸的合成原料为三磷酸核苷，AMP 和 GMP 在核苷酸激酶的催化下，经过两步磷酸化反应分别生成 ATP 和 GTP。

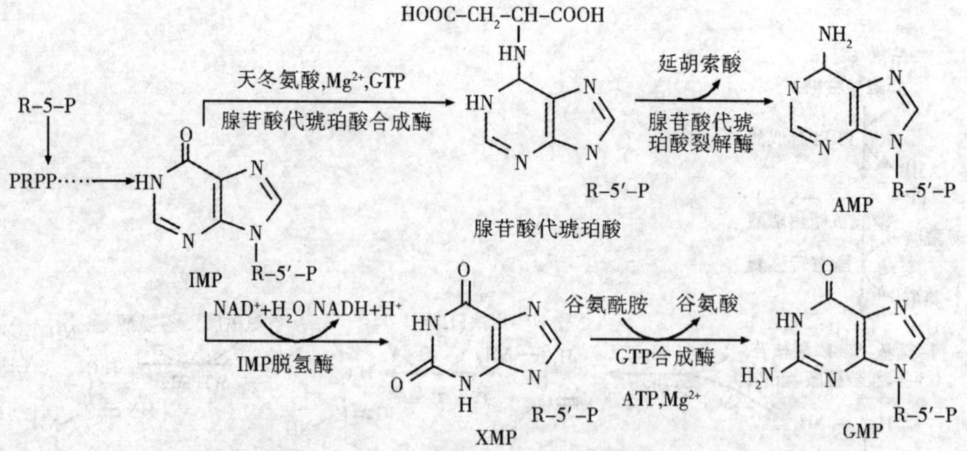

R-5-P → PRPP → IMP

天冬氨酸,Mg^{2+},GTP

腺苷酸代琥珀酸合成酶

$HOOC-CH_2-CH-COOH$

腺苷酸代琥珀酸

延胡索酸

腺苷酸代琥珀酸裂解酶

AMP

$NAD^+ + H_2O$ $NADH + H^+$

IMP脱氢酶

XMP

谷氨酰胺 谷氨酸

GTP合成酶

ATP,Mg^{2+}

GMP

图 10-4 嘌呤核苷酸从头合成途径

（二）嘌呤核苷酸的补救合成

机体的某些组织不能从头合成嘌呤核苷酸，必须通过补救途径进行合成，例如脑和骨髓。体内嘌呤核苷酸的补救合成有两种形式：一是利用体内游离的嘌呤碱进行补救合成，参与的酶有腺嘌呤磷酸核糖转移酶（APRT）、次黄嘌呤-鸟嘌呤磷酸核糖转移酶（HGPRT），它们在PRPP提供磷酸核糖的基础上，分别催化AMP、GMP和IPM的补救合成。APRT受AMP的反馈抑制，HGPRT受IMP和GMP的反馈抑制。正常情况下，HGPRT可使90%左右的嘌呤碱再利用重新合成核苷酸，而APRT催化的再利用反应很弱；二是利用人体内游离的嘌呤核苷合成嘌呤核苷酸，如腺嘌呤核苷通过腺苷激酶催化被磷酸化生成AMP。

$$\text{腺嘌呤}+\text{PRPP} \xrightarrow{\text{APRT}} \text{AMP}+\text{PPi}$$

$$\text{次黄嘌呤}+\text{PRPP} \xrightarrow{\text{HGPRT}} \text{IMP}+\text{PPi}$$

$$\text{鸟嘌呤}+\text{PRPP} \xrightarrow{\text{HGPRT}} \text{GMP}+\text{PPi}$$

$$\text{腺嘌呤核苷}+\text{ATP} \xrightarrow{\text{腺苷激酶}} \text{AMP}+\text{ADP}$$

嘌呤核苷酸的补救合成是一种次要途径。其生理意义在于可以节省能量及减少氨基酸的消耗。此外，对某些不能进行从头合成核酸的组织，如脑、骨髓、脾、白细胞和血小板等，具有重要的生理意义。例如由于基因缺陷而导致HGPRT完全缺失的患儿，表现为自毁容貌征或称Lesch-Nyhan综合征，这是一种遗传代谢病。

（三）脱氧核糖核苷酸的生成

DNA是由脱氧核糖核苷酸组成的，体内的脱氧核糖核苷酸包括嘌呤脱氧核苷酸、嘧啶脱氧核苷酸。除dTMP外，体内的脱氧核糖核苷酸均是在二磷酸核苷（NDP）水平上还原而成，由核糖核苷酸还原酶催化。反应生成的脱氧核苷二磷酸（dNDP），经激酶作用磷酸化生成相应的dNTP，参与DNA的生物合成。总反应如下：

$$\text{NDP}+\text{NADPH}+\text{H}^+ \xrightarrow{\text{核糖核苷酸还原酶}} \text{dNDP}+\text{NADP}^+ +\text{H}_2\text{O}$$

$$\text{dNDP}+\text{ATP} \xrightarrow{\text{激酶}} \text{dNTP}+\text{ADP}$$

二、分解代谢

嘌呤核苷酸的分解代谢主要在肝脏、小肠及肾脏中进行。嘌呤核苷酸首先在核苷酸酶的作用下水解，脱去磷酸成为嘌呤核苷，嘌呤核苷在嘌呤核苷磷酸化酶（PNP）的催化下水解为嘌呤与1-

磷酸核糖。1－磷酸核糖可转变成5－磷酸核糖进入糖代谢途径或参与新的核苷酸合成。嘌呤碱最终经水解、脱氨及氧化作用生成尿酸（uric acid，UA），随尿液排出体外。AMP生成次黄嘌呤，后者在黄嘌呤氧化酶的作用下氧化为黄嘌呤，最后生成尿酸。GMP生成鸟嘌呤，后者转变成黄嘌呤，最后也生成尿酸（图10－5）。嘌呤脱氧核苷经过相同途径进行分解代谢。

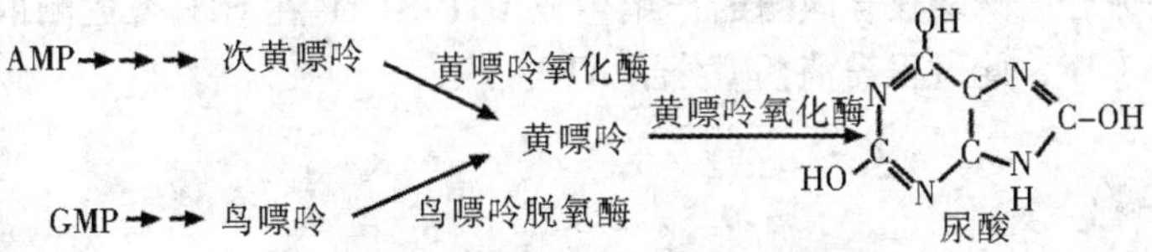

AMP→→→ 次黄嘌呤 —黄嘌呤氧化酶→ 黄嘌呤 —黄嘌呤氧化酶→ 尿酸

GMP→→ 鸟嘌呤 —鸟嘌呤脱氨酶→ 黄嘌呤

图10－5　嘌呤核苷酸的分解代谢

正常人血浆中尿酸含量约为120～360μmol/L，男性略高于女性。主要以尿酸及其钠盐的形式存在，均难溶于水。痛风症患者尿酸含量升高一定量时，尿酸盐晶体沉积于关节、肾脏、软组织、软骨等处，导致关节炎、尿路结石及肾疾病。痛风多见于成年男性，可能与嘌呤核苷酸代谢酶缺陷有关。另外，高嘌呤饮食、肾脏疾病，也可导致尿酸含量升高。

临床上常用别嘌呤醇来治疗痛风症。别嘌呤醇与次黄嘌呤结构相似，可抑制黄嘌呤氧化酶，从而抑制尿酸的生成。别嘌呤醇还可以与PRPP反应生成别嘌呤醇核苷酸，既消耗了核苷酸合成所必需的PRPP，又可反馈抑制嘌呤核苷酸的从头合成。

第二节　嘧啶核苷酸代谢

一、合成代谢

与嘌呤核苷酸的合成一样，嘧啶核苷酸的合成代谢也有从头合成和补救合成两条途径。

（一）嘧啶核苷酸的从头合成

嘧啶核苷酸的从头合成主要在肝脏中进行，合成的原料有谷氨酰胺、CO_2、天冬氨酸和5－磷酸核糖。嘧啶碱合成的元素来源见图10－6。

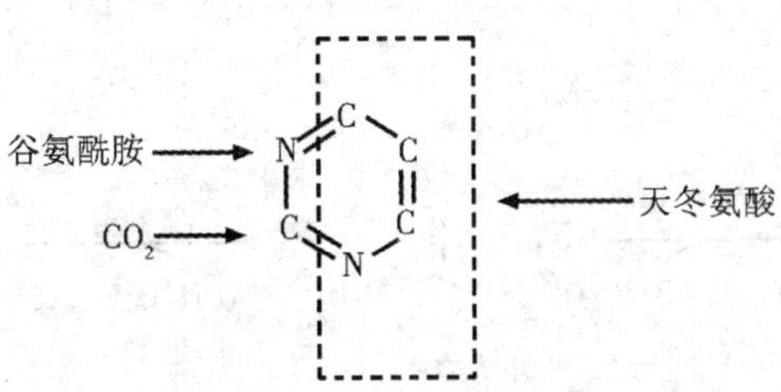

图10－6　嘧啶环的元素来源

与嘌呤核苷酸的合成不同，嘧啶核苷酸是先合成嘌呤环，再与磷酸核糖连接生成核苷酸。首先合成的核苷酸是尿嘧啶核苷酸（UMP），UMP通过鸟苷酸激酶和二磷酸核苷激酶的催化生成尿苷三磷酸（UTP），再在CTP合成酶的催化下，接受来自谷氨酰胺的氨基而成为胞苷三磷酸（CTP）。具体反应过程如下。

1. UMP的合成　此过程分6步反应。①氨基甲酰磷酸的合成是嘧啶合成的第一步。谷氨酰胺和CO_2在氨基甲酰磷酸合成酶Ⅱ（CPS Ⅱ）的作用下合成氨基甲酰磷酸，反应在胞液中进行。尿素合成时所需的CPS Ⅰ存在于线粒体，其作用的底物为氨和CO_2；②氨基甲酰磷酸与天冬氨酸在天冬氨酸氨基甲酰转移酶（aspartate transcarbamoylase，ATCase）的催化下，缩合生成氨甲酰天冬氨酸。此反应为嘧啶合成的限速步骤，受产物的反馈抑制；③氨甲酰天冬氨酸在二氢乳清酸酶的催化下脱水环化生成具有嘧啶环的二氢乳清酸；④二氢乳清酸经二脱氢乳清酸脱氢酶催化生成乳清酸（orotic acid）；⑤乳清酸与 PRPP 化合生成乳清酸核苷酸（OMP）；⑥OMP 脱羧生成 UMP。UMP 是合成其他嘧啶核苷酸的前体（图 10－7）。

2. CTP 的合成 CTP 的合成是在三磷酸核苷水平上转化生成。UMP 经尿苷激酶催化生成 UDP，UDP 再经尿苷二磷酸核苷激酶的作用生成 UTP。UTP 在 CTP 合成酶的催化下由谷氨酰胺提供氨基生成 CTP，此过程需消耗 1 分子 ATP。

乳清酸尿症

乳清酸尿症是一种遗传性疾病，主要表现为尿中排出大量乳清酸、生长迟缓和重度贫血。是由于催化嘧啶核苷酸从头合成反应双功能酶（乳清酸磷酸核糖转移酶和乳清酸核苷酸脱羧酶）的缺陷所致。临床用尿嘧啶或胞嘧啶治疗。尿嘧啶经磷酸化可生成 UMP，抑制 CPS Ⅱ 活性，从而抑制嘧啶核苷酸的从头合成。

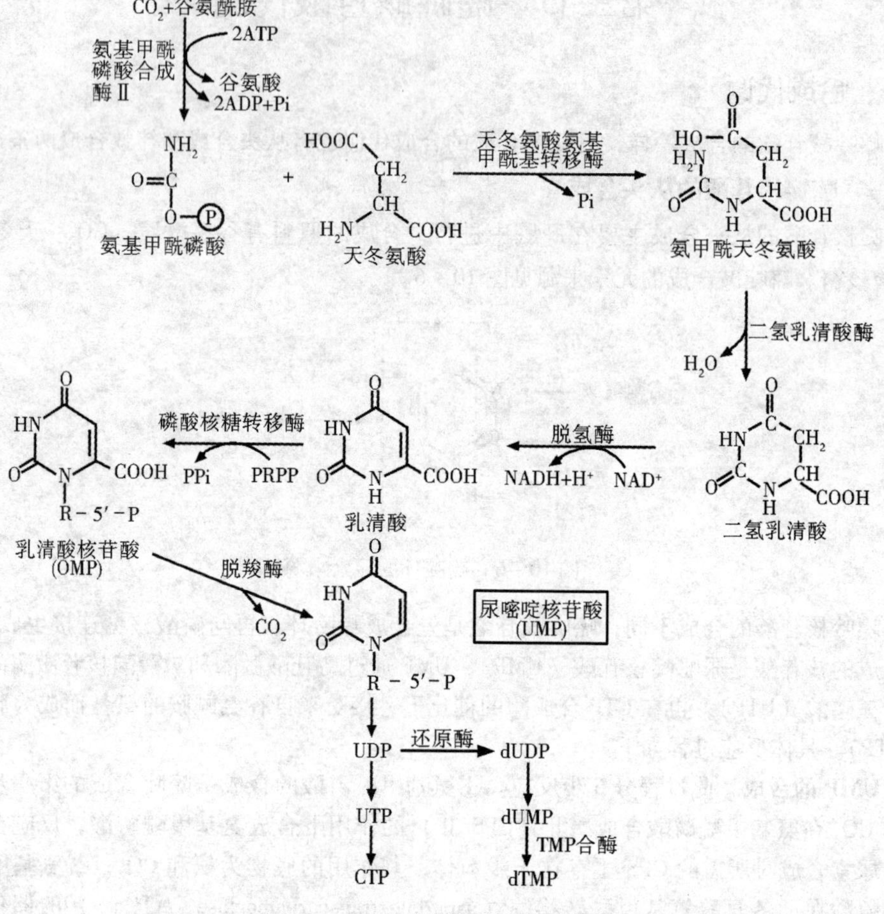

图 10－7 嘧啶核苷酸的合成代谢

（二）嘧啶核苷酸的补救合成

嘧啶磷酸核糖转移酶是催化嘧啶核苷酸补救合成的主要酶，此酶能利用尿嘧啶、胸腺嘧啶及乳清酸作为底物，催化生成相应的嘧啶核苷酸，但对胞嘧啶不起作用。尿苷激酶也是补救合成的一种酶，催化尿嘧啶核苷生成 UMP。脱氧胸苷可通过胸苷激酶而生成 dTMP，该酶在正常肝脏中活性很低，恶性肿瘤时明显升高。

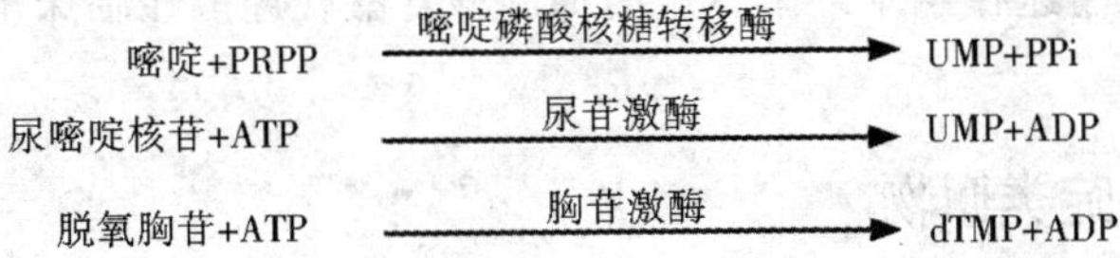

（三）dTMP 的合成

dTMP 的合成过程与其他脱氧核苷酸不同，它不是由相应的核糖核苷酸转变而来，而是由 dUMP 甲基化生成。反应由 dTMP 合酶催化，甲基的供体是 N^5，N^{10}－甲烯—FH_4。dUMP 可由 dUDP 水解生成，但主要由 dCMP 脱氨生成（图 10－8）。

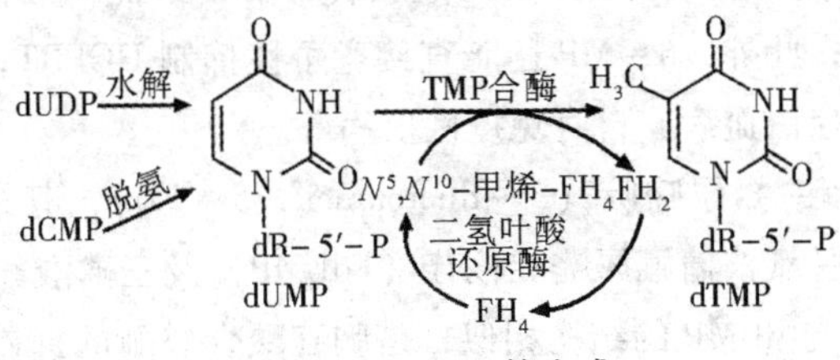

图 10－8 TMP 的生成

二、分解代谢

嘧啶核苷酸的分解是在核苷酸酶及核苷磷酸化酶的作用下，分别除去磷酸和核糖，产生的嘧啶碱在肝脏中再进一步分解，代谢的产物易溶于水。胞嘧啶脱氨基转变为尿嘧啶，最终生成 NH_3、CO_2 及 β－丙氨酸。胸腺嘧啶可生成 β－氨基异丁酸。β－丙氨酸和 β－氨基异丁酸可分别转变成乙酰 CoA 和琥珀酰 CoA 而进入三羧酸循环彻底氧化分解。NH_3 和 CO_2 可合成尿素，随尿液排出体外（图 10－9）。食用含 DNA 高的食物，经放疗或化疗治疗的癌症患者以及白血病患者，由于细胞及核酸破坏，嘧啶核苷酸分解增加，使尿中排出的 β－氨基异丁酸增多。

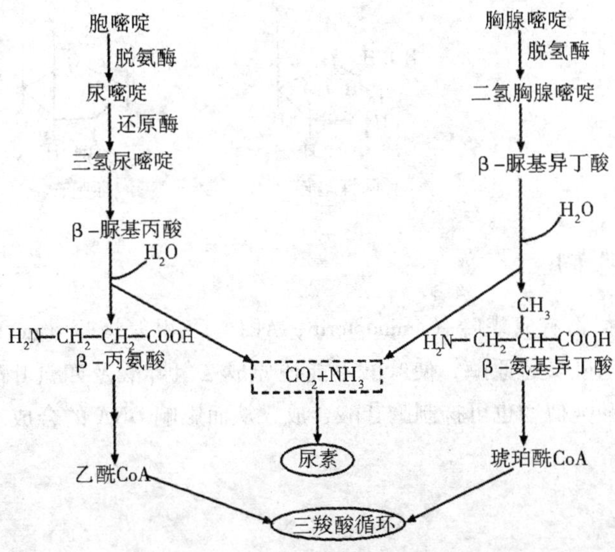

图 10－9 嘧啶核苷酸的分解代谢

第三节　核苷酸的抗代谢物

核苷酸的抗代谢物是一些嘌呤、嘧啶、氨基酸或叶酸等的类似物。它们主要干扰、抑制或阻断核苷酸合成代谢途径某个环节，从而抑制核苷酸代谢。在临床上抗代谢药物已广泛使用。

一、嘌呤和嘧啶类似物

嘌呤的类似物主要有巯嘌呤（6－mercaptopurine，6－MP）和8－氮杂鸟嘌呤等，临床上以6－MP最常用。6－MP的化学结构与次黄嘌呤相似，唯一差别是嘌呤环中C_6上分别为巯基和羟基。6－MP一方面能与PRPP结合生成巯嘌呤核苷酸，从而抑制IMP转变为AMP和GMP；另一方面6－MP核苷酸还可反馈抑制PRPP酰胺转移酶，干扰磷酸核糖胺的形成，从而阻断嘌呤核苷酸的从头合成；此外，6－MP还能直接竞争性抑制HGPRT，阻止嘌呤核苷酸的补救合成。临床上常用来治疗白血病、自身免疫性疾病等。

嘧啶类似物主要有5－氟尿嘧啶（5－fluorouracil，5－FU），其结构与胸腺嘧啶相似，在体内必须转变成一磷酸脱氧核糖氟尿嘧啶核苷（FdUMP）及三磷酸氟尿嘧啶核苷（FUTP）后才能发挥作用。FdUMP与dUMP的结构相似，是胸苷酸合成酶的抑制剂，阻断dTMP的合成，从而抑制DNA的合成。FUTP能以FUMP的形式在RNA合成时加入，从而破坏RNA的结构与功能。临床上常用来治疗胃癌、肝癌等；阿糖胞苷和环胞苷是改变了核糖结构的嘧啶核苷类似物，临床上作为重要的抗癌药物应用，阿糖胞苷能抑制CDP还原成dCDP，也能影响DNA的合成。

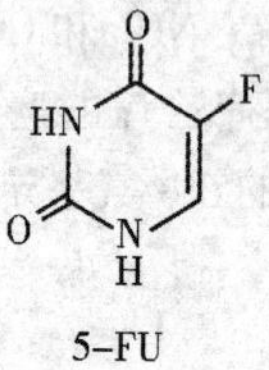

5–FU 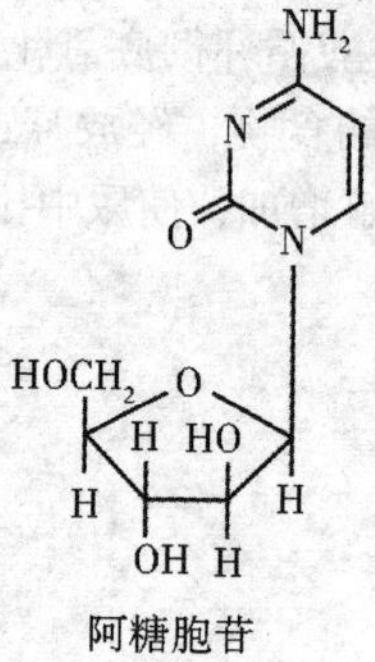　　阿糖胞苷 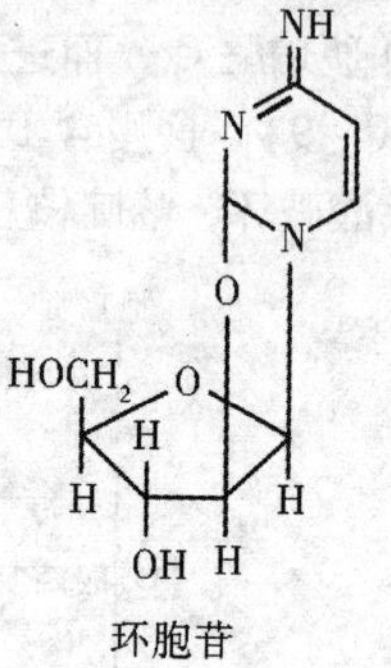　　环胞苷

二、叶酸类似物

常见的叶酸类似物有氨蝶呤（aminopterin，APT）及甲氨蝶呤（methotrexate，MTX）。它们能竞争性抑制二氢叶酸还原酶，使叶酸不能还原成二氢叶酸及四氢叶酸，从而抑制了嘌呤核苷酸的合成。叶酸类似物也可抑制胸苷酸合成，从而影响DNA的合成。MTX在临床上常用于白血病等的治疗。

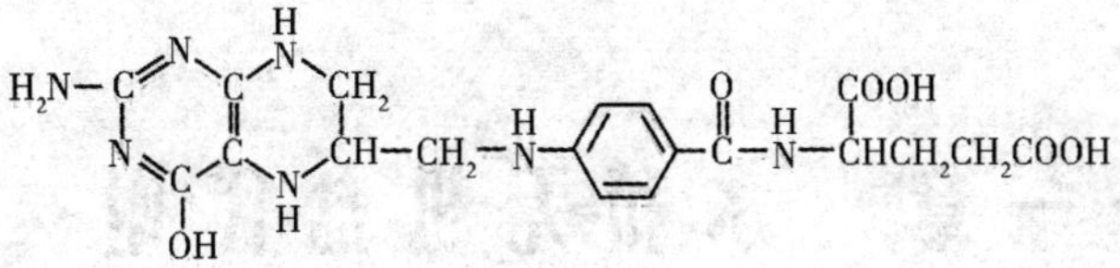

四氢叶酸

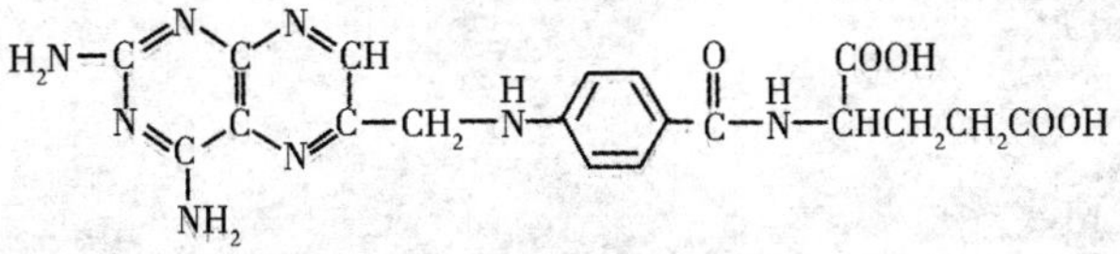

氨蝶呤

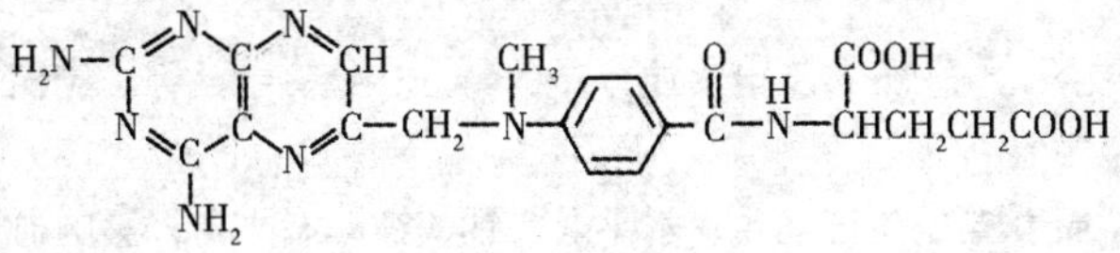

甲氨蝶呤

三、氨基酸类似物

氨基酸类似物有氮杂丝氨酸及 -6-重氮 -5-氧正亮氨酸等，它们的结构与谷氨酰胺相似，可干扰谷氨酰胺在嘌呤、嘧啶核苷酸合成中的作用，从而抑制核苷酸的合成。临床上常用于治疗多种肿瘤。

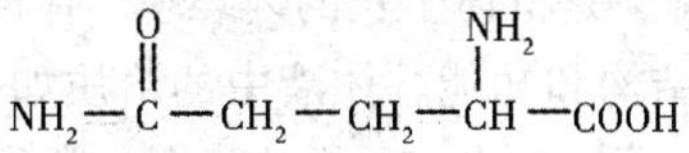

$$NH_2-\overset{O}{\overset{\|}{C}}-CH_2-CH_2-\overset{NH_2}{\overset{|}{CH}}-COOH$$ 谷氨酰胺

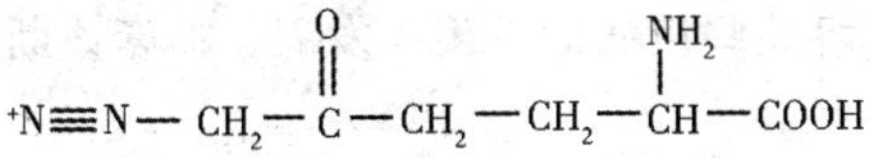

$$^{+}N\equiv N-CH_2-\overset{O}{\overset{\|}{C}}-CH_2-CH_2-\overset{NH_2}{\overset{|}{CH}}-COOH$$ 6-重氮-5-氧正亮氨酸

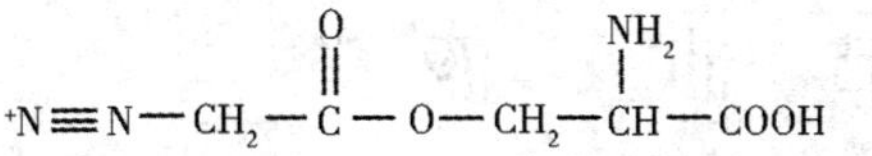

$$^{+}N\equiv N-CH_2-\overset{O}{\overset{\|}{C}}-O-CH_2-\overset{NH_2}{\overset{|}{CH}}-COOH$$ 氮杂丝氨酸

（黄川锋）

第十一章　水和无机盐代谢

1. 掌握体液的比例、分布及电解质分布的特点；钙、钠、钾、氯代谢的特点。

2. 熟悉水、无机盐的生理功用；水平衡，钠、钾动态平衡；影响血钾的因素及抗利尿激素和醛固酮对水盐代谢的调节作用；熟悉影响铁的吸收因素。

3. 了解微量元素与人体健康的关系。

机体内的代谢变化都是在体液环境中进行的。体液由水、无机盐、低分子有机化合物和蛋白质等组成的，广泛分布在组织细胞内外，是机体生长的内环境。体液的化学组成、容量、渗透压、酸碱平衡直接影响着组织细胞的结构和功能。体液中的溶质如无机盐、蛋白质、有机酸等常以解离状态存在，故称为电解质。因此，水和无机盐代谢也常称为水、电解质平衡。

学习水、无机盐代谢的基本理论对了解某些疾病的发生、发展、临床诊断、治疗、用药及日常生活都具有重要的指导意义。

第一节　体　液

体液分为细胞内液和细胞外液，细胞外液是沟通组织细胞之间和机体与外界环境之间的媒介，细胞必须从组织间液摄取营养物质，同时细胞内物质代谢产生的中间产物和终产物亦必须通过组织间液运送和排出。

一、体液的含量与分布

人体内体液的含量随年龄、胖瘦的不同而有较大的差别，大体而言，正常成年人体内体液总量占体重的60%左右，其中细胞内液占体重的40%，细胞外液占体重的20%。在细胞外液中血浆占体重的5%，组织间液占体重的15%。由此估计，一个60kg体重的正常成年人体液总量约36L，细胞内液约24L，组织间液约9L，血浆约3L。血浆量虽少，但流动速度快，是体内物质交换的主要媒介。组织间液不仅仅是沟通血浆和细胞内液的桥梁，同时又是血浆与细胞内液两者之间的缓冲地带（有较大的可变范围），能适当地膨胀或收缩，使血浆、细胞内液的成分、容量不致有显著的改变，使机体内环境得以维持相对稳定，从而保证各组织器官的主要生理功能在一定范围内能继续进行。

体液（占体重的60%）
- 细胞外液（占20%）
  - 血浆（占体重的5%）
  - 组织间液（占体重的15%）
- 细胞内液（占40%）

体液总量随着年龄的增长而减少。如新生儿体液约占体重的80%，婴幼儿约占70%，学龄前儿童约占65%，成年人约占60%，而老年人约占55%。儿童体内物质代谢快需要较多的体液，容易发生缺水性疾病，也需要补充较多的水分。

另外，体液总量随着体内脂肪数量的增加而减少，因脂肪组织含水量约为10%～30%，而肌肉的含水量约为75%～80%，所以一般女性和胖人体液总量比相同体重的男性和瘦人少。慢性消耗性疾病如肺结核、长时间发热、长期参加重体力劳动的人的体重减轻主要是体内脂肪大量减少，而严重腹泻、呕吐时体重减轻则主要是体液大量消耗。

二、体液电解质组成和特点

体液中电解质的含量及分布与渗透压平衡、酸碱平衡以及物质交换有着密切的联系，维持体液中电解质含量及分布的正常至关重要，而随着机体与外界环境的物质交换和体内物质代谢的进行，尤其是某些疾病的发生如胃肠道疾病、创伤、感染等经常引起体液中电解质含量及分布上的变化。各部分体液电解质含量及分布见表11－1。

体液中电解质的分布特点是：

（1）电解质含量以摩尔电荷含量来表示时，各部分体液中阴离子总数与阳离子总数相等，体液呈电中性。如血浆中阴、阳离子摩尔电荷数都分别是156mmol/L，细胞间液是148mmol/L，细胞内液是205mmol/L。

表11－1　体液电解质含量及分布情况（单位：mmol/L）

电解质	血浆		细胞间液		细胞内液	
	离子	电荷	离子	电荷	离子	电荷
阳离子						
Na^+	145	(145)	139	(139)	10	(10)
K^+	4.5	(4.5)	4	(4)	158	(158)
Mg^{2+}	0.8	(1.6)	0.5	(1)	15.5	(31)
Ca^{2+}	2.5	(5)	2	(4)	3	(6)
合计	152.8	(156.1)	145.5	(148)	186.5	(205)
阴离子						
Cl^-	103	(103)	112	(112)	1	(1)
HCO_3^-	27	(27)	25	(25)	10	(10)
HPO_4^{2-}	1	(2)	1	(2)	12	(24)
SO_4^{2-}	0.5	(1)	0.5	(1)	9.5	(19)
蛋白质	2.25	(18)	0.25	(2)	8.1	(65)
有机酸	5	(5)	6	(6)	16	(16)
有机磷酸	—	(—)	—	(—)	23.3	(70)
合计	138.75	(156)	144.75	(148)	79.9	(205)

（2）细胞内、外液电解质的分布有明显差异。细胞外液主要阳离子是Na^+，主要阴离子是Cl^-和HCO_3^-。细胞内液主要阳离子是K^+，主要阴离子是HPO_4^{2-}和蛋白质阴离子（Pr^-）。

（3）细胞内液电解质总量高于细胞外液，但由于细胞内液蛋白质含量高，其他电解质又以二价离子（如 HPO_4^{2-}、SO_4^{2-}、Mg^{2+}等）为多，而这些电解质产生的渗透压较小，故细胞内液与细胞外液渗透压基本相等。

（4）细胞间液蛋白质含量明显低于血浆，因此，血浆胶体渗透压高于细胞间液胶体渗透压，这一点对于维持血容量、维持血浆与细胞间液之间水的交换具有重要作用。细胞间液中其他电解质的种类、浓度与血浆基本相同。

三、体液的交换

体液的交换主要是指消化液、血浆、细胞间液和细胞内液等各部分体液之间水、电解质和小分子有机物的交换。

（一）消化液与血浆之间的交换

正常人每天分泌的消化液量约为8000ml。其中，含有多种消化酶，所含电解质浓度与血浆近似，近于等渗。绝大部分消化液被消化道重吸收，同时营养物质也被吸收。每天随粪便排出的消化液大约有150ml。在严重腹泻、呕吐时，消化液的丢失量大为增加，导致脱水现象。

大量丢失消化液还会引起酸碱平衡紊乱。胃液中主要阳离子是 H^+，主要阴离子是 Cl^-，因此严重呕吐时，可引起代谢性碱中毒。胰液、肠液、胆汁中主要阳离子是 Na^+，主要阴离子是 HCO_3^-，因此严重腹泻可导致代谢性酸中毒。此外，由于消化液中含有 K^+，所以各种消化液的丢失都伴随有 K^+ 的丢失，使患者发生不同程度的缺钾。

（二）血浆与细胞间液之间的交换

血浆与细胞间液之间的物质交换发生在组织毛细血管处，毛细血管壁为一种半透膜，除了蛋白质外，水和小分子物质（葡萄糖、氨基酸、尿素、肌酸、肌酐、CO_2、O_2、Cl^-、HCO_3^-等）均可自由透过毛细血管壁相互交换，维持动态平衡。

影响水交换的主要因素是血浆有效胶体渗透压和毛细血管血压。有效胶体渗透压就是血浆胶体渗透压与组织间液胶体渗透压之差，二者正常情况下相差22mmHg。在毛细血管动脉端，血压高于有效胶体渗透压，故水和小分子物质从血管进入组织间液。在静脉端，血压低于有效胶体渗透压，水和小分子物质从细胞间液进入血浆。如此循环往复，保持血浆和组织间液间的动态平衡。

在病理情况下，如心力衰竭时，毛细血管内压增大，可导致组织间液回流受阻而发生水肿。慢性肾炎患者从尿中大量丢失血浆清蛋白，肝功能障碍清蛋白合成减少，都可造成血浆胶体渗透压降低，也可导致组织间液回流受阻而发生水肿。

（三）组织间液与内液之间的交换

组织间液与细胞内液之间的物质交换是通过细胞膜进行的，细胞膜也可视为一种半透膜，但除了不允许蛋白质自由通过外，某些离子如：K^+、Na^+、Ca^{2+}、Mg^{2+}等也是不能自由透过的。能通过细胞膜的是水和一些小分子物质，如葡萄糖、氨基酸、尿素、肌酸、肌酐、CO_2、O_2、Cl^-、HCO_3^- 等。

决定细胞内外液交换的主要因素是晶体渗透压，即由无机离子产生的渗透压。当细胞内外液渗透压发生差别时，主要依靠水的移动维持平衡。亦即当细胞外液渗透压增高时，水自细胞内移向细胞外，使细胞皱缩；当细胞外液渗透压降低时，水自细胞外转至细胞内，引起细胞肿胀。细胞内水分丢失过多或水进入细胞过多都会造成细胞功能紊乱。

第二节 水 平 衡

一、水的生理功能

水是人体内含量最多的组成成分，也是维持人体正常生命活动的重要营养素之一。

水在体内的存在形式有两种：一种是自由水，具有很大的流动性，如体液中的水；另外一种是在组织器官内与蛋白质、多糖等物质相结合的水，称为结合水（bound water），既能保持组织器官的形态，又能使组织器官具有一定的弹性。

水的主要生理功能如下。

（一）调节体温

水的蒸发热大，使单位质量的水由液态变为气态所需要吸收的热量多，因此只需蒸发少量汗液就能散发很多的热能，这有利于人体在炎热季节或环境温度高时通过蒸发散热来维持体温的正常；水的流动性大、导热性强，通过血液循环和体液交换能使体内代谢产生的热能在体内迅速均匀分布并通过体表散发出去，也起到了维持体温恒定的作用。

（二）促进和参与物质代谢

水是良好的溶剂，各种物质能很好地溶解在水中分散于全身，有利于化学反应的发生。水还能直接参与体内的物质代谢反应，如加水反应、水解反应、加水脱氢反应等。

（三）运输作用

水不仅是良好的溶剂，而且黏度小、流动性强，有利于营养物质和代谢产物的运输。

（四）润滑作用

水是一种天然的润滑剂，能减少摩擦。唾液有利于食物吞咽及咽部湿润，泪液能防止眼球干燥，关节腔滑液可减少运动时关节面之间的摩擦，粪便中的水分有利于排便，胸腔及腹腔浆液、呼吸道与胃肠道黏液都有良好的润滑作用。

（五）结合水的作用

结合水是指与蛋白质、核酸和蛋白多糖等物质结合而存在的水。各组织中结合水和自由水的比例不同，因而坚实程度各异。如心肌含水量约为79%，比血液含水量仅少约4%（血液含水量约为83%），但心肌主要含的是结合水，故能维持一定的形态和硬度，同时不乏很好的弹性；血液中的水主要是自由水，因此具有很好的循环流动性。

二、水的来源和去路

（一）体内水的来源

人体每天水的需要量约为2500ml，主要有三个来源：①饮水，包括茶、汤、饮料及其他流质，成人一般每天需要饮水约1200ml；②食物水，各种食物含水量各不相同，成人每天随食物摄入的水量约为1000ml；③代谢水，糖、脂肪和蛋白质等营养物质在体内氧化分解过程中所产生的水称为代谢水。正常成人每天产生的代谢水约为300ml。

（二）水的去路

1. 呼吸蒸发水分 肺呼吸时，水分可以以水蒸气的形式排出。一般而言，正常成人每天自呼吸排出的水分约为350ml。

2. 皮肤蒸发水分 皮肤蒸发水分有两种形式：①非显性汗，即使是在温度适宜的环境中进行轻微的日常工作，也要从皮肤向体外蒸发掉一定的水分，蒸发掉水分数量的多少与个体体表面积有一定关系，正常成年人每天约为500ml。②显性汗，皮肤汗腺分泌的汗液，出汗量的多少与环境温度、湿度及劳动强度的大小有关。显性汗是 NaCl 的稀溶液，低渗液，含 NaCl 约为0.2%，且含有少量的 K^+。故高温作业、参加重体力劳动等大量出汗时除了补充水分外，还应适当补充 NaCl。显性汗不属于皮肤蒸发，不计入水的正常排出。

3. 消化道排水 正常成年人每天分泌进入到胃肠道中的消化液约为8000ml，其中大部分被肠黏膜细胞重吸收，只有约150ml 随粪便排出，粪便中含有一定量的水分可保证排便顺利和肠道功能的正常。

表 11-2 体内各种消化液的 pH、电解质组成（mmol/L）及日分泌量（ml）

消化液	pH	Na^+	K^+	Ca^{2+}	Cl^-	HCO_3^-	日分泌量
唾液	6.6~7.1	10~30	15~25	1.5~4	10~30	10~20	1000~1500
胃液	1.0~1.5	20~60	6~7	—	145	—	1500~2500
胰液	7.8~8.4	148	7	3	40~80	80~110	1000~2000
胆汁	6.8~7.7	130~140	7~10	3.5~7.5	110	40	500~1000
小肠液	7.2~8.2	100~142	10~50	—	80~105	30~75	1000~3000

4. 肾排水 经肾随尿排出水分是水的主要去路，它起着调节体内水平衡和排泄体内代谢废物的双重作用。成年人每天自肾小球滤过的原尿达180L，受神经体液的调节，绝大部分被肾小管上皮细胞重吸收，只有约1000~2000ml 尿液排出体外，平均1500ml。每天排尿量的多少受饮水量和其他途径排水量的影响较大，但必须指出，正常成年人每天必须排出500ml 的尿液才能清除体内的代谢废物，因为成年人每天随尿液排出的固体代谢废物（主要是尿素、尿酸、肌酐等非蛋白含氮化合物和电解质）一般不少于35g，每1g 固体物质至少需要15ml 的水才能使之溶解，因此成人每天至少需排尿500ml 才能将代谢废物排尽，否则将会导致代谢废物在体内堆积而引起中毒（尿毒症），所以500ml 是正常成人肾排尿的最低值。临床上将每日排尿量少于500ml 称为少尿，少于100ml 称为无尿。

表 11-3 正常成人每日水的出入量

水的摄入途径	水的摄入量（ml）	水的排出途径	水的排出量（ml）
饮水	1200	呼吸蒸发	350
食物水	1000	皮肤蒸发	500
代谢水	300	粪便排水	150
		肾脏排水	1500
合计	2500		2500

正常成年人每天需水量为2500ml，若以每千克体重来计算，则每天每千克体重约需水40ml，而婴幼儿（也包括孕妇、恢复期患者）生长迅速，需要保留部分水分作为组织生长、修复的需要，故他们的摄水量大于排水量。婴幼儿每天的需水量按每千克体重计算比成年人高约2~4倍，但婴幼儿神经、内分泌系统发育尚不完善，肾小管重吸收能力、尿浓缩能力差，且机体新陈代谢旺盛，排出的代谢废物也较多，所以排尿量也相对较多。另外，婴幼儿调节功能和代偿功能较差，容易出现水、电解质平衡失调现象，因此，婴幼儿的体液平衡问

题是儿科学中的一个重要问题。

第三节　电解质平衡

人体内的电解质主要为无机盐，约占人体体重的5%。

一、电解质的主要生理功能

（一）维持体液的渗透压和酸碱平衡

从体液电解质的分布情况来看，Na^+、Cl^-是维持细胞外液渗透压的主要离子；K^+、HPO_4^{2-}是维持细胞内液渗透压的主要离子。当这些电解质浓度发生改变时，体液的渗透压也随之改变，进而影响体内水的分布、体液的容量和组织细胞功能。另外，这些电解质也是体液缓冲系统的重要组成成分，对维持体液酸碱平衡稳定起着重要的作用。电解质平衡失常往往导致酸碱平衡失常。

（二）维持神经、肌肉的应激性

神经、肌肉的应激性与下列离子的浓度和比例有关：

$$\text{神经、肌肉应激性} \propto \frac{[Na^+] + [K^+]}{[Ca^{2+}] + [Mg^{2+}] + [H^+]}$$

从上式可以看出，Na^+、K^+可提高神经、肌肉应激性；Ca^{2+}、Mg^{2+}、H^+降低神经、肌肉应激性。低血钾患者常出现肌肉松弛，腱反射减弱或消失，严重时可导致肌肉麻痹、胃肠道蠕动减弱造成腹胀甚至肠麻痹等；低血钙、低血镁患者可出现手足搐搦。正常神经、肌肉应激性是各种离子综合影响的结果，如低血钾同时伴有低血钙时，低血钾症状和低血钙搐搦症状均不出现，一旦低血钾被纠正，则可出现低血钙搐搦。

对于心肌细胞来说也与上述离子有关，但在效应上则有所不同，其关系式如下：

$$\text{心肌细胞的应激性} \propto \frac{[Na^+] + [Ca^{2+}]}{[K^+] + [Mg^{2+}] + [H^+]}$$

从上式可以看出，Na^+、Ca^{2+}可提高心肌细胞应激性，K^+、Mg^{2+}、H^+可降低心肌细胞应激性。掌握K^+对心肌细胞的影响对医护人员非常重要。血钾过高可出现心动过缓、传导阻滞和收缩力减弱，严重时可使心跳停止在舒张期。血钾过低则可导致心律失常，易产生期前收缩，严重时可使心跳停止在收缩期。血钙升高，心肌收缩力加强，反之则减弱。Na^+、Ca^{2+}可与K^+相拮抗，从而维持心肌细胞的正常应激状态。对临床上使用强心药的患者应禁用钙剂，同时适当补充钾剂，使心肌应激性和心律维持正常。

（三）构成组织成分

如钙、磷是骨骼和牙齿中的重要组成成分，含硫酸根的蛋白多糖参与构成软骨、皮肤和角膜等组织，血红蛋白中有铁，甲状腺激素中含有碘，体液无机盐的重要组分是Na^+、K^+、Cl^-、HPO_4^{2-}、HCO_3^-等。

（四）维持细胞正常的新陈代谢

1. 有些无机盐是酶的辅助因子或激活剂　如细胞色素氧化酶中的Fe^{2+}和Cu^{2+}，碳酸酐酶中的Zn^{2+}，许多激酶中含有镁。Cl^-是唾液淀粉酶的激活剂，Ca^{2+}与肌钙蛋白结合激发心肌和骨骼肌的收缩，Ca^{2+}参与凝血过程等。

2. 参与或影响物质代谢 糖原合成、蛋白质合成时需要 K^+ 参加，细胞外 K^+ 向细胞内转移，有可能造成低血钾；而在糖原分解和蛋白质分解时则有 K^+ 的释放，细胞内 K^+ 向细胞外转移，有可能造成高血钾。另外 Na^+ 参与小肠对葡萄糖、氨基酸等物质的吸收，Mg^{2+} 可以参与糖类、蛋白质、核酸的合成等。

二、钠、氯代谢

（一）含量与分布

正常成人体内钠的含量为 45～50mmol/kg 体重（0.9～1.1g/kg 体重），总量约为 60g，其中约 50% 存在于细胞外液，40% 存在于骨中，10% 分布于细胞内液中。血清 Na^+ 浓度为 135～145mmol/L，平均 142mmol/L。

成人体内氯总量约为 33mmol/kg 体重，其中 70% 分布于细胞外液，是细胞外液的主要阴离子，血清氯离子浓度平均为 103mmol/L。

（二）吸收与排泄

人体所需钠和氯主要来源于食盐（NaCl），成人每天需要量约为 4.5～9.0g（约相当于 500～1000ml 生理氯化钠溶液）。当然，不同人每天对氯化钠的摄入量因个人饮食习惯的不同而有很大差别，但一般最低不能少于 1.0g。正常情况下，食入的钠和氯几乎全部被消化道吸收。

体内钠和氯的主要排泄途径是经肾脏随尿排出，少量由皮肤和粪便排出。当大量出汗或严重腹泻时可导致一定量的氯化钠丢失。肾脏对钠浓度的调节能力很强，当血 Na^+ 浓度过高时，过多的 Na^+ 可很快地通过肾脏排出，当血 Na^+ 浓度降低时，肾小管对 Na^+ 的重吸收作用增强，当人完全停止摄入钠时，尿钠排出量接近于零。肾对钠的高效调节能力可总结为：多吃多排，少吃少排，不吃不排。正常人每日由肾小球滤过的钠离子达 20～40mol，但每日的尿钠排出量仅为 0.01～0.2mol，重吸收率达 99.4%。

三、钾的代谢

（一）含量与分布

钾的代谢具有十分重要的临床意义。血浆钾离子浓度必须维持在正常范围之内，过高或过低都将对心脏造成不利影响，甚至可危及生命。

正常成人体内钾的含量为 45～50mmol/kg 体重（平均 2g/kg 体重左右），总量约为 120g。肌肉组织中含钾最多，约占体内钾总量的 70%，皮肤和皮下组织中含钾 10%，其余的分布于脑、肝、红细胞和细胞外液中。

组织中的 K^+ 约 98% 分布于细胞内液，仅有 2% 存在于细胞外液，细胞内液 K^+ 的浓度可高达 150mmol/L 左右。红细胞内 K^+ 的浓度为 110～125mmol/L，血浆（清）K^+ 浓度为 3.5～5.5mmol/L，故测定血钾时一定要防止溶血，否则将误诊为高血钾。

钾在细胞内外液中的分布虽然极不均匀，但钾在细胞内外液之间不断进行缓慢的交换而达到动态平衡。钠泵是存在于细胞膜上的 Na^+，K^+－ATP 酶，它能逆浓度差将细胞外的 K^+ 转运至细胞内，同时将细胞内的 Na^+ 转运至细胞外，因为这种转运是主动耗能的过程，所以 K^+ 进入细胞内非常缓慢。一般情况下细胞外液中的钾约需 15h 才能与细胞内液达到这种平衡（而细胞内外液中的水只需要 2h 就能达到平衡），心脏病患者则需 45h 左右才能达到平衡，因此，在需要给患者补钾时，应特别强调坚持补钾“四不宜”原则，即：浓度不宜过高、量不宜过多、速度不宜过快、时间不宜过早（必须在肯定患者肾功能正常，即能正常排尿以后才能经静脉补钾）。

细胞外液中的钾明显低于细胞内液，但细胞外液特别是血浆中钾离子浓度却直接影响着组织的功能活动，血钾过高或过低都对心肌、神经和肌肉组织产生明显不利的影响。探讨体内影响钾平衡、导致血钾浓度变化的因素对临床工作具有重要的指导意义。体内影响钾平衡的因素主要有以下几种。

1. 血浆 pH 的影响 酸中毒时血浆 pH 下降，H^+浓度升高，部分 H^+自细胞外进入细胞内与 K^+交换，K^+自细胞内转到细胞外，使细胞外液 K^+浓度升高；同时酸中毒时，肾小管上皮细胞泌 H^+作用加强而泌 K^+作用减弱，尿排钾减少，所以酸中毒时可引起高血钾。反之，碱中毒时则可引起低血钾。依此反推，高血钾可引起酸中毒，低血钾可引起碱中毒。此乃酸碱平衡与钾平衡之间的关系。

2. 体内物质代谢的影响 每合成1g 糖原需要0. 15mmol K^+进入细胞内，而分解1g 糖原时又可释放等量的 K^+到细胞外。当静脉注射葡萄糖、注射胰岛素时，因糖原合成增加而引起血钾降低，故应注意适当补钾，否则可导致低血钾。而对于高血钾患者，可采用注射葡萄糖注射液和胰岛素的方法加速糖原合成，促进 K^+由细胞外向细胞内转移，以降低血钾浓度。

每合成 1g 蛋白质约需 0. 45mmol K^+进入细胞内，而分解 1g 蛋白质又可释放等量的 K^+到细胞外，因此当组织生长或创伤恢复期，细胞内蛋白质合成代谢增强，钾进入细胞内可导致低血钾，此时应注意补钾；在严重创伤、烧伤、感染、缺氧及溶血等情况下，蛋白质分解代谢加强，细胞内 K^+释放到细胞外，超过肾排钾能力时则可导致高血钾。

（二）钾的吸收与排泄

正常成人每日需钾 2. 5g 左右。主要来自蔬菜、水果、肉类、豆类、薯类等食物。日常膳食即可满足人体对钾的需求。食物中的钾 90% 在消化道被吸收，其余则随粪便排出体外。

体内钾的排泄途径有三：尿、粪便和汗液。正常情况下，约有 80% 以上的钾是经肾脏随尿液排出体外的，10% 由粪便排出。肾对钾的排泄能力很强，而且比较迅速，排出量与摄入量大致相等，只要肾功能良好，口服钾不易引起血钾异常增高。肾对钾的控制能力不如对钠严格，即使不摄入钾，每天也要从尿中排出 2g 左右的钾。故禁食、长期不能进食等而需要通过静脉输液、补充营养液者应注意观察血钾水平，并适当补钾。肾对钾的调节能力可概括为：多吃多排，少吃少排，不吃也排。

第四节 水和电解质平衡调节

水和电解质平衡的调节是在神经和激素的调节下主要由肾来实现的。参与调节的激素主要有抗利尿激素和醛固酮。

一、神经系统的调节

当高盐饮食后或大量出汗使机体失水 1% ~2% 时，血浆和细胞间液渗透压升高，细胞内的水分向细胞外转移，造成细胞内脱水，同时刺激下丘脑视前区渗透压感受器产生兴奋传至大脑皮层，引起口渴反射，此时通过饮水可使血浆及细胞间液渗透压下降，于是水自细胞外向细胞内转移，重新恢复体液平衡。反之，如果体内水增多，体液呈低渗状态，则口渴的感觉被抑制。

二、抗利尿激素的调节

（一）抗利尿激素的来源

抗利尿激素（ADH、加压素）是由下丘脑视上核神经细胞合成和分泌的一种九肽激素，沿下丘脑－神经垂体束进入神经垂体而储存。在适宜的刺激下（血浆渗透压升高、血容量减少、血压下降）分泌入血。抗利尿激素在血液循环中的半衰期只有15～20min，在通过肝脏和肾脏时迅速代谢而灭活。

（二）抗利尿激素的作用

抗利尿激素作用于肾小管，能增加肾远曲小管和集合管对水的重吸收，使尿量减少，有利于机体保留水分，使血浆渗透压趋于正常。其作用机制主要是促进cAMP的生成。

（三）影响抗利尿激素分泌的因素

（1）下丘脑视前区有渗透压感受器，对血浆渗透压的改变很敏感。当大量出汗、严重呕吐与腹泻致体内水分损失较多时，血浆渗透压增高，此时渗透压感受器刺激加强，抗利尿激素分泌增多，肾远曲小管和集合管对水的重吸收增多，尿量减少。

（2）左心房处有血容量感受器，当血容量过多，心房内压增高时，感受器受刺激而兴奋，传入中枢神经系统反射性地抑制抗利尿激素的分泌与释放，引起利尿排水以恢复正常血容量。反之，血容量减少时，心房内压降低，可反射性地使抗利尿激素分泌增加，使尿量减少。

（3）颈动脉窦与主动脉弓处有压力感受器，当主动脉血压下降时，压力感受器受到的刺激减弱，反射性地增加抗利尿激素的分泌，促进水的重吸收，有利于血容量和动脉血压的恢复。在严重失血，血容量减少，血压下降的情况下，就是通过容量感受器和压力感受器来进行调节的。

下丘脑或下丘脑－神经垂体束病变，常可以引起抗利尿激素的合成和分泌减少，出现多尿现象，甚至造成尿崩症，每日尿量可达10L以上。

三、醛固酮的调节

（一）醛固酮的来源

醛固酮是由肾上腺皮质球状带合成和分泌的一种类固醇激素。

（二）醛固酮的作用

醛固酮能促进肾小管（远曲小管和集合管）上皮细胞分泌 H^+ 和 K^+，同时重吸收 Na^+，即以 H^+ 来保留 Na^+、以 K^+ 来保留 Na^+，也就是促进 H^+-Na^+ 交换和 K^+-Na^+ 交换。伴随着 Na^+ 的重吸收，Cl^- 和水也被重吸收。总的效果是保留 Na^+ 和水，排出 H^+ 和 K^+。

（三）影响醛固酮分泌的因素

1. 肾素－血管紧张素系统 当急性大出血使血容量减少，血压下降时，肾入球小动脉的血压也下降，此时可刺激肾小球旁器增加肾素的分泌；其次，血容量减少和血压下降时，肾小球的滤过率相应下降，通过致密斑的 Na^+ 量减少，这也是导致肾素释放的有效刺激，也会促进肾素的分泌；第三，当全身血压下降时，交感神经兴奋性增强，进一步刺激肾小球旁器分泌肾素。

肾素是一种蛋白质水解酶，能催化血浆中的血管紧张素原转变为血管紧张素Ⅰ（一种十肽），后者在转变酶的作用下又转变为血管紧张素Ⅱ（一种八肽）。血管紧张素Ⅱ有很强的活性，既能引起小动脉收缩而升高血压，又可促进醛固酮的分泌。于是 Na^+ 和水的重吸收增多，血容量增加，血压升高。

血管紧张素Ⅱ可被血浆及组织中的肽酶破坏而失去活性。

2. 血浆 K^+ 和血浆 Na^+ 浓度　当血[K^+]升高或血[Na^+]降低时，血[Na^+]/[K^+]比值降低，醛固酮分泌增加，促进肾小管上皮细胞排 K^+ 保 Na^+。相反，当血[K^+]降低或血[Na^+]升高时，血浆[Na^+]/[K^+]比值升高，醛固酮分泌减少，尿中排 Na^+ 增多。

正常人体在神经和激素的共同调节下，不断改变肾小管对水和 Na^+ 的重吸收能力，因而人体在不同情况下能保持水、电解质的动态平衡及体液容量和渗透压的相对恒定。

四、水、电解质代谢紊乱

（一）脱水

体液丢失，叫做脱水。根据丢失的体液中水和电解质比例的不同，可以把脱水分为缺盐性（低渗性）脱水、缺水性（高渗性）脱水、混合性（等渗性）脱水三个类型。

1. 缺盐性（低渗性）脱水　体液丢失以电解质丧失为主，失盐多余失水，致使血浆渗透压低于正常值。此时血浆 Na^+ 浓度低于正常值；细胞外液减少而细胞内液增多，引起细胞水肿，这种脱水，体重损失较少；此种患者表现循环功能不良如血压下降、四肢厥冷、脉细弱；组织缺氧常有昏睡或神志不清；肾血流量减少，尿量减少，含氮废物堆积，血非蛋白氮升高。

原因主要是：在严重腹泻、呕吐、大量出汗、大量放腹水或大面积烧伤时，只单纯补充水分或5%葡萄糖注射液而没有补充丢失掉的电解质。

2. 缺水性（高渗性）脱水　此类脱水以水的丧失为主，电解质丢失相对较少，因而细胞外液渗透压高于正常值。特点是血浆 Na^+ 浓度增高；细胞外液减少的同时细胞内液也减少，体重明显减轻；唾液少，汗少，尿少，尿比重增高；突出表现为细胞脱水症状，如皮肤黏膜干燥，显著口渴，大脑细胞对脱水最为敏感，有发热、昏睡、烦躁、腱反射亢进、肌张力增强等中枢神经系统症状。

原因：一是进水量不足，见于昏迷、禁食或食管阻塞患者；二是排水量过多，如尿崩症患者、高热或大量使用利尿剂（尿素、甘露醇或高渗葡萄糖）的患者。

3. 混合性（等渗性）脱水　此类脱水是丧失等渗体液，即丢失水和电解质相平衡，细胞外液渗透压保持正常。特点是：血浆 Na^+ 浓度正常；细胞外液减少而细胞内液一般不减少；常兼有高渗性脱水和低渗性脱水的症状，尿量少并有口渴的感觉。

在严重腹泻、呕吐或手术后的肠道引流后不注意补充盐和水时，易导致混合性脱水。

（二）水肿

组织间液潴留过多称为水肿。主要原因如下。

（1）心力衰竭时，毛细血管压力增大，组织间液回流受阻而导致水肿。

（2）肾病综合征患者由于大量蛋白尿导致低蛋白血症，血浆胶体渗透压降低，组织间液回流受阻而致水肿。

(3) 严重肝病患者，血浆白蛋白合成障碍，导致血浆胶体渗透压降低，细胞间液回流减少而导致水肿。

(4) 严重的营养不良，体内蛋白质合成的原料不足，导致血浆胶体渗透压降低，组织间液回流受阻而导致水肿。

(三) 低血钾和高血钾

正常成年人血浆钾浓度为 3.5 ~ 5.5mmol/L。低于 3.5mmol/L 即属于低血钾，高于 5.5mmol/L 即是高血钾。

1. 低血钾

(1) 原因 ①钾的摄入量不足，常见于慢性消耗性疾病患者、术后长期禁食或食欲缺乏的患者。②钾的排出增加，常见于严重腹泻、呕吐、胃肠减压及胆瘘、肠瘘患者，这些患者因消化液的大量丢失，不但影响钾的吸收而且增加钾的丢失；肾上腺皮质激素可促进钾的排泄及钠潴留，因而长期应用此类激素可使血钾降低；创伤、大面积烧伤、妊娠毒血症的后期，由于进食较少和肾上腺皮质激素分泌增多，易发生低血钾；大量静脉补液、长期使用利尿药可增加钾的排泄。③外钾内流，长期使用胰岛素、创伤恢复期可因糖原、蛋白质的合成加快而引起低血钾。代谢性碱中毒时也易引起低血钾。

(2) 特点 ①神经肌肉应激性降低，表现为疲倦、精神萎靡、四肢无力、腱反射减弱或消失，甚至出现呼吸肌麻痹；②心肌兴奋性增高，常引起心律失常、心悸等，严重时可发生心力衰竭；③由于肾血流量减少及输尿管、膀胱运动功能不良，可导致少尿或无尿，排尿困难；④胃肠道运动功能不良，可出现食欲缺乏、腹胀，严重者可出现肠麻痹；⑤中枢神经系统功能受影响而出现烦躁不安、倦怠，重者可出现神志不清、昏迷甚或死亡。

2. 高血钾

(1) 原因 ①钾的输入过多，临床静脉补钾时必须遵守“四不宜”原则；②钾的排泄障碍，各种原因引起的少尿或无尿，如急性、慢性肾功能衰竭所致的排钾障碍，常可引起高血钾；③内钾外流，大面积烧伤、创伤的早期和溶血后，大量组织细胞被破坏，释放出大量的钾而使血钾升高。代谢性酸中毒时也易造成高血钾。

(2) 特点 高血钾的主要表现是心搏徐缓、极度疲乏、肌肉酸痛、肢体湿冷、苍白，严重者出现心搏骤停以至突然死亡，因此高血钾是很危险的。

第五节 钙、磷代谢和镁代谢

一、体内钙、磷的含量，分布及生理功能

(一) 含量与分布

钙和磷是体内含量最多的无机盐。正常成年人体内钙的总量约为 700 ~ 1400g，占体重的 1.5% ~2.2%。磷总量约为 400 ~ 800g，占体重的 0.8% ~1.2%。

体内约 99.3% 以上的钙和 85.7% 以上的磷是以羟磷灰石［$3Ca_3(PO_4)_2 \cdot Ca(OH)_2$］的形式构成骨盐，存在于骨骼和牙齿中。其余的钙和磷以溶解状态存在于体液及软组织中，见表 11 - 4。

表 11-4　体内钙、磷的分布

部位	钙		磷	
	含量（g）	占总钙量的百分比（%）	含量（g）	占总磷量的百分比（%）
骨骼及牙齿	1200	99.3	600	85.7
细胞内液	6	0.6	100	14.0
细胞外液	1	0.1	6.2	0.3

血液中钙、磷含量虽少，但它却可反映出骨质代谢情况，同时又能反映肠道、肾脏对钙、磷的吸收及排泄状况。

（二）钙、磷的生理功能

钙和磷在体内主要用于构成骨盐，沉积于胶原纤维表面参与骨骼的形成。除此以外，还有许多特殊的生理功能。

1. 钙的生理功能　①参与凝血作用，Ca^{2+}作为凝血因子Ⅳ参与血液凝固过程；②降低毛细血管及细胞膜的通透性，临床上常用钙制剂治疗荨麻疹等过敏性疾病，以减轻组织的渗出性病变；③降低神经肌肉的兴奋性，当血钙降低时，神经肌肉的兴奋性增强，可出现手足搐搦；④增强心肌收缩力，Ca^{2+}促进心肌的收缩与促进心肌舒张的K^+相拮抗，使心肌在正常工作时收缩与舒张过程达到协调统一；⑤参与物质代谢的调节，Ca^{2+}是许多酶（如脂肪酶、ATP 酶）的激活剂或某些酶（如 25-羟维生素 D_3 羟化酶等）的抑制剂，对物质代谢起着重要的调节作用；⑥作为第二信使调节细胞功能，通过钙信使系统对肌肉收缩、内分泌、糖原的合成与分解、电解质转运及对细胞生长发挥重要的生理作用。

2. 磷的生理功能　①参与体内多种物质的组成，如 DNA、RNA、磷脂、磷蛋白、多种辅酶 NAD^+、TPP 等；②参与物质代谢过程，如 6-磷酸葡萄糖、磷酸甘油、氨基甲酰磷酸分别是糖、脂、氨基酸代谢的重要中间物质；③参与体内能量代谢过程，尤其是氧化磷酸化过程、ATP 形成过程等；④参与物质代谢调节，通过酶的共价修饰中的磷酸化和脱磷酸化作用而改变酶的活性，对物质代谢进行调节；⑤参与体液酸碱平衡的调节，血液中的 HPO_4^{2-} 和 $H_2PO_4^-$ 构成缓冲对对维持体液酸碱平衡的稳定起着重要的调节作用。

二、钙、磷的吸收与排泄

（一）钙的吸收与排泄

1. 钙的吸收　在机体的不同生长发育阶段，钙的需要量和吸收量随年龄和生理状况的不同而有较大差异，且易导致缺乏症。不同人群每天对钙的需要量（mg/d）如下。

婴儿　　360～540
儿童　　800
青春期　　1200
成人　　800
孕妇及哺乳期妇女　　1500

钙主要是在酸度较大的十二指肠和空肠上段被主动吸收，吸收形式是Ca^{2+}。

食物中钙的吸收率很低，一般为25%～40%，大部分随粪便排出。当体内缺钙或钙的需要量增加时，钙的吸收率可随之增加。影响钙吸收的因素有很多，主要有以下几个。

（1）食物中钙的浓度和机体的需要情况。钙的吸收量大致与肠道中钙的浓度、机体对钙的需要量相一致。

（2）血中1，25－$(OH)_2$－维生素D_3能促进小肠对钙磷的吸收，影响钙吸收的最重要因素。

（3）肠液pH的影响，凡能降低肠液pH的因素如乳酸、氨基酸等因能促进钙盐的溶解而有利于钙的吸收。临床补钙常用乳酸钙、葡萄糖酸钙等。

（4）食物中某些成分的影响，食物中若含有过多的碱性磷酸盐、草酸盐（来自菠菜等）、植酸（来自谷物）等皆可与钙形成不溶解的化合物，从而影响钙的吸收。值得注意的是食物中钙磷的比例对钙的吸收影响颇大，比例约为1∶1至1∶2时，对这两种元素的吸收都有利，若比值过大，便容易形成难溶性的磷酸钙，从而妨碍钙和磷的吸收。镁盐过多也可抑制钙的吸收，因钙、镁在吸收时有相互竞争作用。

（5）年龄与肠道功能状态的影响，钙的吸收随年龄的增长而逐渐减少。如正常乳儿每日吸收的钙量约为食物总钙量的60%；11岁～16岁时约为35%～40%；成年人约为15%～20%，老年人则更少。所以老年人一般多发生骨质疏松，可能与钙的吸收不良有关。肠蠕动太快，致使食物在肠内停留时间过短，因而妨碍钙的吸收。

2. 钙的排泄 钙的排泄途径主要有两条：约有80%从肠道随粪便排出，主要为食物中未被吸收和消化液中未被重吸收的钙；另外约20%从肾排出，肾小球每日滤出约10g钙，其中绝大部分被肾小管重吸收，仅约1%（150mg左右）随尿排出。尿中钙的排泄不受食物钙含量的影响，但受甲状旁腺激素和维生素D的影响，且与血钙水平密切相关。血钙升高时，尿钙排出增多；反之，尿钙排出减少，这是由于钙在肾的重吸收取决于血钙浓度。如果血钙浓度低于1.9mmol/L（7.5mg/dl）时，原尿中的钙几乎全部被重吸收，尿钙排出量接近于零。正常成人每日进出体内的钙量大致相等，多吃多排，少吃少排，保持着动态平衡，但由于体内骨骼的不断更新和消化液的不断分泌，所以不吃也排。

（二）磷的吸收与排泄

1. 磷的吸收 磷在食物中分布广泛，且能在体内保存，所以不易缺乏。其每天需要量约为800～900mg。食物中的磷以有机磷酸酯（如磷脂、磷蛋白等）的形式存在，在消化液中磷酸酶的作用下，水解为无机磷酸盐（$H_2PO_4^-$），并在小肠上部被吸收。吸收率约为70%。影响磷吸收的因素与钙相似，如小肠上段的酸性较强、活性维生素D等有利于磷的吸收，但食物中Fe^{2+}、Ca^{2+}、Mg^{2+}等金属离子易与磷酸根结合成为不溶性盐而影响磷的吸收。

2. 磷的排泄 体内的磷约有60%～80%通过肾脏排泄，其余由肠道排出。肾小球滤过的磷85%被肾小管重吸收，其余随尿排出。甲状旁腺激素、降钙素和1，25－$(OH)_2$维生素D_3对肾小管的排磷功能起着重要作用。肾功能不全时，可使血磷升高，与血浆钙结合而在组织中沉积，从而导致某些软组织发生异位钙化。

三、血钙与血磷

（一）血钙

血液中的钙几乎全部存在于血浆中，故血钙就是指血浆钙。正常人血钙浓度为2.25～2.75mmol/L（9～11mg/dl），见表11－5。血钙主要以三种形式存在。

1. 结合钙 指与血浆蛋白（主要是清蛋白）结合的钙，约占血钙总量的46%，结合钙不能透过毛细血管壁，故又称为非扩散钙。

2. 络合钙 指与柠檬酸根、碳酸氢根、磷酸氢根等弱酸根结合在一起的钙盐，一般不超过血钙总量的5%，它可以透过毛细血管壁，故称为可扩散钙。

3. 离子钙 血浆钙离子是直接发挥生理功能的形式，约占血钙总量的47.5%，也能透过毛细血管壁，也称为可扩散钙。

表11－5 正常人血浆中各种钙的浓度

血浆钙的形式	mmol/L	mg/dl	占血钙总量的百分比（%）
蛋白结合钙	1.14	4.56	46.0
柠檬酸钙	0.04	0.17	1.7
$CaHPO_4$	0.04	0.16	1.6
Ca^{2+}	1.18	4.72	47.5
其他未定钙	0.08	0.32	3.2
总计	2.48	9.93	100

离子钙与另外两种结合钙之间保持着动态平衡，其含量与血浆pH有关。血浆钙离子浓度与血液$[H^+]$的关系如下：

$$[Ca^{2+}] = K\frac{[H^+]}{[HCO_3^-]\times[HPO_4^{2-}]} \quad (K\text{为常数})$$

由上式可以看出，血浆pH升高，$[H^+]$下降时，促进Ca^{2+}与血浆蛋白结合，血浆钙离子浓度下降；反之，血浆pH降低时，$[H^+]$浓度升高，促进结合钙解离出Ca^{2+}，血浆Ca^{2+}浓度升高。因为血浆钙中只有Ca^{2+}具有生理作用，所以机体发生碱中毒时，血浆钙离子浓度下降，如果降低到0.9mmol/L（3.5mg/dl）时，神经肌肉应激性增强，可出现手足搐搦。从上式也可以看出，当血浆$[HCO_3^-]$或$[HPO_4^{2-}]$增高时，$[Ca^{2+}]$同样会下降。

血浆中各种钙的存在形式可以相互转变，存在着动态平衡关系。

$$\text{蛋白结合钙}\underset{[HCO_3^-]}{\overset{[H^+]}{\rightleftharpoons}}Ca^{2+}\underset{[H^+]}{\overset{[HCO_3^-]}{\rightleftharpoons}}\text{扩散结合钙}$$

各种形式之间的这种平衡关系也受血浆pH的影响，$[H^+]$升高（酸中毒时），血浆离子钙增多；$[HCO_3^-]$升高（碱中毒时），则血浆离子钙减少。进一步说明了机体在发生碱中毒时常伴有抽搐现象是与血浆钙离子浓度降低有关。

（二）血磷

血磷一般是指血浆中的无机磷，它主要以无机磷酸盐的形式存在，其中80%～85%是以HPO_4^{2-}的形式存在，15%～20%是以$H_2PO_4^-$的形式存在，PO_4^{3-}的含量极微。血磷含量与年龄有关，新生儿血磷浓度约为1.78mmol/L（5.5mg/dl），年龄增大后逐渐减少，15岁左右基本达到成人水平，正常成人血磷浓度为1.0～1.6mmol/L（3～5mg/dl）。

（三）血钙与血磷的关系

正常人血浆中钙与磷之间关系密切，如果以每100ml血浆中的毫克数来表示血钙及血磷的浓度，那么二者之间的关系是：

$$[Ca]\times[P] = 35\sim40$$

称为钙磷浓度积或钙磷乘积，正常值是35～40。当钙磷乘积大于40时，钙、磷以骨盐的形式沉积在骨组织中；当钙磷乘积小于35时，骨组织钙化障碍，甚至使骨盐再溶解，影响正常的成骨作用。在儿童可引起佝偻病，在成人可引起软骨病。钙磷乘积数值可作为佝偻病、软骨病临床诊断和疗效判断的参考指标。

四、骨的代谢

（一）软骨

软骨主要有两种，即纤维软骨和透明软骨。前者主要含有胶原纤维和弹性纤维。透明软骨的基质不定形，其中有极细的胶原纤维弥散存在。从结构来看，软骨细胞是分散在致密的胶原纤维之中，因此具有柔韧性。

软骨中的主要化学成分：软骨约含70%～75%的水分，有机物（主要是蛋白质）约为其固体物的95%。软骨的蛋白质主要是：胶原；软骨硬蛋白，它和弹性硬蛋白相似；软骨黏蛋白，它和结缔组织（腱）及骨骼中的黏蛋白相仿，其非蛋白部分也是硫酸软骨素。软骨的无机盐（包括磷酸钙、氯化钙及氯化钾）含量约占固体成分的3%～6%。当软骨变老时，硫酸软骨素的含量减少，而钙和纤维则有所增加。软骨进一步经过骨盐沉积的过程即可形成骨骼。软骨中尚含有少量糖原。

（二）骨

1. 骨的化学组成 骨中含有水，平均约为20%～25%。剩余的固体物质中，有机质约占40%，无机盐占60%。无机盐决定骨的硬度，而有机质则决定骨的弹性和韧性。

表11-6 人骨的成分（%）

	骨松质		骨密质
	壮年人	老年人	
水	30	20	15
无机盐类	40.8	46.6	50
有机质	29.2	33.4	35
纤维性	23	25	30
非纤维性	6.2	8.4	5

（1）有机质 用无机酸将骨中无机盐溶去后，即剩下软而韧的有机质。约占骨体积的3/4。成熟骨的有机质大约90%是胶原，其余为氨基多糖、其他蛋白质、肽类及脂类。

胶原是一种具有极大韧性的特殊结构蛋白，存在于皮肤、肌腱、软骨及骨，人体内的胶原大约50%存在于骨组织。

（2）无机盐 骨的无机盐部分称为骨盐，包括：$Ca_3(PO_4)_2$ 84%，$CaCO_3$ 10%，柠檬酸钙2%，$Mg_3(PO_4)_2$ 1%，Na_2HPO_4 2%。由此可以看出，骨盐是以钙、磷化合物为主。它们以结晶羟磷灰石和无定形的磷酸钙分布于有机质中。羟磷灰石为柱状或针形结晶，此结晶极小，1g骨盐有10^{16}个结晶，故其表面积可高达$100m^2$。骨盐结晶的性质很稳定，不易解离，但在表层进行的离子交换速度则较快。骨中还含有少量的镁离子、钠离子和极少量的钾离子。

骨是人体内含钙和磷最多的组织，因此，骨骼内钙、磷的代谢是机体内钙、磷代谢的重要组成部分。通过骨的代谢，通过成骨作用和溶骨作用，使人体实现细胞内、外液的钙、磷交换，从而维持血钙、血磷的动态平衡，促进骨的更新。

2. 骨的生成 骨是由骨细胞、骨基质和骨盐三部分组成的。

骨细胞有破骨细胞、成骨细胞和骨细胞。它们都起源于未分化的间充质细胞，间充质细胞转化为破骨细胞，后者转化为成骨细胞，成骨细胞也可以直接来源于间充质细胞。在骨形成过程中，成骨细胞逐渐从活跃状态转变为静止状态，最后转变为骨细胞。

（1）成骨作用与钙化 骨的生长、修复或重建过程，称为成骨作用。在骨形成的开始阶段，活跃的成骨细胞分泌胶原和蛋白多糖等骨基质。胶原聚合成胶原纤维，使骨组织演变成未钙化的骨基质，构成骨盐沉积的骨架，骨盐沉积于骨基质中形成坚硬骨质的过程，称为钙化。成骨细胞则被埋在骨基质内成为骨细胞。

成骨细胞表面有突起的骨原小泡，富含丝氨酸磷脂和碱性磷酸酶。前者与 Ca^{2+} 有较强的亲和力，能有效集中周围基质中的钙；后者能水解多种磷酸酯，使 HPO_4^{2-} 的浓度增加，作为钙化的原料，它还能水解基质中的焦磷酸，生成 HPO_4^{2-}，以利于成骨作用的进行，同时也消除了焦磷酸对钙化的抑制作用，正常发育的婴幼儿和骨折时血中该酶的活性较高；基质中的骨连接素（人骨粘连蛋白）可促使羟磷灰石结晶的形成,；骨钙素（又称 γ－羧谷氨酸包含蛋白）则可直接结合羟磷灰石，使之有规律地沉积于胶原上；硫酸软骨素起了阳离子交换剂的作用，此物质平时与钙相结合，当结晶生成时，它便将钙释放出来，从而给结晶表面增添一定浓度的钙离子。

骨盐的沉积还与钙磷乘积有关，当钙磷乘积大于40时，促进骨的钙化；反之，则阻碍骨的钙化。

（2）溶骨作用与脱钙 骨处在不断更新当中，原有旧骨的溶解和消失称为骨的吸收或溶骨作用。溶骨作用包括基质的水解和骨盐的溶解，后者又称为脱钙。溶骨作用是破骨细胞活动的结果。破骨细胞通过接触骨面的刷状缘释放出溶酶体中多种水解酶类，可使胶原纤维和氨基多糖水解；同时通过糖原分解产生酸性物质（如乳酸、柠檬酸等），扩散到溶骨区，促使羟磷灰石从解聚的胶原中释出，骨盐溶解。多肽、羟磷灰石等经胞饮作用进入破骨细胞，并与溶酶体融合形成次级溶酶体，此后，多肽水解为氨基酸，羟磷灰石转变为可溶性钙盐。溶骨作用增强时，血、尿中羟脯氨酸增高，可将血、尿中羟脯氨酸含量作为溶骨程度的指标。

成骨与溶骨作用不停地交替进行，处于动态平衡，称为骨的更新。这样既保障了骨骼的正常生长，也维持了血钙、血磷浓度的相对恒定。成人大约有3%～5%的骨质需要更新。在处于生长发育期的未成年人体内，成骨作用大于溶骨作用；而老年人则溶骨作用明显增强，因而易发生骨质疏松症。

五、钙、磷代谢的调节

体内调节钙、磷代谢的重要因素有1，25－$(OH)_2$ 维生素 D_3、甲状旁腺激素（PTH）和降钙素（CT）三种物质，它们主要通过影响钙、磷的吸收与排泄及其在骨组织中的分布来调节血钙、血磷的浓度和两者之间的比例关系。肠、肾和骨组织就是三种激素作用的靶组织。

（一）1，25－$(OH)_2$ 维生素 D_3 的调节

（1）1，25－$(OH)_2$ 维生素 D_3 能与小肠黏膜细胞内的特异胞浆受体结合，进入核内，促进DNA转录生成mRNA，促进钙结合蛋白的形成，因而促进 Ca^{2+} 的吸收和转运；还可以改变小肠黏膜细胞膜磷脂的组成，增强对 Ca^{2+} 的通透性，有利于 Ca^{2+} 的吸收。在促进 Ca^{2+} 吸收的同时，磷的吸收也增加。

（2）1，25－$(OH)_2$ 维生素 D_3 对骨的直接作用是促进溶骨作用。它能加速破骨细胞的形成从而促进骨的吸收、促进骨盐溶解，使骨盐中的钙和磷进入血液；另一方面，它又促进小肠对钙磷的吸收，促进成骨作用。所以就整体而言，它促进了骨盐溶解与沉积的对立统一，加快了钙磷的周转，既有利于血钙浓度的维持，也有利于骨骼的正常生长与钙化。即促进骨的新陈代谢。

（3）1，25－$(OH)_2$ 维生素 D_3 能加强肾小管对钙、磷的重吸收，从而减少尿钙、尿磷。

由于维生素D的活化是在肝和肾中进行的，所以严重肝病、肾病发生时，都会因活性维

生素 D_3 不足而出现低血钙症状，造成佝偻病或软骨病。此时用普通维生素 D 治疗无效，必须用活性维生素 D 即 1，25－$(OH)_2$ 维生素 D_3 治疗方能有效。

总之，1，25－$(OH)_2$ 维生素 D_3 可以使血钙、血磷浓度均增加。

（二）甲状旁腺激素（PTH）的调节

甲状旁腺激素是由甲状旁腺主细胞合成和分泌的多肽类激素，含 84 个氨基酸，分子量约 9500。它的合成分泌受血钙浓度的影响，当血钙浓度降低时，PTH 的分泌增加；反之，分泌减少。

PTH 作用的靶器官主要是骨和肾，其次是小肠。

（1）PTH 能促进未分化间叶细胞转化为破骨细胞，使骨组织中破骨细胞数量增加，活性增强；抑制破骨细胞转化为骨细胞。同时，增加细胞内乳酸、柠檬酸的数量并向细胞外扩散，促进骨盐溶解，释放出钙磷。还能促进溶酶体释放各种水解酶，分解骨基质中的胶原和黏多糖，有利于骨基质的分解和吸收。

（2）PTH 可促进肾小管对钙的重吸收，但由于它促进骨盐溶解升高血钙的作用使肾小球滤过的钙量增多，超过了肾小管重吸收的限度，故尿钙排出量仍比正常水平偏高。PTH 能抑制肾小管对磷的重吸收，使尿磷排出增加，血磷降低。在肾功能正常的情况下，测定磷的清除率可以判断甲状旁腺的功能。

（3）可以增加肾脏羟化酶的活性，促进维生素 D 的转化。

总之，PTH 的作用是升高血钙，降低血磷。促进溶骨和脱钙。

（三）降钙素（CT）的调节

降钙素是由甲状腺滤泡旁细胞（C 细胞）合成和分泌的一种单链多肽类激素，由 32 个氨基酸残基组成，分子量约 3500。

CT 的分泌随血钙浓度的增加而增加，二者呈正相关关系。

（1）CT 能抑制间叶细胞转变为破骨细胞，抑制破骨细胞的活动，阻碍骨盐的溶解和骨基质的分解；促进破骨细胞转变为成骨细胞，促进骨盐沉积。它的这一作用与 PTH 对骨中钙、磷代谢的调节作用有明显的拮抗作用。

（2）CT 抑制肾小管对钙磷的重吸收，使尿中钙、磷的排出增加。

（3）CT 抑制肾脏羟化酶的活性，使 25－(OH)维生素 D_3 不能转变为 1,25－$(OH)_2$ 维生素 D_3，从而间接抑制了肠道对钙、磷的吸收。

总之，CT 的作用是使血钙、血磷的浓度都降低。

正常机体内，上述三种物质对钙、磷代谢的调节作用相互制约、相互协调，保证了钙、磷代谢的正常。

表 11－7 三种体液因素对钙、磷代谢的影响

调节因素	肠钙吸收	溶骨	成骨	肾排钙	肾排磷	血钙	血磷
PTH	↑	↑↑	↓	↓	↑	↑	↓
CT	↓（生理剂量）	↓	↑	↑	↑	↓	↓
1，25－$(OH)_2$－D_3	↑↑	↑	↑	↓	↓	↑	↑

六、镁代谢

（一）含量与分布

人体内含镁量约为 20～28g，其中 50%～60% 存在于骨组织中，吸附在羟磷灰石表面；

20%存在于肌肉细胞内，其余的则分布于肝、肾和脑组织等细胞中。组织内的镁主要分布于细胞内，几乎不参与交换，是细胞内重要阳离子之一；细胞外液中的镁只占镁总量的1%。

正常人血镁浓度为0.7～1.0mmol/L。其中大部分（约55%）以Mg^{2+}形式存在，约1/3与血浆蛋白结合，剩余部分与磷酸、柠檬酸等结合成不易解离的化合物。

（二）吸收与排泄

许多食物中都含有镁，尤其是绿色蔬菜和谷物。人体每天对镁的需要量为0.2～0.4g，正常饮食即可满足机体需要。

镁的吸收主要是在小肠，吸收率约为30%，其中以十二指肠的吸收率最高。镁吸收的特点是慢而不完全，吸收量并不取决于体内的需求量，而是取决于食物中镁的含量和食物的性质。钙与镁的吸收有竞争作用，食物中含钙过多则妨碍镁的吸收；草酸、脂肪也能妨碍镁的吸收；维生素D和高蛋白饮食则可促进镁的吸收。

镁的排泄主要是通过肠道和肾。60%～70%未被吸收的镁从粪便排出；血浆中的可扩散镁可透过肾小球滤出，其中大部分可被肾小管重吸收，小部分随尿排出。肾是维持镁摄入与排出平衡的主要器官。

（三）主要功用

（1）镁是体内300余种酶的辅助因子或激活剂，能激活细胞内各种酶系统，从而广泛参与体内各种物质代谢及生命活动的各个环节，包括蛋白质、脂肪、糖类及核酸等代谢、氧化磷酸化作用、离子转运、神经传递和肌肉收缩等。此外，镁离子还参与维持RNA的空间结构，从而促进核酸的生物合成。

镁对酶的激活大致有三种方式：作为酶活性中心的成分，促使酶活性中心的形成；与底物结合使之成为具有效应的底物，有利于酶的作用；作为螯合剂，促使某些酶（如各种ATP酶）紧密结合于细胞膜上，起到催化作用。

（2）镁对神经系统和心肌的作用十分重要，主要表现在Mg^{2+}对中枢神经系统和神经肌肉接头能起到镇静和抑制作用。Mg^{2+}与Ca^{2+}对神经、肌肉应激性具有协同作用，但对心肌则具有互相拮抗的作用。

（3）镁可以作用于外周血管系统，引起血管扩张，因而有降低血压的作用，此种降压作用对正常人较之对高血压患者更明显。$Mg(HCO_3)_2$等碱性镁是良好的抗酸剂，可中和胃酸；Mg^{2+}在肠腔中吸收缓慢，能使水分潴留在肠腔内，故镁盐常用作导泻剂；当低渗硫酸镁溶液注入十二指肠时，在短时间内可增加胆汁排出，故可作为利胆剂。

第六节　微量元素代谢

从含量上来说，组成人体的元素可分为宏量元素和微量元素。凡含量占人体体重0.01%以上者，都是宏量元素，包括碳、氢、氧、氮、磷、硫、钙、镁、钾、钠、氯等，总共占人体总重量的99.95%以上；还有一些元素的含量很少，约只占人体重量的0.01%以下，每天需要量在100mg以下，这些元素就称为微量元素，如铁、锌、铜、硒、钴、锰、铬、碘、氟、镍、钒、钼、硅、锡等，总共仅占人体重量的0.05%左右。微量元素来自于食物，在体内或构成机体的组织成分或参与体内的物质运输等。

一、铁

（一）含量与分布

人体含铁总量约为3～5g，均4.5g（40mmol/L），或50mg/kg体重，女性略低于男性。

铁在体内分布很广，但极不均匀，血红蛋白铁占65%，肌红蛋白铁占10%，各种酶类（如细胞色素、过氧化氢酶、过氧化物酶等）含铁占1%，其余25%左右以铁蛋白、含铁血黄素等形式储存于肝、脾、骨髓、肌肉和肠黏膜等组织中，血浆中运输的铁只占0.1%左右。

（二）铁的吸收与排泄

1. 铁的吸收 人体内铁的来源有二：一是食物中的铁；二是体内血红蛋白分解释放出来的铁。血红蛋白分解释放出来的铁80%又重新用于合成血红蛋白，其余的以铁蛋白形式储存备用。

人体对铁的需要量因年龄、性别、生理状况的不同而不同，成年男性和绝经期妇女每天需铁约1mg（0.02mmol），青春期妇女约需2mg，妊娠妇女约需2.5mg，儿童约需1mg。胃肠道内铁的吸收率在10%以下，一般每天膳食中含有铁约为10～15mg满足需要。

铁的吸收部位主要是在十二指肠和空肠上段。肠对铁的吸收与铁的存在状态有关，只有溶解状态的铁（也就是Fe^{2+}）才能被吸收。临床上萎缩性胃炎或胃癌患者，胃大部分切除手术后因胃酸分泌不足可导致铁吸收障碍，引起缺铁性贫血；生长发育期的儿童可因铁摄入量不足引起缺铁性贫血。

2. 铁的排出 大部分铁随粪便排出，正常人每日排出0.2～0.5mg；部分铁随尿排出，每日排出量不超过0.5mg。排出的铁主要来自脱落的肠黏膜细胞和泌尿生殖道的上皮细胞。

正常情况下铁的吸收与排泄保持平衡。维持这一平衡的机制主要是铁储量和造血速度决定着肠对铁的吸收量。体内铁储量越低、骨髓造血速度越快，则铁在肠道内的吸收也越多。

3. 体内铁的运输、储存和利用 从小肠吸收入血的Fe^{2+}在血浆铁氧化酶（又称铜蓝蛋白）的催化作用下，氧化成Fe^{3+}，然后再与血浆运铁蛋白相结合而运输。运铁蛋白是一种结合三价铁的糖蛋白，其分子结构中的两条多肽链上分别有一个铁的结合位点。运铁蛋白将90%以上的铁运送到骨髓用于合成血红蛋白；有一小部分铁运送到各组织细胞合成肌红蛋白、含铁酶类；还有一部分合成铁蛋白和含铁血黄素储存于网状内皮细胞系统和肝细胞中。

铁蛋白是体内铁的主要储存形式，大部分存在于肝、脾、骨髓和骨骼肌，其次在肠黏膜上皮细胞。铁在铁蛋白中以Fe^{3+}形式存在。

在出血或其他需要铁的情况下，储存铁可以释放，参与造血及其他含铁化合物的合成。含铁血黄素内的铁也可以利用，但不如铁蛋白内的铁易动员，且含铁总量低于铁蛋白。

4. 铁的功能与缺乏症

（1）铁主要是作为血红蛋白、肌红蛋白、细胞色素的组成成分，参与体内氧气、二氧化碳的运输、组成呼吸链参与氧化磷酸化作用；此外，铁还是体内过氧化氢酶等的辅助因子。

（2）成人缺铁可导致贫血，未成年人缺铁可导致生长发育迟缓，免疫功能降低，而出现易感染、易疲劳等症状。

（3）由于误服过量铁制剂等引起体内铁过多，可出现急性胃肠刺激症状，如呕吐、黑色粪便等。慢性铁过多可出现肤色变深，甚至肝硬化等。

二、锌

（一）锌含量、分布和需要量

成人体内锌的总量约为40mmol（2.6g），广泛分布于全身组织，尤其以视网膜、胰岛及前列腺组织含锌量最高，皮肤、毛发含锌量约占体内含锌总量的20%左右，头发含锌量为125～250μg/g，头发锌含量稳定，可以反映体内含锌状况和锌的营养状态；血浆锌的浓度为0.1～0.15mmol/L。

许多天然食物中均含有锌，肉类、贝类、肝和扁豆等尤为丰富。机体对锌的需求量随性别、年龄、生长发育等情况而异，正常成人每日需锌量为10～15mg（约0.2mmol），月经期妇女需25mg/d，孕妇及哺乳期妇女需30～40mg/d，儿童需5～10mg/d。

（二）锌的吸收、运输、利用、储存和排泄

锌主要是在小肠吸收，吸收率为20%～30%。锌吸收入血后，大部分与血浆清蛋白结合，小部分与α-球蛋白结合运至门静脉，再输送到全身各组织利用，参与各种含锌酶的合成。

人体内的锌约有25%～30%储存于皮肤和骨骼内。

锌主要经由粪便、尿、汗、乳汁和头发排泄。失血和妇女的月经也是机体丢失锌的途径。

（三）锌的生理功能

1. 构成酶的成分且与酶的活性密切相关 目前已知的含锌酶有200余种，如碳酸酐酶、脱氢酶、肽酶、磷酸酶、DNA聚合酶、RNA聚合酶、醛缩酶等，因此锌在体内广泛参与糖类、脂类、蛋白质和核酸的代谢。缺锌时，可影响细胞分裂、器官生长和再生，造成胎儿畸形、儿童生长发育停滞等。

2. 对激素的作用 锌极易与胰岛素结合，使胰岛素围绕锌离子形成六聚体而活性增强，结合型胰岛素又能与精蛋白结合，从而延长胰岛素的作用时间。

3. 对大脑功能的影响 脑中的微量元素以锌含量最高，约为10μg/g脑组织，人脑海马区的锌含量尤高。妊娠妇女缺锌会使后代的智力低下、学习能力和记忆力下降。

4. 与味觉有关 锌是唾液内味觉素（一种唾液蛋白）的组成成分，缺锌时会出现味觉减退、食欲缺乏。

5. 其他方面 研究发现，锌与维持DNA和RNA的立体结构有关，故推测锌在基因调控中有重要作用；正常血浆维生素A水平的维持及其在肝中的代谢均需锌参与；锌与膜蛋白巯基、羧基结合后，对细胞膜结构的稳定和功能的完整有重要意义；锌与免疫及吞噬细胞功能有关。缺锌时还可造成伤口不易愈合、生殖器官发育受损造成性功能不全等。

三、铜

（一）铜的含量、分布和需要量

正常成人体内含铜总量约为2mmol（约100～120mg），分布于各组织细胞中，其中以肝、脑、心含量较多。成人血清铜含量为0.02mmol/L。

成人每天铜的需要量约为1.5～2.0mg（30μg/kg体重），儿童为40μg/kg体重，婴儿为80μg/kg体重。

（二）铜的吸收、运输、利用和排泄

食物中的铜主要在十二指肠吸收，吸收率约为5%～10%。现认为，大部分铜是与肠黏膜

细胞内的超氧化物歧化酶（superoxide dismutase，SOD）及巯基蛋白结合，将铜携带进入体内，运至肝细胞。在血液中，铜可与血浆 α - 球蛋白结合形成血浆铜蓝蛋白。铜蓝蛋白不仅仅是铜在血浆中的主要运输形式，还能催化 Fe^{2+} 氧化成 Fe^{3+}，加速运铁蛋白的形成，促进铁蛋白的转移和利用，故认为铜蓝蛋白具有亚铁氧化酶的功能。在组织中，铜以铜蛋白的形式储存，其中肝和脑是重要的储铜库。

体内的铜 80% 以上随胆汁分泌至肠道排出体外，少量经肾随尿排出。

（三）铜的功能及缺乏症

（1）参与生物氧化　铜是体内细胞色素氧化酶的组成成分，参与生物氧化过程，起到传递电子的作用。

（2）促进铁代谢　铜可促进三价铁变为二价铁，有利于小肠对铁的吸收；能促进储存铁进入骨髓，加速血红蛋白的合成；促进幼红细胞成熟，使成熟红细胞从骨髓进入血液，血浆铜蓝蛋白除将铜运至肝外组织外，促进铁与运铁蛋白结合而运输。故缺铜时可出现贫血。

（3）铜是体内某些酶活性中心的必需成分　如胺氧化酶、抗坏血酸氧化酶等，缺铜时可出现组织弹性减弱。

（4）铜是体液中超氧化物歧化酶（SOD）活性中心的必需组分　以超氧阴离子为底物，显示绝对专一性，且催化效率比自发反应快 10^{10} 倍。按金属辅基可分为：Cu，Zn - SOD、Mn - SOD、Fe - SOD 三种。细胞外液中主要是 Cu，Zn - SOD。SOD 催化反应如下：

$$2O_2^- + 2H^+ \rightarrow H_2O_2 + O_2$$

SOD 的重要功能是清除活性氧的毒性并维持活性氧的生理浓度。

（5）其他　毛发角蛋白中，大部分半胱氨酸的巯基氧化形成二硫键，以维持角蛋白构象，这一过程需铜氧化酶参加；铜还是酪氨酸酶的组成成分，促进酪氨酸生成黑色素。故缺铜时可导致毛发脱色，酪氨酸酶缺乏时可导致白化病。

四、硒

（一）硒的含量、分布和需要量

成人体内含硒约为 14 ~ 21mg，以肝、胰、肾组织含量较多，组织中的硒多以硒蛋白和含硒酶的形式存在。正常成人每天需从食物中摄入硒量 200 ~ 300μg，最低不能低于 40μg/d，含硒丰富的食物主要有动物内脏、海产品、鱼、蛋、谷类等。

（二）硒的吸收、运输及排泄

硒主要在十二指肠吸收，与低分子有机基团结合的硒，如硒代蛋氨酸、硒代胱氨酸较易吸收，食物中含硫化物、砷化物、汞、镉、铜、锌过多时会阻碍硒的吸收，维生素 E 可促进硒的吸收。

经肠道吸收的硒进入血浆后，大部分与 α - 球蛋白和 β - 球蛋白结合、小部分与血浆极低密度脂蛋白和低度密度脂蛋白结合转运至各组织利用。

硒的摄入量与排出量相等，硒大部分由粪便排出，小部分由尿、汗和肺呼吸排出。

（三）硒的生理功能

（1）硒以硒代半胱氨酸的形式参与构成谷胱甘肽过氧化物酶（GSH - Px）的活性中心。

（2）硒参与辅酶 A 和辅酶 Q 的生成，故硒参与体内的多种代谢活动和呼吸链的电子传递过程。

(3) 硒可降低化学物质的致癌率，是一种有前途的抗癌物质；硒还能提高机体的免疫功能，能刺激免疫球蛋白的产生增强机体对疾病的抵抗能力。

(4) 其他方面，硒参与眼中光感受器使光子转换成电信号的能量转换过程，视网膜中含硒丰富则可增强视力；硒能拮抗和降低汞、镉、铊和砷等元素的毒性作用；硒还能调节维生素A、维生素C、维生素E、维生素K的代谢。

(5) 缺硒时，可出现生长缓慢、肌肉萎缩、毛发稀疏、精子生成异常、白内障等；摄入过多的硒又可造成肝、肾器官损害，出现胃肠道功能紊乱、眩晕、疲倦、皮肤苍白、神经过敏等症状。

五、锰

(一) 锰的含量、分布和需要量

人体内含锰总量约为10～20mg（0.18～0.36mmol），分布于全身，但以脑、骨骼、肝、肾、胰含量最高，主要集中于线粒体内。血清锰含量0.1μmol/L。

国际上推荐正常人每日需锰量为2.5～7.0mg/d，我国暂定标准为5～10mg/d。食物中以动物肝脏、鲍鱼、海参、黑木耳、黄花菜、核桃、茶叶等富含锰。

(二) 锰的吸收、运输、利用和储存、排泄

锰主要在肠道尤其是十二指肠吸收，吸收入血后，主要与血浆β_1－球蛋白（运锰蛋白）结合而运输，小部分进入红细胞内形成锰卟啉，并迅速转运至富含线粒体的细胞中。人血液中的锰80%以上结合在红细胞内。

锰主要以Mn^{2+}形式被组织利用，其余的锰主要储存在肝、肾、肌肉、肾上腺、小肠等组织中。锰主要经胆汁排入肠腔随粪便排出。

(三) 锰的生理功能

(1) 锰是体内多种酶类如精氨酸酶、丙酮酸羧化酶、RNA聚合酶和超氧化物歧化酶（Mn－SOD）等的组成成分，锰参与体内多种物质代谢过程。

(2) 锰参与骨骼的生长发育过程和造血过程。锰与多糖聚合酶和半乳糖转移酶的活性有关，缺锰时，上述酶的活性降低，硫酸软骨素合成受阻，黏多糖的生成受抑制，而黏多糖是软骨及骨组织的重要成分，所以，缺锰时可造成骨骼发育不良和畸形。

(3) 锰能维持正常的生殖功能，参与性激素的合成。缺锰时，雄性哺乳动物曲细精管退行性病变，睾丸退化，精子减少造成不育；雌性动物性欲减退，性周期紊乱。因此锰是维持性功能的必需微量元素。

(4) 锰还能促进机体利用铜，锰与血卟啉的合成有关，贫血患者常伴有血锰降低。

(5) 锰摄入过多可出现中毒现象。多见于生产生活中防护不善，锰以粉尘形式进入人体所致。中毒症状表现为锥体外系的功能障碍，引起眼球集合能力减弱，眼球震颤和睑裂扩大。

六、碘

(一) 含量、分布与需要量

成人体内含碘量约20～50mg，大部分集中于甲状腺组织，骨骼肌次之。人体内含碘量受环境、食物和摄入量的影响。中国营养学会提出的膳食碘摄入量为：儿童90～150μg/d，成人150μg/d，孕妇和哺乳期妇女200μg/d。

（二）吸收与排泄

食物碘主要来源于海盐和海产品。食物中的碘在肠道还原为碘离子后迅速吸收，进入血液后，与球蛋白结合，80%被甲状腺上皮细胞摄取利用，其余则运至肺、肌肉、唾液腺、肾、乳腺等组织利用。

碘主要是经肾随尿排出，约占总排泄量的85%，少量由肝、汗腺和粪便排出。

（三）生理功能

（1）碘是合成甲状腺素的原料。甲状腺素可以促进蛋白质的生物合成，促进新陈代谢，促进机体生长发育，调节体内能量的转换和利用，稳定中枢神经系统的结构和功能。

（2）缺碘时因甲状腺素合成原料不足可引起地方性甲状腺肿，发病率女性高于男性。胎儿和婴儿缺碘可致发育停滞、痴呆、智力低下、生育能力丧失，甚至呆小病（又称克汀病）。缺碘在我国比较普遍，地区性缺碘或食物中含有干扰碘代谢的成分如硫氰酸盐、硫脲和磺胺类药物等是发生碘缺乏的主要原因。

近海地区居民可因食用含碘量超过普通食盐约1500倍的海盐而发生碘过多的现象，表现为尿碘排出量增多，少数可出现甲状腺肿大并有颈部压迫感。

七、氟

（一）含量与分布

成人体内含氟量约2.6g，主要分布在骨骼、牙齿、指甲、毛发和神经肌肉组织。

食物中含氟丰富的有红枣、莲子、海带、紫菜、苋菜等，人每日摄入的氟最高不应超过4～5mg。天然的氟化合物水溶性高，故膳食氟的主要来源是水。食物中的氟绝大部分被胃肠道吸收，以离子形式随血液运至各组织利用。

氟大部分随尿排出，少部分由粪便或汗腺排出。酸性尿可减少肾小管对氟的重吸收而使氟的排出增加。

（二）功能和缺乏症

氟的主要功能是增加骨骼和牙齿结构的稳定性，保持骨骼和牙齿的健康。氟不仅可使骨质坚硬，而且还能促进钙磷沉积，有利于骨的生长发育。氟不仅有利于牙齿的坚硬，还能防止龋齿发生，因为氟是烯醇化酶的抑制剂，故可抑制口腔细菌的糖酵解而减少乳酸的生成。缺氟时，骨骼、牙齿发育不良，龋齿发病率增高等。高氟地区居民可表现为氟斑牙、氟骨症等。

八、钴、钼、钒、铬

（一）钴

人体含钴约1.1～1.5mg，钴是构成维生素B_{12}的组成成分，并通过维生素B_{12}参与体内一碳基团的代谢，促进核苷酸的合成，进而促进核酸和蛋白质的生物合成；钴还能促进铁的吸收和储存铁的动员，增加造血；钴能促进锌的吸收，提高锌的生物学功能。钴过多则可导致甲状腺肥大和心损害。

（二）钼

人体内含钼总量约为9mg，成人钼的需要量约为60μg。钼是黄嘌呤氧化酶、醛氧化酶、亚硝酸还原酶、亚硫酸氧化酶等的重要组分。钼通过上述酶类发挥作用，与铜有拮抗和互相置换的作用。缺钼时可出现嘌呤和含硫氨基酸等的代谢障碍，导致精神神经症状。

（三）钒

人体含钒总量约25mg，每天需钒量约3μg。钒可促进骨髓的造血功能和抑制体内胆固醇的合成。钒的微尘和蒸气可自肺进入体内，过多吸入可引起钒中毒症状，造成对呼吸、消化和神经系统的损害，并可影响皮肤、心和肾，使用大剂量维生素C及络合剂EDTA可促使钒排出。

（四）铬

人体含铬量约6mg，成人每天需要摄入铬50～75μg。体内铬大多数以Cr^{3+}的形式存在，但无机铬离子几乎没有生物学活性，Cr^{3+}必须通过形成葡萄糖耐量因子（glucose tolerance factor，GTF）或其他有机铬化物才能发挥功能，并且易为人体吸收利用。GTF是Cr^{3+}与烟酸及氨基酸形成的复合物，能调节胰岛素与其膜受体上的巯基形成二硫键，使胰岛素发挥最大的效应，维持机体正常的糖代谢和脂类代谢。缺铬时可出现生长发育停滞，血糖、血脂浓度升高等。

（蔡连富）

第三篇
生物信息的传递与转导

第十二章　遗传信息的传递

学习目标

1. 掌握遗传信息传递的中心法则；复制、转录、逆转录合成和翻译概念及相关重要概念；遗传密码概念及性质；掌握DNA、RNA和蛋白质合成的原料和主要酶类；操纵子概念和结构；顺式作用元件和反式作用因子概念；重组DNA技术的基本概念。

2. 熟悉DNA、RNA生物合成的主要过程，蛋白质合成的基本过程及参与的酶因子及其作用；DNA的修复种类和修复的意义；转录终止及转录后加工和修饰；转录水平基因表达调控机制；重组DNA技术的基本步骤。

3. 了解基因、基因组、基因组学、RNA组学概念；蛋白质合成后加工、转运与降解；转录后水平的基因表达调节；重组DNA技术常用工具酶和载体；了解重组DNA技术与医学、药学的关系。

第一节　基因及中心法则

DNA是生物体储存遗传信息的主要分子，RNA主要负责遗传信息的表达。而病毒仅含有一种核酸分子，要么是DNA，要么是RNA，所以在RNA病毒中，RNA作为遗传物质。

一、遗传信息传递的中心法则

遗传信息的传递主要包括两个方面：一是遗传信息的遗传，亲代将遗传信息传递给子代；二是遗传信息的表达。

1958年，Crick提出了最初的遗传信息传递规律，即中心法则（central dogma），包括由DNA到DNA的复制、由DNA到RNA的转录和由RNA到蛋白质的翻译等过程（图12-1a）。20世纪70年代反转录（逆转录）现象和反转录酶（逆转录酶）的发现，是分子生物学研究中的重要事件。是对中心法则的重要补充，使人们认识到RNA同样具有遗传信息传代与表达功能（图12-1b）。

20世纪80年代以来，随着研究的深入，RNA的重要性越来越受到人们的重视。陆续发现许多新的具有特殊功能的RNA，发现非编码RNA（small non-messenger RNA，snmRNA）也有着重要作用，在遗传信息的传递、加工和调节以及其他重要生命活动过程中起着关键的作用。因此，产生了全面了解非编码RNA的时空表达图谱以及生物学意义的RNA组学（RNomics）。这是对中心法则的重要补充。

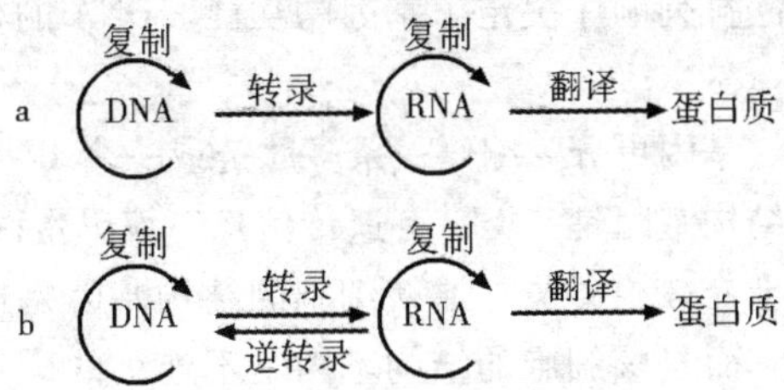

图 12-1 遗传信息传递的中心法则

二、基因、基因组、基因组学的概念

贮存在 DNA 上的遗传信息是以基因（gene）的形式存在的。从孟德尔定律的发现到现在，一百多年来，人们对基因的认识是不断丰富和发展的。19 世纪 60 年代，遗传学家孟德尔就提出了生物的性状是由遗传因子控制的观点。1909 年丹麦科学家 Jonhannsen 提出基因一词，代替孟德尔的遗传因子概念。20 世纪初期，遗传学家摩尔根通过果蝇的遗传实验，认识到基因存在于染色体上，并且在染色体上是呈线性排列，从而得出了染色体是基因载体的结论。

1953 年 Watson 和 Crick 提出 DNA 双螺旋结构以后，人们才真正认识了基因的本质，即基因是具有遗传效应的 DNA 片断。1955 年，美国分子生物学家 Benzer 对大肠杆菌 T_4 噬菌体做了深入研究，揭示了基因内部的精细结构，提出了基因的顺反子概念。1961 年法国 Jacob 和 Monod 的研究成果，又大大扩大了人们关于基因功能的视野。他们在研究大肠埃希菌乳糖代谢的调节机制中发现了有些基因不起合成蛋白质模板作用，只起调节或操纵作用，提出了操纵子学说。从此根据基因功能把基因分为结构基因、调节基因和操纵基因。20 世纪 70 年代后，随着重组 DNA 技术和核酸的序列分析技术的发展，对基因的认识又有了新的发展，主要是发现了重叠的基因、断裂基因和转座子。因此，基因可以看成是编码蛋白质或 RNA 等具有特定功能产物的基本单位，是染色体或基因组的一段 DNA 序列。

基因组（genome）一词是 1920 年 Winkles 从 genes 和 chromosomes 合成的，是指来自一个生物体的全部遗传物质，或指一个单倍体细胞的所有 DNA 组成。对原核生物来说，如细菌，它们的基因组就是单个的环状染色体所含有的全部基因。对真核生物来说基因组是指一个单倍体细胞的所有染色体包含的全部 DNA。

基因组学（genomics）于 1986 年美国科学家 Thomas 首次提出，指对所有基因进行基因组作图（包括遗传图谱、物理图谱、转录本图谱），核苷酸序列分析，基因定位和基因功能分析的一门科学。因此，基因组研究应该包括两方面的内容：以全基因组测序为目标的结构基因组学（structural genomics）和以基因功能鉴定为目标的功能基因组学（functional genomics），又称为后基因组学（post-genomics）研究。

三、基因遗传与表达的分子基础

组成 DNA 分子的碱基虽然只有 4 种，其配对方式也只有 A-T，G-C 两种，但由于碱基可以以任何顺序排列，构成了 DNA 分子的多样性。例如，某 DNA 分子的一条多核苷酸链由 100 个不同的碱基组成，它的可能排列方式就是 4^{100}；一个具有 4000 个碱基对的 DNA 分子所携带的遗传信息是 4^{4000} 种。DNA 分子所储存的遗传信息量是巨大的，其遗传信息是以基因的形式存在的。DNA 分子中储存着控制机体所有遗传性状的基因，每个基因又由数百到上千个脱氧核苷酸残基组成。核苷酸排列顺序决定了基因的功能。DNA 的核苷酸序列以密码的方式决定了蛋白质的氨基酸序列。

按照功能和性质的不同，基因可分为编码一条多肽链或一个 RNA 分子的编码区和具有调控作用的非编码区两部分。结构基因是一类带有遗传信息，编码蛋白质或 RNA 的基因。原核生物和真核生物在基因结构上有较大差异，原核细胞的结构基因是连续的，在编码区内不含有无编码意义的核苷酸序列；而真核细胞的结构基因是不连续的，由若干个编码序列和非编码序列互相间隔开但又连续镶嵌而成，称为断裂基因（interrupted gene）；其中编码序列称为外显子（exon），非编码序列称为内含子（intron）。因此真核生物在转录后需要进行复杂转录后的加工，将内含子剪接去除，外显子连接形成成熟的 RNA，因为 tRNA 和 rRNA 成熟过程也需要剪接，因此，将断裂基因中经转录并被剪接除去的序列称为内含子；而在成熟的 RNA 产物中出现的序列称为外显子。第一个被详细研究的断裂基因是鸡的卵清蛋白基因，全长 7.7kb（千碱基对，kilobase pair，kb），含有 8 个外显子和 7 个内含子（图 12－2），黑色图框代表外显子；字母 A－G 代表内含子。

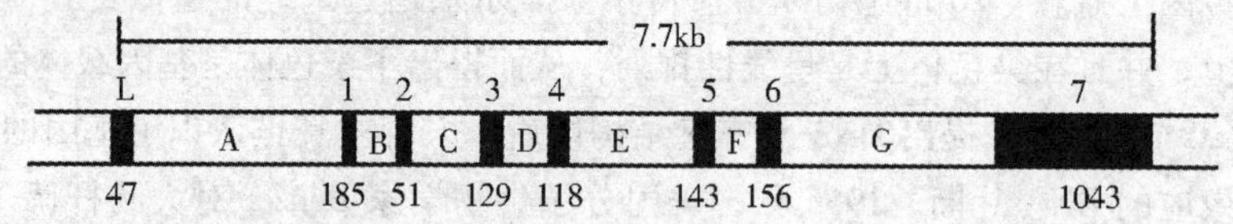

图 12－2 断裂基因结构示意图

具有调控作用的非编码区主要是控制基因，是一类能控制结构基因启动或关闭的基因，包括启动基因、操纵基因和调节基因等。因此，从分子生物学角度给基因下一个定义，基因是编码一条多肽链或一个 RNA 分子所必需的全部 DNA 序列。

第二节 DNA 的生物合成

自然界中，DNA 的生物合成主要有两条途径，大多数生物的 DNA 是通过复制（replication）过程合成的，遗传信息由亲代传递给子代，后代表现出与亲代相似的遗传性状。少数只含 RNA 的生物，例如 RNA 病毒，当其感染宿主细胞后，可以以病毒 RNA 为模板，通过逆转录酶作用反向转录合成 DNA。

一、DNA 的复制

复制是指以母链 DNA 分子为模板，在 DNA 聚合酶的作用下，以脱氧核苷三磷酸（dNTP）为底物，按照碱基配对规律，合成子链 DNA 的过程。新合成的两个子代 DNA 与亲代 DNA 的碱基序列完全相同，一条链来自亲代 DNA，另一条链是新合成的，这种复制方式称为半保留复制（semiconservative replication），一条链上的核苷酸排列顺序决定了另一条链上的核苷酸排列顺序（图 12－3）。1958 年，Messelson 和 Stahl 用用放射性同位素 ^{15}N 标记技术和氯化铯密度梯度离心技术结合，验证了 DNA 的复制方式——半保留复制。

无论是原核生物还是真核生物的 DNA 复制都是以半保留复制方式遗传的。这种复制方式保证了 DNA 在遗传上的稳定性，对物种的延续有重要意义。但遗传的保守性是相对而不是绝对的，自然界还存在着普遍的变异现象。

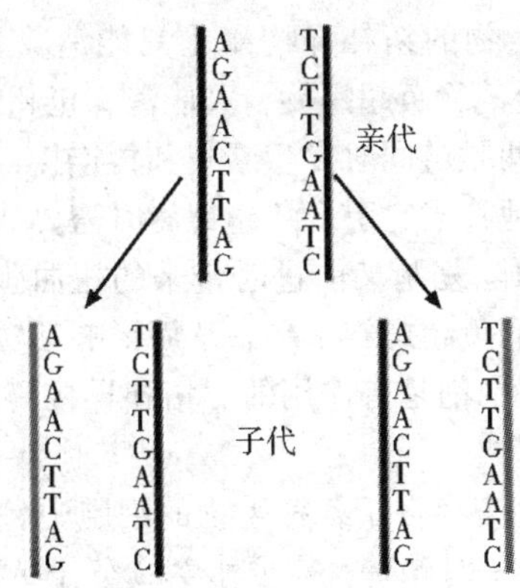

图 12－3 DNA 半保留复制

（一）DNA 复制的起点、方向和方式

许多实验证明，DNA 的复制是由固定的起始点开始的。复制时，相互缠绕的两条链需要在特定位点解成两条单链分别作为模板进行，这个特定的位点就是复制起点（origin of replication）。复制时在起点处将 DNA 双螺旋解链成单链呈现叉子的形状，故称为复制叉。通常，将生物体能独立进行复制的功能单位称为复制子（replicon），一个复制子只含有一个复制起点。原核生物双链环状 DNA 分子采取单复制子方式完成复制；真核生物基因组庞大、复杂，染色体 DNA 是线性双链分子，含有许多复制起点，采取多复制子方式。

复制时，复制叉从起点开始沿着 DNA 链连续移动，直到整个复制子完成复制。复制方向大多是双向的，在起始点处形成两个延伸方向相反的复制叉向两侧进行复制，称为双向复制；也可以只形成一个复制叉进行单向复制。

复制通常是对称的，两条链同时进行复制。实验表明，原核生物和真核生物大多数 DNA 的复制主要是从固定的起始点以双向等速的方式进行复制；如大肠埃希菌的环状双链 DNA 分子的复制。有些复制则是不对称的，一条链复制后再进行另一条链的复制。复制叉移动的方向和速度虽是多种多样的，但以双向等速方式为主。

（二）参与 DNA 复制的有关酶和蛋白质

DNA 复制是一个在酶的催化下由四种脱氧核糖核苷三磷酸聚合而成的复杂的酶促反应过程，需要多种生物分子的共同参与，包括反应底物、模板、引物及一系列酶和蛋白质。底物是指四种脱氧核糖核苷三磷酸，总称 dNTP（即 dATP、dGTP、dCTP、dTTP）；模板是 DNA 双链解旋、解链形成的两条单链；需要一小段寡核苷酸 RNA 引物提供 3′－OH 末端使底物聚合。复制需要的酶和蛋白质因子主要包括：拓扑异构酶（DNA topoisomerase）、解链酶（helicase）、单链结合蛋白（single－strand binding protein，SSB）、引发酶（primase）、DNA 聚合酶（DNA polymerase）、DNA 连接酶（ligase）等。

1. 参与 DNA 解螺旋和解链的酶类和蛋白因子 生物体内的 DNA 分子通常处于超螺旋状态。目前已知参与 DNA 解旋、解链的酶及蛋白因子主要有 DNA 拓扑异构酶、解链酶和 DNA 单链结合蛋白等。

（1）DNA 拓扑异构酶 DNA 的三级结构（超螺旋）存在拓扑异构体，DNA 拓扑异构酶广泛存在于原核及真核生物中，是催化 DNA 拓扑异构体相互转变的酶的总称，对 DNA 分子兼有内切酶和连接酶的作用，它们能够催化 DNA 链的断裂和结合，从而控制 DNA 的拓扑状态。DNA 拓扑异构酶主要有两类：一类叫拓扑异构酶Ⅰ，一类叫拓扑异构酶Ⅱ。

拓扑异构酶Ⅰ催化 DNA 的一条链发生断裂和再连接，反应无需供给能量，主要集中在活性转录区，同转录有关。原核生物的拓扑异构酶Ⅰ只能消除负超螺旋，对正超螺旋无作用；而真核生物的拓扑异构酶Ⅰ既能消除负超螺旋，又能消除正超螺旋。

拓扑异构酶Ⅱ能使DNA得两条链同时发生断裂和再连接，无ATP时，切断处于正超螺旋状态的DNA分子，使超螺旋松弛；当它引入负超螺旋时需要ATP提供能量，同复制有关。拓扑异构酶Ⅱ引入负超螺旋可以消除复制叉前进时带来的扭曲张力，从而促进双链解开。拓扑异构酶Ⅰ和Ⅱ共同控制着DNA的负超螺旋水平，从而影响其功能。

拓扑异构酶在复制的全过程中都是有作用的。拓扑异构酶在重组、修复和其他DNA的转变方面也起着重要作用。

（2）解链酶 又称解螺旋酶，存在于各种生物的细胞中。此酶的作用是利用ATP提供能量来解开双链形成单链，每解开一对碱基，需要水解2分子ATP。解链酶对单链DNA有高亲和力，对双链DNA亲和力则很小。因此当DNA中有单链末端或双链有缺口时，解链酶即可结合于单链部分，然后向双链方向移动。

（3）单链结合蛋白 解开的两条单链随即被单链结合蛋白所覆盖，以稳定DNA解开的单链，阻止其复性和保护单链部分不被核酸酶降解。SSB并没有解链的作用，起到保护作用。SSB与模板不断的结合、脱离，反复发挥作用，不随复制方向向前移动。

2. 引发酶 DNA聚合酶没有催化两个游离dNTP聚合的能力，需要生成的一段短RNA引物提供3′-OH末端供dNTP加入、延长。所以，解开双链并不是马上进行复制，引发酶先以模板脱氧核苷酸序列，按碱基互补原则合成一小段RNA引物，这一过程称“引发”。合成的RNA引物提供3′-OH末端，在DNA聚合酶的作用下逐个加上dNTP合成DNA子链。

3. DNA聚合酶 1956年Kornberg等在大肠埃希菌中首先发现了DNA聚合酶。DNA聚合酶全称为依赖于DNA的DNA聚合酶（DNA-dependent DNA polymerase），简称DNA-pol，是催化DNA复制的一系列酶中最为重要的酶。DNA聚合酶主要作用是在DNA模板链的指导下，以四种三磷酸脱氧核糖核苷（dNTP）为底物，按照碱基配对原则，将dNTP逐个加入到寡核苷酸引物的3′-OH末端，并催化核苷酸之间形成3′，5′-磷酸二酯键。如此继续下去，新合成的DNA链由5′向3′方向延伸。

$$(\mathrm{dNMP})_n + \mathrm{dNTP} \rightarrow (\mathrm{dNMP})_{(n+1)} + \mathrm{PPi}$$

DNA聚合酶的反应特点为：①以四种脱氧核糖核苷三磷酸作为底物；②反应需要模板指导；③反应需要有引物3′-OH存在；④DNA链的延长方向为5′→3′；⑤按照碱基互补配对合成产物DNA，其性质与模板相同。

原核生物大肠埃希菌中的DNA聚合酶有三种，分别是DNA聚合酶Ⅰ、Ⅱ、Ⅲ，它们的性质和功能比较见表12-1。近来发现了DNA聚合酶Ⅳ和Ⅴ。

表12-1 大肠杆菌DNA聚合酶Ⅰ、Ⅱ、Ⅲ的性质比较

	DNA聚合酶Ⅰ	DNA聚合酶Ⅱ	DNA聚合酶Ⅲ
相对分子质量	103 000	88 000	830 000
组成	单肽链	?	多亚基不对称二聚体
3′→5′核酸外切酶	+	+	+
5′→3′核酸外切酶	+	-	-
5′→3′聚合活性	中	低	高
功能	切除引物，修复	修复	复制

DNA 聚合酶Ⅰ是第一个被鉴定出来的 DNA 聚合酶，也称为 Kornberg 酶。该酶是由一条单一多肽链组成（图 12-4a），相对分子质量为 103，000，是一个多功能酶，催化以下反应。①DNA聚合活性，使 DNA 链沿 5′→3′合成；②3′→5′核酸外切酶活性，能识别和切除正在延长的子链中错误配对的脱氧核苷酸，具有校对功能，纠正聚合过程中的碱基错配（图 12-5）；③5′→3′核酸外切酶活性，由 5′-端水解 DNA 链。用蛋白水解酶可以把 DNA 聚合酶Ⅰ水解为大小两个片段，大片段具有聚合酶活性和 3′→5′核酸外切酶活性，又称为 Klenow 片段，是实验室合成 DNA 和进行分子生物学研究中常用的工具酶；小片段具有 5′→3′核酸外切酶活性。DNA 聚合酶Ⅰ在切成因紫外线照射而形成的嘧啶二聚体起重要作用，它也在冈崎片段 5′-端引物的切除上起作用，因此该酶在 DNA 复制和损伤修复中起作用。

DNA-pol Ⅱ具有 5′→3′的聚合酶活性和 3′→5′核酸外切酶活性，认为它主要参与 DNA 的损伤和修复。

DNA 聚合酶Ⅲ是由多个亚基组成的多聚酶（图 12-4b），是大肠埃希菌细胞内 DNA 复制中真正负责新合成链的酶。并且它有 3′→5′核酸外切酶的活性，能切除错配的核苷酸起到校读作用。

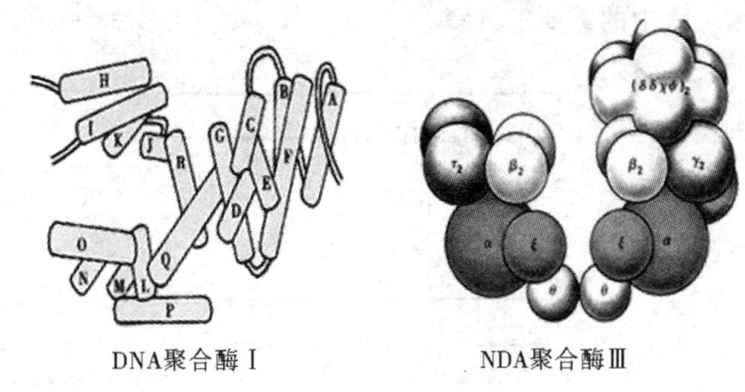

图 12-4　DNA 聚合酶Ⅰ和 DNA 聚合酶Ⅲ

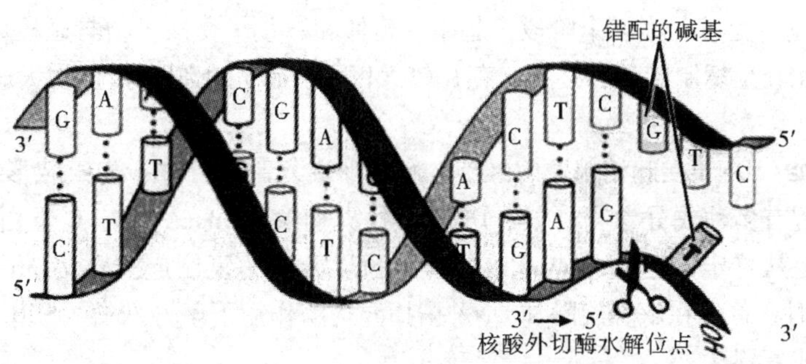

图 12-5　DNA 聚合酶的校读功能

真核生物细胞中已发现有 15 种以上 DNA 聚合酶，5 种哺乳动物中常见的 DNA 聚合酶为：α、β、γ、δ、ε，和细菌 DNA 聚合酶基本性质相同（表 12-2）。DNA 聚合酶 α 能合成引物，具有引物酶活性；DNA 聚合酶 δ 是主要负责 DNA 复制的酶，参与链的延伸，相当于细菌中的 DNA 聚合酶Ⅲ。

表 12－2 真核生物的 DNA 聚合酶

DNA－pol	α	β	γ	δ	ε
相对分子质量（kDa）	16.5	4.0	14.0	12.5	25.5
5′→3′聚合活性	中	?	高	高	高
3′→5 外切酶活性	无	无	有	有	有
功能	起始引发，引物活性酶	损伤修复	线粒体 DNA 复制	延长子链的主要酶，解螺旋酶活性	填补引物空隙，切除修复，重组

4. DNA 连接酶 连接双链 DNA 切口处的 3′－OH 末端和另一段 DNA 的 5′－P 末端，生成磷酸二酯键，从而将两段相邻的 DNA 链连接成完整的链，该过程需要消耗 ATP。实验证明，DNA 连接酶并不能够连接两条单链的 DNA 分子或环化的单链 DNA 分子，被连接的 DNA 链必须是双螺旋的一部分。连接酶要求断开的两条链要有互补链将它们聚在一起，它不能将两条游离的 DNA 分子连接起来（图 12－6）。DNA 连接酶在 DNA 的复制、修复、重组过程中均起重要作用，也是基因工程中的重要工具酶。

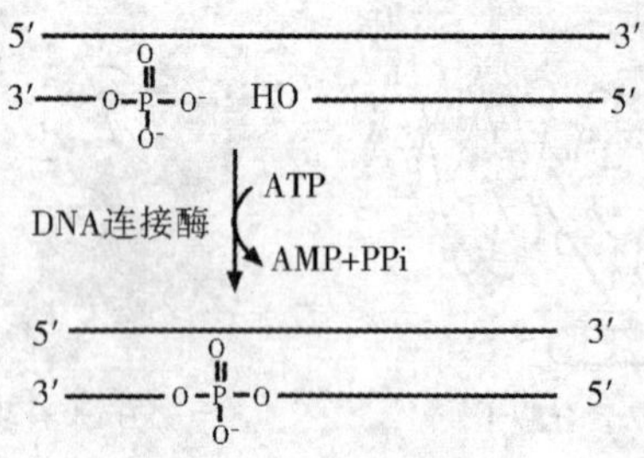

图 12－6 DNA 连接酶催化的反应

（三）原核生物 DNA 的复制过程

DNA 的复制过程可分为三个阶段：起始、延伸和终止。真核生物与原核生物的 DNA 复制有很多不同，尤其是复制起始和终止，存在较大区别。首先介绍原核生物大肠埃希菌 DNA 复制的机制。

1. 复制起始 DNA 在起始部位解螺旋、解链形成复制叉，进一步组装形成引发体并合成引物。这一过程有多种成分参与，如：DNA 拓扑异构酶、Dna A、B、C 蛋白，SSB 蛋白，引发酶等。复制是从特定的起始位点开始的，大肠埃希菌的复制起点称为 ori C，长约 245bp。DNA 进行复制时，首先在解螺旋酶和 DNA 拓扑异构酶作用下解开双链，SSB 与解开的两条模板链结合，形成复制叉。

引发酶（Dna G 蛋白）加入，形成复制起始阶段由解螺旋酶、Dna C 蛋白、引发酶和 DNA 的复制起始点区构成的复合结构引发体（primosome）。引发体的蛋白质组分可在 ATP 供能作用下沿 DNA 链移动，引发酶依据模板的碱基序列以 NTP 为底物，按 5′→3′方向合成一小段 RNA 引物（大约含十几个或几十个核苷酸不等），从而完成起始阶段（图 12－7）。

2. 复制延伸 在 DNA 聚合酶Ⅲ作用下领头链连续合成，随从链不连续合成。

DNA 双螺旋两条链是反向平行的，一条链走向为 5′→3′，另一条为 3′→5′方向，两条链都需要作为复制的模板使用，同时合成出两条新的互补链，而 DNA 聚合酶只能催化 5′→3′方向的 DNA 合成（则模板链走向为 3′→5′方向），如果子代双链都是连续合成的话，那意味着需要将亲代 DNA 分子完全解链后再作为复制模板，但是这对生物体来说是一个十分难以解决的难题。这就很难理解复制时两条链如何能够同时作为模板合成其互补链。日本学者冈崎等提出了在复制叉处 DNA 两条链的合成是不连续的复制模型。

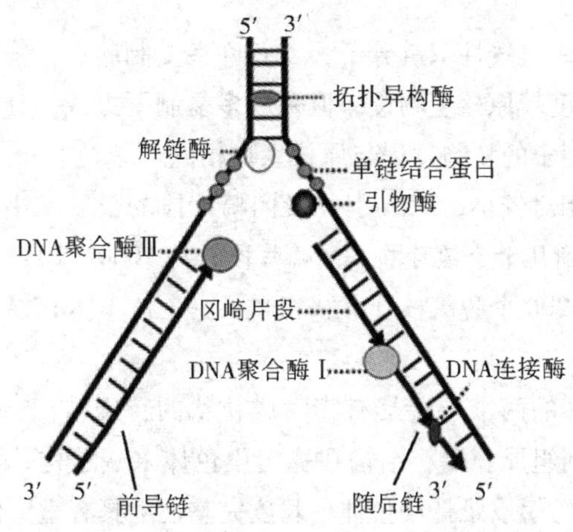

图 12－7　大肠埃希菌复制体结构示意图

新合成的子代 DNA 双链中，一条链是连续合成的，另一条链的合成是不连续的，这种复制方式称为半不连续复制，由此避免了 DNA 空间结构的阻碍。复制过程中，以复制叉向前移动的方向为准，合成方向与复制叉前进方向一致，以 3′→5′方向的链为模板连续合成的子代链称为前导链或领头链（leading strand）；另一条链的合成方向与复制叉前进方向相反，以 5′→3′方向的链为模板形成许多不连续的片段，最后再连成一条完整的 DNA 链，称为随从链或滞后链（lagging strand）。随从链中的不连续 DNA 片段称为冈崎片段（Okazaki fragment）。由于随从链的延伸方向与复制叉方向相反，因此需要等待复制叉前进一段距离后，才能合成冈崎片段，而冈崎片段也需要先合成 RNA 引物，也就是说复制过程中随从链上要不断地合成 RNA 引物，再合成一段一段的冈崎片段。

DNA 聚合酶Ⅲ负责领头链和冈崎片段的合成。RNA 引物合成后，按照碱基互补原则在引物的 3′－OH 末端逐个地聚合脱氧核糖核苷三磷酸，形成 DNA 片段。

DNA 聚合酶Ⅰ的核酸外切酶活性将 RNA 引物切除，其聚合酶活性负责填补引物去除后留下的缺口；最后由 DNA 连接酶将冈崎片段连接形成长链。

3. 复制终止　大肠埃希菌的基因组是双链环状 DNA，有一个复制起点，采取双向等速复制方式，其复制终点在起点对侧的终止区域内。从起点开始，两个复制叉各进行了 180°，同时在终止位点上相遇而停止复制。复制停止后，仍有 50～100bp 未被复制，将由修复方式填补空缺，而后两链解开。

复制的完成还包括去除 RNA 引物、填补缺口及连接冈崎片段形成完整的子链的过程。

（四）真核生物 DNA 的复制

真核生物基因组比原核生物大得多，染色体 DNA 通常与组蛋白紧密结合形成核小体结构，以核小体为单位形成高度致密的染色体结构。因此真核生物的复制远比原核生物复杂，但详细机制目前尚未完全明了，这里简单介绍一下与原核生物相比较存在的一些主要特点。

真核生物DNA复制时需要解开和重新组装核小体结构。核小体是DNA缠绕在组蛋白八聚体上形成的结构，DNA复制时需要克服其造成的空间障碍，需要解开和重新组装核小体结构，造成复制叉前进速度慢，大约为50bp/S，仅为原核生物的几十分之一。组蛋白的合成与DNA复制在细胞周期的S期同步进行，即DNA复制与核小体装配同步进行，复制完成后即组合成染色体。

真核生物染色体DNA是线性双链分子，含有许多复制起点，采取多复制子方式复制。虽然真核生物DNA复制速度较原核生物慢，但采取多复制子方式，分段同时进行复制，总体速度是不慢的，其单个复制子的复制过程与原核生物相似。

真核生物的复制子相对较小，RNA引物及冈崎片段的长度均小于原核生物。原核生物的RNA引物长度从十几个到几十个核苷酸，冈崎片段长约1000～2000个脱氧核苷酸；真核生物的冈崎片段长约为100～200个脱氧核苷酸，相当于一个核小体DNA长度，引物约为十几个核苷酸左右。

真核生物线性染色体的两个末端具有膨大成粒状的特殊结构，称为端粒（telomere），是由许多成串短的重复序列组成。端粒结构在稳定染色体末端结构，及防止复制时随从链在消除RNA引物后造成的链缩短以维持染色体的长度完整性上具有重要作用。端粒酶（telomerase）是一种含有RNA的逆转录酶，能以自身含有的RNA为模板来反复合成端粒的重复序列，以维持端粒一定长度。保证DNA分子不会在复制过程中缩短。

二、DNA的逆转录合成和其他复制方式

大多数复制是以复制叉的形式进行的双向复制，但有些DNA采用特殊的方式进行合成。某些病毒的遗传物质是RNA，RNA病毒感染宿主细胞后，在酶的作用下以病毒RNA为模板合成DNA，这种遗传信息由RNA流向DNA的过程称为逆转录或反向转录（reverse transcription）。催化这一过程的酶称为逆（反）转录酶，全称为依赖RNA的DNA聚合酶（RNA dependent DNA polymerase，RDDP），合成反应也按照5′→3′方向延伸。

逆转录的主要步骤有三步：首先病毒侵入宿主细胞后，在逆转录酶的作用下以病毒RNA为模板，催化dNTP聚合生成一条与RNA链互补的DNA链，称为互补DNA（cDNA），RNA与DNA形成杂化双链；然后，杂化双链中的RNA在RNase作用下降解，释放出单链DNA；最后再以单链DNA为模板合成与其互补的另一条DNA，形成双链DNA，即前病毒。

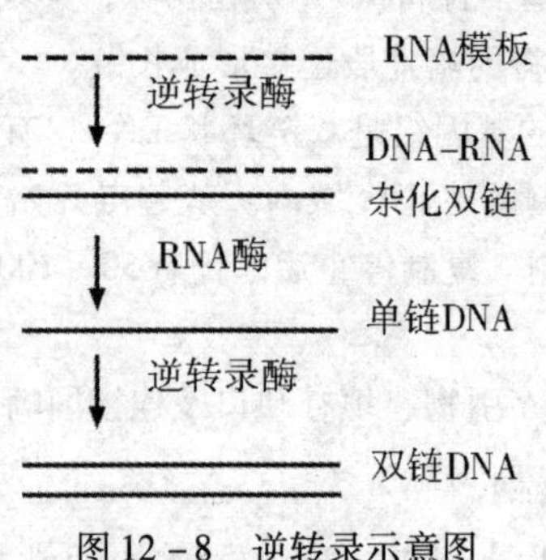

图12－8 逆转录示意图

前病毒含有RNA病毒的全部遗传信息，双链DNA可整合到宿主细胞的基因组内，随宿主

基因一起复制、转录出相应的mRNA而表达，成为致病的原因。对逆转录病毒的研究导致了癌基因的发现，是致癌分子机制研究中的重大突破。

利用逆转录酶获得DNA还是基因工程中获得目的基因的重要方法之一，利用逆转录过程以mRNA为模板获得cDNA，也可进一步构建cDNA文库。

此外，还存在其他复制方式，如滚环复制（rolling circle）是单向复制的一种特殊方式，在噬菌体中比较常见；D环复制（D－loop）也是单向复制的一种特殊方式，线粒体、叶绿体DNA采用此种方式。

三、DNA损伤与修复

遗传物质DNA的遗传保守性是维持物种相对稳定的主要因素，然而生物体时刻受到各种因素的影响，而导致DNA双螺旋正常结构遭到破坏，就可能影响其功能，从而引起突变，甚至导致死亡。各种体内外的因素导致的DNA双螺旋组成和结构上的改变，统称为DNA损伤（DNA damage）。

DNA损伤诱发因素众多，包括物理、化学、生物因素，也有机体自身内部因素。

（1）物理因素　常见的有紫外线、各种电离辐射等。紫外线照射可引起DNA分子中相邻的嘧啶碱基发生共价结合，生成嘧啶二聚体。

（2）化学因素　大多数为化学诱变剂或致癌剂，化学诱变剂种类繁多，如烷化剂、碱基和核苷类似物、抗生素及其类似物、脱氨剂、吖啶类等。

（3）生物因素　如逆转录病毒感染，可导致宿主细胞DNA的碱基序列改变。

（4）自发因素　主要指DNA复制过程中的错配，自发性脱氨基反应，碱基丢失或脱落等导致DNA的自发性损伤。DNA结构本身的不稳定性是DNA自发损伤中最常见的因素，DNA受热或所处的pH发生改变会导致其结构改变：碱基丢失或脱落，脱氨基等。

DNA修复系统主要有5种类型：错配修复（mismatch repair）、切除修复（excision repair）、直接修复（direct repair）、重组修复（recombination repair）和SOS修复（表12－3）。

表12－3　大肠埃希菌中的DNA修复系统

DNA修复系统	功能
错配修复	恢复错配
切除修复（碱基、核苷酸切除修复）	切除突变的碱基和核苷酸片段
直接修复	修复嘧啶二聚体或甲基化DNA
重组修复	复制后修复，重新启动停滞的复制叉
SOS修复	倾向错误的DNA修复，导致变异

DNA修复是机体维持DNA结构的完整性与稳定性，保证生命延续和物种稳定的重要环节。损伤和修复是细胞内并存的过程，生物多样性依赖于DNA的突变和修复之间的良好平衡。

（一）错配修复

DNA复制过程中，虽然有DNA聚合酶的3′→5′核酸外切酶的校对功能，但不可避免的仍会有少数错配被保留下来，错误率约为10^{-10}。错配修复能纠正复制过程中的碱基配对错误及因碱基损伤导致的碱基错配、碱基插入、缺失等损伤，对DNA复制忠实性、维持结构完整有重要意义，从低等生物到高等生物都具有这一修复系统。

大肠埃希菌参与错配修复的蛋白和酶包括Mut H、Mut L、Mut S、核酸外切酶、DNA聚合酶Ⅲ、DNA解旋酶、连接酶等。在Mut H、Mut L、Mut S蛋白参与下，在未甲基化的子链切开一缺口（图12-9）。

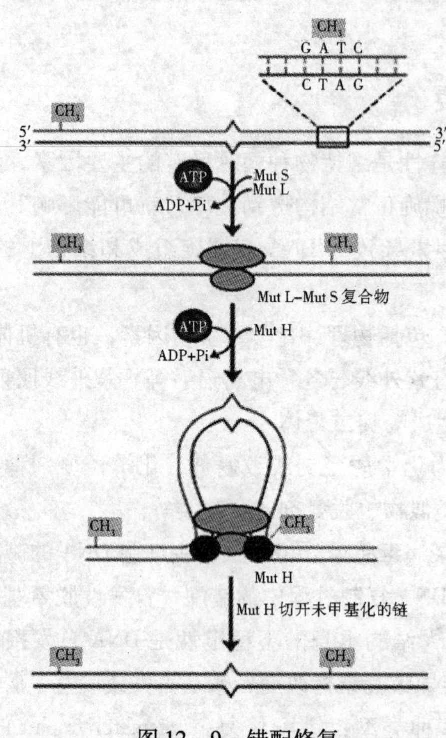

图12-9 错配修复

核酸外切酶从切口处开始切除核酸链，解旋酶和SSB蛋白协助链解开，直到将错配碱基切除，有时候切除的链可长达1000个核苷酸以上。切除形成的缺口由DNA聚合酶Ⅲ和连接酶合成并连接，恢复正确的碱基配对。由此可以看出，即使是为了校正一个错配碱基，生物体也要启动复杂的修复机制，说明维持遗传信息的稳定对保证生命延续和物种稳定是非常重要的，是不惜代价的。

（二）切除修复

切除修复是机体内最普遍的修复方式，在一系列酶的作用下将DNA分子中受损伤部分切除掉，并以完整的另外一条链为模板合成切除部分使DNA恢复正常结构的过程。可分为碱基切除修复和核苷酸切除修复两种方式。其基本过程包括识别、切除、修补和连接。首先由特异的核酸内切酶识别并切除损伤部位，同时以另一条正常的DNA链为模板，由DNA聚合酶Ⅰ催化，按5′→3′方向进行填补被切除部分的空隙，最后由DNA连接酶把3′-OH和5′-P接合起来，完成切除修复全过程（图12-10）。

切除修复之所以能够精确修复损伤，前体就是DNA两条链序列互补，当一条链受到损伤时可以用另一条链为模板进行修复。修复过程发生在DNA复制之前，又称为复制前修复。但是当DNA双链发生断裂等损伤无法为修复提供正确的模板时，需要进行重组修复。

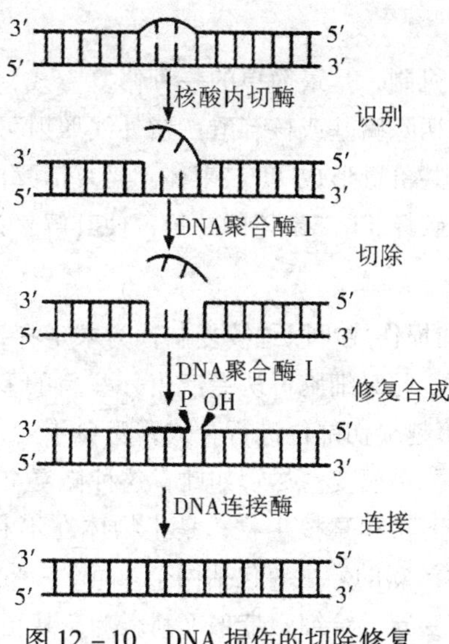

图 12－10　DNA 损伤的切除修复

（三）重组修复

当 DAN 复制发生时而又有 DNA 损伤未能修复，复制叉遇到受损伤的 DNA 时，使正常的复制过程受阻，此时可以先复制后修复。复制相关酶系统在碰到损伤部位时可以越过损伤部位，在下一个冈崎片段的起始位置或者是前导链的相应位置上重新合成 RNA 引物和 DNA 链，在新合成的子代链上对应于损伤部位的位置上留下一个缺口，缺口可以通过遗传重组方式加以修复：从同源 DNA 母链上将相应的片段移至子链缺口处，母链上的缺口再重新合成。这一修复过程称为重组修复（图 12－11）。

在重组修复中，DNA 链的损伤并没有被真正修复，只不过通过重组修复后使复制能够继续进行下去，损伤仍然存在。在后续的复制过程中，损伤仍然会给复制带来困难，仍需要重组修复来解决问题，直至损伤被切除修复消除。但是通过第二轮复制后，损伤链就只占 DNA 的 1/4，经过若干代后，其比例越来越低，即使损伤没有被切除修复，在后代细胞群中已被稀释，实际上已消除了损伤对群体的影响。

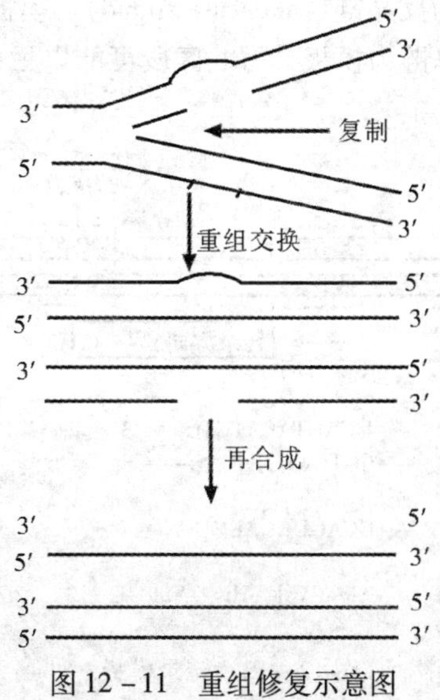

图 12－11　重组修复示意图

（四）直接修复

生物体内还存在直接修复机制，是最简单的一种修复方式，直接作用于受损伤的DNA使其恢复原来结构，而并不需要切除碱基或核苷酸。紫外线照射可以使DNA分子中同一条链上相邻的胸腺嘧啶碱基之间通过共价键形成TT二聚体。光复活酶能够直接识别和结合到嘧啶二聚体部位，在可见光激发下，破坏TT二聚体的共价键使其解聚为原来的单体而修复。

（五）SOS修复

当DNA双链发生大范围的损伤或难以继续复制，为求生存，细胞可以应急诱导产生一系列的应急措施，称为应急反应。此时细胞可诱导产生一些新的DNA聚合酶，如诱导产生缺乏校对功能的DNA聚合酶，能跨越损伤部位进行合成，避免了死亡，但常使修复后的链上出现许多差错，带来高的突变率甚至是癌变。尽管如此，这种修复可以提高细胞的生存率。

SOS反应广泛存在于原核生物和真核生物，是生物体在不利环境中求得生存的一种基本功能，一般情况下SOS反应是沉默的。主要包括两个方面，一是对DNA的修复，这对细胞的生存具有重要意义；一是产生变异，给细胞带来不利影响，甚至死亡。

第三节 RNA的生物合成

RNA的合成有两种方式，一是转录，是DNA指导的RNA合成，是生物体内主要合成方式；另一种是RNA的复制，是RNA指导的RNA合成，常见于病毒。

一、转录的模板

转录是在RNA聚合酶催化下，以NTP（ATP、GTP、CTP、UTP）为原料，以DNA单链为模板，按照碱基配对原则，A-U、T-A、G-C配对，由5′→3′方向合成RNA过程。DNA双链中，只有一条链作为转录的模板使用，称为不对称转录。我们将作为RNA合成模板的一条链叫做模板链（template strand）；相对应的与其互补的另一条链与新合成的RNA序列是一致的（U替代T），称为编码链（coding strand）或有意义链（sense strand）。模板链既与编码链互补，又与mRNA互补，又称为反义链（antisense strand）。模板链并非永远在同一条单链上，转录过程中，某一区段以一条单链为模板，另一区段可能以另一条单链为模板，但转录方向将相反（图12-12）。

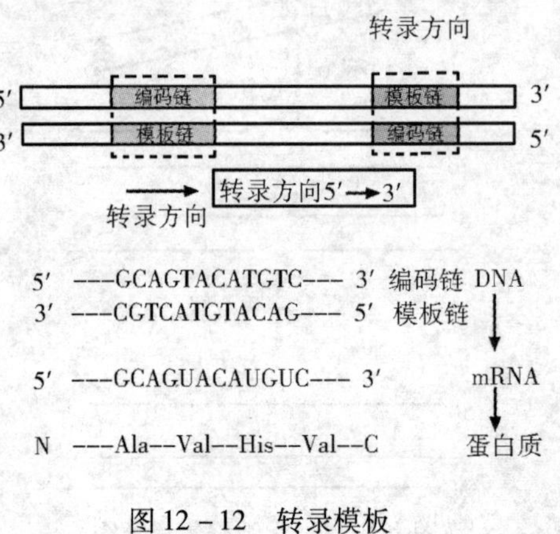

图12-12 转录模板

转录只发生在基因组的部分基因序列。能转录出 RNA 的 DNA 区段称为结构基因（structural gene）。结构基因和指导转录起始部位的序列（启动子）与转录终止的序列（终止子）共同组成转录单位（transcription unit）。

二、RNA 聚合酶

催化转录过程的酶称为依赖于 DNA 的 RNA 聚合酶（DNA - dependent RNA polymerase），简称 RNA 聚合酶。RNA 聚合酶的反应特点为：①以四种核糖核苷三磷酸（NTP）作为底物；②反应需要 DNA 模板指导；③链的延长方向为 5′→3′；④反应不需要有引物 3′ - OH 存在；⑤按照碱基互补配对合成产物 RNA；⑥Mg^{2+} 能促进聚合反应。总的反应可表示为：

$$(NMP)_n + NTP \rightarrow (NMP)_{n+1} + PPi$$

RNA 聚合酶广泛存在于原核生物和真核生物细胞中，但二者有所不同。

（一）原核生物 RNA 聚合酶

原核生物目前只发现了一种 RNA 聚合酶，可催化不同 RNA 产物的生成。大肠埃希菌的 RNA 聚合酶是结构和功能目前研究的比较清楚的聚合酶，是一个由 5 种亚基组成的复合酶，有核心酶和全酶之分。由 2 个 α 亚基、一个 β 亚基、一个 β′亚基和一个 ω 亚基组成的结构 α2ββ′ω，称为核心酶（core enzyme）。加上一个 σ 亚基后的结构 α2ββ′ωσ 构成 RNA 聚合酶全酶（holoenzyme）（图 12 - 13）。

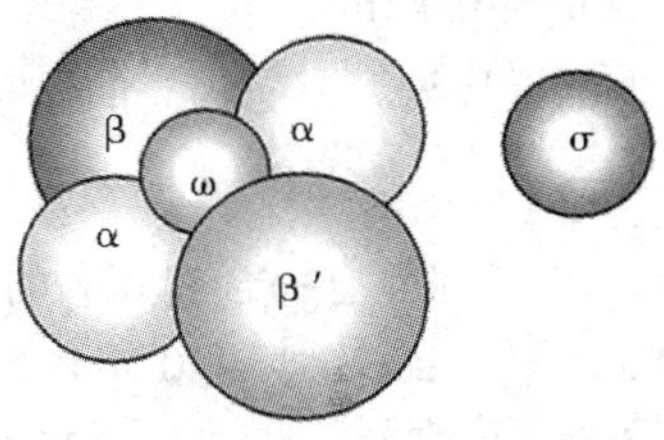

图 12 - 13　原核生物 RNA 聚合酶示意图

σ 亚基（σ 因子）负责识别转录的特定位点、结合并促进转录起始，又称为起始亚基。转录起始需要 RNA 聚合酶全酶参与，σ 亚基可以极大提高全酶对启动子的亲和力，提高识别、结合的能力。全酶的不同是因为 σ 亚基的不同，已发现多种 σ 亚基，不同的 σ 亚基识别不同的 DNA 序列，以适应生长发育的需要，调节不同基因的转录起始。

转录起始后 σ 亚基脱落，因此核心酶的作用是在转录延长阶段合成 RNA 链，不具有起始合成 RNA 的能力。β 和 β′亚基较大，构成酶的催化活性中心，参与整个转录过程；α 亚基参与核心酶的装配以及转录起始有关，并参与与启动子上游元件的活化因子结合；ω 亚基的功能目前尚不清楚。

（二）真核生物 RNA 聚合酶

真核生物中目前已发现有三种 RNA 聚合酶，分别为 RNA 聚合酶Ⅰ、Ⅱ、Ⅲ。它们在细胞核中的位置不同，负责转录的基因不同，转录产物也不相同。见表 12 - 4。不同浓度的 α - 鹅膏蕈碱对 3 种真核生物的 RNA 聚合酶有不同抑制作用而可以将它们区分开：RNA 聚合酶Ⅰ不敏感；RNA 聚合酶Ⅱ可被低浓度的 α - 鹅膏蕈碱抑制；RNA 聚合酶Ⅲ只被高浓度的 α - 鹅膏蕈碱抑制。

表12-4 真核生物RNA聚合酶的种类和性质

酶的种类	核内定位	功能	对α-鹅膏蕈碱的敏感性
RNA聚合酶Ⅰ	核仁	转录45SrRNA前体，加工产生三种rRNA（28S，18S，5.8S）	不敏感
RNA聚合酶Ⅱ	核质	转录hnRNA（加工产生mRNA）和大多数snRNA	敏感
RNA聚合酶Ⅲ	核质	转录tRNA，5SrRNA和部分小RNA（U6snRNA和scRNA）	中等敏感，有物种特异性

真核生物RNA聚合酶的结构远比原核生物复杂，所有真核生物RNA聚合酶都具有两个大小不同的大亚基和十几个小亚基，每一种亚基对酶活性发挥正常功能都是必需的。

真核生物除上述3种RNA聚合酶外，在线粒体和叶绿体中，也发现了少数的RNA聚合酶，它们都是由核基因编码，在细胞质中合成后再运送到细胞器中。这些RNA聚合酶的相对分子质量小，活性也比较低，这与细胞器DNA的简单性是相适应的。

三、启动子

启动子（promoter）是指一段位于结构基因5′-端上游区的DNA序列，在转录起始之前能被RNA聚合酶识别、结合并启动基因转录的一段DNA序列。启动子是RNA聚合酶结合到DNA的部位，也是启动和调节转录的关键部位。

不同启动子上存在着一些短的共同序列，具有极高的保守性。

（一）原核生物启动子

大肠杆菌启动子在起点上游-10序列处有一含有6bp的保守序列：TATAAT，是1975年Pribnow首先发现的，又称为Pribnow框（box）或-10序列。-10序列是RNA聚合酶紧密结合的位点，离转录起点近，又富含A、T碱基，分开双链所需能量较低有助于DNA双链局部解链。

在-10序列的上游又发现一个保守序列：TTGACA，其中心位置约在-35位置，又称为-35序列，或识别区，其功能为RNA聚合酶提供识别的信号。

启动子-10序列和-35序列正好位于双螺旋的同一侧，能与σ因子相互识别，是RNA聚合酶结合位点。它们之间的距离改变将影响σ因子的识别结合而影响起始效率（图12-14）。

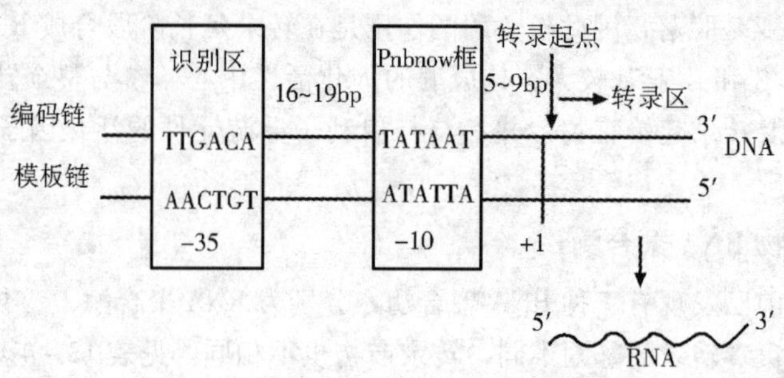

图12-14 原核生物启动子结构示意图

（二）真核生物启动子

对应于三种 RNA 聚合酶，真核生物有三类启动子，催化不同种类的 RNA 合成。RNA 聚合酶Ⅱ的启动子序列多种多样，这里以 RNA 聚合酶Ⅱ为例介绍真核生物启动子特点。

研究发现，众多 RNA 聚合酶Ⅱ启动子序列上同样具有共同序列，通常在 -25 ~ -30 bp 区含有一个 TATAAA 保守序列，称为 TATA 区（TATA box）；在 -70 ~ -80 bp 处有 CAAT box；在 -80 ~ -110 bp 处有 GC box（图 12-15）。TATA box 也称为 Hogness 区，类似于原核生物启动子的 -10 区，是启动子的核心序列，其功能与 RNA 聚合酶的定位有关，DNA 双链在此解开并决定转录的起始位点。失去 TATA box，转录将在许多位点开始。

在转录起始位点上常包含有一个保守序列，称为起始子（initiator，Inr）。核心启动子包括 TATA box 和起始子，是能够准确进行转录的最小序列，是 RNA 聚合酶Ⅱ转录必需的。

位于基本启动子 TATA box 上游的保守序列称为上游启动子元件或上游激活序列，最常见的是 CAAT box 和 GC box，功能主要是控制转录起始频率，不参与起始位点的确定。CAAT box 对转录起始频率影响最大。虽然这几种保守序列都有着重要功能，但并不是每个基因的启动子都全含有这些共有序列。

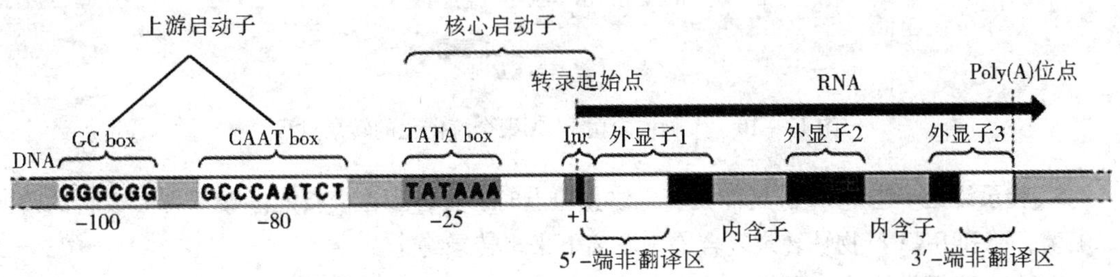

图 12-15　真核生物 RNA 聚合酶Ⅱ启动子结构示意图

四、转录基本过程

转录的过程可以分为三个阶段：转录的起始、延伸和终止。

真核生物的转录过程远比原核生物的复杂。两者参与的 RNA 聚合酶种类不同；模板 DNA 序列特性不同；真核生物的 RNA 聚合酶不能直接结合到模板 DNA 上，需要一系列的辅助因子协助才能与启动子结合。在转录起始阶段和终止阶段存在较大区别。

（一）原核生物转录过程

原核生物只有一种 RNA 聚合酶，RNA 聚合酶全酶在 σ 亚基的帮助下可以直接识别结合到启动子序列上，在 -10 序列处解开双链启动转录，合成单链 RNA 过程。

1. 转录起始　起始阶段是转录的重要阶段，也是最复杂的阶段。首先 σ 因子识别 -10 和 -35 区，引导 RNA 聚合酶全酶识别并结合到启动子上形成复合物。

β 和 β′亚基形成的酶的催化中心按照模板链的碱基选择配对的底物，形成第一个磷酸二酯键，合成二核苷酸，RNA 合成开始。通常新生成 RNA 的第一个核苷酸为鸟苷酸（或腺苷酸）。转录开始后，一般情况下并不立即进入到延伸阶段，此时 RNA 聚合酶全酶处于启动子区域，直至合成出 10 个核苷酸短链的过程是通过启动子阶段。RNA 聚合酶合成超过 10 个核苷酸后，σ 因子从全酶上脱离下来，转录进入正常的延伸阶段。

2. 转录延伸　RNA 聚合酶释放 σ 因子离开启动子，核心酶构象发生改变，与模板链的结合较为松弛，利于沿 DNA 模板链 3′→5′方向向前滑动。在核心酶的催化下，将底物 NTP 逐个加到新生 RNA 链 3′-OH 上，形成磷酸二酯键，脱下焦磷酸，使 RNA 链按 5′→3′方向不断伸长的过程就是转录的延伸。

随着核心酶向前移动，解链区也随着移动，解链区大约含有 17bp，在解链区内，新生 RNA 和 DNA 模板链形成约 12bp 长的杂交链。在解链区后面，RNA 脱离模板，DNA 恢复双螺旋结构。这样由 RNA 聚合酶、局部解链的 DNA 和新生的 RNA 链形成一个转录复合物，形象地称为转录空泡（图 12-16）。随着 RNA 链的延长，游离的 RNA 链可以结合核糖体进行翻译，转录延长同时进行蛋白质的翻译。

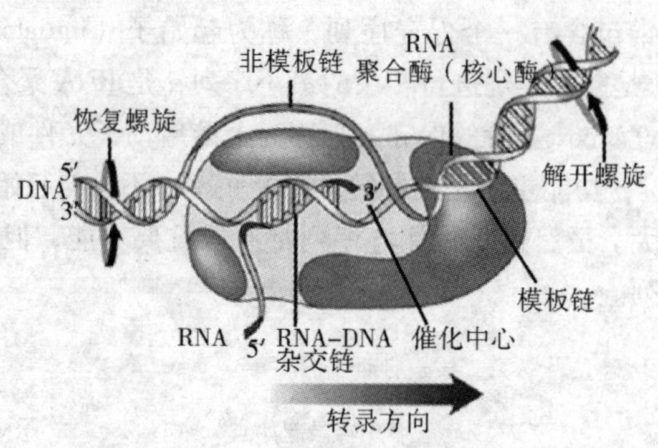

图 12-16 大肠埃希菌 RNA 聚合酶催化的转录过程

3. 转录终止 当 RNA 链延伸到转录终止位点时，聚合酶在模板上停顿不再形成新的磷酸二酯键，酶和 RNA 产物从转录复合物中脱离下来，转录终止。

DNA 上能提供转录终止信号的序列称为终止子（terminator）。终止子并不能直接提供信号，需要转录成 RNA 后才能真正提供终止信号，即 RNA 聚合酶所感受到的终止信号来自于已转录的 RNA 序列中。所有原核生物的终止子在终止位点之前均有一个回文结构，转录产生的 RNA 可以形成茎环结构（发卡结构），该结构可以使 RNA 聚合酶构象发生改变，暂停合成 RNA 或移动减慢。

转录根据终止是否需要 rho(ρ) 蛋白因子的参与，原核生物的转录终止可分为两类：不依赖于 ρ 因子的终止和依赖于 ρ 因子的终止（图 12-17）。

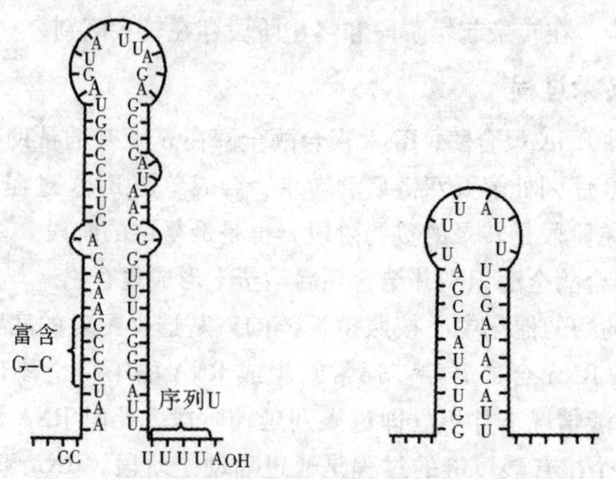

图 12-17 原核生物终止子的回文结构

不依赖于ρ因子的终止子又称为强终止子，不需要其他蛋白因子的协助即可终止反应。这类终止子在结构上有明显的特点：一是其回文结构一般存在一个富含GC碱基的二重对称区，转录得到的RNA容易形成稳定的茎环结构；二是在茎环结构后终止位点前面有一段由A组成的序列（约6个），转录过程中新生RNA和模板DNA间形成一系列的rU－dA的弱键配对，这种配对极不稳定，RNA极易脱离下来，使转录复合物解体终止转录（图12－18）。

依赖于ρ因子的终止子中，不含富有GC的对称区，之后也无寡聚U，因此需要辅助因子ρ因子的协助才能终止转录。

ρ因子是一种由相同亚基形成的六聚体蛋白，能结合到新产生的RNA链上，具有ATP酶活性和解螺旋酶活性。借助ATP酶活性水解ATP获得的能量，ρ因子可以在新生RNA链上沿5′→3′方向移动追赶前方的RNA聚合酶。当RNA聚合酶遇到终止子时暂时停顿，ρ因子可追上并与酶相互作用，其解螺旋酶活性可使RNA/DNA杂合链解离，释放RNA，聚合酶和ρ因子一起从DNA上脱落，转录终止。

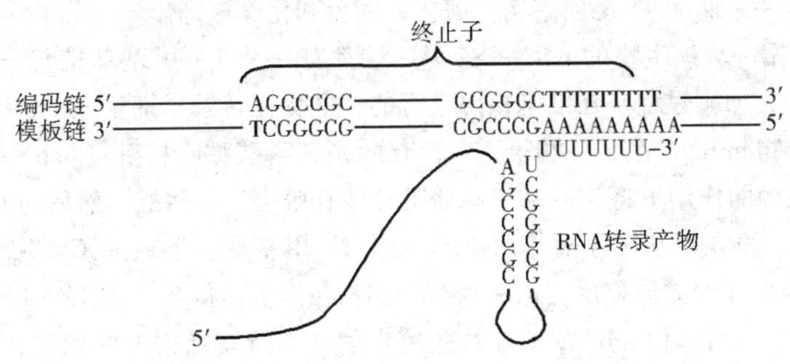

图12－18　不依赖ρ因子的转录终止模式图

（二）真核生物转录过程

真核生物的转录过程比原核生物复杂，RNA聚合酶种类不同，结合模板DNA的启动子序列不同，而且与原核生物RNA聚合酶能直接结合到启动子上不同，真核生物RNA聚合酶不能直接结合到启动子上，必须与相关的蛋白质因子作用后才能结合到DNA模板上启动转录。所以两者在转录起始阶段存在极大不同，其转录终止机制也不同。

在起始阶段，真核生物的RNA聚合酶Ⅱ在一系列蛋白质因子的协助下，在启动子区域形成一个复杂的转录起始前复合物（PIC）开始转录。这些能激活真核生物基因转录的蛋白质因子称为转录因子（transcription factor，TF），作用于核心启动子上，能直接或间接结合RNA聚合酶形成转录复合体并启动基因转录。

真核生物转录延伸和原核生物的大致相似，RNA聚合酶前移过程中要碰到核小体结构，核小体需要解聚和重建；另外，真核生物有细胞核膜，转录在核内进行，翻译在细胞质中进行，没有转录与翻译同步现象。

真核生物的转录终止与转录后的加工有密切联系。

五、转录后的加工和修饰

在细胞内，由RNA聚合酶合成的原初转录产物往往需要经过一系列的加工和修饰才能转变为执行生物学功能的成熟的RNA分子，此过程称为转录后加工（post－transcriptional processing）或称为RNA的成熟。

由于转录与翻译过程偶联，原核生物的 mRNA 转录后一般立即进行翻译，通常不需要进行转录后加工；tRNA 和 rRNA 的初级转录产物需要经过加工才能成为有活性分子。这些初级转录产物加工过程一般比较简单，包括链的断裂成为 tRNA 和 rRNA 前体物，再经核酸酶切除一些多余序列，或在某些碱基上发生化学修饰，产生成熟的 tRNA 和 rRNA。tRNA 的加工还包括在 3′-末端加上 -CCA 结构。

真核生物由于细胞结构和基因结构等与原核生物差异很大，转录和翻译存在时间和空间上的差异，基因大多为断裂基因，因此，其转录后加工和修饰十分复杂。真核生物几乎所有的初级转录产物都需要经过加工才能成为有功能的成熟 RNA，加工主要在细胞核内进行，加工方式主要有剪切、添加、化学修饰及剪接等。下面介绍真核生物的转录后加工问题。

（一）信使 RNA 转录后的加工

核内不均一 RNA 是 mRNA 的前体，在细胞核内合成的分子大小不一的 mRNA 初级产物。hnRNA 在细胞核内存在时间极短，经过一系列加工成为成熟的 mRNA，加工过程包括：5′-端加帽子结构；3′-端加 polyA 尾巴结构；剪接；编辑和化学修饰。

1. 5′-端加帽 真核生物的 mRNA 在 5′-端都有一个 7-甲基鸟核苷三磷酸（$m^7G_{ppp}N_p$-）的帽子结构，加帽过程是在细胞核内进行的，推测在转录早期生成 20 几个核苷酸时加入的。原初转录产物 hnRNA 在 5′-端第一个核苷酸是三磷酸嘌呤核苷（pppN-，N = A 或 G），转录开始后，在酶的作用下将 5′-端三磷酸嘌呤核苷脱去一个磷酸，然后与 GTP 反应生成 5′，5′-三磷酸酯键；再在甲基转移酶作用下 G 发生 N^7 甲基化，形成 $m^7G_{ppp}N_p$-。新加的 G 与 RNA 链上的其他核苷酸方向相反，像一顶帽子倒扣在链上而得名（图 12-19）。

5′-端帽子结构可以使 mRNA 不被核酸酶水解，维持其结构上的稳定；也可以和帽子结合蛋白结合，参与蛋白质的合成。

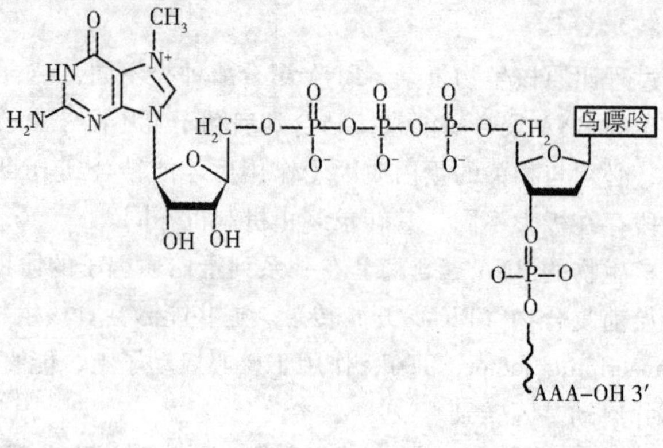

图 12-19 真核生物 mRNA 的 5′-端帽子结构

2. 3′-端加 polyA 尾巴 大多数的真核生物 mRNA 在 3′-末端都有一段 20~200 个腺苷酸残基构成的多聚腺苷酸（polyA）尾巴结构。polyA 尾巴的加入与转录后的加工有密切关系。

研究发现，转录产物 RNA 在 3′-端有一保守序列 AAUAAA，称为加尾信号，在信号序列下游 10~30 个核苷酸处有 RNA 前体物的一个特异性断裂位点，同时也是加入 polyA 尾巴的位置。加工时，核酸内切酶在加尾信号 AAUAAA 下游断裂点处将前体 RNA 剪断，随即多聚腺苷酸聚合酶催化合成 polyA 尾巴，其下游转录出来的 RNA 很快被 RNA 酶降解掉。因此，真核生物的转录终止和加尾修饰是同时进行的（图 12-20）。

polyA 尾巴结构可以提高 mRNA 分子的稳定性，与翻译起始有关，并与 mRNA 从细胞核向胞液转运过程有关。真核生物大多数的 mRNA 都具有 polyA 尾巴，利用这一特点，常用寡聚 T 作为引物与 polyA 配对，反转录合成互补 DNA（cDNA）的第一条链，在基因工程、药学和医学等领域等都有广泛应用。

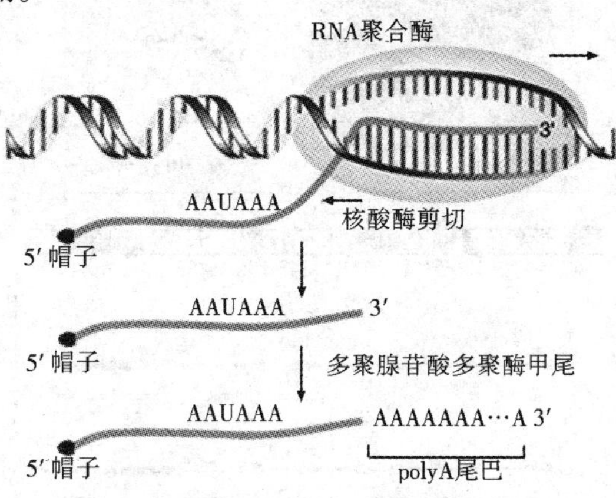

图 12－20　真核生物的转录终止和加尾修饰

3. RNA 的剪接和选择性剪接　真核生物的基因，除去少数编码蛋白质的基因和一些 tRNA、rRNA 基因是连续的外，大多数都是断裂基因。核内出现的初级转录产物 hnRNA 的分子量往往比在细胞质中出现的成熟的 mRNA 分子大几倍，甚至是数十倍。成熟的 mRNA 来自于 hnRNA 并与模板 DNA 部分区域配对［图 12－21（a），（b）］。因此成熟的 RNA 是将初级转录产物中的内含子剪掉，将外显子连接成为连续序列而形成的，这一过程称为 RNA 的剪接（RNA splicing）。由于部分 tRNA 和 rRNA 的成熟也存在剪接过程，因此外显子的内涵应为在基因以及初级转录产物中出现，并表现为成熟 RNA 的核苷酸序列；而虽然转录但在成熟 RNA 中不出现被剪接掉的部分则是内含子［图 12－21（c）］。在转录过程中，外显子和内含子序列均被转录到 hnRNA 中。剪接是在细胞核中进行。

真核生物的 tRNA 和 rRNA 前体的加工过程与原核生物有些相似，由一些特异的核酸酶切除间隔序列，某些碱基经过化学修饰，如甲基化等，产生成熟的 tRNA 和 rRNA。极少数的 tRNA和 rRNA 含有内含子，这类内含子的剪接不需要蛋白质参与，自身 RNA 具备酶的催化剪接活性，称为核酶，可以进行自我剪接。

4. RNA 的编辑　是在 RNA 水平上改变 RNA 编码序列导致遗传信息发生改变的过程称为 RNA 编辑。RNA 编辑使得一个基因序列有可能产生几种不同的蛋白质，这可能是生物在长期进化过程中形成的、更经济有效地扩展原有遗传信息的机制。

5. 化学修饰　转录加工还有另外一种方式，就是对 RNA 的核苷酸进行化学修饰。真核生物 mRNA 分子内部往往有甲基化的碱基，主要是 N^6－甲基腺嘌呤。有些 RNA，尤其是 rRNA 和 tRNA。此外，还存在着其他方式的化学修饰：去氨基化、碱基同分异构化等。

（二）**tRNA 转录后的加工**

1. tRNA 前体的剪接　在 RNA 酶的催化下，tRNA 前体的 5′－末端和相当于反密码环的区域，各被切去一段一定长度的多核苷酸链，然后由连接酶催化拼接。同时，在 3′－末端切除个别核苷酸后加上 CCA－OH 序列，该序列在翻译过程中运输氨基酸时可与之结合。

2. tRNA 前体碱基的化学修饰　即 tRNA 转录后稀有碱基的生成，由高度专一的修饰酶来催化完成。碱基的修饰包括：①甲基化反应：腺嘌呤（A）→甲基腺嘌呤（mA），鸟嘌呤

(G) →甲基鸟嘌呤 (mG); ②还原反应：某些尿嘧啶 (U) 还原为双氢尿嘧啶 (DHU); ③碱基转位反应：U→ψ (假尿嘧啶核苷酸); ④脱氨基反应：A→次黄嘌呤 (I)。使成熟的 tRNA 分子中含有较多的稀有碱基。

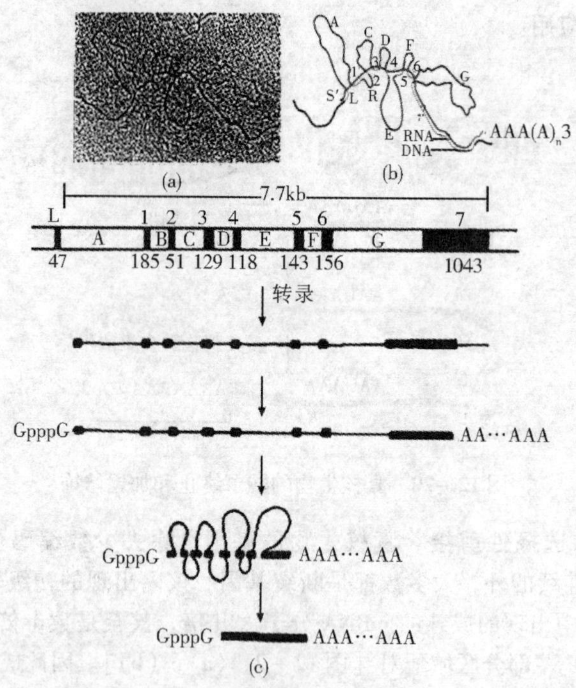

图 12-21 鸡卵清蛋白基因及其转录、转录后加工

(a) 电镜图; (b) 模式图; (c) 鸡卵清蛋白基因结构及其原初转录产物及转录后加工

(三) rRNA 转录后的加工

rRNA 的转录和加工与核蛋白体的形成是同时进行的，一边转录，一边由蛋白质结合到 rRNA 链上形成核蛋白颗粒。真核细胞中 rRNA 前体为 45S-rRNA，经剪切加工后逐步生成 28S、18S 与 5.8S-rRNA。它们在原始转录中的相对位置是 28S-rRNA 位于 3′-末端，18S-rRNA 靠近 5′-末端，5.8S-rRNA 位于两者之间。另外，由 RNA 聚合酶Ⅲ催化合成的 5S-rRNA，经过修饰与 28S-rRNA 和 5.8S-rRNA 及有关蛋白质一起，装配成核蛋白体的大亚基；而 18S-rRNA 与有关蛋白质一起，装配成核蛋白体的小亚基。然后通过核孔转移到细胞质中，作为蛋白质生物合成的场所。

六、RNA 指导的 RNA 合成

在有些生物中，如某些大肠埃希菌噬菌体，如 f2、MS2、R17H 和 Qβ 是 RNA 病毒，核糖核酸是遗传信息的携带者，能通过复制合成出与自身相同的分子，也就是 RNA 的复制。

病毒 RNA 在宿主细胞中由 RNA 指导的 RNA 聚合酶或称 RNA 复制酶催化进行 RNA 合成反应，RNA 复制酶不存在于正常的宿主细胞中，感染时才在宿主内产生。

RNA 复制酶催化的合成反应是以病毒 RNA 为模板，由 5′向 3′方向进行 RNA 链的合成。RNA 复制酶缺乏校对功能的内切酶活性，因此 RNA 复制的错误率较高，RNA 复制酶只是特异地对病毒的 RNA 起作用，而宿主细胞的 RNA 一般并不进行复制。

第四节 蛋白质的生物合成

在细胞质中，以 mRNA 为模板，按照每三个核苷酸代表一个氨基酸的原则，从起始位点开始依次合成多肽链的过程称为翻译（translation），也称为蛋白质的生物合成。蛋白质的生物合成是一个十分复杂的过程，有多种 RNA 和数百种生物大分子参与该过程，蛋白质合成也是一个耗能过程，主要由 ATP 和 GTP 供给。

一、蛋白质生物合成的条件

蛋白质的合成以 mRNA 为模板提供指导蛋白质合成的遗传信息，以 20 种常见氨基酸作为合成的基本原料，tRNA 作为模板和氨基酸之间的接合器负责转运被活化的氨基酸，核糖体是蛋白质合成的场所；此外，还需要大量蛋白质因子、酶、供能物质和无机离子等的参与。

（一）翻译模板 mRNA 及遗传密码

真核细胞每种 mRNA 只能编码一种蛋白质，而原核细胞转录生成的 mRNA 可编码几种功能相关的蛋白质。

遗传密码又称密码子、三联体密码，指 mRNA 分子上从 5′ - 端到 3′ - 端方向，由起始密码子开始，每三个相邻核苷酸对应多肽链上一个氨基酸的三联体核苷酸。通用的 64 个密码子中，61 个密码子分别代表 20 种氨基酸，UAA、UAG 和 UGA 密码子称为终止密码子，是肽链合成终止信号；AUG 密码子既编码甲硫氨酸，又是起始密码子。原核生物除了能以 AUG 作为起始密码子外，某些原核生物中，GUG 甚至 UUG 也可作为起始密码子使用。而真核生物只以 AUG 作为起始密码子（图 12 - 22）。

遗传密码具有下列特征。

1. 密码的简并性 通用的 64 个密码子中，61 个密码子分别代表 20 种氨基酸，因此许多氨基酸的密码子不止一个，有多个密码子。实际上除了甲硫氨酸（AUG）和色氨酸（GUG）只有一个密码子外，其余氨基酸都有一个以上的密码子，精氨酸、亮氨酸和丝氨酸分别有 6 个密码子。像这样一种氨基酸具有两个或两个以上密码子的现象称为密码子的简并性。对应于同一种氨基酸的几种密码子称为同义密码子。一般情况下，同义密码子的前两位碱基相同，第三位碱基有差异，密码子的专一性取决于前两位碱基，如丙氨酸的密码子 GCG、GCC、GCA、GCU。密码的简并性具有重要的生物学意义，密码子第三位碱基的突变一定情况下不会改变所编码的氨基酸，可以减少有害突变，这对维持物种稳定性上有重要意义。

2. 密码的通用性与特殊性 遗传密码是十分保守的，生物界无论是病毒、细菌，还是高等的人类，几乎都使用这一套标准遗传密码，遗传密码具有通用性。密码的通用性有助于我们研究不同生物的起源和进化问题；同时在基因工程等研究领域也具有重要作用。

然而遗传密码的通用性并非绝对的，已发现个别例外现象。在一些低等生物和真核生物的细胞器（线粒体和叶绿体）基因的密码中发现与通用密码不相符的密码子。如低等生物支原体中终止密码子 UGA 编码色氨酸；线粒体中 UGA 编码色氨酸，AUA 编码甲硫氨酸而非异亮氨酸等，体现遗传密码的特殊性。

3. 密码的摆动性 翻译过程中，tRNA 上的反密码子与 mRNA 序列上的密码子反向配对结合，结合时，二者的方向是相反的，如果都从 5′→3′ - 端阅读，密码子的第一、二、三位碱基分别与反密码子的第三、二、一位碱基对应配对，见图 12 - 23。

第一位核苷酸（5'端）	第二位核苷酸 U	第二位核苷酸 C	第二位核苷酸 A	第二位核苷酸 G	第三位核苷酸（3'端）
U	UUU 苯丙氨酸（Phe）	UCU 丝氨酸（Ser）	UAU 酪氨酸（Tyr）	UGU 半胱氨酸（Cys）	U
	UUC	UCC	UAC	UGC	C
	UUA 亮氨酸（Leu）	UCA	UAA 终止密码	UGA 终止密码	A
	UUG	UCG	UAG	UGG 色氨酸（Trp）	G
C	CUU 亮氨酸（Leu）	CCU 脯氨酸（Pro）	CAU 组氨酸（His）	CGU 精氨酸（Arg）	U
	CUC	CCC	CAC	CGC	C
	CUA	CCA	CAA 谷氨酰胺（Gln）	CGA	A
	CUG	CCG	CAG	CGG	G
A	AUU 异亮氨酸（Ile）	ACU 苏氨酸（Thr）	AAU 天冬酰胺（Asn）	AGU 丝氨酸（Ser）	U
	AUC	ACC	AAC	AGC	C
	AUA	ACA	AAA 赖氨酸（Lys）	AGA 精氨酸（Arg）	A
	AUG 蛋氨酸（Met）或起始密码	ACG	AAG	AGG	G
G	GUU 缬氨酸（Val）	GCU 丙氨酸（Ala）	GAU 天冬氨酸（Asp）	GGU 甘氨酸（Gly）	U
	GUC	GCC	GAC	GGC	C
	GUA	GCA	GAA 谷氨酸(Glu)	GGA	A
	GUG	GCG	GAG	GGG	G

图 12－22 遗传密码表

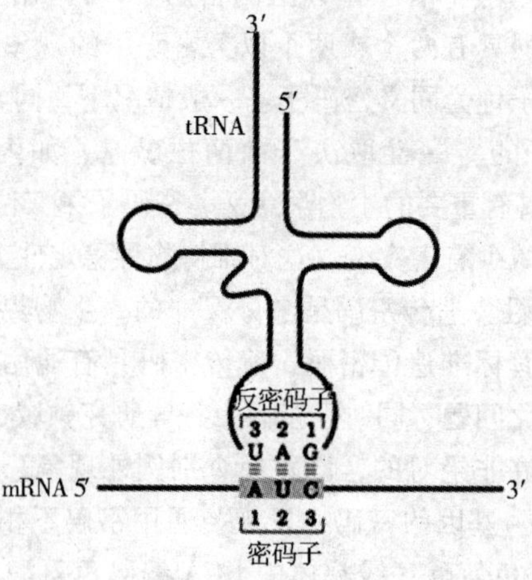

图 12－23 密码子与反密码子通过反向配对结合

密码子具有简并性，其简并性往往出现在第三位碱基上，密码子的专一性取决于前两位碱基。配对过程中，密码子的第一位、第二位碱基配对严格遵守碱基配对原则；密码子的第三位碱基与反密码子的第一位碱基配对，而第三位碱基的配对并不严格，有一定的自由度，可以发生“摆动”配对，如在 tRNA 的反密码子的第一位碱基上有次黄嘌呤（I）出现时，可以与 A、U 或 C 配对；U 可以与 A 或 G 配对；G 可以和 C 或 U 配对；但 A 和 C 只能与 U 和 G 配对（表 12－5）。

由此可见，摆动配对使一种 tRNA 可以识别一种以上的同义密码子，61 个密码子并不需要 61 个反密码子识别。

表 12－5　密码子、反密码子配对的摆动现象

tRNA 反密码子第 1 位碱基	I	U	G	A	C
mRNA 密码子第 3 位碱基	U，C，A	A，G	U，C	U	G

注：I 为次黄嘌呤，腺嘌呤脱氨基变为次黄嘌呤。

4. 密码的连续性　mRNA 上的密码子间是连续排列的，密码子间没有间隔。翻译时从起始密码子 AUG 开始向 3′－端一个密码子接一个密码子连续阅读，直至终止密码子出现。密码子间无间断也无重叠。mRNA 分子编码区是从 5′－端的起始密码 AUG 开始到 3′－端终止密码子之间的核苷酸序列，又称为开放阅读框（open reading frame，ORF）。mRNA 分子中 ORF 的核苷酸顺序决定了多肽链中氨基酸顺序。如果插入或删除一个核苷酸，就会导致以后的读码发生错位，产生移码突变（frame－shift mutation）。

（二）核糖体

核糖体是一个致密的核糖核蛋白颗粒，由大小两个亚基组成，每个亚基都含有 rRNA 和多种蛋白质分子。核糖体上有一系列的与蛋白质合成有关的功能位点，即：①mRNA 的结合位点；②结合氨酰－tRNA 的氨基酰位点，又称为 A 位点；③结合肽酰－tRNA 的肽酰基位点，又称 P 位点；④释放脱酰 tRNA 的 E 位点（图 12－24）。

核糖体的小亚基负责对模板 mRNA 的识别选择，mRNA 的结合位点位于小亚基上。结合 tRNA 的三个位点 A、P、E 位分别横跨大小两个亚基，主要在大亚基上，每个位点均与 mRNA 上的密码子相对应。tRNA 的移动顺序是从 A 位到 P 位再到 E 位。真核生物核糖体没有 E 位点。此外还有转位酶的催化位点、肽基转移酶（转肽酶）催化形成肽键的位点以及起始因子和延伸因子等的结合位点。

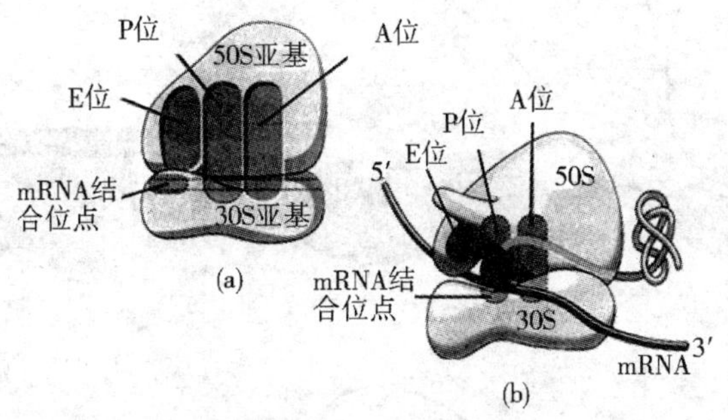

图 12－24　核糖体上与蛋白质合成有关功能位点

蛋白质生物合成中，除了有 3 种 RNA 外，还需要一系列酶类、蛋白质因子等物质的参与。需要的酶类主要有：①氨基酰－tRNA 合成酶；②转肽酶，是核糖体大亚基的组成成分，催化形成肽键；③转位酶，催化核糖体向 mRNA 的 3′－端移动一个密码子的距离。参与的蛋白质因子主要有起始因子、延伸因子和释放因子。此外还有 ATP、GTP 和 Mg^{2+} 的参与。

二、蛋白质生物合成的过程

蛋白质的生物合成过程十分复杂，合成时从模板 mRNA 的起始密码子开始，连续阅读直至终止密码子，多肽链的合成由 N－端向 C－端进行。蛋白质生物合成包括 5 个步骤：氨基酸的活化；合成的起始；合成的延伸；合成的终止及多肽链的折叠和加工。这里主要介绍原核生物的蛋白质生物合成过程。

（一）氨基酸的活化

细胞质中的氨基酸必须结合到特定的 tRNA 分子上，通过反密码子与密码子的识别结合，才能加入到多肽链的特定位置上，保证正确的翻译。在氨酰－tRNA 合成酶的作用下 tRNA 和相应的氨基酸结合形成氨酰－tRNA 的过程称为氨基酸的活化。氨基酸通过与 tRNA3′－端 CCA－OH 上的腺嘌呤 A 以酯键相连。总反应为：

$$氨基酸 + tRNA + ATP \rightarrow 氨酰-tRNA + AMP + PPi$$

氨酰－tRNA 合成酶具有特异性，因此可以保证氨基酸与其相应的 tRNA 的正确连接，有效地防止将错误的氨基酸安排到肽链中，使翻译具有高度的保真性。此外，氨酰－tRNA 合成酶还具有校正活性。

各种氨基酸与对应 tRNA 分子结合后形成的氨酰－tRNA 的表示，用三字母缩写代表氨基酸，可以表示为，×××－$tRNA^{×××}$，如，Ala－$tRNA^{Ala}$，Met－$tRNA^{Met}$等。

真核生物起始氨基酸为甲硫氨酸，生成的起始氨酰－tRNA 为 Met－$tRNA^{Met}$；原核生物的起始氨基酸为甲酰甲硫氨酸，起始氨酰－tRNA 为 fMet－$tRNA^{fMet}$。

（二）合成的起始

蛋白质生物合成的早期研究工作是利用细菌的无细胞体系进行的，对大肠埃希菌的翻译过程了解比较详细。合成起始阶段主要是指核糖体、模板 mRNA 和起始氨酰－tRNA 装配形成起始复合物的过程。除需要 30S 小亚基、mRNA、fMet－$tRNA^{fMet}$、50S 大亚基外，还需要 3 种起始因子（initiation factor，IF）1、2、3，GTP 和无机离子 Mg^{2+} 参与。在三种起始因子的协助下，起始阶段可分为三个步骤：① 30S 小亚基与模板 mRNA 的识别结合；②起始氨酰－tRNA 的加入；③50S 大亚基的加入形成完整的起始复合物（图 12－25）。

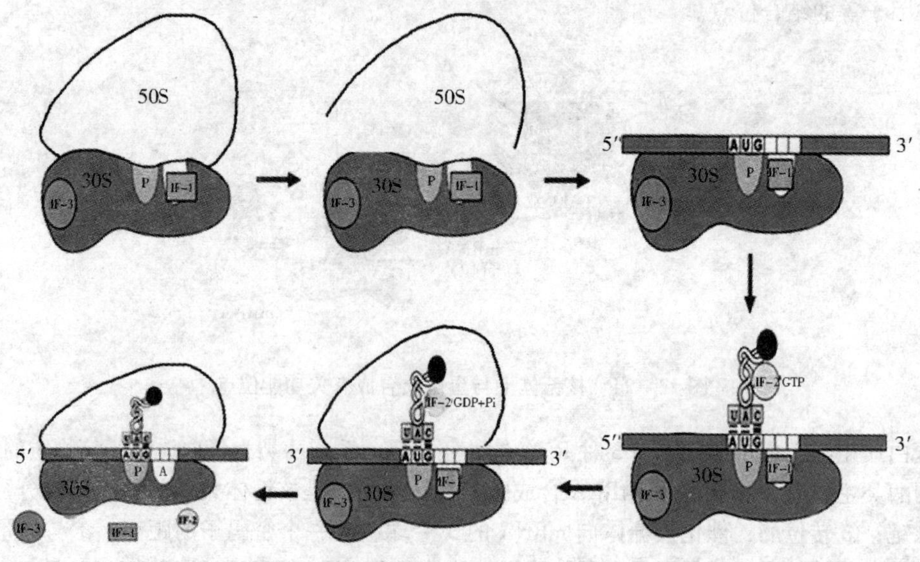

图 12－25　合成的起始

首先，起始因子 IF－1 和 IF－3 与小亚基结合，核糖体大小亚基分离，IF－1 占据 A 位点，IF－3 促使模板 mRNA 通过 SD 序列与小亚基结合。IF－3 阻止 50S 大亚基与小亚基结合。mRNA 结合到 30S 小亚基上后，起始密码子正好对应于 P 位点上。原核生物 mRNA 起始密码 AUG 上游约 4～12 个核苷酸处存在一段保守序列，能与 30S 小亚基中的 16S－rRNA 的 3′－端的一段保守序列互补结合，最初由 Shine 和 Dalgarno 所发现称为 SD 序列（图 12－26）。

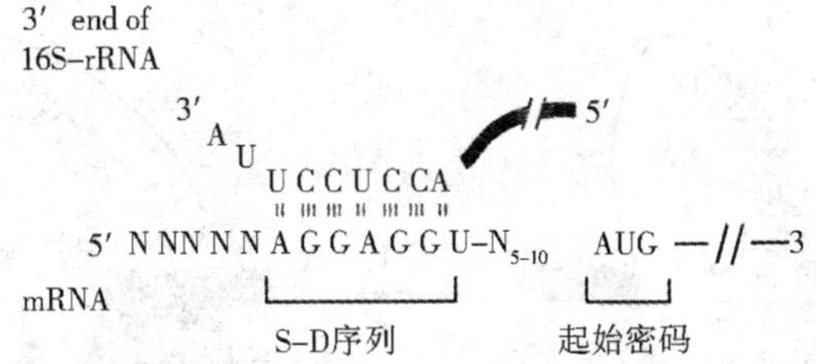

图 12－26　原核生物 mRNA 中与核糖体 16S－rRNA 结合的 SD 序列

其次，在 GTP 参与下，IF－2 特异结合 fMet－tRNA^{fMet}，并进入到 P 位点，形成小亚基复合物。tRNA 通过反密码子与起始密码子配对结合到核糖体小亚基上。只有起始的 fMet－tRNA^{fMet}才能结合到 P 位点，后续的其他所有的氨酰－tRNA 必须结合到 A 位点上。

最后，结合于 IF－2 上的 GTP 水解，释放 3 种起始因子，50S 大亚基与小亚基结合形成一个由完整核糖体、mRNA 和 fMet－tRNA^{fMet}组成的翻译起始复合物。此时 fMet－tRNA^{fMet}通过反密码子与起始密码子 AUG 的结合占据 P 位点，A 位点空余以接受后续的氨酰－tRNA，为延伸阶段做好准备。

（三）合成的延伸

起始复合物形成后，多肽链的合成进入到延伸阶段，在模板 mRNA 的密码子的指导下，活化的氨基酸被 tRNA 转运到核糖体上聚合形成多肽链的过程。延伸阶段由一系列的循环组成，每加入一个氨基酸就是一个循环，每个循环包括：①后续氨酰－tRNA 的进位；②转肽（肽键的生成）；③转位三步（图 12－27）。延伸阶段需要延伸因子（elongation factor，EF）的参与。大肠埃希菌有 3 种延伸因子：EF－Tu、EF－Ts 和 EF－G。

首先，后续的氨酰－tRNA 在结合了 GTP 的延伸因子 EF－Tu 的作用下进入到核糖体 A 位点。EF－Tu 与起始因子 IF－2 的功能相似，都具有水解 GTP 酶活性，运送氨酰－tRNA 进入核糖体，不同的后者只能特异识别运送起始氨酰 tRNA 进入到 P 位点；前者识别除了起始氨酰 tRNA 以外的其他所有氨酰 tRNA 进入到 A 位点。EF－Tu 结合 GDP 会失去活性，需要在另一种延伸因子 EF－Ts 的帮助下置换掉 GDP 形成 EF－Ts－Tu 二聚体；EF－Tu 结合 GTP，使 EF－Ts 释放出来，重新形成有活性的 EF－Tu－GTP，以供多肽链合成使用。

模板 mRNA 的密码子决定了正确的氨酰－tRNA 进入到核糖体 A 位点上，错误的氨酰－tRNA 会因为密码子和反密码子的不配对从 A 位点解离，以维持蛋白质合成的高度保真性。

第二步，肽键的生成。此时在核糖体上 fMet－tRNA^{fMet}占据 P 位点，A 位点被新加入的氨酰－tRNA 占据，在转肽酶（肽基转移酶）的作用下 P 位上的氨酰基或肽酰基的羧基转移到 A 位点上氨酰－tRNA 的氨基上，生成肽键。通过转肽，新生肽链由 N－端向 C－端延伸。肽键形成后，卸载氨酰基的脱酰 tRNA 暂时占据 P 位点，二肽酰－tRNA 暂时占据 A 位点。转肽反应实际上由大亚基的 23SrRNA 所催化。

第三步，转位。转肽反应之后，在转位酶（延伸因子 EF－G）的催化下，核糖体沿mRNA 由 5′－端向 3′－端方向移动一个密码子的距离。脱酰的 tRNA 由 P 位移入 E 位离开核糖体，占据 A 位点上的肽酰 - tRNA 移入到 P 位点，空出的 A 位点对应下一个密码，又可重新接受新的氨酰 - tRNA。转位过程需要延伸因子 EF - G 的参与，具有转位酶活性，结合 GTP 后结合到核糖体上，水解 GTP 产生能量促进核糖体移动。

延伸阶段就是由这三个连续的重复反应在核糖体上循环进行的，又称核糖体循环。每一个循环，多肽链 C - 端增加了一个氨基酸残基，使肽链从 N - 端向 C - 端延伸。

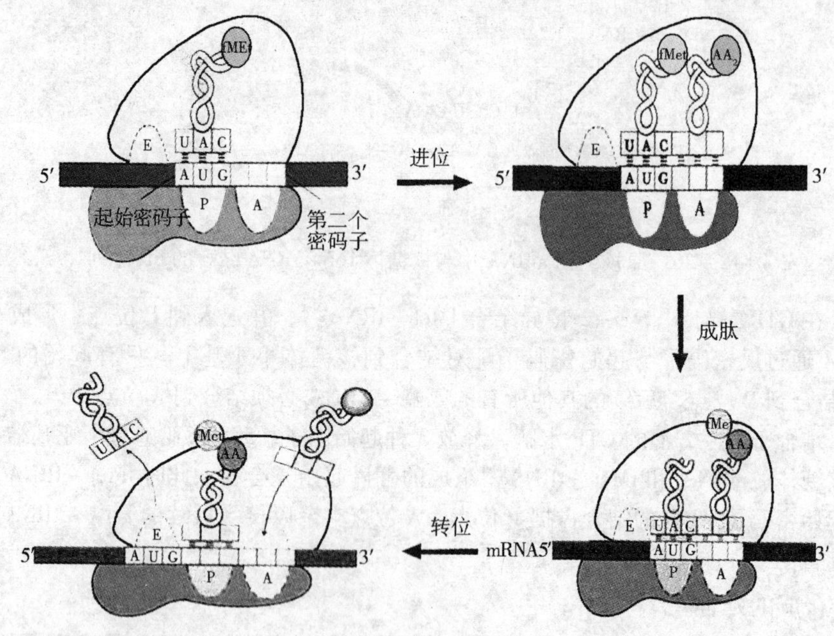

图 12 - 27 肽链的延长

（四）合成的终止

当核糖体沿 mRNA 模板向 3′ - 端移行 A 位点出现终止密码子（UAA、UGA、UAG）后，没有相应的氨酰 - tRNA 携带氨基酸到达 A 位点，只有释放因子（release factor，RF）能识别终止密码子而进入 A 位点并与终止密码子结合，使新合成的多肽链从核糖体上释放出来，并促使 mRNA、tRNA 及 RF 从核糖体上脱离，核糖体大小亚基解体。解体后的起始复合物又可重新聚合进行另一条肽链的合成（图 12 - 28）。

（五）折叠和加工

新生的多肽链不具备生物学活性，必须经过复杂的加工修饰形成一定的空间结构才能具有功能。翻译后修饰主要包括多肽链的正确折叠；肽链一级结构的特定加工和修饰；肽链的高级空间结构的修饰等。

肽链一级结构的特定加工和修饰主要是指某些肽段或氨基酸残基的切除和氨基酸残基的化学修饰（糖基化、磷酸化、甲基化、羟基化、羧基化等）。

三、蛋白质生物合成的转运

核糖体是蛋白质合成的场所，新合成的多肽被运送到细胞的各个部分，如细胞质、细胞核、线粒体、内质网和溶酶体等，或者分泌到细胞外，以行使各自的生物学功能。所以，必然存在一定的机制确保蛋白质的分选，转运至细胞特定部位。蛋白质的转运是一个涉及多种信号调控的复杂过程，而决定新生的多肽链转运到细胞的哪个部位的信息存在于多肽链本身，目前已发现了一系列的蛋白质转运有关的信号序列。

蛋白质的转运大体上可以分为两条转运途径：一是翻译过程和转运是同时进行的翻译转运同步途径，蛋白质合成首先在核糖体上进行，之后在N－端信号序列的引导下转移至糙面内质网，新生多肽边合成边转入内质网中，经高尔基体加工包装转运至溶酶体、细胞质膜或分泌至细胞外。一是在翻译过程完成后才发生的翻译后转运途径，新生多肽链从游离核糖体上完全合成，然后转运至膜围绕的细胞器，如线粒体、叶绿体、过氧化物酶体及细胞核，或者保留在细胞质基质中。

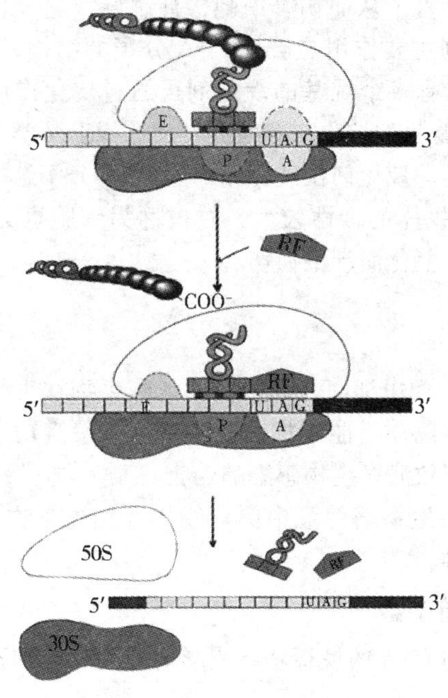

图 12－28　合成终止

四、蛋白质的降解

蛋白质是生物体重要的大分子之一，是生命活动的直接执行者，生命过程中几乎所有的环节都与蛋白质有关。细胞中的蛋白质处于不断的降解与更新的动态过程中，细胞总是不断地消耗氨基酸合成蛋白质，又将不需要的蛋白质经过降解作用降解为多肽或氨基酸供细胞利用。2004 年关于泛素（遍在蛋白）介导的蛋白质降解的发现获得诺贝尔奖以后，蛋白质降解研究在国际上引起广泛重视。人们现已清楚地认识到，蛋白质的降解与合成对生命的意义同样重要。

真核细胞中存在着两类主要的蛋白质降解途径：溶酶体系统和依赖于泛素的降解途径。溶酶体系含有约 50 种水解酶，降解蛋白质是非选择性的，无需能量，主要降解细胞外和细胞膜蛋白质；依赖于泛素的降解途径则是一种耗能的高效、特异的蛋白质降解过程，控制着细胞内绝大多数蛋白质的降解，是目前已知的最重要的、有高度选择性的蛋白质降解途径。

第五节　药物对遗传信息传递过程的影响

许多病原微生物、病毒及肿瘤细胞的生长繁殖十分迅速，它们的核酸代谢和蛋白质的生物合成过程也十分旺盛，如能设法阻断或干扰这些代谢过程，使遗传信息的传递过程受到影响，就能使它们的生长繁殖受到有效的抑制甚至死亡，许多抗生素和抗病毒、抗肿瘤药物都是按照这一原理设计的。

一、烷化剂类

烷化剂又称烷基化剂，是一类化学性质非常活泼的有机化合物，有一个或多个高度活跃的烷化基团，能在体内和细胞的蛋白质和核酸相结合，将小的烃基转移到其他分子上，使蛋白质和核酸失去正常的生理活性，从而伤害细胞，抑制癌细胞分裂。一般引入的烷基连接在氮、氧、碳等原子上。烷化剂主要作用是破坏 DNA 分子的结构，可使 DNA 分子中鸟嘌呤的 N^7 和腺嘌呤的 N^3 烷基化。具有多个烷基的烷化剂可通过烷化作用在 DNA 的两条链间交联，导致 DNA 核苷酸链的断裂。常见的烷化剂有氮芥类、乙撑亚胺类、磺酸酯及多元醇类、亚硝基脲类、三氮烯咪唑类和肼类。烷化剂在破坏癌细胞 DNA 分子结构的同时，对正常组织细胞中的 DNA 也会造成损伤，对机体的毒性较大，故被称为细胞毒类药物。烷化剂除损伤 DNA 外，对蛋白质和酶也会使其烷基化而产生损伤。

二、抗生素类

抗生素（antibiotics）是一类由细菌、真菌或其他微生物在生长繁殖过程中所产生的，具有抗病原体或其他活性的一类物质，能干扰其他生活细胞发育功能。通俗地讲，抗生素就是用于治疗各种细菌感染或抑制致病微生物感染的药物。

现临床常用的抗生素有微生物培养液中提取物以及用化学方法合成或半合成的化合物。目前已知天然抗生素不下万种。

（一）影响核酸代谢的抗生素

这类抗生素主要通过影响 DNA 的模板功能或影响核酸的生物合成来抑制病原微生物和癌细胞的生长繁殖。

1. 嘌呤和嘧啶类似物 形成核苷酸类似物抑制 RNA 的合成，如巯基嘌呤类、二氨基嘌呤类、5－卤基尿嘧啶类、8－氮鸟嘌呤、氮尿嘧啶等。

6－巯嘌呤（6－MP）为嘌呤类衍生物，由于6－GMP 对鸟苷酸激酶有亲和能力，故6－TG 最后可以取代鸟嘌呤，掺入到核酸中去。它可以抑制嘌呤合成中的反应。

2. 影响 DNA 模板功能的抗生素 丝裂霉素、放线菌素 D、普卡霉素、博来霉素、柔红霉素可破坏 DNA 分子结构或与 DNA 结合形成复合物，从而破坏 DNA 的模板功能，使复制和转录不能进行。实际上，烷化剂类的氮芥、磺酸酯、氮丙啶、乙撑亚胺等及其衍生物也是通过与 DNA 结合而改变模板功能，抑制 RNA 的生物合成。

3. 影响核酸生物合成的抗生素 利福霉素或半合成衍生物利福平，可抑制原核细胞 RNA 的合成。其作用机制是利福霉素或半合成衍生物利福平可与 RNA 聚合酶中的 β 亚基迅速牢固结合，使核心酶不能与起始因子 σ 结合，从而抑制转录的起始阶段，但对 RNA 的延长没有影响，细胞内 RNA 的合成一旦开始，此药即无效。同时该类药物对真核生物 RNA 聚合酶抑制弱，要达到原核生物同等程度的抑制，浓度要增大 100～1000 倍，所以对人体副作用较小。

（二）影响蛋白质合成的抗生素

1. 抑制氨基酰－tRNA 的合成 吲哚霉素可与 Trp 竞争地同色氨酰－tRNA 合成酶结合，抑制色氨酰－tRNA 的合成，使合成的肽链缺 Trp。

2. 抑制氨基酰－tRNA 和核糖核蛋白体结合 四环素类抗生素，包括金霉素、土霉素和四环素，结合于30S小亚基的A位点，使氨基酰－tRNA不能与A位结合，阻断蛋白质合成的延长。四环素对真核细胞的A位点也有封闭作用，但由于四环素不能透过真核细胞膜，因此不能抑制真核细胞的蛋白质合成。

3. 抑制肽链合成的起始　链霉素、卡那霉素和新霉素等氨基环抗生素可以与原核生物30S小亚基结合，抑制起始复合物的形成。并且结合后使核糖体构象发生改变，氨酰－tRNA与mRNA密码子的配对变得比较松弛，易于发生错读。

4. 抑制肽链延伸　氯霉素可与核糖体50S亚基结合，抑制肽基转移酶活性，抑制氨基酰－tRNA与肽酰－tRNA之间的肽键形成。红霉素、螺旋霉素等大环内酯类抗生素也作用于50S大亚基，阻碍核糖体沿mRNA的移位。

5. 使肽链的合成提前终止　嘌呤霉素分子结构与氨基酰－tRNA 3′－末端（氨基酰－腺苷酸）结构相似，当它进入A位后，可在转肽酶作用下P位上的肽酰基结合形成肽酰嘌呤霉素，当核蛋白体移位后，肽酰嘌呤霉素移到P位，这时虽然A位还可以进位，但是P位上的肽酰嘌呤霉素不能再移到A位，使肽链合成提前终止，不能完成完整的蛋白质，从而抑制细菌的生长。

三、生物碱类

生物碱（alkaloid）是一类存在于生物界（主要是植物）中，大多数有复杂的环状结构，氮素多包含在环内，具显著生物活性的含氮的碱性化合物。有些具有抗癌作用，抑制DNA、RNA和蛋白质的生物合成。如秋水仙碱、长春花中的长春新碱、喜树中的喜树碱等。

第六节　基因表达调控

基因表达是指把储存在DNA序列中的遗传信息经过转录和翻译，转变成具有生物活性产物RNA和蛋白质过程，即基因表达就是基因转录和翻译过程。对基因表达过程的调节就称为基因表达调控。基因的表达具有时间特异性和空间特异性。

不同的基因其表达是不同的，基因的表达会随环境的变化或者根据生长、分化和发育的需要而发生变化。有些基因在生命的全过程中持续表达，有些基因的表达受环境的影响。因此，基因分为两类：管家基因（housekeeping genes）和可调节基因（regulated genes）。

管家基因指在生物个体的几乎所有细胞中持续表达，其表达产物大致以恒定水平始终存在于细胞内，这类基因的表达为组成型表达，基因表达产物通常是对生命过程必需的或必不可少的，且较少受环境因素的影响如葡萄糖代谢中的关键酶，及与DNA复制、转录相关的酶等。

可调节基因的表达易受环境变化影响，其表达产物只有在细胞需要时才表达，为可调型表达。在特定环境信号刺激下，相应的基因被激活，基因表达产物增加，这种基因是可诱导的，这一过程称为诱导，例如许多为DNA修复酶编码的基因在DNA高度损伤时才被诱导表达。相反，如果基因对环境信号应答时被抑制，基因表达产物水平降低的，称为阻遏，例如，当色氨酸供给丰富的情况下，细菌中有关色氨酸合成酶的基因表达就会受到阻遏。

基因表达可在多层次上受到调节，如基因转录、转录后加工、翻译和翻译后加工等水平上进行调节，但最主要的是转录水平的调节，尤其是转录起始水平的调节。

原核生物和真核生物之间存在着相当大差异。原核生物中，营养状况、环境因素对基因表达起着十分重要的作用；而真核生物尤其是高等真核生物中，激素水平、发育阶段等是基因表达调控的主要手段，营养和环境因素的影响则为次要因素。

一、原核生物基因表达调控

原核生物细胞内没有细胞核，转录和翻译都在细胞质内完成，不像真核生物存在时空上的差异，原核基因表达调控较真核生物简单。原核生物基因表达调控虽然也存在多级调控，但调控主要发生在转录水平上。

法国巴斯德研究所著名的科学家 Jacob 和 Monod 在实验的基础上于 1961 年建立了乳糖操纵子（operon）学说，揭开了基因表达调节机制研究的新领域。操纵子学说是关于原核生物基因结构及其基因表达调控的学说，在原核生物基因调控中具有普遍性。

（一）操纵子模型

原核生物大多数基因表达调控是通过操纵子机制实现的。操纵子是指功能上彼此有关的结构基因串联排列在一起构成信息区，由启动子（P）和操纵基因（operator，O）所组成的控制区进行转录调节的一个功能单位或转录单位，如乳糖操纵子、色氨酸操纵子。操纵子是原核细胞转录水平调节的基本单元，信息区通过转录得到一条 mRNA，经翻译后可编码多种蛋白质，称为多顺反子 mRNA；而真核生物的一个 mRNA 通常只编码一种蛋白质，称为单顺反子 mRNA。信息区的转录表达受到控制区的调节，控制区可接受调节基因产物的调节。操纵基因位于启动子和结构基因之间，可以接受调节蛋白的结合，是 RNA 聚合酶向结构基因移行的必经之路，起着“开关”作用，控制结构基因转录关闭或开放。

在操纵子上游，还经常存在调节基因，其编码产物为调节蛋白，调节蛋白对操纵子的开关起着重要的调节作用。调节蛋白有阻遏蛋白和激活蛋白两类；阻遏蛋白可以识别、结合到操纵序列上，抑制基因转录，介导的是负性调节（负转录调控），在原核生物中普遍存在；反之，激活蛋白可结合到启动序列临近的 DNA 序列上，提高 RNA 聚合酶与启动子的结合能力，从而增强 RNA 聚合酶的转录活性，介导的是正性调节（正转录调控）。

（二）乳糖操纵子

大肠埃希菌的乳糖操纵子（lactose operon）是最早发现的原核生物转录调控模式，包含一个启动子序列 P、一个操纵序列 O 和 3 个结构基因：Z、Y 和 A，分别编码 β - 半乳糖苷酶、β - 半乳糖苷透性酶和 β - 半乳糖苷转乙酰基酶，可催化乳糖的分解，产生葡萄糖和半乳糖。此外在乳糖操纵子上游有一个调节基因 I 以及启动子 P 上游有一个环腺苷酸受体蛋白（CRP）结合位点或代谢物基因活化蛋白（CAP）结合位点。调节基因 I 具有自己独立的启动子，组成型表达，编码一种阻遏蛋白，与操纵序列 O 结合。启动子 P、操纵基因 O 和 CRP 结合位点共同构成了乳糖操纵子的调控区，控制三个结构基因的转录，因此乳糖操纵子受到阻遏蛋白和 CAP 的双重调节（图 12 - 29）。

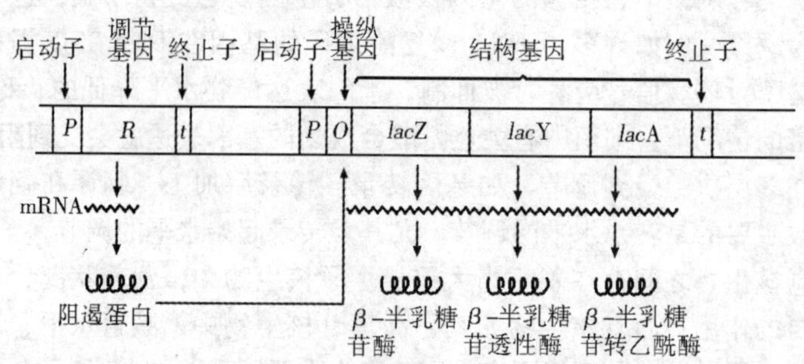

图 12 - 29 乳糖操纵子结构和调节

1. 乳糖操纵子的负性调节 乳糖操纵子调节基因 I 编码产物是阻遏蛋白，由 4 个亚基聚合而成，在没有乳糖存在时，阻遏蛋白与操纵序列 O 结合，阻止 RNA 聚合酶通过该区，乳糖操纵子处于阻遏状态，抑制转录启动，不能合成分解乳糖的三种酶。由于阻遏蛋白与操纵基因的结合并不是绝对紧密的，偶尔有阻遏蛋白从 O 序列上掉下来，造成乳糖操纵子的本底水平表达，因此每个细胞中会合成极少数的β-半乳糖苷酶和β-半乳糖苷透性酶。

有乳糖存在时，乳糖作为诱导物与阻遏蛋白结合，使阻遏蛋白构象改变，不能结合于操纵序列，乳糖操纵子被诱导开放合成分解乳糖的三种酶。但研究发现，真正的诱导物并非乳糖本身，乳糖并不能与阻遏物相结合。当环境中出现乳糖时，乳糖在本底水平表达的β-半乳糖苷透性酶的作用下转运进入细胞，受到β-半乳糖苷酶的催化转变为别乳糖。别乳糖作为诱导物可以和阻遏蛋白结合，其构象发生变化失去阻遏作用，RNA 聚合酶可以有效启动转录。别乳糖可被β-半乳糖苷酶水解生成葡萄糖和半乳糖，异丙基硫代半乳糖苷（isopropyl thiogalactoside，IPTG）结构上与异乳糖相似，是一种特别有效的诱导物，不受β-半乳糖苷酶水解。目前在基因表达的研究中常常使用 IPTG 作为诱导物使用。IPTG 不是乳糖代谢的底物，属于非代谢诱导物。

2. CRP/CAP 的正性调节 环腺苷酸受体蛋白 CRP 由 *Crp* 基因编码，是一种典型的激活蛋白，能与 cAMP 结合形成二聚体后，结合到 CRP 结合位点上促进转录进行。细胞中 cAMP 的浓度受到葡萄糖代谢的调节，葡萄糖的某些代谢产物是腺苷酸环化酶的抑制剂，腺苷酸环化酶能将 ATP 转变成 cAMP。有葡萄糖存在时，cAMP 浓度低，cAMP 与 CRP 的结合受阻，转录受到抑制；当没有葡萄糖存在时，cAMP 浓度升高，cAMP 与 CRP 的结合形成二聚体结合到 CRP 结合位点上，激活 RNA 聚合酶活性，促进乳糖操纵子高效表达。

乳糖操纵子中的 I 基因编码的阻遏蛋白的负调控与 CAP 的正调控两种机制，协调合作调节乳糖操纵子的表达。这种机制保证了葡萄糖是原核生物优先利用的能源，首先利用葡萄糖是最节能的。只有葡萄糖不存在而乳糖存在时，乳糖操纵子表达，细菌才能大量利用乳糖。

（三）翻译水平的调节

原核生物的基因表达的调控除了转录水平的调节外，也可以调控翻译环节。翻译水平调节表现：①不同 mRNA 翻译能力的差异；②翻译阻遏作用；③反义 RNA 的作用。

mRNA 主要通过起始密码子 AUG 上游的核糖体结合部位（SD 序列）实现与核糖体的结合，有利于翻译的起始。mRNA 的翻译能力主要受控于此部位的强度，强的控制部位造成翻译起始频率高，反之则翻译频率低。另外，稀有密码子的存在也会造成翻译速度慢，采用常用密码子的 mRNA 翻译速度快。

在细菌细胞中，增加蛋白质合成的要求以核糖体数量的增加来解决，而不是改变核糖体的活性。组成核糖体的蛋白质的合成严格保持与 rRNA 相应的水平。如果某种核糖体蛋白质在细胞中过量积累，它们将与其自身的 mRNA 起始控制部位结合，阻止这些 mRNA 进一步翻译成蛋白质。这种在翻译水平上的阻遏作用称为翻译阻遏。

原核生物中的 mRNA 也受反义 RNA 的调控。反义 RNA 可以通过互补序列与特定的 mRNA 相结合，结合位置包括 mRNA 结合核糖体的序列（SD 序列）和起始密码子 AUG，使 mRNA 不能与核糖体有效结合，从而抑制了 mRNA 翻译。

二、真核生物基因表达调控

多细胞真核生物的形态、结构、功能和生长发育过程要比原核生物复杂得多，具有精确的发育程序和大量分化的特殊细胞群。真核细胞的基因表达调控远比原核细胞的基因表达调控更为复杂。

大多数真核生物都是多细胞的复杂有机体，在个体发育过程中，由一个受精卵经过一系列的细胞分裂和分化形成不同类型的细胞和组织。分化就是不同基因表达的结果。在不同的发育阶段和不同类型的细胞中，基因表达在时空上受到严密的调控。

真核基因表达调控有两种类型，一是短期或称为可逆性调控，主要是细胞对环境变动特别是对代谢物或激素水平升降作出的反应，表现出细胞内酶或某些蛋白质水平的变化，它相当于原核细胞对环境条件变化所做出的反应。二是发育调控或称不可逆调控，仅发生于真核细胞，是真核基因调控的精髓部分，涉及真核细胞发育、分化。

真核生物基因表达可以在多个层次上进行调控。可以发生在 DNA 水平、转录水平、转录后的修饰、翻译水平和翻译后的修饰等多种不同层次。但是，最经济、最主要的调控环节仍然是在转录水平上。

（一）DNA 水平调控

DNA 水平上的调控可以通过改变基因组中有关基因的数量、结构顺序和活性而控制基因的表达。这一类的调控机制包括基因的扩增、重排、丢失或化学修饰（甲基化等）。另外，在染色质水平上可以采取异染色质化的方式来控制基因的表达。这些通过改变 DNA 序列和染色质结构来影响基因表达的过程均属于转录前水平的调节。

（二）转录水平调控

原核生物基因表达以操纵子为单位启动或关闭结构基因转录。转录的调控区很小，调控蛋白结合到调节位点上可直接促进或抑制 RNA 聚合酶的结合而调控转录。

真核生物基因组中无操纵子结构。基因转录的调节区相对较大，在转录水平上，真核生物的基因调节主要表现在基因转录活性的调节上，真核细胞的转录除了需要调节分子的作用来改变染色质结构使染色质活化，为转录做好准备外，还需要通过顺式作用元件（cis - acting element）和反式作用因子（trans - acting factor）间的复杂的相互作用活化基因完成转录。多数真核生物基因转录水平的调控以正调节为主。

1. 顺式作用元件 顺式作用元件是指存在于同一 DNA 分子中具有转录调节功能的特异 DNA 序列。它们与特定的功能基因连锁在一起，可同许多与起始转录有关的蛋白因子结合而调控转录。顺式作用元件的活性只影响同一 DNA 分子上的基因。按功能特性，顺式作用元件包括启动子、增强子以及起负性调控作用的沉默子等。

启动子是转录因子和 RNA 聚合酶的结合位点，位于基因上游，邻近基因转录起始点。

增强子是一种能够促进转录效率的 DNA 序列，长大约 200bp，由若干有功能的保守序列组成。增强子是通过启动子来增加转录的。增强子与启动子的相对位置无关，增强子可以位于基因的 5′ - 端，也可位于基因的 3′ - 端，有的还可位于基因的内含子中，只要存在于同一 DNA 分子上都能对启动子作用。另外，增强子的作用与序列的方向性无关。

沉默子，是一种负性调节元件，当其结合特异蛋白因子时，对基因转录起阻遏作用。最早在酵母中发现，以后在 T 淋巴细胞的 T 抗原受体基因的转录和重排中证实这种与增强子作用相反的负调控顺式元件的存在。沉默子的作用可不受序列方向的影响，也能远距离发挥作用，并可对异源基因的表达起作用。

2. 反式作用因子 反式作用因子是指能直接或间接地识别或结合在各类顺式作用元件核

心序列上参与调控靶基因转录效率的各种蛋白质分子。顺式作用元件的作用是参与基因表达的调控，本身不编码任何蛋白质，仅提供作用位点，与反式作用因子相互作用而起作用。

真核生物基因结构复杂，基因激活过程涉及多种蛋白的作用。这些蛋白均为反式作用因子。参与转录起始的转录因子是反式作用因子，按作用分主要有三类：通用因子（转录因子）、上游因子和可诱导因子。

通用因子，也称为基本转录因子，结合在 TATA 框和转录起点，与 RNA 聚合酶一起形成转录起始复合物。转录因子是参与正调控的反式作用因子，是转录起始过程中 RNA 聚合酶所需要的辅助因子。

上游因子是指能与上游启动子元件如 CAAT box 和 GC box 等元件结合的蛋白质因子。通过调节转录因子与启动子的结合、转录前起始复合物的形成，从而调节基因的转录频率。

可诱导因子是与增强子或应答元件等调节序列结合的蛋白质因子，在特定的时间和组织中诱导表达而调节转录。上游因子和可诱导因子等在广义上也是转录因子。

真核的转录起始是通过蛋白与 DNA 间以及蛋白与蛋白间的相互作用形成复杂的起始转录复合物而实现转录起始。

反式作用因子一般都具有三个不同功能结构域：DNA 结合结构域、转录活化结构域和与其他蛋白质因子结合的结构域，它们是其发挥转录调控功能的必需结构。

DNA 结合结构域是与顺式作用元件结合的部位，大体上有 4 种结构特征。

（1）螺旋 - 转角 - 螺旋　这是第一个详细研究的 DNA 结合结构基序（图 12 - 30）。

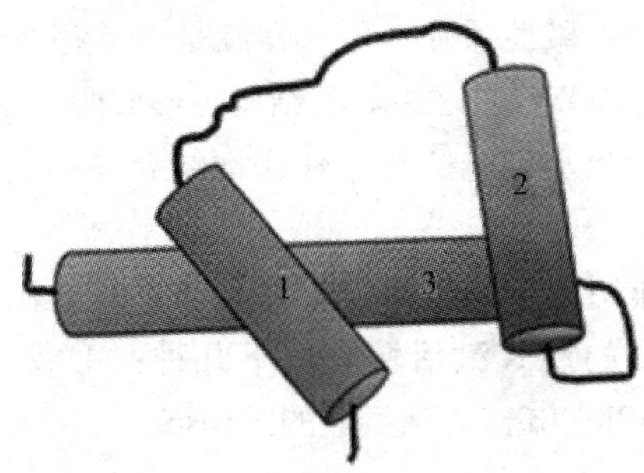

图 12 - 30　螺旋 - 转角 - 螺旋

（2）锌指（zine finger）结构　锌指结构广泛存在于各种结合 DNA 的蛋白质中，每一锌指单位是由一个含有大约 20 个氨基酸形成的环，其中 α - 螺旋与一个反向平行的 β - 片层的基部以锌原子为中心，通过与 4 个 Cys 或 2 个 Cys 加上 2 个 His 间形成配位键相连接，使这段肽键成指状，故称为锌指。锌指环上突出的赖氨酸、精氨酸参与 DNA 结合（图 12 - 31）。

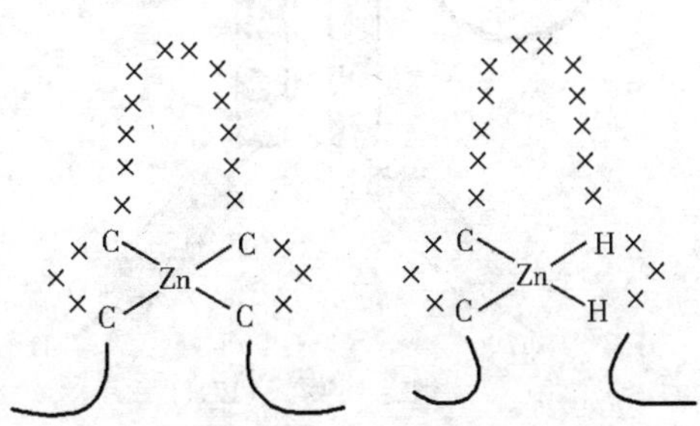

图 12 - 31　锌指结构

（3）亮氨酸拉链 亮氨酸拉链是蛋白质中常见的结构基序，由一组（通常是4~5个）重复片段组成，每个重复片段的第7个氨基酸残基均为亮氨酸，位于α-螺旋的同侧。两条含有此模体的多肽链可形成二聚体结构，两个蛋白质α-螺旋上的亮氨酸靠近而形成拉链样结构。在拉链区的氨基端含有约30个残基的碱性区（富含Lys和Arg），此区的作用是与DNA结合（图12-32）。

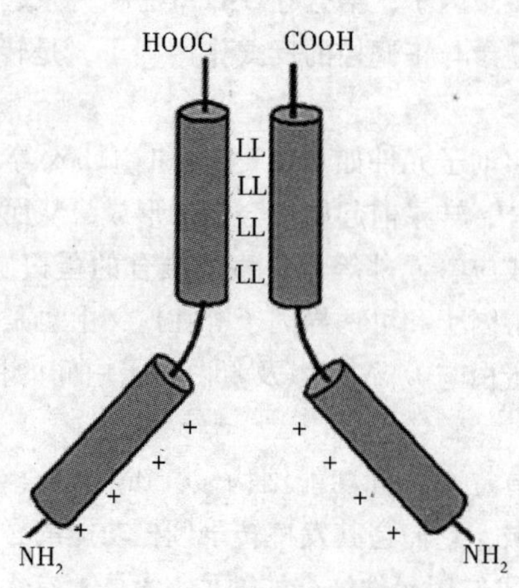

图12-32 亮氨酸拉链结构

（4）碱性螺旋-环-螺旋 碱性螺旋-环-螺旋是一类存在于一些参与多细胞生物发育期间控制基因表达的真核生物调节蛋白之中。其结构可形成两个α-螺旋，两个螺旋之间由环状结构相连。两亚基通过螺旋疏水侧链的相互作用而结合在一起，N-端富含碱性氨基酸残基，以此与DNA结合（图12-33）。

转录活化结构域是反式作用因子的转录调控结构域，一般由DNA结合结构域外的30~100个氨基酸残基组成．常见的反式激活域有以下几种：①酸性α-螺旋结构域，如Jun；②富含谷氨酰胺结构域，如SP1；③富含脯氨酸的结构域。

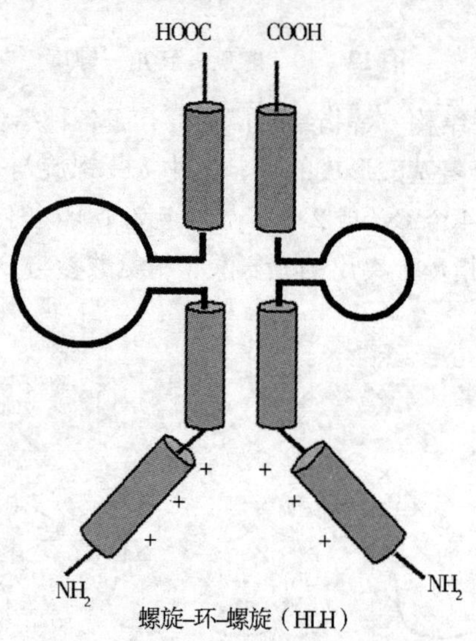

图12-33 碱性螺旋-环-螺旋

（三）转录后水平调控

真核生物的 mRNA 前体加工过程主要包括：5′－端加帽子结构；3′－端加 polyA 尾巴结构；通过剪接除掉内含子；RNA 的编辑等。

转录后内含子剪切过程在基因表达的调控中具有重要意义。同一初级转录产物在不同细胞中可以用不同方式切割加工，形成不同的成熟 mRNA 分子，使翻译成的蛋白质在含量或组成上都可能不同。

真核生物能否长时间、及时地利用成熟的 mRNA 分子翻译出蛋白质以供生长发育的需要，与 mRNA 的稳定性以及屏蔽状态的解除相关的。原核生物 mRNA 的半衰期平均 3min。高等真核生物迅速生长的细胞中 mRNA 的半衰期平均 3h。在高度分化的终端细胞中许多 mRNA 极其稳定，有的寿命长达数天。

mRNA 通过 3′－端尾巴影响 mRNA 寿命来影响翻译效率。

（四）翻译水平调控

在真核生物中，基因表达的调控主要发生在转录水平上，但是翻译水平的调控也是十分重要的。在翻译水平进行基因表达调节，主要是控制 mRNA 的稳定性和有选择地进行翻译。

（五）蛋白质加工水平的调控

从 mRNA 翻译成蛋白质，并不意味着基因表达的调控就结束了。直接来自核糖体的线状多肽链是没有功能的，必须经过加工才具有活性（见第四节）。

第七节 重组 DNA 技术

重组 DNA 技术（recombinant DNA technique）是 20 世纪 70 年代以后兴起的一门新技术，是现代分子生物技术发展中最重要的成就之一，自诞生以来已经取得了许多激动人心的成果，对人类生活和健康的影响是巨大的。重组 DNA 技术的重大突破带动了现代生物技术的兴起，并很快产生了许多生命科学的高技术产业。

一、重组 DNA 技术的产生

从 20 世纪 40 年代开始，科学家们从理论和技术两方面为重组 DNA 技术的产生奠定了坚实的基础。概括起来，从 20 世纪 40 年代到 70 年代初，在现代分子生物学领域理论上的三大发现及技术上的三大发明对基因工程的诞生起到了决定性的作用。

理论上的三大发现：①首先，20 世纪 40 年代 O. Avery 等人通过肺炎球菌的转化试验证明了生物的遗传物质是 DNA；②20 世纪 50 年代提出了 DNA 的双螺旋结构和半保留复制机制。解决了基因的自我复制和遗传问题；③20 世纪 60 年代确定了遗传信息的传递方式和提出了操纵子学说，阐明了遗传信息的流动与表达机制。

技术上的三大发明：①限制性核酸内切酶的发现，可以获得所需的 DNA 特殊片段，为基因工程提供了技术基础。②DNA 连接酶的发现。1967 年，世界上有 5 个实验室几乎同时发现了 DNA 连接酶。这种酶能够参与 DNA 缺口的修复。1970 年，美国的 Khorana 实验室发现了 T_4DNA 连接酶，具有更高的连接活性。③基因工程载体（vector）的发现。大多数 DNA 片段不具备自我复制的能力。所以，为了能够在寄主细胞中进行繁殖，必须将 DNA 片段连接到一种特定的、具有自我复制的DNA分子上。这种DNA分子就是基因工程载体。

具备了以上的理论与技术基础，重组DNA技术诞生的条件已经成熟。1972年，美国斯坦福大学的Berg博士领导的研究小组，率先完成了世界上第一次成功的DNA体外重组实验。1973年，斯坦福大学教授Cohen和Boyer将两个不同的质粒（一个是抗四环素质粒，另一个是抗链霉素质粒）通过体外重组后导入大肠埃希菌细胞内，使得这些大肠埃希菌能抵抗两种药物，而且这种大肠埃希菌的后代都具有双重抗药性，由此产生了重组DNA技术。

重组DNA技术在文献中又称为基因工程（gene engineering），基因操作（gene manipulation）、分子克隆（molecular cloning）、基因克隆（gene cloning）等。

二、重组DNA技术的基本原理

严格地说，DNA重组技术并不完全等于基因工程。广义上的基因工程是重组DNA技术的产业化设计与应用，包括上游技术和下游技术两大组成部分。上游技术指的是基因重组、克隆和表达的设计与构建（即重组DNA技术）；而下游技术则涉及基因工程菌或细胞的大规模培养以及基因产物的分离纯化过程。

实施基因工程技术必须具备四大要素：工具酶、载体、基因和受体细胞。

（一）工具酶

在重组DNA技术中，常需要一些基本工具酶进行基因操作。常用的工具酶包括如限制性内切酶（restriction endonuclease）、DNA连接酶、DNA聚合酶Ⅰ、末端转移酶、反转录酶、多聚核苷酸激酶等（表12-6）。以限制性内切酶和DNA连接酶为主的多种工具酶的发现和应用，为基因操作提供了十分重要的技术基础。

表12-6 重组DNA技术中常用的工具酶

工具酶	功 能
限制性内切酶	识别特异序列，切割DNA
DNA连接酶	催化相邻的DNA生成3，5-磷酸二酯键
DNA聚合酶Ⅰ	①缺口平移制作标记DNA探针 ②合成cDNA的第二链 ③填补双链DNA的3′-凹端 ④DNA序列分析
末端转移酶	在3′-末端加入同聚尾
碱性磷酸酶	切除核酸末端磷酸基
反转录酶	①合成cDNA ②替代DNA聚合酶Ⅰ进行填补、标记或DNA序列分析
多核苷酸激酶	催化多核苷酸5′-末端磷酸化，制备末端标记探针

1. 限制性内切酶 限制性内切酶是重组DNA技术最重要的工具酶之一。它是一类核酸水解酶，能够识别双链DNA分子中的特异核苷酸序列，并在识别位点或其周围切割DNA双链结构的核酸内切酶。

1973年Smith和Nathans提议的命名系统，已被广大学者所接受。限制性内切酶大多从细菌中发现，根据来源进行命名，限制酶的第一个字母（大写，斜体）为宿主菌的属名，第二个字母、第三个字母（小写，斜体）代表宿主菌的种名缩写，第四个字母是株或型，最后的罗马数字表示同株内发现和分离的先后顺序。如从大肠杆菌Escherichia coli RY13中分离得到的第一种限制性酶为*Eco*RⅠ。以前在限制性内切酶和修饰酶前加R或M，且菌株号和序号小写。但现在限制性内切酶名称中的 R 省略不写。

根据酶的结构、作用的不同，目前已经鉴定出有三种不同类型的核酸内切限制酶，即Ⅰ型酶、Ⅱ型酶和Ⅲ型酶。Ⅰ型和Ⅲ型兼有修饰（甲基化）作用和依赖于 ATP 的活性，但不能在识别序列上直接裂解 DNA，故用途较少。重组 DNA 技术中常用的限制性核酸内切酶是Ⅱ型酶。通常不特别说明的即为Ⅱ型限制性内切酶。

大部分Ⅱ型酶识别 DNA 位点的核苷酸序列呈回文结构，识别序列常为 4～8bp 的特定核苷酸序列，其中 6 个核苷酸顺序最常见。如：*Eco*R Ⅰ的识别序列：GAATTC。

识别序列又称为核酸内切限制酶的切割位点或靶序列。在切割位点处，在限制酶的作用下磷酸二酯键会发生水解效应，从而导致链的断裂。酶解后 5′－末端为磷酸基，3′－末端为羟基。由核酸限制性内切酶的作用所造成的 DNA 分子的切割类型，通常有两种方式。

（1）黏性末端　两条链上的断裂位置是交错地、但又是对称地围绕着一个对称轴排列，这种形式的断裂结果形成具有黏性末端的 DNA 片段。如 *Eco*R Ⅰ识别及切割双链 DNA 序列产生5′黏性末端：

5′…G↓AATTC…3′　⟶　5′…G　　AATTC…3′
3′…CTTAA↑G…5′　　　3′…CTTAA　　G…5′

Apa Ⅰ识别及切割双链 DNA 序列产生 3′黏性末端：

5′…GGGCC↓C…3′　⟶　5′…GGGCC　　C…3′
3′…C↑CCGGG…5′　　　3′…C　　CCGGG…5′

（2）平末端　两条链上的断裂位置是处在一个对称结构的中心，这样形式的断裂是形成具有平末端的 DNA 片段。*Pvu* Ⅰ识别及切割双链 DNA 序列产生平末端：

5′…CAG↓CTG…3′　⟶　5′…CAG　CTG…3′
3′…GTC↑GAC…5′　　　3′…GTC　GAC…5′

来源不同但能识别和切割同一位点的酶称为同工异源酶（isoschizomer）。如 *Bam*H Ⅰ和 *Bst* Ⅰ（G↓GATCC），*Xho* 和 *Pae*R7 Ⅰ（C↓TCGAG），这些同工异源酶可以互相代用。

另有些限制性内切酶识别序列不同，但是产生相同的黏性末端，这些酶称为同尾酶（isocaudarner）。例如 *Bam*H Ⅰ（G↓GATCC）和 *Sau*3A Ⅰ（N↓GATCN），由此产生的 DNA 片段可通过黏末端相互连接，使 DNA 重组有更大的灵活性。

2. DNA 连接酶　同核酸限制性内切酶一样，DNA 连接酶的发现与应用，对于重组 DNA 技术学的创立与发展也具有重要的意义。它们都是在体外构建重组 DNA 分子所必不可少的基本工具酶。DNA 连接酶催化双链 DNA 一端的 3′－OH 与另一双链 DNA5′－端的磷酸根形成 3′，5′－磷酸二酯键，使具有相同黏性末端或平端的 DNA 末端连接起来。

连接酶主要有两种：T_4 噬菌体 DNA 连接酶和大肠埃希菌 DNA 连接酶，重组 DNA 技术中常用 T_4 噬菌体 DNA 连接酶。

除此之外，重组 DNA 技术中还需要用到多种工具酶，如 DNA 聚合酶、逆转录酶、多聚核苷酸激酶、碱性磷酸酶等。

（二）DNA 重组的载体

重组 DNA 技术的重要环节，是把一个外源基因导入宿主（受体）细胞内，并使它得到扩增。载体是携带靶 DNA（目的 DNA）片段进入宿主细胞进行扩增和表达的运载工具。载体的本质是 DNA。经过人工构建的载体，不但能与外源基因相连接，导入受体细胞，还能利用本身的调控系统，使外源基因在新细胞中复制和表达。

常用的载体是通过改造天然的细菌质粒、噬菌体和病毒等构建而成。目前已构建成的载体主要有质粒载体、噬菌体载体、病毒载体和人工染色体等多种类型，亦可根据其用途不同分为克隆载体和表达载体两类。

各类载体的来源不同，在大小、结构、复制等方面的特性差别很大，但作为基因工程用的载体，最基本的特性和要求是：①在宿主细胞中能自主复制，即本身是复制子；②携带易于筛选的选择标记；③含有多种限制酶的单一识别序列，以供外源基因插入，进行复制和扩增；④容易从宿主细胞中分离纯化。

质粒载体是以质粒 DNA 分子为基础构建而成的载体。质粒（plasmid）是细胞染色体以外能自主复制的双链闭合环状 DNA 分子，小的大约 2～3kb，大的可达数百 kb。它广泛存在于细菌细胞中。在霉菌、蓝藻、酵母和不少动植物细胞中也发现有质粒存在。目前对细菌质粒研究的较为深入，在基因工程中，多使用大肠埃希菌质粒为基础，人工改造和组建形成的载体。

噬菌体是感染细菌的病毒，构建的噬菌体载体，以 λ 噬菌体、M13 和黏粒最为常用。

此外，为适应真核细胞重组 DNA 技术需要，特别是为满足真核基因表达和基因治疗的需要，发展了一系列动植物病毒 DNA 改造的载体，如 SV40（猿猴病毒）载体、腺病毒载体和逆转录病毒载体等。

为增加克隆载体插入外源基因的容量，建立了人工染色体的概念和方法。20 世纪 80 年代成功地构建了第一条酵母人工染色体（yeast artificial chromosome，YAC）。继 YAC 后，细菌人工染色体（Bacterial artificial chromosome，BAC）、噬菌体 P1 衍生的人工染色体（p1 - derived artificial chromosome ，PAC）和哺乳动物人工染色体（MAC）相继问世。

（三）重组 DNA 技术的主要内容或步骤

重组 DNA 技术包括以下几个主要内容或步骤：①从生物有机体复杂的基因组中，分离得到带有目的基因的 DNA 片段；②在体外，将带有目的基因的 DNA 片段与载体连接，形成重组 DNA 分子；③将重组 DNA 分子导入到受体细胞（亦称宿主细胞或寄主细胞）；④带有重组体的细胞进行扩增，筛选出具有重组 DNA 分子的细胞克隆；⑤将选出的细胞克隆的目的基因进行进一步研究分析；或将目的基因克隆到表达载体上，获得所需的遗传性状或表达出所需要的产物（图 12－34）。

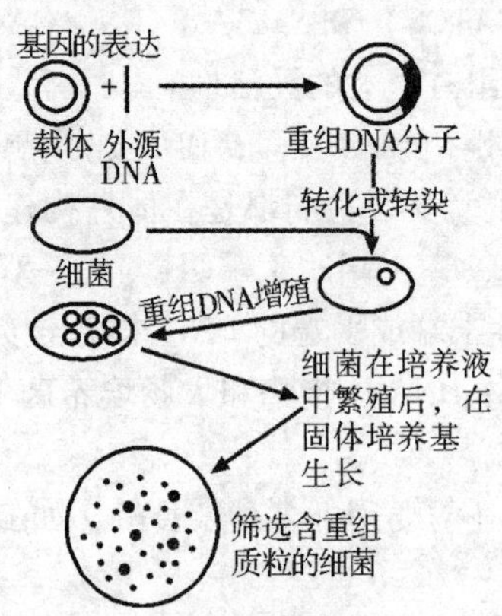

图 12－34 重组 DNA 技术

1. 目的基因的分离克隆

（1）化学法合成目的基因 这种方法主要适用于已知核苷酸序列的、分子量较小的目的基因的制备。

（2）聚合酶链式反应（polymerase chain reaction，PCR）是利用单链寡核苷酸引物对特异

DNA 片段进行体外快速扩增的一种方法。自 20 世纪 80 年代中期 PCR 技术问世以来，迅速渗透到了分子生物学的各个领域并得到了广泛应用。利用 PCR 技术对目的片段的快速扩增实际上是一种在模板 DNA、引物和 4 种脱氧核糖核苷酸存在的条件下利用耐高温 DNA 聚合酶的酶促反应合成 DNA，是通过 3 个温度依赖性步骤变性（denaturation），退火（annealing），延伸（extension）完成的反复循环（图 12－35）。

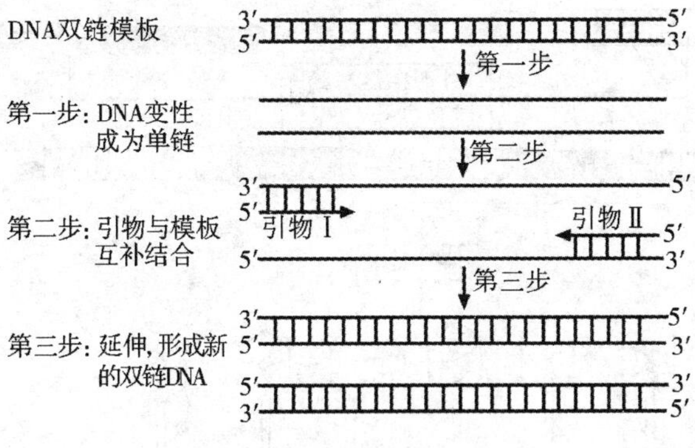

图 12－35 PCR 原理示意图

（3）基因文库技术分离目的基因 基因文库（gene library）则是指某一生物类型全部基因的集合。根据基因类型，基因文库可分为基因组 DNA 文库及 cDNA 文库。基因组文库是指将某生物的全部基因组 DNA 切割成一定长度的 DNA 片段克隆到某种载体上而形成的集合（图 12－36）。cDNA 文库是指某生物某一发育时期所转录的 mRNA 经反转录形成的 cDNA 片段与某种载体连接而形成的克隆的集合（图 12－37）。目前这两类基因文库在基因工程中都得到有效应用。

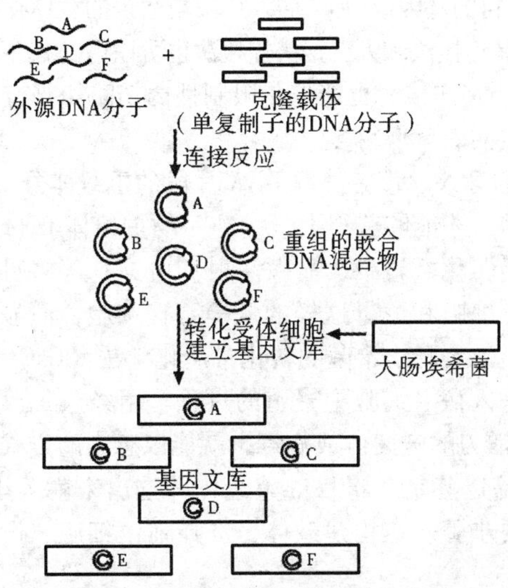

图 12－36 基因组 DNA 文库构建路线图

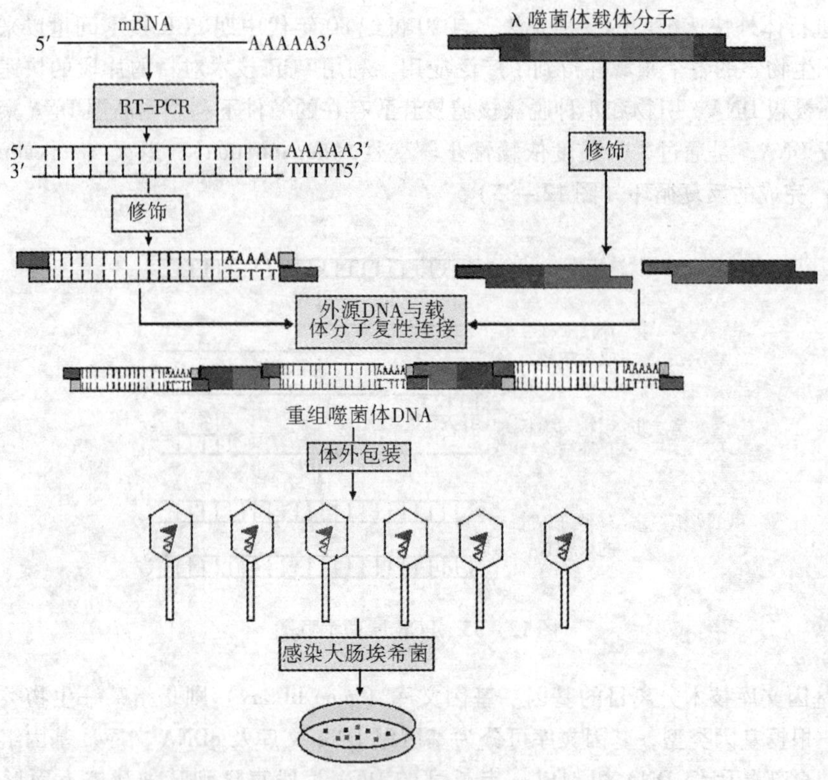

图 12-37 λ噬菌体作载体构建 cDNA 文库

2. 目的基因与载体的连接 将外源 DNA 片段同载体分子连接形成重组 DNA 分子的方法主要有黏性末端连接法和平末端连接法，DNA 连接酶起主要作用。

（1）黏性末端连接 若目的基因或 DNA 插入片段与适当的载体存在同源黏性末端，这将是最方便的克隆途径。同聚物加尾连接法和人工接头连接法也可以得到黏性末端进行连接。

（2）平末端连接 T_4DNA 连接酶也能催化限制性内切酶切割产生 DNA 平末端的连接。平末端连接要比黏性末端连接的效率低得多。

3. 重组体向宿主细胞的导入 带有外源 DNA 片段的重组体分子在体外构成之后，需要导入适当的寄主细胞进行繁殖，才能够获得大量的纯一的重组体 DNA 分子。将外源重组体分子导入受体细胞的途径，包括转化、转染、显微注射和电穿孔等多种不同的方式。转染和转化主要适用于细菌一类的原核细胞和酵母这样的低等真核细胞，而显微注射和电穿孔则主要应用于高等动植物的真核细胞。大肠埃希菌的转化常用化学法（$CaCl_2$法）。

转染指噬菌体或病毒进入宿主细胞中繁殖的过程。用经人工改造的噬菌体或病毒的外壳蛋白将重组 DNA 包装成有活力的噬菌体或病毒，就能以感染的方式进入宿主细菌或细胞。

4. 含重组体的细胞的筛选鉴定 将目的重组体筛选出来就等于获得了目的序列的克隆，所以筛选是基因克隆的重要步骤。在构建载体，选择宿主细胞、设计分子克隆方案时都必须仔细考虑筛选的问题。

常用的筛选与鉴定的技术有：①根据重组载体的筛选标志筛选（最常见的载体携带的标志是抗药性标志，如抗氨苄西林（amp^r）、抗四环素（ter^r）、抗卡那霉素（kan^r）等。载体含有 *lacZ′*的蓝白筛选法，也被广泛应用。②核酸杂交法，利用标记的核酸做探针与转化细胞的 DNA 进行分子杂交，可以直接筛选和鉴定目的序列克隆。③PCR 法。④免疫学方法。⑤DNA 限制性内切酶图谱分析。⑥核苷酸序列测定，已知序列的核酸克隆要经序列测定确证所获得的克隆准确无误；未知序列的核酸克隆要测定序列才能确知其结构、推测其功能，用进一步的研究。因此核酸序列测定是分子克隆中必不可少的鉴定步骤。

以上所述的目的基因的分离、目的基因与载体的连接、重组DNA导入、筛选重组体等过程是基本的重组DNA技术操作过程。而作为基因工程的最终目的，是利用重组DNA技术获得目的基因的表达产物，因此还需要进一步的进行研究分析；或将目的基因克隆到表达载体上，获得所需的遗传性状或表达出所需要的产物。

三、重组DNA技术与医学、药学的关系

作为分子生物学发展的重要组成部分，重组DNA技术给生命科学带来了革命性变化，开创了人类能动改造生物界的新阶段，促进着生命科学各学科研究和应用的进步，对推动医学、药学和整个生命科学各领域的发展起着重要的作用。DNA重组技术最大的应用领域在医药方面，包括活性多肽、蛋白质和疫苗的生产，疾病发生机制、新基因的分离、基因诊断和基因治疗等。

1. 重组DNA技术在药学方面的应用　利用重组DNA技术，可以生产出一些自然界中不存在的蛋白质，或是大量生产一些原来产量很低的蛋白质。生物技术药物不仅为生物资源的充分利用和开发提供了新的手段，而且也提高了生物制品的安全性。例如，利用基因工程生产白蛋白、凝血因子、乙型肝炎疫苗等限制了经血液传播疾病的扩散。

2. 基因工程在医学方面的应用　1990年，分子医学的诞生及其发展正是重组DNA技术与医学实践相结合的结果。人类疾病都直接或间接与基因相关，故近年来产生了疾病新概念，即认为所有疾病都是“基因病”。在基因水平进行诊断和治疗在专业上叫基因诊断和基因治疗。实施基因诊断和基因治疗的主要技术手段就是重组DNA技术。

（1）基因诊断　基因诊断开始于20世纪90年代。它是运用基因手段诊断，从基因中寻找病根，旨在为一些“不治之症”寻找新的诊断渠道。其特点是特异性非常强，只要检测出该病变基因的存在，就能确诊。我国已具有对珠蛋白基因缺陷性贫血、苯丙酮尿症、血友病、杜氏肌营养不良症等遗传疾病进行基因诊断的能力。

（2）基因治疗　基因治疗是指由于某种基因缺陷引起的遗传病通过转基因技术而得到纠正。临床实践已经表明：基因治疗已经变革了整个医学的预防和治疗领域。比如白化病，用健康的基因更换或者矫正患者的有缺损的基因，就有可能根治这种疾病。单基因缺陷和多基因综合征、肿瘤、心血管系统疾病、神经系统疾病等均可以进行基因治疗。基因治疗有两种途径：一是体细胞的基因治疗，是生殖细胞的基因治疗。

（3）疾病相关基因的研究　现代生命科学研究认为几乎所有的疾病都与基因有关，是遗传因素和环境因素相互作用的结果。根据克隆基因的定位和性质研究所提供的线索，可进一步确定克隆的基因在分子遗传病中的作用。因此，一个疾病相关基因的发现不仅可导致新的遗传病的发现或定位，并可掌握其全部序列信息，人类完全可能通过对候选基因的控制和改造，从根本上治疗和防止遗传病的发生。

（4）遗传病的预防　疾病基因克隆不仅为医学家提供了重要工具，使他们能深入地认识、理解一种遗传病的发生机制，为寻求可能的治疗途径、预测疗效提供了有力手段；更重要的是，利用这些成果进行极有意义的产前诊断和症状前诊断，而后通过诊断技巧与治疗、预防能力的结合，从根本上杜绝遗传性疾病的发生和流行。预防方法包括：产前诊断、携带者测试、症状前诊断、遗传病易感性分析。

（常正尧　黄川锋）

第十三章　细胞信号转导

1. 掌握细胞通讯概念、方式；信号分子和受体的种类；第二信使；GTP 结合蛋白；蛋白质磷酸化；膜受体介导的信号转导途径。

2. 熟悉信号转导的基本特征；受体作用的特点；胞内受体介导的信号转导途径。

3. 了解信号转导异常与疾病。

细胞是生物体结构和功能的基本单位，生物体进行的各种代谢活动，绝大多数都是在细胞内进行的。单细胞生物对外界环境变化做出直接反应。多细胞生物的物质和能量代谢，要依赖细胞通讯和细胞信号转导，来协调每个细胞的新陈代谢，以保证整体生命活动的正常进行。如果细胞间不能准确有效地传递信息，机体就可能出现代谢紊乱、疾病甚至死亡。

第一节　细胞通讯与信号转导的基本特征

一、细胞通讯方式

细胞通讯（cell communication）是细胞间的信息交流，指一个细胞（信号发送细胞）发出的信息以配体的形式传递到另一个细胞（靶细胞）并与其相应受体相互作用，然后通过细胞信号转导使靶细胞内产生一系列生理生化变化及生物学效应的过程。细胞信号转导是细胞间实现通讯的关键过程。

两个细胞之间可通过多种方式进行交流。一种方式要求细胞间有直接接触，被称为近分泌或接触依赖性的通讯，包括：①彼此接触的细胞间有间隙连接通道，离子或者代谢物可以直接穿过；②信号发送细胞质膜表面有蛋白质、蛋白聚糖、糖蛋白等各类大分子，这些质膜表面分子可作为信号分子与相邻靶细胞的质膜表面分子（受体）特异性地结合和相互作用，介导细胞间的通讯。这种通讯方式包括相邻细胞间黏附因子的相互作用、T 淋巴细胞与 B 淋巴细胞表面分子的相互作用等。

细胞间通讯的第二种方式通过分泌化学信号进行。根据信号发送细胞所分泌化学信号作用距离长短不同，作用方式分为：①内分泌：这是一种远距离的信号传递方式，由内分泌细胞分泌信号分子到血液中，通过血液循环运送到各组织器官，作用于靶细胞。这是激素发挥作用的主要方式。②旁分泌：细胞通过分泌局部化学介质到细胞外液中，经过局部扩散作用于临近靶细胞。许多生长因子往往通过旁分泌起作用。③自分泌：该作用方式细胞既是信号发送细胞又是靶细胞，即细胞对自身分泌的物质产生反应。自分泌信号多见于胚胎或新生儿的组织和器官发育过程，也见于病理条件下，如肿瘤细胞合成并释放生长因子刺激自身，导致肿瘤细胞的持续增殖。④神经元突触传递神经信号：这是旁分泌的一种特殊形式。当神经元接受刺激后，神经信号传递至神经末梢，刺激突触前膜释放神经递质或神经肽到达突触后膜，作用于临近的神经元或肌细胞（图 13－1）。

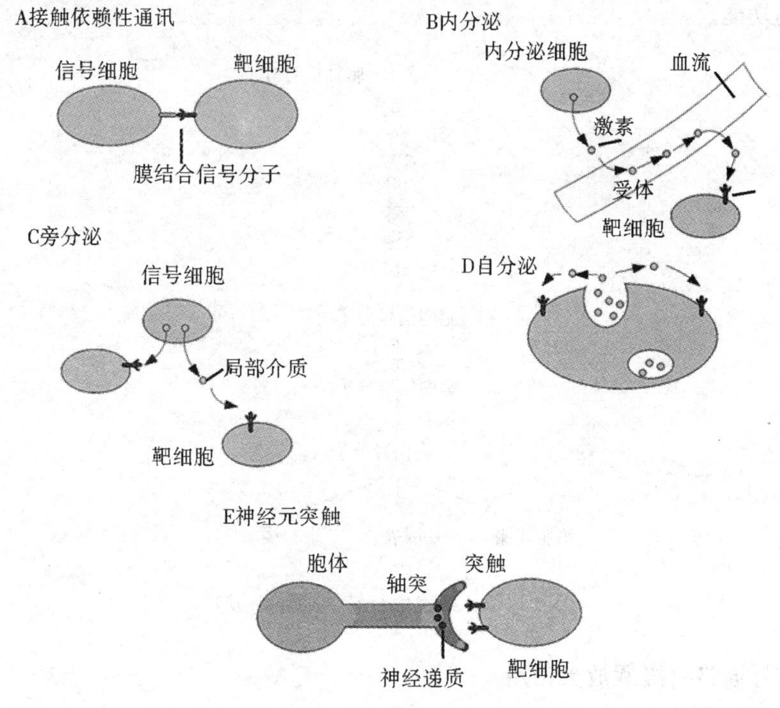

图 13－1　细胞通讯方式

通过胞外信号介导的细胞通讯主要包括以下几个步骤：特定细胞合成并释放信号分子→运送信号分子到达靶细胞→信号分子与靶细胞受体特异性结合并激活受体→活化受体启动胞内信号转导途径→靶细胞产生生物学效应→信号解除，细胞反应终止。

二、信号转导的基本特征

细胞信号转导是由一系列连续的信号阶段所构成的，包括受体→传感器→效应器这样一个传递链。受体感知信号，传感器传递信号，最后由效应器将信号转变为细胞内的反应（图 13－2）。无论何种有机体或组织，信号转导有如下较普遍的特征。

（一）信号分子与受体特异性结合

激素等信号分子首先需要与细胞膜或细胞内的受体相结合，才能启动信号转导过程，将细胞外的信号传入到细胞内，特别是传入到细胞核内，引起基因表达的变化，进而引起细胞生物学活性的改变。信号分子（也可称为配体）与受体的结合是特异性的结合，这种结合的特异性与二者的结构有关。但是这种结合特异性并不是绝对特异性，由于有交叉结合的存在，体内有不同的配体共用同一受体或一种受体能与几种配体结合的现象。例如在质膜上有一些膜受体和它们的配体聚集成簇，我们把它称为信号体。

（二）信号通路依靠多种分子的相互作用

从信号分子与受体结合到细胞核内基因表达的改变之间的整个过程我们称之为信号通路。信号通路将质膜对细胞外信号的感知与细胞核内事件的发生联系起来。在细胞内有很多信号通路，每一个信号通路都是由多个相互作用的分子构成的。这些分子可以是一些小分子（如 Ca^{2+}）、肽或者蛋白质。其中蛋白质分子有些依靠其特定的结构域（如 SH2、SH3 结构域）与其他分子相互识别，相互结合，相互作用；有些本身是一些酶（如蛋白激酶），可以改变其他分子的结构与功能。

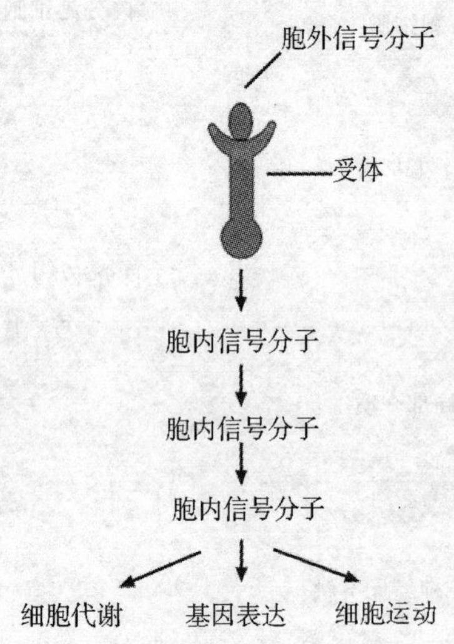

图 13－2　细胞信号转导通路组成

（三）信号通路有级联放大作用

每一个信号通路必须高速、准确地运转，才能保证细胞内信号的精确传递。如何能够保证呢？酶的逐级激活回答了这一问题。在信号通路上的各个酶促反应依次有序地进行，形成一个级联放大的过程，由于酶具有高效性和特异性，使细胞外的信号能够迅速转化和传递下去，并且逐级放大，其结果将改变细胞代谢活性或影响基因的表达。如肾上腺素对血糖浓度的调节。在信号转导通路中有许多蛋白激酶和蛋白磷酸酶，它们催化靶蛋白丝氨酸、苏氨酸和酪氨酸残基的磷酸化和去磷酸化，使靶蛋白的活性发生改变。

（四）信号转导的整体性和复杂性

细胞信号转导是一个多通路和多环节的复杂过程。不同类型的受体识别和结合各自的特异性配体，产生的信号可激活共同的效应器；或同一配体也可激活不同的效应器，从而引起细胞内一系列改变。细胞内不同的信号通路构成复杂的信号网络系统，这些信号通路相互交叉联系，由细胞对各种信号进行整合，最终做出应答。

（五）信号终止或下调

当信号分子浓度过高或刺激时间过长，由于受体下调或受体的脱敏，受体的数目减少或受体与配体的亲和力下降，启动反馈机制终止或降低转导信号，使细胞反应终止或下降。

第二节　信号分子与受体

一、信号分子

信号分子（signal molecule）是细胞间通讯的信息载体，包括化学信号和物理信号。其中化学信号根据其溶解性又可分为亲脂性和亲水性两大类。

（一）亲脂性信号分子

亲脂性信号分子主要包括类固醇激素、维生素 D_3 衍生物、维 A 酸和甲状腺素，它们分子小，疏水性强，容易通过靶细胞质膜进入到细胞内，与细胞内受体结合并进入细胞核内，进而调节核内基因表达过程。

（二）亲水性信号分子

亲水性信号分子主要包括多肽类激素、神经递质和生长因子等，它们由于分子过大或亲水性过强，不能透过靶细胞质膜，只能与靶细胞质膜表面受体结合，通过一系列信号转换机制，在细胞内或者产生第二信使的胞内信号分子，或者改变细胞膜电位；或者级联激活蛋白激酶、蛋白磷酸酶，引起细胞的应答反应。

此外，一氧化氮（NO）也是一种重要的信号分子。NO 是由 NO 合酶（NOS）催化底物精氨酸生成，是一种可溶性的气体。由于 NO 具有脂溶性，可通过细胞质膜进入细胞内，与相应受体结合进而发挥作用。

二、受体

受体（receptor）是存在于细胞质膜或细胞内能够识别信号分子并与之特异性地结合，进而引起靶细胞内各种生物学效应的生物大分子。受体的化学本质是蛋白质，多为糖蛋白，少数为糖脂或糖蛋白与糖脂的复合物。能与受体特异性结合的信号分子也可以称为配体（ligand）。

（一）受体的种类

根据在靶细胞上受体存在的部位，受体可分为细胞表面受体和细胞内受体两大类。

1. 细胞表面受体　主要位于细胞质膜，大多是镶嵌在质膜脂质双层结构中的糖蛋白或糖脂，可以区域性分布，也可散在分布。细胞表面受体主要识别和结合亲水性信号分子，包括多肽类激素、神经递质、生长因子等分泌型信号分子或细胞表面抗原、细胞表面黏着分子等膜结合型信号分子，其主要功能是实现跨膜的信息传递。根据信号转导机制和受体蛋白类型的不同，细胞表面受体又分属 G 蛋白偶联受体、酶联受体、离子通道偶联受体三大家族。

2. 细胞内受体　位于细胞质基质和核基质中，大多为转录因子，主要识别和结合小的脂溶性的信号分子，如类固醇激素、甲状腺素、维生素 D 和维 A 酸。

（二）受体作用的特点

1. 高度特异性　受体可以与其相应配体特异性地结合，这种特异性是由二者空间结构的互补性所决定的。在受体分子上存在有配体结合的结构域，有结合特异性，该结构域只能选择性地与有特定分子结构的配体结合，保证了调控的精确性。

2. 高度亲和力　通常情况下，体内的信号分子浓度非常低（$\leqslant 10^{-8}$ mol/L），高度的亲和力保证了信号分子在浓度很低的情况下也可与受体结合发挥作用。

3. 可饱和性　细胞表面和细胞内受体的数目是一定的，只可以结合一定浓度的配体，当受体全部和配体结合后，即使再增加配体的浓度，也不会增加细胞效应，这是受体的可饱和性。受体 - 配体结合曲线为矩形双曲线。

4. 可逆性　受体和配体通过非共价键（包括离子键、氢键、范德华力）相结合，这是一种可逆性的结合。当生物学效应发生后，配体即与受体发生解离，受体恢复到原来的状态，可再次接受配体。

5. 特定的作用模式　受体除了有结合配体的结构域外，还有能够产生效应的结构域，具有效应特异性。不同的组织和细胞受体的分布不同，与配体结合后可引起特定的生物效应。

三、第二信使

20 世纪 50 年代，Sutherland 发现肾上腺素能够增加肝脏糖原磷酸化酶的活性，促进糖原分解。糖原磷酸化酶是糖原分解的限速酶。肾上腺素是通过增加肝细胞内一种小分子物质的生成而促进糖原的分解，这种小分子物质就是腺苷－3′，5′－环化一磷酸（cAMP）。

Sutherland 等在 20 世纪 70 年代提出了激素作用的第二信使学说：细胞外的化学信号分子不能进入细胞，与细胞表面受体结合后，导致细胞内产生第二信使，进而激活一系列生化反应，最终产生一定的生物学效应，第二信使的降解使信号作用终止。现在一般将细胞外的信号分子称为“第一信使”，第二信使指细胞外信号分子与细胞表面受体结合后，在细胞内产生的能够传递信息的小分子物质。第二信使对细胞外信号的应答主要表现为浓度的变化。

第二信使可以是无机离子如 Ca^{2+}，也可是水溶性小分子如 cAMP、cGMP、1,4,5－三磷酸肌醇（IP_3）或脂质分子如甘油二酯（DAG）、3,4,5－三磷酸磷脂酰肌醇（PIP_3）等。

四、GTP 结合蛋白

在信号传导过程中，有一类 GTP 结合蛋白可结合并水解 GTP，有 GTP 酶（GTPase）活性，这类蛋白质在细胞内起着分子开关（molecular switch）的作用。细胞内 GTP 结合蛋白包括三聚体 G 蛋白和单体 G 蛋白，在结合 GTP 或 GDP 时它们的构象和活性不同。当结合 GTP 时 G 蛋白呈活化的开启状态，可进一步改变其下游效应蛋白（酶或离子通道）的活性；在 GTP 酶的作用下，GTP 水解生成 GDP，G 蛋白由 GTP 结合的形式转化为 GDP 结合的形式，此时呈失活的关闭状态，与下游效应蛋白的作用力减弱。在不同因素作用下，G 蛋白两种状态互相转换，控制下游效应蛋白的活性。如鸟苷酸交换因子（GEF）可促进 GDP 和 GTP 发生交换，GDP 被释放，G 蛋白结合 GTP 而活化；而 GTP 酶促进蛋白（GAP）可促进 GTP 酶活性，使 G 蛋白又恢复成失活的关闭状态（图 13－3）。

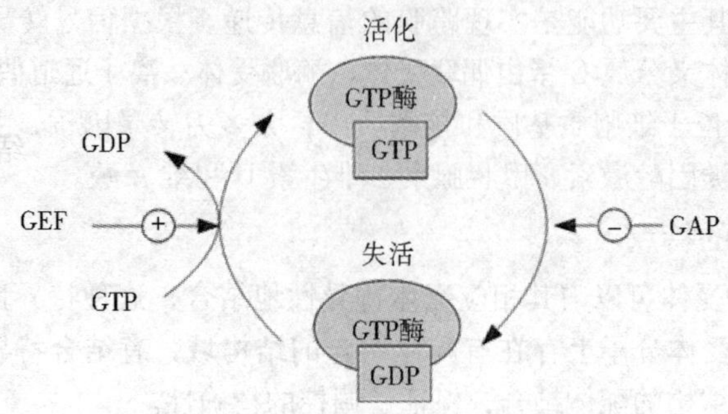

图 13－3 GTP 酶活化与失活的转换

五、信号转导过程中的蛋白质磷酸化

许多信号转导过程包括某些蛋白质的磷酸化改变。蛋白质的磷酸化使其空间结构发生改变，进而改变其功能。蛋白质的磷酸化和去磷酸化受蛋白激酶和蛋白磷酸酶的催化，它们也起着分子开关的作用（图 13－4）。不同的蛋白激酶对底物有选择性。有些蛋白激酶以底物蛋白的丝氨酸/苏氨酸残基为催化位点，有些蛋白激酶则催化底物蛋白的酪氨酸残基磷酸化。大多数丝氨酸/苏氨酸蛋白激酶是水溶性蛋白，它们的活性通常受第二信使的浓度所调控；一些酪氨酸蛋白激酶是某些受体蛋白的结构成分（如受体酪氨酸激酶），还有一些细胞基质蛋白也有酪氨酸蛋白激酶活性，当与活化受体结合后被激活。

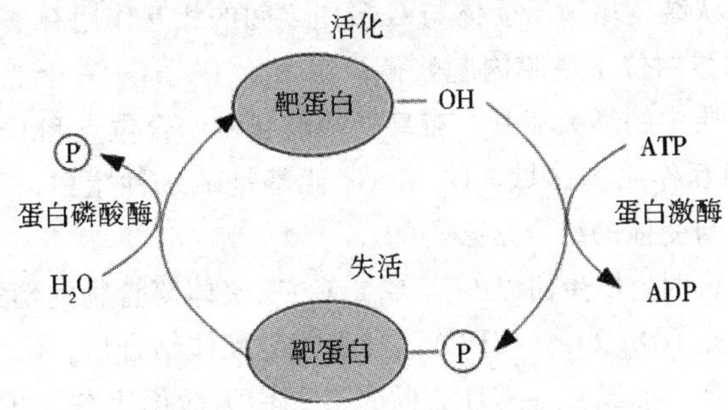

图 13－4　蛋白质磷酸化与去磷酸化

六、信号转导系统的其他组分

信号转导系统还包括许多信号蛋白介导细胞内信号转导通路，如支架蛋白、接头蛋白、锚蛋白等。这些信号蛋白往往通过特定结构域相互识别、相互作用。如信号蛋白的 SH2 结构域和 PTB 结构域可特异地识别和结合特定的磷酸化酪氨酸残基，SH3 结构域常与富含脯氨酸的区域结合，PH 结构域特异地识别和结合某些磷脂酰肌醇。

第三节　主要信号转导途径

一、膜受体介导的信号转导途径

膜受体介导的信号转导途径的第一步是细胞外的信号分子（配体）与膜受体结合并改变受体的构象。构象改变的受体可与下游的效应蛋白（酶或离子通道）相互作用，进而生成第二信使，或者改变细胞膜电位，或者激活某些激酶活性。

（一）G 蛋白偶联受体介导的信号转导通路

G 蛋白偶联受体（G－protein－coupled receptor，GPCR）与配体结合后，受体会直接激活三聚体 GTP 结合调节蛋白（简称 G 蛋白）（trimeric GTP－binding regulatory protein），而后 G 蛋白与其他称为效应剂的信号元素相互作用，这些效应剂通常是酶或离子通道（图 13－5）。不同类型的 G 蛋白可以偶联不同的受体和效应剂，因而形成了大量不同的信号转导通路。

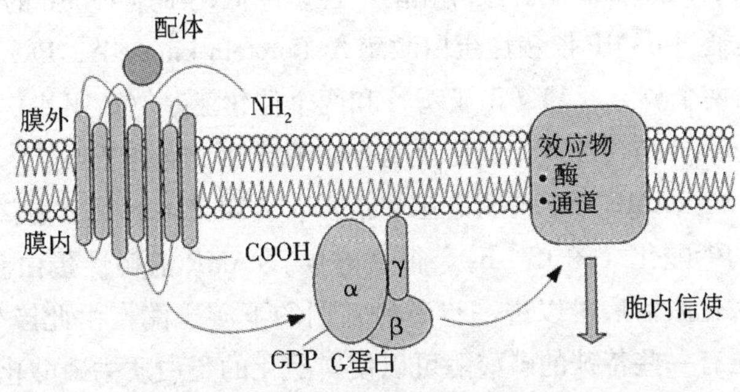

图 13－5　G 蛋白偶联受体介导的信号转导通路的主要元件

GPCR 是一个单亚基的膜蛋白，有 7 个 α－螺旋跨膜区，因此也被称为七螺旋或七跨膜受体。受体由 1 个细胞外氨基末端、3 个胞外环、3 个胞内环和 1 个胞内羧基末端组成。其中螺旋 5 和 6 之间的胞内环状结构域对于受体与 G 蛋白之间的相互作用有重要作用。

与 GPCR 偶联的 G 蛋白位于质膜内胞浆侧，由 G_α、G_β、G_γ 三个亚基组成。G_α 亚基具有亲水性，是三聚体蛋白质中的最大亚基，有鸟嘌呤核苷酸结合位点和 GTP 酶活性。G_α 亚基还具有与各种效应蛋白相互作用的区域。G_β 和 G_γ 亚基是疏水性蛋白，以异二聚体形式存在。$G_{\beta\gamma}$复合物对于 G_α 亚基与受体的结合是必需的。

在受体未与配体结合时，G 蛋白以 G_α、G_β、G_γ 三聚体复合物的形式存在，在 G_α 亚基鸟苷酸结合位点上结合的是 GDP（G_α－GDP）；当受体与配体结合后，$G_{\beta\gamma}$与 G_α 亚基解离，GTP 替换 GDP 与 G_α 亚基结合，形成 G_α－GTP，此时 G 蛋白为活化状态，可激活下游效应酶分子，改变细胞内第二信使的水平；当配体停止作用或受体由于磷酸化而失活，G_α－GTP 水解生成 G_α－GDP，G 蛋白失活，终止传递信号，$G_{\beta\gamma}$与 G_α 重新结合形成三聚体。

含不同 G_α 亚基的 G 蛋白在活化后激活的下游效应分子不同，见表 13－1。

表 13－1 哺乳动物细胞中的 G_α 亚基种类及效应

G 蛋白种类	效应	产生的第二信使	第二信使的靶分子
Gs_α	AC 活化↑	cAMP↑	PKA 活性↑
Gi_α	AC 活化↓	cAMP↓	PKA 活性↓
Gq_α 或 Go_α	PLC 活化↑	Ca^{2+}、IP_3、DAG↑	PKC 活化↑
Gt_α	cGMP－PDE 活性↑	cGMP↓	Na^+ 通道关闭

由 GPCR 所介导的信号转导通路主要包括：以 cAMP 为第二信使的信号通路、以 IP_3 和 DAG 同时作为第二信使的磷脂酰肌醇信号通路和 G 蛋白偶联离子通道的信号通路。

1. 以 cAMP 为第二信使的信号通路 在该信号通路中，G_α 亚基作用的下游效应酶是腺苷酸环化酶（AC），该酶能够催化 ATP 生成 cAMP，因此 AC 的活性决定了细胞内第二信使 cAMP 的水平，进而影响信号的进一步传导。不同类型的 G 蛋白可以偶联不同的受体－配体复合物，对细胞内第二信使的水平产生不同的影响。例如脂肪动员受脂解激素和抗脂解激素的影响。脂解激素为激活性激素，与相应的激活型受体（Rs）结合，偶联激活型三聚体 G 蛋白（含有激活型 G_α 亚基，即 Gs_α），激活腺苷酸环化酶活性，提高靶细胞 cAMP 的水平；抗脂解激素为抑制性激素，与相应的抑制型受体（Ri）结合，偶联抑制型三聚体 G 蛋白（含有抑制型 G_α 亚基，即 Gi_α），结果抑制腺苷酸环化酶活性，降低靶细胞 cAMP 的水平。

cAMP 的作用是通过 cAMP 依赖性蛋白激酶 A（protein kinase A，PKA）所介导的。在没有 cAMP 时，PKA 是由两个调节亚基（R 亚基）和两个催化亚基（C 亚基）所构成的四聚体，每个调节亚基有两个 cAMP 结合位点，催化亚基有激酶活性。当处于四聚体构象时，激酶不能催化靶蛋白的磷酸化；当 cAMP 分子与调节亚基结合时，四聚体解离，游离的催化亚基被活化，催化其下游靶蛋白的磷酸化（图 13－6）。很多时候，cAMP 依赖性蛋白激酶 A 的蛋白底物同时也是激酶，被磷酸化激活后可以进一步激活它们的下游靶酶，由此产生级联放大效应。当然，在传导体系中还有一些特殊的磷酸酶可以使磷酸化的蛋白质去磷酸化，进而使 cAMP 介导的级联反应失活。

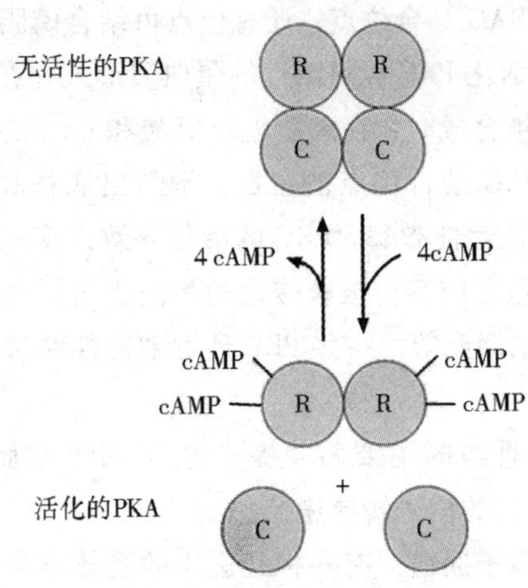

图 13－6　cAMP 激活 PKA

以 cAMP 为第二信使的信号通路的主要效应是通过活化 cAMP 依赖的 PKA 使下游靶蛋白磷酸化，改变许多分解代谢酶的活性和表达来改变细胞的新陈代谢，这些分解代谢酶包括脂质和糖类代谢有关的酶。此外，细胞内 cAMP 水平的升高也会改变基因表达。在 PKA 的催化亚基中含有核定位序列，当 PKA 四聚体解聚时，该序列可将 PKA 从细胞基质带入到细胞核。核内的 PKA 磷酸化并激活 cAMP 调控基因调节蛋白 CREB，激活的 CREB 可与靶基因上的结合序列相结合，激活靶基因的转录。

综上，以 cAMP 为第二信使的信号通路归纳为：激素→G 蛋白偶联受体→G 蛋白→腺苷酸环化酶→cAMP→cAMP 依赖性蛋白激酶 A→分解代谢酶或基因调控蛋白→生物学效应。

2. 磷脂酰肌醇信号通路　在该信号通路中，G_{α} 亚基作用的下游效应酶是磷脂酶 C。在细胞质膜结合有磷脂酰肌醇（PI），被其激酶催化发生磷酸化形成磷脂酰肌醇－4－磷酸（PIP）和磷脂酰肌醇－4，5－二磷酸（PIP_2）。当激素与 G 蛋白偶联受体（此时偶联的 G 蛋白为 Go 或 Gq 蛋白）结合后，使偶联的 Go 或 Gq 蛋白活化，引起质膜上磷脂酶 C（phospholipase C，PLC）的活化，水解 PIP_2 生成 IP_3 和 DAG 两个第二信使。IP_3 在细胞质中扩散，DAG 是亲脂性分子，结合在细胞质膜上。

IP_3 的主要功能是促使内质网释放 Ca^{2+} 进入细胞质基质，使细胞内的 Ca^{2+} 浓度升高。通常状况下细胞内的 Ca^{2+} 主要被储存在内质网、线粒体等细胞器中，而细胞质基质中的 Ca^{2+} 浓度很低。在内质网膜上有 IP_3－门控 Ca^{2+} 通道，IP_3 的结合导致通道开放，储存在内质网腔的 Ca^{2+} 释放进入细胞质基质。细胞质基质中的游离 Ca^{2+} 基础浓度常维持在 10^{-7}mol/L，少量的增长即可快速活化各种 Ca^{2+} 调节的细胞功能。

Ca^{2+} 是一种重要的细胞内调节子，可调控多种基础细胞功能，如各种肌肉细胞的收缩、激素和神经递质的分泌、细胞分裂和基因表达的调节等。钙调蛋白（calmodulin，CaM）广泛表达于各种组织中，介导 Ca^{2+} 在多种细胞功能中的调节作用。钙调蛋白有 4 个结构域，每个结构域可结合一个 Ca^{2+}。钙调蛋白本身并无活性，与 Ca^{2+} 结合形成 Ca^{2+}－CaM 复合体后构象发生改变，可进一步激活下游靶酶。钙调蛋白激酶（CaM－kinase）是非常重要的一类靶酶，可磷酸化并调节多种酶、离子通道、收缩性蛋白和基因表达蛋白。

第二信使 DAG 结合在细胞质膜上，可结合并活化蛋白激酶 C（protein kinase C，PKC）。

PKC 多肽链的 N－端除了有 DAG 结合位点，还有位点可结合磷脂酰丝氨酸和 Ca^{2+}，C 端有底物蛋白和 ATP 结合位点。非活化 PKC 以可溶性的蛋白质形式存在于细胞质，其 N－端掩盖了 C－端。当 DAG 在细胞膜上被合成时，在磷脂酰丝氨酸和 Ca^{2+} 的协助下，PKC 与细胞膜结合并与 DAG 靠近，其 N－端 DAG 结合位点被占据，暴露出底物和 ATP 结合区，PKC 被活化。PKC 是 Ca^{2+} 和磷脂酰丝氨酸依赖性激酶。PKC 的活化导致许多底物蛋白磷酸化，这些磷酸化的蛋白可相应地引发多种细胞的应答。被磷酸化的蛋白质包括调控基因表达的转录因子、离子通道和运载体、其他的蛋白激酶等。一些 PKC 还可激发各种 MAP 激酶级联反应，从而调控多个基因调节蛋白。

综上，磷脂酰肌醇信号通路的主要特点是产生了两个细胞内第二信使，分别激活了 IP_3/Ca^{2+} 和 DAG/PKC 两个不同的信号转导途径。

3. G 蛋白偶联受体介导离子通道 有些神经递质的受体本身就是离子通道，当神经递质与受体结合后可改变受体通道蛋白的构象，使离子通道开启或关闭。但许多神经递质的受体是 G 蛋白偶联受体，G 蛋白的下游效应剂是 Na^+ 或 K^+ 离子通道。神经递质与受体结合引发 G 蛋白偶联的离子通道的开放或者关闭，进而导致膜电位的改变。还有些神经递质受体通过产生第二信使而调节离子通道的活性。

（二）酶联受体介导的信号转导

有一些细胞表面受体是含有内在催化活性的跨膜蛋白，又称催化性受体。当胞外信号与受体结合后会激活受体胞内段酶的活性。这类受体至少包括 5 类：①受体酪氨酸激酶；②与酪氨酸蛋白激酶联系的受体；③受体丝氨酸/苏氨酸激酶；④受体酪氨酸磷酸酯酶；⑤受体鸟苷酸环化酶。

1. 受体酪氨酸激酶 受体酪氨酸激酶（receptor tyrosine kinase，RTK）又称为酪氨酸蛋白激酶受体，这类受体包括表皮生长因子受体（EGF）、血小板生长因子受体（PDGF）、胰岛素受体和许多其他的多肽生长因子受体（图 13－7）。它的胞外配体是可溶性的或与膜结合的多肽类激素或生长因子。大多数的 RTK 是单亚基结构，由一个细胞外结构域、一个疏水的跨膜 α－螺旋和一个胞内结构域组成，其中细胞外结构域有配体的结合位点，胞内结构域包含有酪氨酸蛋白激酶活性的催化位点。某些 RTK 也以多聚复合体的形式存在，如胰岛素受体是以二硫键连接的二聚体。

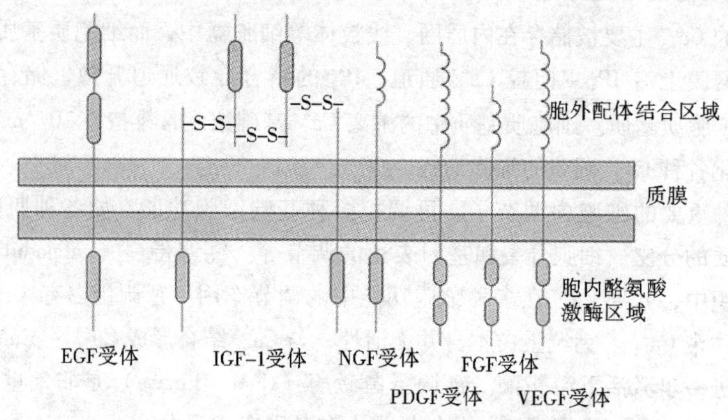

图 13－7 受体酪氨酸激酶的 6 个亚族

当配体与单体 RTK 的细胞外区域结合后，便会触发与相邻的单体 RTK 形成二聚体，进而激活胞内酪氨酸蛋白激酶活性。二聚化的两个单体 RTK 可以彼此交叉磷酸化受体胞内肽段的一个或多个酪氨酸残基，也称为受体的自磷酸化。每个磷酸化的酪氨酸残基均可作为其他 RTK 底物（一些信号蛋白）的识别或锚定位点。这些信号蛋白通常含有保守的 SH2 和 SH3 结构域，它们能够识别受体上磷酸化的酪氨酸。细胞内有此结构的信号蛋白有两类，一类是接头蛋白，如生长因子受体结合蛋白（Grb2），它本身没有酶活性，只是偶联了活化受体和其他信号分子；另一类是在信号转导过程中有关的酶，如 GTP 酶活化蛋白（GTPase activating protein，GAP）、磷脂酰肌醇代谢有关的酶（磷脂酶 C，3－磷脂酰肌醇激酶）、蛋白磷酸酯酶及非受体酪氨酸蛋白激酶。

在 RTK 介导的信号通路中，Ras 蛋白也是重要成员。Ras 蛋白是 ras 基因表达产物，其相对分子量 21×10^3，是由 190 个氨基酸残基组成的小的单体 GTP 结合蛋白（也称小 G 蛋白）。和三聚体 G 蛋白相似，Ras 蛋白具有 GTP 酶活性，结合 GTP 为活化状态，结合 GDP 时为失活态。Ras 蛋白从失活态向活化态的转变，需要在鸟苷酸交换因子（GEF）的作用下，释放 GDP 并结合 GTP；Ras 蛋白从活化态向失活态的转变，需要 GTP 酶活化蛋白（GAP）的促进，增加 GTP 酶活性，水解 GTP。

当配体（如生长因子）与 RTK 结合后，受体被活化，接头蛋白如生长因子受体结合蛋白 GRB2 具有 SH2 结构域，可以和活化受体的特异性磷酸化的酪氨酸残基结合。另外，GRB2 还具有两个 SH3 结构域，可结合并激活一种鸟苷酸交换因子 Sos，它能够催化失活态的 Ras 蛋白（与 GDP 结合）转变为活化态（与 GTP 结合）（图 13－8）。这样，配体与 RTK 的结合诱导了 Ras 蛋白的活化，而 Ras 蛋白的活化又是许多细胞分化或增殖所必需的，因此 ras 基因的突变可能会导致肿瘤的发生。对于 ras 基因突变与人类恶性肿瘤的关系也是近年来研究的热点。大量研究表明，许多肿瘤的发生与 ras 基因突变有关，突变的 Ras 蛋白保持与 GTP 的结合状态而不能将 GTP 水解，这样持续活化的 Ras 蛋白在即使没有配体存在的条件下也可以不断地传递信号，使细胞持续增生，引起肿瘤发生。

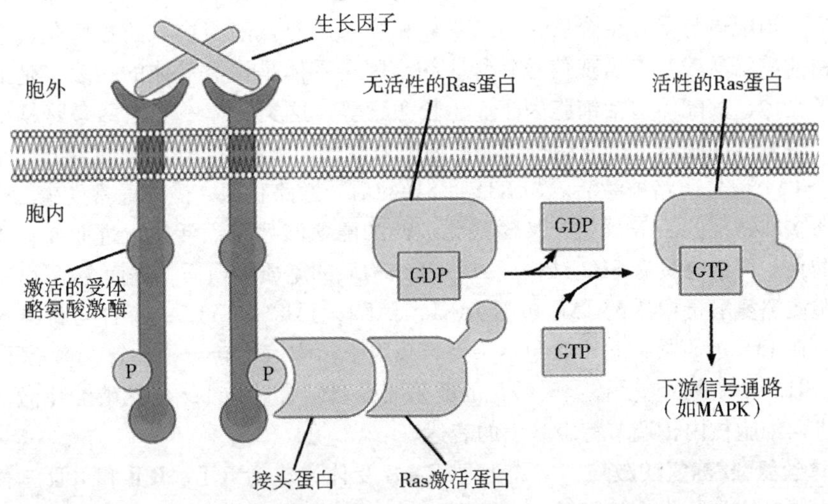

图 13－8　Ras GTP 酶在受体酪氨酸激酶介导的细胞信号转导中的作用

Ras 蛋白通过激活 MAPK 磷酸化级联反应进一步传导信号。首先，活化的 Ras 蛋白与 Raf 的 N－端结构域结合并使其活化，Raf 是丝氨酸/苏氨酸蛋白激酶（又称 MAPKKK），它使靶蛋白上的丝氨酸/苏氨酸残基磷酸化；活化的 Raf 进一步结合并磷酸化另一种蛋白激酶 MAPKK，使其丝氨酸/苏氨酸残基磷酸化并导致 MAPKK 的活化；MAPKK 是一种双重特异的蛋白激酶，它活化后能磷酸化其唯一底物 MAPK 的苏氨酸和酪氨酸残基并使之激活；MAPK 是有丝分裂原活化蛋白激酶（mitogen－activated protein kinase，MAPK），活化的 MAPK 进入细胞核，催化许多转录因子丝氨酸/苏氨酸残基磷酸化，进而调节细胞周期和细胞分化。

综上，RTK－ras 信号通路可归纳为：配体→RTK→接头蛋白←GEF→Ras→Raf（MAPKKK）→MAPKK→MAPK→进入细胞核→其他激酶或转录因子的磷酸化修饰，影响基因表达。

*Erb*B/HER 家族受体酪氨酸激酶作为肿瘤药物治疗靶点

表皮生长因子受体（EGFR）是第一个被鉴定的具有酪氨酸激酶活性的受体，因其与病毒 V－*Erb*B 癌基因相似而被称为 *Erb*B/HER 受体。人类 *Erb*B1 基因编码人 EGF 受体（HER1），它的过表达是膀胱癌、乳腺癌、非小细胞肺癌等肿瘤的特征；*Erb*B3、*Erb*B4 基因编码 HER3 和 HER4 受体，*Erb*B3 在乳腺癌、结肠癌和胃癌中过表达，*Erb*B4 在卵巢粒层细胞瘤中过表达；编码 HER2 受体。由于 *Erb*B/HER 家族受体在多种人类肿瘤中的异常表达，因此这些受体可作为肿瘤药物治疗靶点。一类治疗药物是结合不同 HER 亚型胞外功能域的单克隆抗体。如曲妥单抗是一种抗 HER2 的抗体，可用于治疗 *Erb*B/HER 过表达的乳腺癌；西妥昔单抗是一种与 HER1 受体的配体结合区相互作用的抗体，阻止其与配体的结合。另外，还有一类小分子药物以 *Erb*B/HER 受体胞内酪氨酸激酶区为靶点。

2. 与酪氨酸蛋白激酶联系的受体 此类受体的胞内段可结合酪氨酸蛋白激酶，但本身不具有酶活性。当配体与受体结合后，与该受体相联系的酪氨酸蛋白激酶被活化，进而磷酸化各种靶蛋白的酪氨酸残基来实现信号转导。细胞因子受体是该类受体的代表，是细胞表面一类很重要的受体，其配体包括细胞因子、生长激素等。这类受体一般由两条跨越细胞膜的多肽链组成，多肽链的胞内部分有结构域与胞质酪氨酸蛋白激酶（JAK）紧密结合。当配体结合后，JAK－STAT 信号通路被激活。与 RTKs 介导的信号通路相似，受体通常发生二聚化，分别结合在两条多肽链上的 JAK 通过交叉磷酸化彼此的酪氨酸残基而活化，进而使受体上的酪氨酸残基磷酸化。可结合具有 SH2 结构域或 PTB 结构域的胞质蛋白质，进而激活 JAK－STAT 信号通路。胞质酪氨酸蛋白激酶 JAK 包括 JAK1，JAK2，JAK3，TYK2，每种与特异的细胞因子受体结合。在 JAK 的直接底物中，包括一类转录因子称为信号转导子和转录激活子（STAT），STAT 具有 SH2 结构域，与受体上磷酸化的酪氨酸残基结合后被 Jak 催化磷酸化激活，激活后脱离受体进入细胞核内，调节特定基因的表达。

3. 受体丝氨酸/苏氨酸激酶 又称为 TGF－β 受体，包括 RⅠ、RⅡ和 RⅢ三种类型。这类受体的主要配体是转化生长因子－β（TGF－β）超家族成员。一旦受体与配体结合而活化，受体的丝氨酸/苏氨酸蛋白激酶活性可磷酸化自身并磷酸化激活在细胞质内的特殊类型的转录因子 SMAD，活化的 SMAD 进入细胞核内，与其他转录因子共同调节基因表达。

4. 受体酪氨酸磷酸酯酶　属于单跨膜蛋白受体，受体的胞内段具有蛋白酪氨酸磷酸酯酶的活性，当胞外配体与受体结合后激发该酶活性，使信号蛋白磷酸化的酪氨酸残基脱磷酸化。该受体的作用与 RTK 相反，因而被认为在细胞信号转导过程中发挥调节作用。

5. 受体鸟苷酸环化酶　属于单跨膜蛋白受体，胞外段有配体结合域，该受体的配体是心房肌细胞分泌的肽类激素心房排钠肽（ANPs）；胞内段有鸟苷酸环化酶活性，当配体与受体结合后被直接激活，催化 GTP 生成 cGMP，cGMP 作为第二信使结合并激活 cGMP 依赖的蛋白激酶 G（PKG），导致靶蛋白的丝氨酸/苏氨酸残基磷酸化活化。另外，在细胞质基质中还存在可溶性的鸟苷酸环化酶，它们是 NO 作用的靶酶，催化产生 cGMP。

二、胞内受体介导的信号转导途径

通过细胞内受体发挥调节作用的信号分子通常是一些亲脂性小分子，包括类固醇激素（糖皮质激素、盐皮质激素、雄激素、孕激素、雌激素）、甲状腺素、视黄酸和维生素 D 等，容易透过细胞膜进入细胞内，从而与相应胞内受体结合。

细胞内受体超家族的本质是依赖激素激活的基因调控蛋白，在细胞的生长、发育、分化过程中起重要作用。这些受体一般包括三个结构域，C－端与激素的结合特性密切相关，能形成特定的构象与激素结合，而且不同激素的受体这部分差异亦很明显（仅有 10%～20% 相同）；中间部位结构域形成锌指结构，称 DNA 结合部位，可与 DNA 或与一种分子量为 90kD 的热休克蛋白（HSP）结合；N－端是高度可变区，具有转录激活结构域。通常在细胞内，受体与 HSP90 结合形成复合物，处于非活化状态，热休克蛋白有助于受体与激素的结合，并遮蔽受体与 DNA 的结合部位使受体只能与 DNA 疏松结合。当激素与受体结合后，受体即释放出热休克蛋白，暴露出 DNA 结合部位，与 DNA 紧密结合。激素－受体复合物与基因上的激素应答元件（HRE）结合，从而调节基因转录。

NO 作为气体信号分子具有脂溶性，可透过细胞质膜进入细胞内，与胞内受体结合而传递信号。NO 是由 NO 合酶催化底物精氨酸产生的，其生成部位主要在血管内皮细胞，可引起血管平滑肌松弛。NO 生成后，渗透进入平滑肌细胞内，与具有鸟苷酸环化酶活性的受体结合，使其鸟苷酸环化酶活性增强，cGMP 合成增加。cGMP 通过 cGMP 依赖的蛋白激酶 G（PKG）的活化进而抑制肌动－肌球蛋白复合物的信号通路，引起血管平滑肌舒张。

作为治疗心血管疾病靶点的 NO/cGMP 信号通路

血管内皮细胞生成的 NO 进入平滑肌细胞内，激活可溶的鸟苷酸环化酶，催化 cGMP 的生成。cGMP 是一种重要的第二信使，可诱导血管平滑肌松弛，进而使血管舒张，流向周围组织的血液流量也增加。某些药物可通过增加 NO 的含量而增加 cGMP 的含量。cGMP 的水平还被磷酸二酯酶（PDE）调控，该酶可将 cGMP 转化为 GMP 而丧失第二信使功能。心绞痛是由于心脏供血不足而引发的胸部疼痛。硝酸甘油是可快速缓解此类病痛的常用药物，但是它缓解心绞痛的机制还未完全搞清楚。硝酸甘油是外源性 NO 供体，可代谢生成 NO。它还可以直接与可溶的鸟苷酸环化酶结合。因此，它可导致平滑肌松弛和舒张。硝酸甘油也可能通过降低心脏负荷和心肌对氧的需求来缓解心绞痛。

第四节 信号转导异常与疾病

细胞内的信号转导系统是一个十分复杂的网络，每个层次都受到严格的调控。信号转导链中的某一个或某些成分缺失、减少或者结构异常，可导致信号转导过程减弱或中断，影响细胞内相关的代谢和功能，进而导致疾病的发生。

一、G 蛋白异常与疾病

G 蛋白异常主要是 G 蛋白结构、活性和表达水平的异常，导致 G 蛋白功能出现增强或下降，引起 G 蛋白偶联受体介导的信号转导异常，出现相应的疾病。

一些遗传性疾病与 G 蛋白基因突变有关，如侏儒症、家族性 ACTH 抗性综合征、色盲、色素性视网膜炎、先天性甲状旁腺功能低下、先天性甲状腺功能低下或功能亢进等。G 蛋白基因突变也可以引起肿瘤的发生，如在甲状腺癌、垂体瘤发现有 Gs_α 的突变。

另外，一些细菌性感染性疾病的发生也与 G 蛋白的结构改变有关。细菌毒素包括霍乱毒素、破伤风毒素及百日咳毒素等都是通过化学修饰 G 蛋白而使其功能发生异常。以霍乱为例，在肠上皮细胞与质膜表面 GPCR 偶联的 G 蛋白为 Gs_α，其 201 位精氨酸残基是维持 Gs_α 的 GTP 酶活性的关键所在。霍乱毒素进入肠上皮细胞后直接作用于 Gs_α 的 α 亚基，使 201 位精氨酸残基发生 ADP 核糖化修饰，导致其 GTP 酶活性丧失，不能水解 GTP 而保持 GTP 结合形式，处于持续活化状态，其下游腺苷酸环化酶不断被激活，细胞内 cAMP 含量持续升高。cAMP 通过 PKA 使肠上皮细胞膜上的蛋白质磷酸化，进而改变细胞膜的通透性，Na^+ 通道和 Cl^- 通道持续开放，导致水和电解质的大量丢失，引起腹泻和水电解质紊乱等症状。

二、受体异常与疾病

受体异常指受体因数量、结构或功能改变而不能介导配体的作用，进而影响细胞内信号转导过程。受体异常与许多疾病发生有关。

（一）G 蛋白偶联受体异常与疾病

在 G 蛋白偶联受体异常的疾病中，以 G 蛋白偶联受体与心血管疾病的关系研究最为深入。心脏的功能依赖 GPCR 及其下游信号的运行，静止时心率由胆碱能受体偶联 Gi_α 通过抑制 AC 活性和 $G_{\beta\gamma}$ 亚基作用，使 cAMP 降低而共同抑制心率；当运动时，肾上腺能 β 受体（β－AR）偶联 Gs_α 控制心率。Gq_α 的过表达可引起 MAPK 家族成员 ERK 的激活，ERK 是心肌细胞最重要的生长信号，其激活引起心肌细胞中的扩增，导致心肌肥大；GPCR 受体表达减少、受体与下游信号解偶联，cAMP 水平下降，引起心肌收缩功能不足，导致心力衰竭。

肿瘤的发生和发展涉及 GPCR 的变化，如在结肠癌、小细胞肺癌存在多种 GPCR 基因的突变，前列腺癌组织中某些 GPCR 高表达，这都说明了肿瘤的发生与 GPCR 有关。最近有人发现，在肿瘤血管形成的过程中可能有 GPCR 介导的信号调控。

G 蛋白偶联受体异常也与药物成瘾性疾病有关。吗啡类药物的镇痛作用和成瘾性是通过 GPCR 介导的信号转导实现的。吗啡的耐受和依赖性机制与细胞内 cAMP 浓度升高密切相关。吗啡通过受体偶联的 Gs_α 活化，导致 AC 活化，cAMP 浓度升高。细胞中的 G 蛋白长期暴露于吗啡后，原来以 Gi_α 抑制效应为主的信号转变为以 $G_{\beta\gamma}$ 刺激作用为主导的信号。同时，高吗啡还诱导吗啡受体数目的减少。而大量乙醇除可增强 G 蛋白偶联的内向整流性钾通道，影响突触传递外，还降低血小板 AC 活性，诱导 Gi_{α} 的高表达。

另外，最近发现一种哮喘易感性 G 蛋白偶联受体基因的多态性与哮喘的发生有关。

（二）受体酪氨酸激酶异常与疾病

受体酪氨酸激酶异常介导的相关疾病种类非常多，许多癌基因产物都可作为这一过程的重要信号转导分子。如胰岛素受体基因突变可引起先天性糖尿病，突变以碱基的置换为最常见，可发生在 α 亚基和 β 亚基上。

（马 颖）

第四篇

药物生物化学

第十四章　药物在体内的代谢转化

1. 掌握药物代谢转化的类型及生理意义。

2. 熟悉催化药物代谢转化的相关酶系；影响药物代谢转化的因素。

3. 了解药物代谢转化在指导临床合理用药、新药的研发等方面的应用价值。

第一节　药物代谢转化的类型和酶系

一、药物的体内过程

药物能够通过不同给药途径进入体内，进入体内的药物一方面发挥对机体的影响作用，同时机体也不断地转运或改变着药物，药物最终将以不同形式离开机体。药物在体内转运和变化的基本过程包括吸收、分布、代谢和排泄，这一过程称之为药物的体内过程。

1. 吸收　除了只要求发挥局部作用的药物外，药物必须通过不同途径吸收入血，并且达到有效血药浓度时，才能发挥作用。药物的吸收过程是药物分子通过细胞膜如胃肠黏膜、毛细血管壁等的过程。

2. 分布　经过吸收入血的药物，一般都会通过血液循环被转运到身体的不同部位，进入不同组织、器官的细胞间液或细胞内液，这一过程叫做药物的分布。绝大多数药物在体内的分布是不均匀的。血管丰富、血流量大的器官如心、肝、肾等往往药物浓度高；另外，某些药物与器官的亲和力大（如碘与甲状腺），相应地该处的药物浓度也高。

3. 代谢　进入体内的药物一般都要经历各种化学变化，如氧化、还原、水解、结合等。这一系列过程称为药物代谢或生物转化。药物代谢主要在肝脏中进行，如果肝功能不良，药物代谢就会受到一定的影响，可造成药物作用时间延长、毒性增加或体内蓄积。

4. 排泄　进入人体的药物，无论是否被代谢，最终都要排出体外，只是排泄速度和排泄途径不同而已。药物主要是通过肾脏排出体外，对于肾功能不全的人，用药时应减低剂量或减少给药次数，对肾脏有损害的药物尽量避免使用。除肾脏外，挥发性药物如乙醚可通过呼吸道排泄，强心苷和某些抗生素（如四环素、红霉素等）可经胆汁排泄，另外唾液腺、消化腺、汗腺和妇女的乳腺也是一些药物的排泄途径，因此哺乳期妇女应注意防止由于自身服药而间接造成婴儿中毒。

二、药物代谢转化概述

机体的某些化学物质（外源的或内源的），既不能作为构成组织细胞的原料，又不能氧化分解供应能量，机体只能将其直接排出，或经代谢转变（即经酶的催化形成其衍生物和分解产物）后再排出体外，这些物质统称为非营养性物质。据其来源可分为：①内源性物质：体内物质代谢产生的各种生理活性物质如胺类、激素、神经递质及一些有毒的化合物如氨、胆红素等；②外源性物质：由外界进入体内的各种异物，如药物、毒物、环境化学污染物、食品添加剂、色素及其他化学物质等。机体在排出非营养物质之前对其进行的代谢转变称为生物转化作用。药物的代谢转化属于非营养物质生物转化的一个重要方面。

绝大多数药物主要在肝脏经过药物代谢酶（简称药酶）的催化作用而进行代谢转化。除肝外，一些药物也可在机体的其他部位进行代谢转化，包括：①在肾、肺和肌肉等组织内代谢；②在血浆和其他体液中代谢；③在其发挥作用的部位代谢；④在肠道内被各种微生物进行代谢。

多数药物经代谢转化后药理活性减弱或完全丧失；部分药物则只有经过代谢转化，才能产生具有药理活性的结构，即被激活（活化）；少数药物经过代谢转化形成副作用更强的产物。

药物代谢转化的反应可概括为二相反应。第Ⅰ相反应包括氧化、还原、水解反应；第Ⅱ相反应为结合反应。少部分药物只经过Ⅰ相反应或Ⅱ相反应就能形成水溶性较大的化合物排出体外，大部分药物要经过Ⅰ相反应再继以Ⅱ相反应才能转变成易溶于水的形式排出体外。

三、药物代谢转化的类型和酶系

（一）第Ⅰ相反应——氧化、还原、水解反应

1. 氧化反应

（1）微粒体加单氧酶系　该酶系的催化反应特点和机制参见生物氧化部分。图 14 - 1 举例说明苯巴比妥、苯妥英两种经典药物的羟化反应。

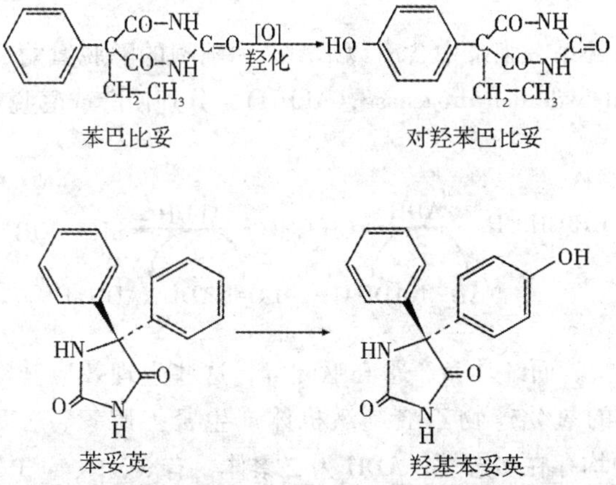

图 14 - 1　苯巴比妥、苯妥英的羟化反应

加单氧酶系的羟化作用非常广泛，除了参与某些药物的生物转化外，还参与一些毒物的代谢，有些致癌活性物质经羟化后失活，但另一些无致癌活性的物质经羟化后反而会生成有

致癌活性的物质，如多环芳烃经羟化后就具有了致癌活性。另外，类固醇激素（性激素、肾上腺皮质激素）、胆汁酸盐、胆色素、活性维生素 D 等的生成均涉及加单氧酶系的羟化作用。

加单氧酶可受底物诱导，而且由于其底物种类多、特异性低，如果一种底物诱导提高了其活性，可能会同时加快其对其他物质的代谢速度。例如苯巴比妥是一种用于镇静和催眠的药物，本身可诱导肝微粒体加单氧酶系的合成，从而可以提高机体对双香豆素、氢化可的松、塞米松、灰黄霉素、睾酮、雌激素、孕激素、氯霉素、土霉素、地高辛、三环类抗抑郁药等的代谢速度，临床合并用药时应及时调整剂量。

当心安眠药坏了避孕药的“好事”

目前临床上常用的安眠药有苯巴比妥、地西泮等，它们经过肝脏代谢，通过对中枢神经系统的抑制作用达到治疗失眠的目的。苯巴比妥是肝药酶诱导剂，它的肝药酶诱导作用不仅能加速自身的代谢，还可加速其他多种药物的代谢。对于经常需要服用安眠药的患者，短效避孕药就不是那么安全了。因为，短效避孕药需要每天都服用，对于慢性失眠患者来讲，安眠药也是需要每天都服用，并且两者都是在睡前服用，如此一来，安眠药的肝药酶诱导作用就会加快避孕药的代谢，从而降低避孕药的疗效，造成意外妊娠。

（2）线粒体单胺氧化酶系　存在于线粒体中的单胺氧化酶（monoamine oxidase，MAO）属于黄素酶类，可催化内源性胺类物质（如组胺、精胺、尸胺、腐胺等）氧化脱氨基生成相应的醛类，醛类可进一步在胞浆中的醛脱氢酶的催化下氧化成酸。拟肾上腺素药物如儿茶酚胺、5-羟色胺等也可被单胺氧化酶作用。

$$R—CH_2—NH_2+O_2+H_2O \xrightarrow{\text{单胺氧化酶}} R—CHO+NH_3+H_2O_2$$

（3）胞浆中的脱氢酶系　胞浆中含有以 NAD^+ 为辅酶的醇脱氢酶（alcohol dehydrogenase，ADH）和醛脱氢酶（aldehyde dehydrogenase，ALDH），分别使醇或醛脱氢，氧化生成相应的醛或酸类。

$$CH_3CH_2OH \xrightarrow[NAD^+ \ \to\ NADH+H^+]{ADH} CH_3CHO \xrightarrow[H_2O+NAD^+ \ \to\ NADH+H^+]{ALDH} CH_3COOH$$

饮酒会使人心率加快、面红耳赤、恶心呕吐等，这些生理效应其实并不是由乙醇直接导致的，而是由乙醇脱氢的氧化产物乙醛刺激机体产生肾上腺素、去甲肾上腺素所引起的。ADH 和 ALDH 在人类中均存在多态性。ADH 为二聚体，有 α、β、γ 3 种亚基，成人主要是 β 二聚体，多数白种人是活性较低的 β1β1，90% 的黄种人是活性较高的 β2β2；白种人 ALDH 活性较高，而约 50% 的黄种人 ALDH 活性较低。因此黄种人饮酒后能快速生成乙醛，但约一半的黄种人乙醛氧化速度较慢，导致黄种人饮酒后乙醛浓度升高。显然，在同等条件下，黄种人较白种人更容易发生酒精中毒。

2. 还原反应　尽管氧化反应是药物代谢的主要途径，但还原反应在药物代谢中也起着非常重要的作用。尤其是含羰基、硝基、偶氮基的药物，可被还原生成相应的羟基或胺基化合物，增加极性，从而有利于进行第Ⅱ相生物转化而排出体外。

酮羰基是药物分子结构中常见的基团，通常在胞浆中醛酮还原酶的作用下生成醇。如催眠药三氯乙醛可在肝内还原生成三氯乙醇。

$$CCl_3CHO \longrightarrow CCl_3CH_2OH$$

又如镇痛药美沙酮，经还原后可生成美沙醇。

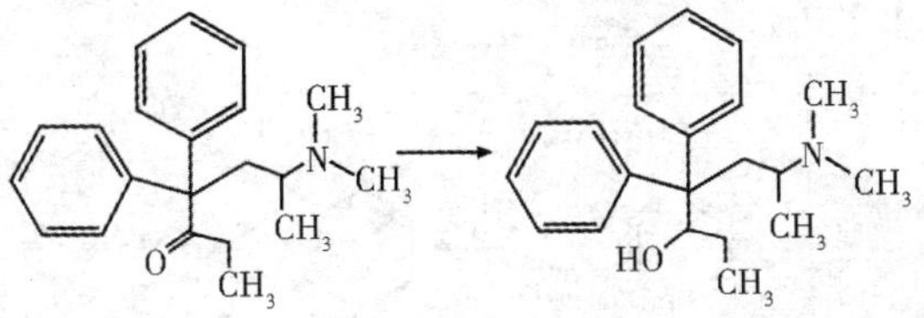

肝微粒体中有硝基还原酶类和偶氮还原酶类，它们均属黄素蛋白酶类，反应需由 NADH 或 NADPH 供氢，还原的产物为胺。如氯霉素可被硝基还原酶还原成氨基氯霉素。

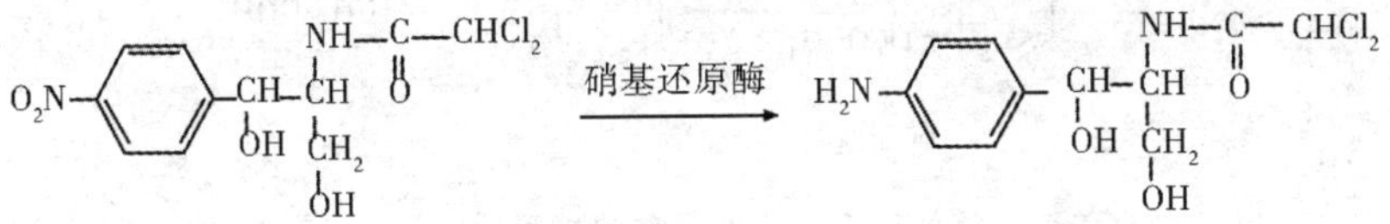

硝基还原酶

含偶氮基药物分子的偶氮键则在偶氮还原酶的作用下，先还原成氢化偶氮键，然后断裂形成两个氨基化合物。如抗溃疡性结肠炎药柳氮磺吡啶，经还原生成磺胺吡啶和 5 – 氨基水杨酸二个氨基化合物。

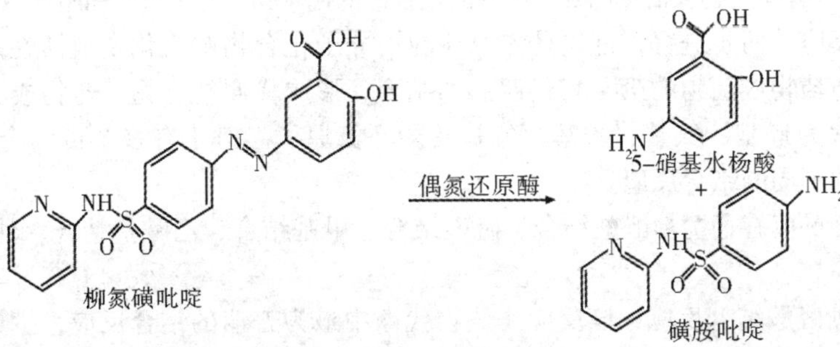

柳氮磺吡啶　偶氮还原酶　5-硝基水杨酸 + 磺胺吡啶

3. 水解反应　在体内，药物随同水和脂质等一起转运，所以水解反应成为药物代谢的常见反应。血浆、肝、肾、肠黏膜、肌肉和神经组织中有种类繁多的各种水解酶如酯酶、酰胺酶等，可分别参与酯类、酰胺类等药物的代谢，生成醇或胺及相应的酸。

$$R—OOCR' \longrightarrow R—OH + R'—COOH$$

$$R—ONO_2 \longrightarrow R—OH + HNO_3$$

$$R—OSO_2R' \longrightarrow R—OH + R'SO_3H$$

$$R—NH—COR' \longrightarrow R—NH_2 + R'—COOH$$

图 14 – 2　举例说明了酯类药物普鲁卡因、阿司匹林及酰胺类药物普鲁卡因胺、酰肼类药物异烟肼的水解反应，不难看出，其水解产物的水溶性往往增加了。

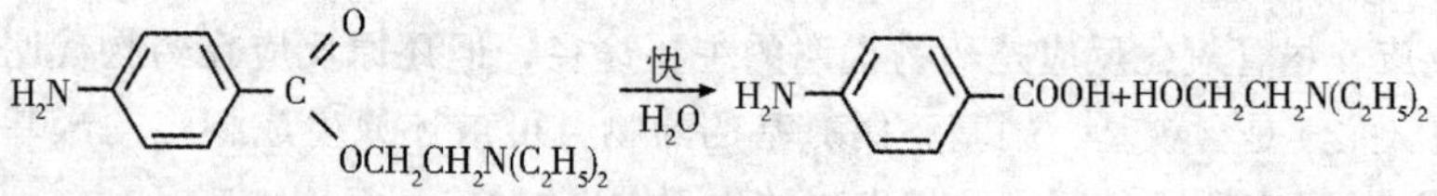

$H_2N-C_6H_4-C(=O)-OCH_2CH_2N(C_2H_5)_2 \xrightarrow[H_2O]{快} H_2N-C_6H_4-COOH+HOCH_2CH_2N(C_2H_5)_2$

普鲁卡因

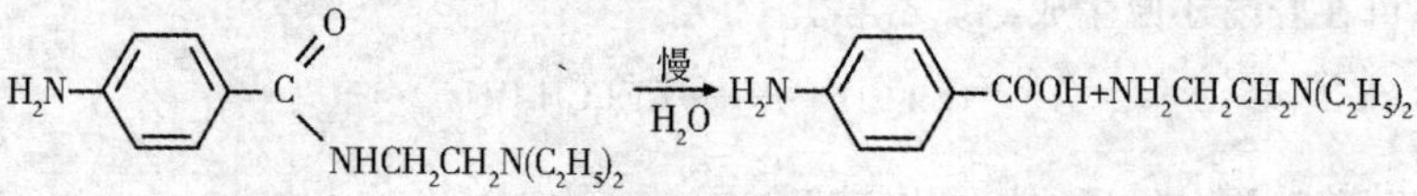

$H_2N-C_6H_4-C(=O)-NHCH_2CH_2N(C_2H_5)_2 \xrightarrow[H_2O]{慢} H_2N-C_6H_4-COOH+NH_2CH_2CH_2N(C_2H_5)_2$

普鲁卡因胺

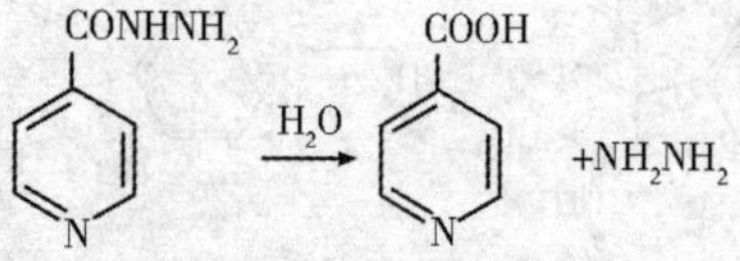

$CONHNH_2 \xrightarrow{H_2O} COOH\ +NH_2NH_2$

异烟肼 异烟酸

$COOH,\ OCOCH_3 \xrightarrow{H_2O} COOH,\ OH\ +CH_3COOH$

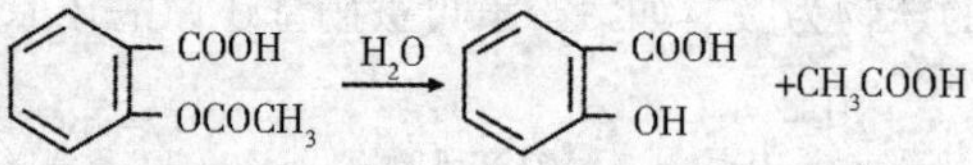

阿司匹林

图 14-2 几种药物的水解反应

（二）第Ⅱ相反应——结合反应

药物结合反应通常是在酶的催化下将内源性的极性小分子结合到药物分子上或第Ⅰ相的药物代谢产物上，通过结合使药物去活化以及产生水溶性较好的代谢物，便于从尿和胆汁中排泄。

药物结合反应分两步进行，首先是内源性的小分子化合物被活化变成活性形式，然后经转移酶的催化与药物或药物的第Ⅰ相代谢产物结合，形成代谢结合物。药物或其代谢物中被结合的基团通常为羟基、氨基、羧基、巯基及杂环氮原子。对于有多个可结合基团的药物，往往可进行多种不同的结合反应。

常见的结合反应有葡萄糖醛酸结合、硫酸结合、甲基结合、乙酰基结合、甘氨酰基结合、谷胱甘肽结合等。

（1）葡萄糖醛酸结合反应 该反应是药物代谢中最为普遍的结合反应，生成的结合产物含有可解离的羧基（1个）和羟基（多个），不仅使得药物的生物活性丧失，而且使得其水溶性增加而易于从尿液和胆汁中排泄。

反应的本质为成苷反应，由葡萄糖醛酸转移酶（UDP-glucuronyl transferase，UGT）催化，葡萄糖醛酸基供体为尿苷二磷酸葡萄糖醛酸（UDPGA），它由糖原合成代谢途径的中间产物尿苷二磷酸葡萄糖（UDPG）脱氢氧化生成。

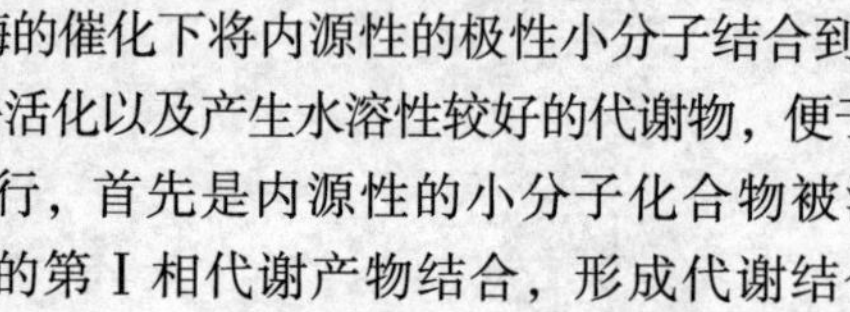

CH_2-OH … OH, OH, O—UDP, OH $\xrightarrow[\text{UDPG脱氢酶}]{2NAD^+ \quad 2NADH+2H^+}$ COOH … OH, OH, O—UDP, OH

UDPG UDPGA

葡萄糖醛酸结合反应可形成四种类型的苷即 *O* – 苷、*N* – 苷、*S* – 苷和 *C* – 苷。

参与 *O* – 苷键葡萄糖醛酸结合反应的药物分子中含有羟基（醇羟基、酚羟基）或羧基。其反应通式如下：

含有羟基：R—OH + UDPGA ⟶R—O—GA – UDP

含有羧基：R—COOH + UDPGA ⟶R—CO—GA + UDP

如果药物分子有多个可结合的羟基时，可得到不同的结合物。如吗啡有 3 – 酚羟基和 6 – 仲醇羟基，可分别和葡萄糖醛酸反应，生成的 3 – 葡萄糖醛苷物是弱的阿片拮抗剂，生成的 6 – 葡萄糖醛苷物是较强的阿片激动剂。

参与 *N* – 苷键葡萄糖醛酸结合反应的化合物有：芳香胺、脂肪胺、酰胺和磺酰胺。芳香胺的反应性小，结合反应也比较少。脂肪胺中，碱性较强的伯胺、仲胺较易进行此类结合反应。此外，吡啶氮及具有 1 ~2 个甲基的叔胺也能和葡萄糖醛酸进行 *N* – 苷化反应，生成极性较强的季胺化合物。*N* – 苷键葡萄糖醛酸结合反应的通式如下。

胺基：

$$R_2—N(R_1)—H + UDPGA \longrightarrow R_2—N(R_1)—GA + UDP$$

酰胺：

$$R_1—C(=O)—NH—R_2 + UDPGA \longrightarrow R_1—C(=O)—N(GA)—R_2 + UDP$$

磺酰胺：

$$R_1SO_2—NH—R_2 + UDPGA \longrightarrow R_1SO_2—N(GA)—R_2 + UDP$$

S – 苷键葡萄糖醛酸结合反应通式如下。

硫醇：R—SH+UDPGA⟶ R—S–GA+UDP

硫代羧酸：

$$S—C(=S)—SH+UDPGA \longrightarrow R—C(=S)—S—GA+UDPGA$$

C – 苷键葡萄糖醛酸结合反应，通常是发生在含有 1，3 – 二羰基结构的活性炭原子上，如保泰松。*C* – 苷键反应通式如下。

$$R_1—CO—CH_2—CO—R_2+UDPCA \longrightarrow R_1—CO—CH(GA)—CO—R_2+UDP$$

新生儿特别是早产儿，其肝脏的葡萄糖醛酸转移酶活性尚未健全，不能使氯霉素与葡萄糖醛酸形成结合物，故对氯霉素的解毒能力较低，加之肾排泄能力也较差，因此易引起氯霉素在体内蓄积，进而干扰线粒体中核糖体的功能，导致少食、呼吸抑制、心血管性虚脱、发绀等中毒症状的出现，此即“灰婴综合征”。

（2）硫酸结合反应 药物及代谢物也可通过形成硫酸酯的结合反应而代谢，但不如葡萄糖醛酸结合反应那么普遍。形成硫酸酯的结合产物后水溶性增加，毒性降低，易排出体外。此类反应是在硫酸基转移酶（sulfate transferase）的催化下，以 3′ – 磷酸腺苷 – 5′ – 磷酸硫酸（PAPS）为活性硫酸基供体，使底物形成硫酸酯。参与硫酸酯化结合过程的基团主要有羟基、胺基、羟胺基。反应通式如下。

羟基：

$$R—OH + PAPS \longrightarrow R—OSO_3H + 3'–磷酸腺苷–5'–磷酸$$

胺基：

$$R_2-\underset{}{\overset{R_1}{\overset{|}{N}}}-H+PAPS \longrightarrow R_2-\overset{R_1}{\overset{|}{N}}-SO_3H+3'\text{-磷酸腺苷-}5'\text{-磷酸}$$

羟胺基：

$$R_2-\overset{R_1}{\overset{|}{N}}-OH+PAPS \longrightarrow R_2-\overset{R_1}{\overset{|}{N}}-OSO_3H+3'\text{-磷酸腺苷-}5'\text{-磷酸}$$

在大多数外源化学物的结合反应中，硫酸结合反应往往与葡萄糖醛酸结合反应同时存在，如机体接触的外源物较少，则首先进行硫酸结合反应，随着剂量增多，硫酸结合反应减少，而与葡萄糖醛酸的结合反应却增多。

在硫酸酯化结合反应中，只有酚羟基化合物和胺类化合物能生成稳定的硫酸酯化结合产物。对于醇羟基和羟胺类化合物，形成硫酸酯后，会使结合物生成正电中心。因正电中心具有亲电能力，从而会显著增加药物的毒性。

（3）氨基酸结合反应　体内许多带有羧基的药物及相关代谢物能够与 α－氨基酸发生结合反应。参与结合反应的氨基酸以甘氨酸为主，谷氨酰胺、鸟氨酸、赖氨酸、丝氨酸等也可作为结合剂。反应首先依靠酰基辅酶 A 合成酶在消耗 ATP 的情况下，催化药物（或其代谢物）分子上的羧基与辅酶 A 的巯基（—SH）以硫酯键相连，形成脂酰辅酶 A（RCHO ~ SCoA），使羧基处于活化状态。然后在氨基酸 *N*－酰化酶的作用下，将 RCHO ~ SCoA 分子上活化的脂酰基部分（药物分子）转移到氨基酸的氨基上，形成 *N*－酰化氨基酸结合物。氨基酸 *N*－酰化酶主要存在于肝、肾的线粒体。反应通式如下：

$$D-COOH \xrightarrow[\text{ATP}\ \ \text{PPi}]{} D-\overset{O}{\overset{\|}{C}}-AMP \xrightarrow[\text{CoASH}\ \ \text{AMP}]{} D-CO\sim SCoA \xrightarrow[\underset{R-CH-COOH}{NH_2}\ \ \text{CoASH}]{} D-\overset{O}{\overset{\|}{C}}-NH-\overset{R}{\overset{|}{C}H}-COOH$$

（4）谷胱甘肽结合反应　谷胱甘肽结合反应是药物在一系列酶的催化下与还原型谷胱甘肽结合形成硫醚氨酸的反应。还原型谷胱甘肽（GSH）的巯基具有较好的亲核作用，在体内可与芳香烃（如苯、萘、蒽等）及其卤化物等类型的药物结合。催化谷胱甘肽结合反应的酶为谷胱甘肽 S－转移酶（glutathione S－transferase），分布在肝细胞浆中。例如抗肿瘤药物白消安与谷胱甘肽的结合，由于甲磺酸酯基是较好的离去基团，先和 GSH 的巯基生成硫醚结合物，然后硫醚和分子中的另一个甲磺酸酯基团作用环合形成氢化噻吩。

$$\begin{matrix} CH_2CH_2OSO_2CH_3 \\ | \\ CH_2CH_2OSO_2CH_3 \end{matrix} + GSH \longrightarrow \begin{matrix} CH_2CH_2OSO_2CH_3 \\ | \\ CH_2CH_2\text{-}SG \end{matrix} \longrightarrow \text{(五元环)}\ SH\text{-}G$$

（5）乙酰基结合反应　乙酰基结合反应是含伯胺基（包括脂肪胺和芳香胺）、氨基酸、磺酰胺、肼、酰肼等基团药物或代谢物的一条重要的代谢途径，前面讨论的几类结合反应，都是使代谢物的亲水性增加、极性增加，而乙酰化反应是将体内亲水性的氨基结合形成水溶性小的酰胺。乙酰化反应一般是药物的去活化反应。乙酰基来自乙酰辅酶 A，反应由乙酰基转移酶催化。

例如抗结核药异烟肼可在肝内经乙酰化而失去作用。

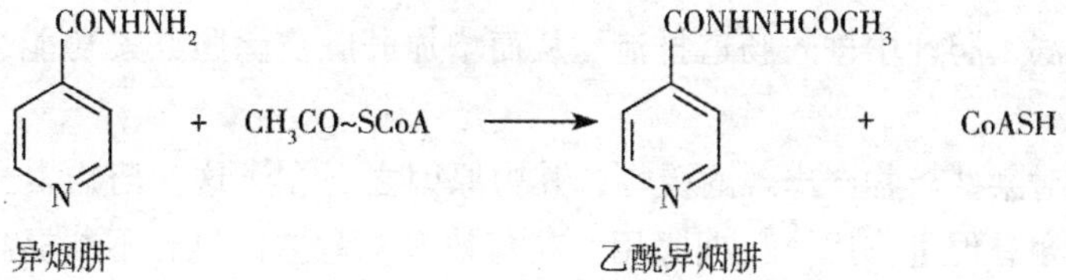

CONHNH$_2$ 吡啶 + $CH_3CO\sim SCoA$ → CONHNHCOCH$_3$ 吡啶 + CoASH

异烟肼　　乙酰异烟肼

（6）甲基结合反应　药物也可在肝内与甲基结合而转化。肝细胞浆及微粒体中具有多种转甲基酶，可将活性甲基从 *S* - 腺苷甲硫氨酸（SAM）转移到被结合物的羟基或氨基上，生成相应的甲基化衍生物。和乙酰化反应一样，大多数甲基化反应也是降低被结合物的极性和亲水性，只有叔胺化合物甲基化后生成季铵盐，有利于提高水溶性而排泄。甲基化反应一般不是用于体内外来物的结合排泄，而是降低这些物质的生物活性。例如：尼克酰胺可甲基化生成 *N* - 甲基尼克酰胺。

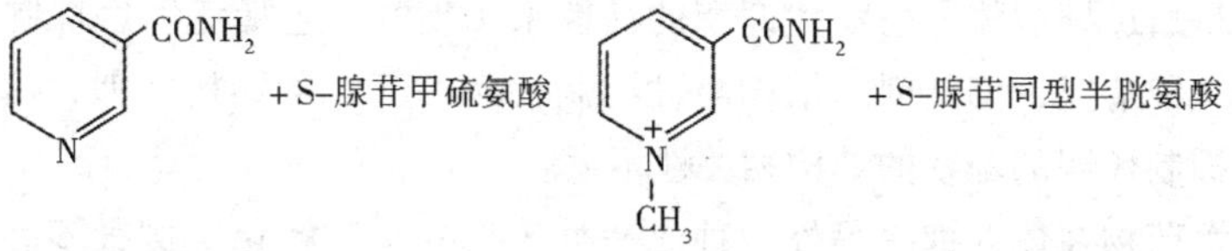

$CONH_2$ 吡啶 + S–腺苷甲硫氨酸 → $CONH_2$ 吡啶（$\overset{+}{N}$–CH_3）+ S–腺苷同型半胱氨酸

尼克酰胺　　*N*–甲基尼克酰胺

第二节　影响药物代谢转化的因素

一、药物相互作用

药物相互作用是指两种或两种以上的药物在同时或前后序贯用药时，由于药物之间或药物 - 机体 - 药物之间的反应，一种药物会影响另一种药物的吸收、分布、代谢及排泄。或使药物疗效增强或减弱，或增加药物作用或毒性，或延长药理作用时间并增加药物的不良反应。药物相互作用对药物代谢的影响，主要表现在诱导作用和抑制作用两个方面。

（一）诱导作用

某些药物可刺激、诱导机体药物代谢酶的生物合成，具有促进其他药物或自身代谢的作用，称为药物代谢促进作用，后者也称自身促进作用，这些药物也称药物代谢促进剂或药物代谢诱导剂。药物代谢诱导剂多数为脂溶性的，且是非特异性的，也就是说，某些药物除可促进药物自身的生物转化外，还可促进其他几种或几类药物的生物转化，而且这些被促进代谢的药物之间的结构未必存在着相关性或必然联系。

药物代谢酶的诱导作用具有重要的药理意义，它可以加速药物的代谢转化。大多数情况下，药物经代谢转化后活性或毒性降低，这样就导致一种药物（药物代谢诱导剂）促使其他药物的活性或毒性变小。动物实验证明了这一点，例如预先给予动物苯巴比妥，再予以有机磷杀虫药，结果苯巴比妥可降低有机磷杀虫药的毒性。少数情况下，某些药物经过代谢转化，活性或毒性反而增加，药物代谢诱导剂则可促使这些药物的活性或毒性增加。例如预先给予患者苯巴比妥，可促进非那西丁羟化为对氨酚，对氨酚具有较大的毒性，可使血红蛋白变为高铁血红蛋白。因此，临床联合用药时，需要注意药物配伍禁忌。

临床上常用苯巴比妥治疗高胆红素血症，原理在于苯巴比妥具有较强的肝药酶诱导作用，它能使肝细胞微粒体中葡萄糖醛酸转移酶的生成增加，促进未结合胆红素与葡萄糖醛酸的结合，从肝总管分泌入胆汁中进入肠道排泄，从而增加肝脏清除胆红素功能，使血清胆红素浓度下降。

另外，机体对某些药物会出现耐受性，其中原因之一在于这些药物本身为药物代谢诱导剂，对自身的代谢有促进作用，长期服用，其药效愈来愈差，只有不断提高药物的剂量，才能保持原来相同的反应或药效。比如患者经常服用某种安眠药，它将促使肝药酶产生增多，从而成为肝药酶的诱导剂，肝药酶一经诱导增多后，血液中更多的安眠药将会受到酶的破坏，体内药物浓度就会降低，所以服用同样剂量的药物，安眠效果却大不如前。

（二）抑制作用

某些药物具有抑制其他药物代谢的作用，称为药物代谢抑制作用。药物代谢的抑制作用，一方面是通过抑制体内药物代谢酶的生物合成来实现的，其结果是使得药物代谢酶的数量减少；另一方面是通过抑制体内药物代谢酶的活性来实现的，包括竞争性抑制作用和非竞争性抑制作用，前一种情况，抑制剂的结构与被抑制代谢的药物的结构类似，后一种情况，抑制剂的结构与被抑制代谢的药物的结构相关性不大。

一种或一类药物在体内抑制另外一种或一类药物的代谢转化实例很多。如氯霉素可抑制巴比妥类、双香豆素类药物的代谢，从而使其作用和毒性增加；异烟肼能抑制苯妥英钠的代谢，合并应用时，如不适当减小苯妥英钠的剂量，即可能引起中毒；口服西咪替丁后可使华法林代谢减慢，疗效增强甚至出现出血倾向等；单胺氧化酶抑制剂可以抑制或者延缓酪胺、苯丙胺、左旋多巴等胺类药物的代谢，使其升压作用和毒性得以加强。

某些化合物，本身并无药理作用，但可以抑制参与药物代谢的相关酶类，从而对许多药物的代谢具有抑制作用，延长这些药物的作用时间。例如在正常情况下，儿茶酚胺类化合物（肾上腺素、去甲肾上腺素、多巴胺等）的第Ⅰ相代谢转化，需在儿茶酚胺O-转甲基酶催化下，使其芳香环的第3位羟基甲基化形成甲氧基代谢物。而没食子酚可竞争性地与儿茶酚胺O-转甲基酶结合，抑制儿茶酚胺O-转甲基酶的活性。因此，没食子酚可在体内抑制儿茶酚胺类化合物的代谢转化，从而延长儿茶酚胺类活性物的作用。

同一种药物，可能对某些药物的代谢具有抑制作用，却对另一些药物的代谢具有促进作用。如保泰松对苯妥英钠的代谢有抑制作用，对氨基比林和洋地黄苷的代谢则有促进作用。此外，有的药物服用后，会随时间呈现先抑制后促进的两相作用，或先促进后抑制的两相作用。

药物代谢抑制作用同样具有重要意义，这种作用的表现正好与药物代谢酶的诱导作用相反，两者均可以满足临床联合用药时的需要，但也同样需要注意药物配伍禁忌。

一般而言，酶抑制作用所致代谢性药物相互作用的临床意义，远大于酶促作用，约占全部相互作用的70%，酶促作用占23%，其他为7%。历史上一些严重的药物相互作用，不仅给患者造成人身危险和死亡，也使一些新药因此而迅速退出历史舞台。例如：特非那定为第二代非镇静抗组胺药物，1972年研制，1985年获美国食品和药物管理局（FDA）批准上市，但在1986~1996年间，因严重心律失常而致死者达98例，原因在于特非那定为前药，在体内由细胞色素CYP 3A4代谢为非索非那定发挥抗组胺作用。当合用CYP 3A4抑制药物如大环内酯类抗生素和唑类抗真菌药物时，特非那定经CYP 3A4的代谢受阻，血药浓度明显升高而影响心肌细胞的钾通道和静息电位的稳定性，发生室性心动过速而致死。FDA于1998年2月将其停用并建议撤市。

二、其他因素对药物代谢的影响

药物代谢转化具有种属差异。不同种属动物的药物代谢方式和速度也不相同。例如人代谢转化抗凝药双香豆素醋酸乙酯，是对其苯环的7-位进行羟化；而兔则是对其酯键进行水解。鱼类不能对药物进行氧化和葡萄糖醛酸结合反应；两栖类不能进行药物的氧化，但可进行葡萄糖醛酸或硫酸结合反应；猫具有很强的硫酸结合反应，但却没有葡萄糖醛酸结合反应，而狗与猫则相反。此外，有些药物代谢抑制剂的作用也具有种属特异性，也就是说，某种抑制剂的作用，在一种动物体内可以得到表现，但在另一种动物体内则并不表现。

不同的人种，药物的代谢转化也有一定的差异。即使同种人，药物代谢也因个体、性别、年龄、营养、给药途径等的不同而存在差异。

就性别而言，女（雌）性通常对药物感受性较好；而男（雄）性则对药物感受性相对较差。原因可能在于雄性激素是有关药物代谢酶的诱导剂，导致雄性体内药物代谢酶的活性比雌性的要高。

年龄对药物代谢转化的影响，体现在新生儿、幼儿相应的药物代谢酶尚未健全，对药物的转化能力不足，易发生药物中毒；老年人因器官退化，有关药物代谢酶活性减弱，用药后药效较强，副作用较大。

营养状况、食物的成分等对药物代谢转化也有影响。饥饿时，通常会使肝微粒体药物代谢酶的活性降低。高蛋白低碳水化合物饮食可以加速肝脏药物代谢，而低蛋白高碳水化合物饮食可使肝脏的药物代谢能力降低。缺乏一些金属离子，如 Ca^{2+}、Cu^{2+}、Zn^{2+}、Mn^{2+}、Co^{3+} 等时，细胞色素P450酶系的活性相应减弱；缺乏维生素C、维生素A、维生素E，会使肝脏微粒体药物氧化酶活性降低；缺乏维生素 B_2 则会使药物还原酶活性降低。

此外，给药途径对药物代谢转化也有影响。药物的给药途径包括口服、舌下含化、吸入、外敷、直肠给药、注射（皮内、皮下、肌内、静脉、动脉注射）等，给药途径不同，产生首过作用的程度自然不同，其药物生物转化也就有差异。

如前所述，肝脏是药物代谢转化的主要场所，如果肝脏发生病变，尤其是严重肝功能不全时，其药物代谢活性降低，可以使药物的作用延长或加强，甚至发生中毒现象。

第三节 药物代谢转化的意义及研究价值

一、清除外来异物

药物作为一种外来异物进入体内后，机体要动员各种机制使其发生化学结构的改变，使其从体内消除，此即药物的代谢转化，它是人类在进化过程中发展起来的一种自我保护能力。进入体内的药物主要由肾脏随尿液排出体外，也有少数由胆汁排出。然而肾小管和胆管上皮细胞均为脂性膜，脂溶性药物易通过膜而被再吸收，故排泄速度较慢。为了使药物易于排出，必须将脂溶性药物代谢转化为易溶于水的化合物，使其不易通过肾小管和胆管上皮细胞膜被再吸收，从而增加其排泄速度。

二、改变药物的活性或毒性

药物经代谢转变后，其毒性或生物活性往往减弱。一般来讲，经过结合反应后，代谢产物的活性或毒性往往降低；非结合反应的代谢产物大多数也是活性或毒性降低，少数改变很小或反而增高，但可以进一步通过结合反应解毒后排出体外。

三、阐明某些药物不良反应发生的原因

药物作用具有广泛性。一方面是用药后能改善机体生理、生化或病理过程，达到防治疾病的目的；另一方面，用药也能引起机体生理、生化的紊乱或功能改变而损害机体，给患者带来痛苦和危害，此即药物不良反应。比如去甲肾上腺素、酪胺和苯乙胺等药物经肝微粒体单胺氧化酶的催化进行氧化，而苯乙肼、异丙烟肼和苯环丙胺等可抑制单胺氧化酶的活性，使前述药物的氧化作用减弱，从而出现蓄积而发生严重不良反应。

四、为临床合理用药提供依据

阐明药物在体内的代谢转化过程，了解药物在体内的代谢规律和代谢产物，对指导临床合理用药具有重要意义。

首先，它有助于确立合理的给药途径，避免“首过效应”。某些经口服的药物在其到达作用部位之前，要经过胃肠道的消化酶及胃肠道壁、肝脏中的药物代谢酶的作用，此即“首过效应”。经过这种作用，会使药物的生物利用度大幅下降，而无法达到临床治疗目的。如硝酸甘油，口服时虽然能完全吸收，但通过肝脏时，90%被谷胱甘肽和有机硝酸酯还原酶系统灭活。因此硝酸甘油都是舌下含服，它可直接由口腔黏膜吸收后进入上腔静脉，再到体循环，而不经肝脏就可发挥疗效，舌下含服1~2min即可出现治疗作用。又如镇痛药美普他酚，口服给药时，具有很高的“首过效应”，生成葡萄糖醛酸结合物而排出体外。如果将口服给药改为直肠给药，则可以避免“首过效应”而达到治疗作用。

其次，可用于指导联合用药，趋利避害。若联合用药后在代谢过程中由于酶抑及竞争性代谢作用或酶促而使药物的不良反应增强或治疗作用减弱，则属有害的药物代谢性相互作用，应尽量予以避免。如免疫抑制剂环孢素主要通过肝脏的P450酶系代谢，肝药酶抑制剂地尔硫䓬、红霉素、西咪替丁及酮康唑等均可减慢其代谢，使血药浓度升高，产生严重肝肾毒性；又如联合使用美托洛尔与卡托普利时，由于两者竞争同一药物代谢酶而导致美托洛尔血药浓度升高，应注意监测美托洛尔血药浓度以避免不良反应发生。联合用药时，有时也会出现有益的代谢性相互作用，通常发生在以下两种情形：①使用某种药物并同时应用了其药酶抑制剂（另外一种药物）；②两种药物在代谢时对同一代谢酶具有竞争作用。它可使药物的代谢或消除减少，血药浓度明显升高，用较少的剂量便可获得预期的疗效，还可减少不良反应的发生。例如在肝脏移植手术中，可利用维拉帕米对药酶的抑制作用而抑制环孢素的代谢，增加其血药浓度和疗效，为此可适当降低环孢素的用量，既提高了免疫抑制效果又大大减少了不良反应。

五、对新药设计、研发的意义

通过对药物代谢转化的原理和规律的认识，不仅能指导临床安全、合理用药，还能指导科研人员设计新药和进行新药的研发。

（一）设计更有效的药物

一方面，可在某些药物结构中，引入一些容易代谢但并不影响药效的基团，从而使药物在体内的作用或滞留时间缩短，也就是说，由于药物结构的某些改变，加速了药物在体内的代谢速度，更有利于其在体内的消除，从而避免了一些可能的副作用。如十烃溴铵是长效神

经肌肉阻滞剂，在外科手术中作为麻醉的辅助用药，但在手术后，会引起肌肉疼痛。若在该药物的两个氮正离子之间引入两个易水解的酯基，得到氯化琥珀胆碱，其产生的肌肉松弛作用与十烃溴铵相同，但其在体内易被酯酶水解生成琥珀酸和胆碱，从而缩短了其作用时间，减少了副作用。

另一方面，在某些药物结构中，引入一些不影响药效但难以代谢或空间位阻较大的基团，从而使药物在体内的作用或滞留时间延长，这样可减少用药次数，达到长效的效果。例如利多卡因是一种用于治疗心律失常的药物，只能通过注射给药，因为口服给药时，其在肝脏的代谢转化（首过效应）速度很快。如将利多卡因转变成其衍生物——妥卡尼，由于其分子中多了 α－甲基甘氨酸基团，在肝脏的代谢速度缓慢，从而成为有效的口服抗心律失常药。

$$\begin{matrix} CH_2CH_2CH_2CH_2CH_2\overset{+}{N}(CH_3)_3 \\ | \\ CH_2CH_2CH_2CH_2CH_2\underset{+}{N}(CH_3)_3 \end{matrix} \cdot 2Br$$

十烃溴铵

$$\begin{matrix} CH_2COOCH_2CH_2CH_2\overset{+}{N}(CH_3)_3 \\ | \\ CH_2COOCH_2CH_2CH_2\underset{+}{N}(CH_3)_3 \end{matrix} \cdot 2Cl$$

氯化琥珀胆碱

（二）先导化合物的优化

先导化合物简称先导物，是通过各种途径、方法或手段获得的具有一定生物活性的新的结构类型化合物。先导化合物往往因其药效强度弱、作用特异性差、吸收差、药代动力学性质不合理以及毒性大等缺点，不能直接用于临床，但对其化学结构进行改造和修饰后，可以优化出具有良好的药效、合理的药代和最低的副作用的药物。先导化合物优化的范畴非常广泛，最主要有前药、软药等。

（三）从药物代谢产物中获得新药

有些药物的代谢产物药效高于母药，可直接合成该代谢物作为药用。比如抗过敏药氯雷他定，经消化道吸收后很快脱去乙氧羰基侧链降解为 H_1 受体活性更强的地氯雷他定。又比如抗抑郁药丙米嗪、阿米替林的代谢物分别为去甲丙米嗪、去甲替林，它们的抗抑郁作用均比原药强，且不良反应少、生效快。

（四）新药研究

药物的可能代谢途径及相关酶系、活性代谢物、毒性代谢物、代谢的种属差异以及药物对代谢酶的诱导及抑制等特征是新药研究开发中必须获得的数据。它们在临床上针对不同情况、不同体质及特殊人群的用药具有重要的理论意义和实用价值。

总之，药物代谢是药物体内过程的重要环节，加强药物代谢酶及代谢过程的基础研究，明确药物代谢途径，确定代谢产物的活性，对制订合理的临床用药方案、剂型设计及新药开发都具有重要的指导意义。

（何震宇）

第十五章　生物药物

1. 掌握生物药物的概念及特点；蛋白质的理化性质、变性作用特点及沉淀方法。

2. 熟悉生物药物的分类；生物技术药物的特点、种类；生物技术药物的制备方法。

3. 了解生物药物的发展；生物药物的研究发展；生物技术药物的研究发展趋势。

第一节　生物药物概述

一、生物药物的概念

生物药物（biopharmaceutics）是集生物学、医学、药学的先进技术为一体，综合利用生物学、化学、生物化学、生物技术和药学等学科的原理和方法，利用生物体、生物组织、细胞或其他成分等制造的一类用于预防、治疗和诊断的制品。包括生化药物（biochemical drugs），生物技术药物（biotechnological drugs）或生物工程药物（bio - engineering drugs）、生物制品（biological product）。广义的生物药物包括从动物、植物、微生物等生物体中提取的各种生物活性物质及其人工合成或半合成的天然物质类似物。随着基因重组药物、基因药物、单克隆抗体、干细胞治疗的快速发展，生物药物已极大地扩充，现代生物药物已形成四大类型：①基因重组多肽、蛋白质类治疗，即应用重组 DNA 技术（包括基因工程技术、蛋白质工程技术）制造的重组多肽、蛋白质类药物；②基因药物，即基因治疗剂、基因疫苗、反义药物和核酶等；③天然生物药物，即来自动物、植物、微生物和海洋生物的天然产物；④合成与部分合成生物药物。其中①、②类称作生物技术药物，在我国按“新生物制品”研制申报；③、④类视来源不同可按化学药物或中药类研制申报。

二、生物药物的发展

我国古代劳动人民对生物药物的产生与发展做出了重要的贡献，例如神农最早应用生物材料作为治疗药物，用靥治疗甲状腺肿大；用紫河车（胎盘）作强壮剂；用鸡内金止遗尿及消食健胃；1 世纪，民间使用天花患者衣服预防天花；秋石治病，出自 11 世纪沈括所著的《沈存中良方》等。

早期的生化药物多是利用动植物组织器官材料，有效成分不明确。到 20 世纪 20 年代，对动物器官的有效性成分逐渐了解。1919 年从动物甲状腺分离得到甲状腺素，1921 年～1922 年从猪、牛胰脏中提取出。20 世纪 40 年代～50 年代，相继发现了肾上腺皮质激素和脑垂体激素等对机体的重要作用，并通过半合成，使这类药物从品种到产量都得到很大发展。20 世纪 60 年代以来，从生物体分离提纯酶的技术趋于成熟，酶制剂如尿激酶、链激酶、激肽释放酶、溶菌酶等相继投入生产，并在临床上得到应用。现代生化技术的发展，又为生物药物的发展创造了更为有利的条件。1990 年以来，全世界已报道的生化药物总计 250 种左右。我国生化药物的发展也十分迅速，已发展到近 140 个品种。

1982 年美国批准重组胰岛素上市，这是生物技术制药的里程碑，此后生物技术药物的研制与开发取得了飞速发展。干扰素、白细胞介素、集落刺激因子、人生长激素、促红细胞生成素等相继问世。截至 2009 年底，经美国 FDA 批准上市的生物技术药物有 163 种，其中 1/2 以上的药物是在过去的 7 年中上市的，日本、欧盟等批准上市生物技术药物 100 余种。

20 世纪 80 年代，我国开始生物技术药物研究，至 1989 年，我国自行研制采用中国健康人血白细胞来源的干扰素基因克隆表达 IRN－α1b 成功，1993 年上市。至 2011 年初，国内约有 300 家生物技术药物研发机构，约 150 家生物技术药物生产企业，其中已申报生物技术药物在有关部门登记立项的约 70 家，30 多种生物技术药物上市销售。

按照生物药物产品的纯度、工艺特点和临床疗效特征，生物药物的发展大致经历了三个发展阶段。第一代生化药物：一些利用生物材料加工制成的含有某些天然活性物质与其他共存成分相混合的制剂，于 20 世纪 50 年代～70 年代相继问世，例如利用牛羊新鲜眼球制成的明眼注射液、利用胎盘生产的胎盘注射液及胎盘片，上述药物约有数十个品种。这类产品的特点是有效成分不明确，制造工艺简单，由于疗效尚可，加之质量标准的不断提高，因此，在现行国家级药品标准中仍占有一席之地。第二代生化药物：根据生物化学和免疫学原理，应用近代生化分离、提纯技术，从生物体中提取的具有针对性治疗作用的生化成分，例如从猪胰脏中提取的猪胰岛素，从男性尿中提取出的尿激酶，从孕妇尿中提取的绒毛膜促性腺激素等。这类药品的特点是纯度较高，疗效确切，质量标准的可控性强。故该类药物仍有一定的发展空间。第三代药物：指利用基因重组等技术生产的药物，如人胰岛素、α－干扰素、白细胞介素－2 等数百个品种。第三代生化药品生产的最大特点是不像第一、二代生化药品生产中受原材料资源的影响，而是在发酵罐或培养液中进行。上述技术将成为今后生物药品开发与生产的主流方向。

三、生物药物的特点

（一）药理学特性

1. 治疗的针对性强 治疗的生理生化机制合理，疗效可靠。如：细胞色素 c 治疗组织缺氧；胰岛素治疗糖尿病等。

2. 药理活性高 生物药物是从大量原料中精制的高活性物质，具高效的药理活性。如注射用的纯 ATP 可以直接供给机体能量；注射人生长激素可以治疗儿童矮小症。

3. 副作用小，营养价值高 主要是蛋白、核酸、糖、脂类等，这些物质在体内可以降解为氨基酸、核苷酸、单糖、脂肪酸等小分子物质，对人体无害，是人体的重要营养物质。

4. 生理副作用常有发生 生物体之间的种属差异或同种生物体之间的个体差异都很大，所以用药时会发生免疫反应和过敏反应。

（二）在生产、制备中的特殊性

1. 原料中的有效物质含量低 杂质种类多且含量高，提取纯化工艺复杂。如，胰腺中胰岛素的含量仅0.002%，并且还含有蛋白质、酶、核酸等杂质。

2. 稳定性差 生物大分子药物是以严格的空间构象来维持其生物活性功能，一旦受到破坏，即失去其药理功能。如被体内酶水解，环境理化因素破坏等。

3. 易腐败 由于原料和产品均为高营养物质，易染菌、腐败，失去活性，并产生热原和致敏物质。

4. 注射用药有特殊要求 生物药物易被胃肠道中的酶所分解，所以多为注射用药。因此对制剂的均一性、安全性、稳定性、有效性等都有严格要求。同时对其理化性质、检验方法、剂型、剂量、处方、贮存方式等也有明确要求。

5. 生产工艺可能影响活性 生物大分子药物的结构易受各种环境理化因素影响，生产工艺过程中往往要注意如温度，辐射、酸度、氧化等因素。

（三）检验上的特殊性

由于生物药物具有生理功能，因此生物药物不仅要有理化检验指标，更要有生物活性检验指标。

第二节 生物药物的分类与研究进展

一、生物药物的分类

由于生物药物结构多样，功能广泛，通常生物药物可以按照其化学本质和化学特性来分类，也可以按照临床用途进行分类。

（一）按来源和制造方法分类

1. 人和动物来源 许多生化药物来源于人和动物的组织、器官、腺体、胎盘、骨、毛发和蹄甲等，如肝素、尿激酶、胰酶等。动物组织器官的主要来源是猪，其次是牛、羊、家禽（鸡、鸭、鹅等）和海洋生物等的脏器。人主要是胎盘、血液、尿等。

2. 微生物来源 微生物资源十分丰富，已研究的品种仅占自然界中微生物总数的10%左右，由于微生物易于培养、繁殖快、产量高、成本低，便于大规模生产，许多复杂的化学反应可以利用微生物酶专一地完成，因此用微生物作为原料制备生化药物的前景十分广阔，尤其是利用微生物发酵工艺生产生化药物，已成为现代生物工程的重要工程技术。利用生物发酵工程可以生产氨基酸、乳酸、糖类、核苷酸类、维生素、酶、辅酶、柠檬酸、苹果酸，以及多肽、蛋白质、激素等物质。

3. 植物来源 我国药用植物品种繁多，但从植物中提取生化药物的品种尚不多。近年来由植物材料寻找有效的生化药物已逐渐引起人们的重视，如从红豆杉提取的紫杉醇，具有抗肿瘤作用；从月见草提取γ-亚麻酸；用菠萝制备菠萝蛋白酶；用木瓜制备蛋白抑制剂；用香菇提取多糖等。

4. 化学合成 可利用化学合成或半合成法生产一些小分子生化药物，如氨基酸、多肽、各种胆酸、维生素、激素、核酸降解物及其衍生物等。采用化学合成的方法还可以对天然生化药物进行修饰改构，以提高其产量和质量。

5. 现代生物技术产品　随着各种生物技术的发展，应用基因工程技术建立“工程菌”、“工程酵母”、“工程细胞”等，使所需的基因在宿主细胞内表达，制造各种有生物活性的物质，这是生物制药工业今后的发展方向。目前，已成功地开展了用“工程菌”生产生化药物的工作，如用大肠埃希菌生产干扰素、白细胞介素－2、集落刺激因子、肿瘤坏死因子及各种疫苗等。

（二）按生物药物的化学本质和化学特性来分类

1. 氨基酸及其衍生物类药物类　这类药物包括天然的氨基酸和氨基酸混合物，以及氨基酸衍生物。如蛋氨酸防治肝炎、肝坏死和脂肪肝；谷氨酸防治肝性脑病、神经衰弱和癫痫等。

2. 多肽和蛋白质类药物　多肽和蛋白质的化学本质是相同的，性质也相似。这类药物颇受人们关注，是人体内的活性因子，如激素和免疫球蛋白等。

3. 酶与辅酶类药物　可分为消化酶类、消炎酶类、心脑血管疾病治疗酶类、抗肿瘤酶类、氧化还原酶类等，辅酶种类繁多，结构各异，一部分辅酶也作为核酸类药物。

4. 核酸及其降解物和衍生物类药物　这类药物包括核酸（DNA、RNA）、多聚核苷酸、单核苷酸、核苷、碱基等。人工化学修饰的核苷酸、核苷、碱基等的衍生物，如5－氟尿嘧啶、6－巯基嘌呤等，也属于此类药物。

5. 糖类药物　糖类药物以黏多糖为主。多糖类药物的特点是具有多糖结构，由糖苷键将单糖连接而成。由于单糖的结构及糖苷键的位置不同，因而多糖种类繁多，药理功能各异。

6. 脂类药物　这类药物具有相似的性质，能溶于有机溶剂而不易溶于水，而在化学结构上差异较大。这类药物，主要有脂肪和脂肪酸类、磷脂类、胆酸类、固醇类、卟啉类物质。

7. 细胞生长因子类　细胞生长因子是人类或动物各类细胞分泌的具有多种生物活性的因子。细胞生长因子类药物是近年来发展最迅速的生物药物之一，也是生物技术在该领域中应用最多的产品，如基因工程白细胞介素、红细胞生成素等。它们的功能是在体内对人类或动物细胞的生长与分化起重要调节作用。近10年来人们广泛研究的细胞生长因子有干扰素、白细胞介素、肿瘤坏死因子、集落刺激因子等几大系列十几种细胞生长因子。

8. 生物制品类　从微生物、昆虫、动物或人体材料直接制备或用现代生物技术、化学方法制成作为预防、治疗、诊断特定传染病或其他疾病的制剂，统称为生物制品。

（三）按生理功能和用途分类

生物药物广泛用作医疗用品，特别是在传染病的预防和某些疑难病的诊断和治疗上起着其他药物所不能替代的独特作用。

1. 治疗药物　对许多常见病和多发病，生物药物都有较好的疗效。对目前危害人类健康最严重的一些疾病如恶性肿瘤、艾滋病、乙型肝炎、糖尿病、心血管疾病、遗传病、内分泌障碍、免疫性疾病等，生物药物发挥了很大的作用。

2. 预防药物　许多疾病，尤其是传染病的预防比治疗更为重要，通过预防，许多疾病得以控制，直到根除。常见预防用生物药物有菌苗和疫苗等。

3. 诊断药物　生物药物用作诊断试剂是其最突出又独特的另一临床用途，具有速度快、灵敏度高、特异性强等特点，诊断药物使用途径包括体内（注射）和体外（试管反应）。绝大部分临床诊断试剂都来自生物药物，主要有：免疫诊断试剂、酶诊断试剂、器官功能诊断药物、放射性核素诊断药物、单克隆抗体诊断试剂、基因诊断药物。

4. 用作其他生物医药用品　生物药物应用的另一个重要发展趋势就是渗入到生化试剂、

生物医学材料、保健品、营养品、食品、日用化工和化妆品等各个领域。

二、生物药物的研究进展

生物药物按照其发展过程大致划分为三代。

第一代生物药物是利用生物材料加工制成的含有某些天然活性物质与混合成分的粗提物制剂，如脑垂体后叶制剂、肾上腺提取物、眼制剂、混合血清等。

第二代生物药物是根据生物化学和免疫学原理，应用近代生化分离纯化技术从生物体制取的具有针对性治疗作用的特异生化成分，如猪胰岛素、前列腺素 E、尿激酶、肝素钠、人丙种球蛋白、转铁蛋白、狂犬病免疫球蛋白等。

第三代生物药物是应用生物工程技术生产的天然生理活性物质以及通过蛋白质工程原理设计制造的具有比天然物质更高活性的类似物，或与天然物质结构不同的全新的药理活性成分。如基因工程白细胞介素、红细胞生成素等。

第三节 生物技术药物

生物技术药物（biotechnological drugs）也称基因工程药物，是指采用 DNA 重组技术或其他创新生物技术生产的治疗药物。如细胞因子、纤溶酶原激活剂、重组血浆因子、生长因子、融合蛋白、受体、疫苗和单抗、干细胞治疗技术等。生物技术包括发酵工程、细胞工程、酶工程及基因工程，用生物技术方法研制药物是 21 世纪最新的领域之一。

一、生物技术药物的特点

1. 分子质量大且结构复杂 生物技术来源药物的生产方式，是应用基因修饰活的生物体产生的蛋白或多肽类的产物，或是依据靶基因化学合成互补的寡核苷酸，所获产品往往分子质量较大，并具有复杂的分子结构。

2. 种属特异性 生物技术药物存在着种属特异性。许多生物技术药物的药理学活性与动物种属及组织特异性有关，主要是药物自身以及药物作用受体和代谢酶的基因序列存在着种属的差异。来源人类基因编码的蛋白质和多肽类药物，其中有的与动物的相应蛋白质或多肽的同源性有很大差别，因此对一些动物不敏感，甚至无药理学活性。

3. 安全性较高 生物技术药物由于是人类天然存在的蛋白质或多肽，量微而活性强，用量极少就会产生显著的效应，相对来说它的副作用较小、毒性较低、安全性较高。

4. 活性蛋白或多肽药物较不稳定 生物技术活性蛋白质或多肽药物较不稳定，易变性，易失活，也易为微生物污染、酶解破坏。

5. 来源药物的基因稳定性非常重要 生物技术来源药物的基因稳定性，生产菌种及细胞系的稳定性和生产条件的稳定性非常重要，它们的变异将导致生物活性的变化或产生意外的或不希望的一些生物学活性。

6. 具有免疫性 许多来源于人的生物技术药物，在动物中有免疫原性，所以在动物中重复给予这类药品将产生抗体，有些人源性蛋白在人中也能产生血清抗体，主要可能是重组药物蛋白质在结构及构型上与人体天然蛋白质有所不同所致。

7. 很多来源药物在体内的半衰期短 生物技术来源药物，很多在体内的半衰期短，迅速降解，并在体内降解的部位广泛。

8. 生物技术来源药物的受体效应 许多生物技术药物是通过与特异性受体结合，信号传导机制而发挥药理作用，且受体分布具有动物种属特异性和组织特异性，因此药物在体内分布具有组织特异性和药效反应快的特点。

9. 生物技术来源药物的多效性和网络效应 许多生物技术药物可以作用于多种组织或细胞，且在人体内相互诱生、相互调节，彼此协同或拮抗，形成网络性效应，因而可具有多种功能，发挥多种药理作用。

10. 生物技术来源药物的生产系统具有复杂性 致使它们的同源性、批次间一致性及安全性的变化要大于化学产品。所以生产过程的检测、GMP 步骤的要求和质控的要求就更为重要和严格。

二、生物技术药物的主要种类

截至 2009 年底，经美国 FDA 批准上市的生物技术药物有 163 种。日本、欧盟等批准上市生物技术药物 100 余种，我国已批准上市 30 种。生物技术药物主要包括以下 5 类药物。

1. 干扰素类 是哺乳动物细胞在诱导下产生的一种淋巴因子，能够加强巨噬细胞的吞噬作用和对癌细胞的杀伤作用，抑制病毒在细胞内的增殖，用于肿瘤和其他病毒病的治疗。

2. 生长激素类 人体生长激素能够治疗侏儒症和促进伤口愈合，动物生长激素能够加速畜禽生长发育。目前，人和动物的生长激素基因都已经在大肠埃希菌中成功表达，在医学和畜牧业领域取得了很好的应用效果。

3. 红细胞生成素类 是一种肾脏产生的作用于肾髓的造血相关细胞因子，使原始红细胞的成熟期缩短，调节肾髓中的造血细胞含量，用于肾功能不全引起的贫血、放射化疗引起的贫血以及其他一些罕见的贫血症的治疗，还可用于外科手术前准备自体输血的人。红细胞生成素目前是在培养的哺乳动物细胞中表达，但成本较高，生产过程复杂。

4. 白细胞介素类 是一种抗肿瘤免疫因子，可促进 T 细胞的生长、增殖和分化，也可促进 B 细胞的生长和增殖，同时能够增强杀伤性淋巴细胞的功能，也用于癌症的治疗。

5. 集落刺激因子类 分为两类：一类为粒细胞集落刺激因子，另一类为巨噬细胞集落刺激因子。二者都可促进体内白细胞的增殖，增强粒细胞的功能，调控造血功能，用于肿瘤患者化疗后白细胞下降等的治疗。

三、生物技术药物的制备方法

生物技术药物的生产是复杂的系统工程，主要包括：目的基因的发现、分离，将目的基因插入适当的载体，转入新的宿主菌，构建工程菌，并使目的基因在工程菌内进行复制和高效表达，建立、优化基因工程菌的培养和表达目的产物的分离纯化方法，完善和确定基因工程药物的制备工艺。再通过适当扩大规模的中间实验，确定生产工艺、设备及工程设计后，才可能进行工业生产。工业生产过程主要包括工程菌的大量培养和目的基因表达产物的分离纯化，然后，将获得的目的产物，经适当配制，制成药物。在这个过程中，每一个阶段都包含若干步骤，并且随基因来源、宿主种类、产物性质及其表达方式、研究和生产条件等不同而有较大变化。

生物技术药物生产与传统意义上的药物生产有许多不同，它使用的是活细胞，产品又多是大分子的具有复杂结构和生理功能的蛋白质，因而基因表达、宿主菌生长、产品精制、产品质量和药效等，都可能因为原料、生产工艺、条件，甚至环境等生产过程的每一步的变化受到影响。因此，严格控制生产过程的每一步和进行严格的检测，确保产品质量和安全有效是基因工程药物生产中必不可少的。

利用基因工程不仅可以将目的基因转移到大肠埃希菌、酵母菌等微生物中，现在还可以将目的基因转移到动物和植物细胞，利用动植物细胞培养或转基因动物或植物直接生产基因工程药物。但是与利用基因工程菌生产药物的产业相比，转基因动植物细胞和转基因动植物生产药物还有较大的差距。

四、生物技术药物的研究发展趋势

随着改构点突变技术、DNA 改组技术、融合蛋白技术、定向进化技术、基因插入及基因打靶等技术的研发与应用，使生物技术药物研发已进入蛋白质工程药物新时期，新品种如改构胰岛素、改构 CPA［CTX（环磷酰胺），DDP（顺铂），ADM（阿霉素）］、改构血液因子等迅速增加。

生物技术药物主要研究发展趋势如下。

1. 抗体 治疗性抗体是目前和今后最多的一类生物技术药物，已上市近 30 种治疗性抗体用于治疗肿瘤、类风湿关节炎、克罗恩病、抗器官移植排斥、防治病毒感染、抗血小板凝聚等诸多方面表现出非常理想的疗效。人源化抗体和人源性抗体是治疗性抗体今后重要发展方向之一。

2. 疫苗 重大疾病预防需要的疫苗如 SARS 疫苗、禽流感疫苗、艾滋病疫苗、肿瘤疫苗等的研发是目前与今后的主攻方向之一。

3. 蛋白质治疗药物 应用蛋白质工程技术和聚乙二醇（PEG）化技术改造蛋白质治疗药物性能，开发 PEG 化生物技术药物，如 PEG 化生长激素用于治疗肢端肥大症。

4. 组织工程产品 组织工程产品如组织工程软骨、组织工程皮肤，成为非常热门的研究领域，在美、德、法、英、意、荷等国已有多种产品上市，更多的产品处于临床试验阶段。

5. 新型给药系统 开发方便、合理给药途径的新剂型，如埋植剂、缓释注射剂、非注射剂（呼吸道吸入，直肠给药，鼻腔、口腔或透皮给药），是目前与今后生物技术药物新剂型研发的主攻方向之一。

我国生物技术药物研发进入自主创新时期，且以“新型生物技术药物与疫苗”为研发重点，用于新的适应证治疗与预防。我国的生物技术制药业的发展与世界生物技术药物的进步，与美、日、欧盟国家生物技术药物制药业的铁三角发展密不可分。我国生物技术制药的发展面临着许多机遇。

（史仁玖）

参考文献

[1] 吴耀生. 生物化学 [M]. 北京：人民卫生出版社，2007.

[2] 高国全. 生物化学 [M]. 北京：人民卫生出版社，2008.

[3] 赵宝昌. 生物化学 [M]. 北京：高等教育出版社，2004.

[4] 贾弘禔. 生物化学 [M]. 北京：北京大学医学出版社，2005.

[5] 周爱儒. 生物化学 [M]. 北京：人民卫生出版社，2001.

[6] 肖建英. 生物化学 [M]. 北京：人民军医出版社，2009.

[7] 查锡良. 生物化学 [M]. 北京：人民卫生出版社，2008.

[8] 吴梧桐，生物化学 [M]. 北京：人民卫生出版社，2007.

[9] 翟中和，等. 细胞生物学 [M]. 第3版. 北京：高等教育出版社，2007.

[10] T. M. 德夫林，等. 生物化学——基础理论与临床 [M]. 北京：科学出版社，2008.

[11] 王镜岩. 生物化学 [M]. 北京：高等教育出版社，2002.